国家职业教育电力系统自动化技术专业教学资源库配套教材
新形态一体化教材

U0183495

电气运行

主　编　鲁珊珊　张兴然　张　彬
副主编　杨　晨　范哲超　李振甲

北京理工大学出版社
BEIJING INSTITUTE OF TECHNOLOGY PRESS

内 容 简 介

"电气运行"是一门与电厂、变电站实际工作紧密结合的培训课程。本书的编写以实际案例和真实情境为基础，从"教、学、做、练"一体化的需求出发，融入最新的数字化教学资源。

本书内容主要包括知识篇和技能篇两部分。知识篇主要对电气系统、设备的运行方式、检查维护及事故处理进行相应规范，明确操作原则和要求；技能篇主要通过发电机、变压器、电动机、断路器、隔离开关、母线等10余种电气设备的倒闸操作、故障处理掌握实践技能，为学习者从事电气设备运行、检修、维护及管理等工作奠定必要的基础。

本书既可作为高职高专院校电力系统自动化技术、电气自动化技术、供用电技术等专业学生的教材，也可作为电气工程师及电工技术人员的学习、参考资料和培训教材。

图书在版编目（CIP）数据

电气运行／鲁珊珊，张兴然，张彬主编. — 北京：北京理工大学出版社，2020.6
（2020.12 重印）

ISBN 978 - 7 - 5682 - 8567 - 4

Ⅰ. ①电…　Ⅱ. ①鲁…　②张…　③张…　Ⅲ. ①电力系统运行　Ⅳ. ①TM732

中国版本图书馆 CIP 数据核字（2020）第 099667 号

出版发行／北京理工大学出版社有限责任公司
社　　址／北京市海淀区中关村南大街 5 号
邮　　编／100081
电　　话／（010）68914775（总编室）
　　　　　（010）82562903（教材售后服务热线）
　　　　　（010）68948351（其他图书服务热线）
网　　址／http：//www.bitpress.com.cn
经　　销／全国各地新华书店
印　　刷／涿州市新华印刷有限公司
开　　本／787 毫米×1092 毫米　1/16
印　　张／21　　　　　　　　　　　　　　　　责任编辑／陈莉华
字　　数／495 千字　　　　　　　　　　　　　　文案编辑／陈莉华
版　　次／2020 年 6 月第 1 版　2020 年 12 月第 2 次印刷　　责任校对／周瑞红
定　　价／52.00 元　　　　　　　　　　　　　　责任印制／施胜娟

本书数字资源获取说明

方法一

用微信等手机软件"扫一扫"功能,扫描本书中二维码,直接观看相关知识点视频。

方法二

Step1: 扫描下方二维码,下载安装"微知库"APP。

Step2: 打开"微知库"APP,点击页面中的"电力系统自动化技术"专业。

Step3: 点击"课程中心"选择相应课程。

Step4: 点击"报名"图标,随后图标会变成"学习",点击"学习"即可使用"微知库"APP进行学习。

安卓客户端

IOS 客户端

前　言

本书是国家职业教育电力系统自动化技术专业教学资源库的配套教材之一，是依据高职高专院校对电厂、变电站电气运行的教学要求，结合现阶段高职教育培养目标，本着"工学结合、任务驱动、教学做一体化"的原则编写而成的。

依据培训教材的要求和特点，结合电气运行的发展水平及对人才培养的要求，经过和企业工程技术人员、培训人员进行深入、广泛的探讨，由内蒙古机电职业技术学院、保定电力职业技术学院和武汉电力职业技术学院联合编写而成。本书具有以下特点：

（1）注重理论知识和实践应用的联系，内容力求涵盖电气运行的全部重点内容。

（2）以培养应用型人才为目标，精选内容，突出实用性，体现培训特色，结合技能训练，培养学生的综合及创新能力。

（3）结合行业实际，增加实践性较强的技术内容，以便读者了解电气运行当前的主流技术和未来的发展趋势。

全书分为知识篇和技能篇。知识篇包括电气运行的任务与组织、两票三制、电气设备巡视概述、电气设备事故处理概述、倒闸操作概述五部分，主要对电气系统、设备的运行方式、检查维护及事故处理进行相应规范，明确操作原则和要求；技能篇包括电气设备的运行监视及巡检维护、电气设备的异常及故障处理、发电厂倒闸操作、变电站倒闸操作四部分，主要通过发电机、变压器、电动机、断路器、隔离开关、母线等10余种电气设备的倒闸操作、故障处理掌握实践技能，为学习者从事电气设备运行、检修、维护及管理等工作奠定必要的基础。

为了让读者更好地掌握本门课程的内容，本书依托"微知库"将更加优质、高效的数字化教学资源呈现给读者，为每位学习者提供完善的一站式学习服务。本书配套提供丰富的数字资源，包括PPT教学课件、微课、动画、视频、仿真、教学设计、电子教案等，读者可以登录"微知库"进行学习。此外，书中还标注了二维码，读者可以通过手机等移动终端扫码观看。

本书由鲁珊珊、张兴然、张彬担任主编，负责组织、统编与修改；杨晨、范哲超、李振甲担任副主编；李立峰（企业）担任主审。其中知识篇由范哲超编写；技能篇中项目一由李振甲（任务1.1至任务1.3、任务1.7）和张彬（任务1.4至任务1.6）编写，项目二由鲁珊珊编写，项目三由张兴然（任务3.1、任务3.2、任务3.6）和袁卫华（任务3.3至任务3.5）编写，项目四由杨晨编写。其他参与编写的人员还有王冬生、辛兴和赛恒吉雅。

在本书的编写过程中，借鉴了部分相关教材及技术文献内容，在此向其作者一并表示衷心感谢。

教材建设是一项系统工程，需要不断改进。希望广大读者在使用本书的过程中，积极提出修改意见，以使其不断提高和完善。

目 录

知 识 篇

技 能 篇

知　识　篇

电气运行的任务与组织

电力系统是指由生产、输送、分配和使用电能的发电机、变压器、输配电线路及各种用电设备连接在一起并和继电保护、自动装置、调度自动化、通信等相应的辅助系统组成的统一体。在电力系统中，发电机生产电能，变压器变换电压、传输电能，输配电线路传输和分配电能，用户使用电能。

电能是电力系统的产品，由于其使用的广泛性，更是一种特殊商品。在电力系统中，电能的生产、输送、分配和使用过程是连续而同时进行的。

电气运行的基本任务是给用户提供优质、可靠而充足的电能，确保电力系统安全、经济运行。

任务 1.1　电气运行基本要求

电能在生产、输送、分配、使用各环节中是依靠电力系统中的电气设备及输配电线路来完成的，电气设备及线路是完成电能的生产、输送、分配和使用的执行者，而电业人员是操作电气设备及线路的执行者。因此，电气设备与输配电线路的健康状况及电业人员的素质高低，是电能在生产、输送、分配、使用过程中能否顺利进行的根本保证。

从事电气运行工作的电业人员，常称为电气运行工作者或运行值班人员。所谓电气运行，就是电气运行值班人员对电能的生产、输送、分配和使用过程中的电气设备与输配线路所进行的监视、控制、操作与调节。

电气运行的基本要求是安全性和经济性。

一、　电气运行的安全性

电气运行的安全性是从设备安全和人身安全两个角度考虑的。电气设备及输配电线路是完成电能从生产—流通—消费环节的具体执行者，必须要求其健康、可靠，而且每个环节中的电气设备与输配电线路都必

电气运行基本要求
（视频文件）

须健康、可靠。只有这样，才能保证电能的生产、输送、分配、使用不被中断，才能提高用电的可靠性与社会的经济性。要保证电气设备的健康性与可靠性，首先要保证电气设备原始的健康性与可靠性，如设备的出厂合格性、设备的先进性、设备的安装与调整合乎要求。其次，设备在运行过程中，由于环境、时间的推移及其他因素的影响，设备的质量因老化而下降，特别是过电压、大电流、电弧的危害而造成设备直接与间接的损害。对这一过程的损害现象，设备是通过声、光、电、温度、气味、颜色等表现出来的。若电气设备

的声音突变沉闷、不均匀、不和谐、产生弧光，电流表、电压表、功率表、频率表指示发生剧烈变动、颤动，温度突然升高，突然产生浓烈的化学异味，颜色突然改变，都是由于电气设备遭受冲击而产生损害（甚至是报废）的具体表现。电气运行人员此时必须判断清楚，准确、快速地作出反应，采取相应措施，将故障切除，并使故障范围尽量缩小而快速恢复供电。

电气运行的安全性

二、 电气运行的经济性

电气运行的经济性是指电力系统在生产、传输和使用电能过程中，必须尽量降低电气运行技术及其生产成本、流通损耗，做到节约用电。在保证电力系统安全运行的前提下，提高电气运行的经济性主要从以下几方面入手。

（1）发电部门应尽量降低燃料成本和厂用电率，降低每千瓦时电能的生产成本。

（2）供电部门应做好计划用电、节约用电和安全用电，并在社会上做好有关的宣传工作。

（3）加强电网管理是降低损耗的主要手段。

（4）分时计费制是一项重大的科学的经济技术调节手段，这在电能"储存"问题没有得到解决的情况下，使电能得到了最大的充分合理的利用，同时又使电气设备负荷均匀地运行，避免了过负荷对设备的冲击危害。

电气运行的经济性

电气运行的安全和经济是相辅相成的两大基本问题，但安全必须在前，安全就是经济，而且安全是最根本的经济。

任务1.2 电气运行组织机构和调度原则

一、 电气运行组织机构

1. 调度指挥系统

电力系统的发电、供电和用电是一个不可分割的整体。系统中任何一个主要设备运行工况的改变，都会影响整个电力系统。因此，电力系统必须建立统一的调度指挥系统。电网调度指挥系统由发电厂、变电站运行值班单位（含变电站控制中心）、电网各级调度机构等组成。电网的运行由电网调度机构统一调度。

我国《电网调度管理条例》规定：调度机构调度管辖范围内的发电厂、变电站的运行值班单位，必须服从该级调度机构的调度，下级调度机构必须服从上级调度机构的调度。

调度指挥系统

调度机构的调度员在其值班时间内，是系统运行工作技术上的领导人，负责系统内的运行操作和事故处理，直接对下属调度机构的调度员、发电厂的值长、变电站的值班长发布调度命令。

发电厂的值长在其值班时间内，是全厂运行工作技术上的领导人，负责接受上级调度的命令，指挥全厂的运行操作、事故处理和调度技术管理，直接对下属值班长、机长发布调度命令。

变电站的值班长在其值班时间内，负责接受上级的调度命令，指挥全变电站的正常运行和事故处理。

2. 发电厂、变电站运行值班单位

目前，发电厂、变电站运行值班实行四值三倒或五值四倒、8 h 或 6 h 轮换值班制度。无人值班的变电站，由变电站集中控制中心值班人员监控。发电厂、变电站运行值班的每一个值（或变电站集中控制中心的每一个值）称为运行值班单位。

电气运行组织机构

采用主控制室方式的发电厂，其运行值班单位由值长、电气值班长、汽轮机值班长（水电厂是水轮机值班长）、锅炉值班长、燃料值班长、化学值班长及各班值班员组成。

电气值班长下设主值班员、副值班员、厂用电工、副厂用电工等。

集控方式的发电厂，一台机组设置一个机长。机长下设钢炉主控、副控和辅机值班员，汽轮机主控、副控和辅机值班员，电气主控、副控和电气巡视员等。

变电站的运行值班单位由值班长、主值班员、副值班员、值班助手等组成。

变电站的控制中心监视、控制多个无人值班变电站，控制中心每值设置值班人员 2 ~ 3 人。

运行值班单位

3. 电网调度机构

各级电网均设有电网调度机构（或称电网调度管理机构）。电网调度机构是电网运行的组织、指挥、指导和协调的机构，负责电网的运行。各级调度机构分别由本级电网管理部门直接领导，它既是生产运行单位，又是电网管理部门的职能机构，代表本级电网管理部门在电网运行中行使调度权。

电网调度机构是随电网的发展逐步健全的。目前，我国的电网调度机构是五级调度管理模式，即国调、网调、省调、地调和县调。

国调是国家电力调度通信中心的简称，它直接调度管理各跨省电网和各省级独立电网，并对跨大区域联络线及相应变电站和起联网作用的大型发电厂实施运行和操作管理。

网调是跨省电网电力集团公司设立的调度局的简称，它负责区域性电网内各省间电网的联络线及大容量水、火电骨干电厂的直接调度管理。

省调是各省、自治区电力公司设立的电网中心调度所的简称，它负责本省电网的运行管理，直接调度并入省网的大、中型水电厂、火电厂和 22 kV 及以上的电网。

地调是省辖市级供电公司设立的调度所的简称，它负责供电公司供电范围内的电网和大中城市主要供电负荷的管理，兼管地方电厂及企业自备电厂的并网运行。

县调负责本县城乡供配电网及负荷的调度管理。

二、 电气运行调度原则

电力系统的发电、供电和用电是一个不可分割的整体。为了保障电力系统的安全、经济运行，必须实行集中管理、统一调度。

电网调度机构

调度机构既是电网的生产运行单位，又是网局、省局、供电局的职能部门，代表网局、省局、供电局在电网运行工作中行使指挥权。各级调度在电力系统的运行指挥中是上下级关系。因此，按照下级服从上级的原则，下级调度机构制定的调度规程不应与上级调度部门制定的调度规程相矛盾，各发电厂和变电站的现场运行规程中涉及调度业务的部分，均应取得相应调度机构的同意，如有与调度规程相矛盾的条文，应根据调度规程原则予以修订。在跨省大区电网中，网调是最高调度管理机构；在省内电网中，省调是最高调度管理机构。

调度规程本质上是一种运行规程。它与一般设备运行规程的不同之处在于强调了各个部门和各级人员的运行责任，兼有技术规程和管理制度的双重性质，因此，称作《电网调度管理规程》。调度规程的主要内容是各级调度人员的行为规范，对发电厂和变电站电气运行人员来说，执行调度规程的重点在于运行操作。

（1）调度规程中，对各级调度机构中的值班调度员，及发电厂和变电站的值长、值班长、值班员的权限、职责都有明确的规定。

①各级调度机构的值班调度员在其值班期间是系统运行和操作的指挥人员，按照批准的调度范围行使指挥权。下级调度机构的值班员、发电厂值长和电气值班长、变电站值班员在调度关系上受上级调度机构值班调度员的指挥，接受上级调度机构值班调度员的调度命令。

发布调度命令的值班调度员对其发布的调度命令的正确性负责。

②下级调度机构、发电厂、变电站的值班人员（值班调度员、值长、电气值班长、值班员）接受上级调度机构值班调度员的调度命令后，应复诵命令，核对无误后，并立即执行，调度命令的内容在调度端应记入调度日志，在厂站端应记入运行日志，有条件时应予以录音。任何人不得干涉调度命令的执行。下级调度机构、发电厂、变电站的值班人员不执行或延迟执行上级值班调度员的调度命令，则未执行命令的值班人员和允许不执行命令的领导人均应对其负责，如果值班人员认为接受的调度命令不正确时，应对发布命令的上级值班调度员提出意见，若上级值班调度员重复他的命令时，值班人员必须迅速执行。对于威胁人员、设备或系统安全的命令，值班人员应拒绝执行，并将拒绝执行的理由及改正命令的建议报告上级值班调度员和本单位直接领导人。

③发、供电单位领导人发布的命令，如涉及值班调度员的权限，必须经值班调度员的许可才能执行，但在现场事故处理规程内已有规定者除外。

④下级值班调度员、发电厂、变电站值班人员，在接班后应迅速向上级值班调度员汇报主要运行状况，上级值班调度员应将系统的有关情况和预定的有关工作向上述值班人员说明。

⑤当发电厂或电网发生异常运行情况时，下级调度机构、发电厂、变电站的值班人员，应立即报告上级值班调度员，以便在系统上及时采取防范措施，预防事故扩大。

⑥属于调度机构调度管理的设备，未经相应调度机构值班调度员的命令，发电厂、变电站或下级调度机构的值班人员不得自行操作（开、停、退出备用、检修、改变运行方式等）或自行命令操作，但对人员或设备安全有威胁者除外。上述未得到命令进行的操作，在操作后应立即报告相应调度机构的值班调度员。

⑦不属于上级调度机构调度管理范围内的设备，但其操作影响系统正常运行方式、通信、远动或限制设备功率时，则发电厂、变电站和下级调度机构只有得到上级调度机构的许可后才能进行操作。

⑧在系统事故或紧急情况下，上级值班调度员有权直接下令给厂、站值班员操作属于

厂、站或下级调度管理的设备，厂站值班员应立即执行，事后按管理体制向有关主管部门报告。

⑨严禁未经调度许可就在自己不能控制电源的设备上工作，即使知道这些设备不带电也不得进行工作。

⑩值班调度员应由有相当业务知识和现场实际经验的人员担任。值班调度员在独立值班前，需经培训和实习并经考试合格由主管生产的领导批准后方可正式值班，并通知全系统。

（2）值班人员必须正确对待调度操作命令。

①对于调度下达的操作命令，值班人员应认真执行。

②如对操作命令有疑问或发现与现场情况不符时，应向发令人提出。

③发现所下的操作命令将直接威胁人身或设备安全时，则应拒绝执行。同时将拒绝执行命令的理由以及改正命令的建议，向发令人及本单位的领导报告，并记入值班记录中。

（3）允许不经调度许可的操作。紧急情况下，为了迅速处理事故，防止事故的扩大，允许值班人员不经调度许可便可执行下列操作，但事后应尽快向调度报告，并说明操作的经过及原因。

①直接对人员生命有威胁的设备停电或将机组停止运行。

②将已损坏的设备隔离。

③恢复厂用、站用电源或按规定执行《紧急情况下保证厂用电、站用电措施》。

④母线已无电压，拉开该母线上的断路器。

⑤将解列的发电机并列（指非内部故障跳机）。

电气运行调度原则

⑥按现场运行规程的规定执行：a. 强送或试送已跳的断路器；b. 将有故障的电气设备紧急与电网解列或停止运行；c. 继电保护或自动装置已发生或可能发生误动，将其停用；d. 失去同期或发生振荡的发电机，在规定时间不能恢复同期，将其解列等。

任务1.3　电气运行规程

电气运行规程包括发电机、变压器、电动机、配电装置、继电保护、自动装置等电气设备的运行规程。这些规程是电气设备安全运行的科学总结，它们反映了电气设备运行的客观规律，是保证发电厂安全生产的技术措施，是运行值班人员对设备的运行操作、运行维护及事故处理的依据。各岗位运行人员必须掌握规程的规定条文，严格按照规程的规定进行运行调整、系统倒换、参数控制、故障处理。

一、运行规程的编制依据

运行规程的编制依据主要有以下几方面：

（1）《电力工业技术管理法规（试行）》。

（2）各种电气设备运行规程、安全工作规程和运行管理规程。

（3）本厂站一次接线、保护配置等设计资料。

（4）本厂站各种设备技术性能、使用说明等制造厂家资料。

（5）与本厂站有调度业务联系的调度部门制定的调度规程。

（6）网、省局有关运行管理的规定。

（7）本单位运行的实践经验。

二、 运行规程包括的内容

运行规程一般应包括以下内容：

（1）主要设备的性能、特点、正常和极限运行参数。

（2）设备和建筑物在运行中检查巡视、维护、调整和观测的要点及注意事项。

（3）设备的操作程序。

（4）设备异常及事故情况的判断、处理和注意事项。

（5）有关安全作业、消防方面的规定。

电气设备的正常运行巡视、倒闸操作和事故处理是运行工作的主要内容，发电厂和变电站的运行规程不论采用什么编写形式，都必须突出这三方面的内容。

三、 运行规程的修订

运行规程的修订过程是学习和深入体会规程精神实质的过程。除了扩建和更改工程完工后应组织对运行规程进行修改、补充外，正常运行的发电厂、变电站也应定期组织对运行规程进行修订。

电气运行规程

发电厂电气运行规程由电气运行技术负责人编写，本厂总工程师批准执行；变电站运行规程由本站技术负责人编写，供电局总工程师批准执行。

任务1.4 值班日志和运行日志

一、 值班日志

为了使值班人员及时掌握设备的运行情况，了解设备运行的历史及积累资料，值班控制室一般设有交接班记录本、倒闸操作登记本、工作票登记本、设备变更记录本、设备缺陷绝缘登记本、继电保护和自动装置定值变更本、配电盘记事本、断路器事故速断登记本、设备缺陷登记本、熔断器更换登记本、变压器分接头位置登记本、消弧线分接头位置登记本等。这些统称为值班日志。

二、 运行日志

运行日志的记录是值班工作的动态文字反映，是整个运行工作中的一个重要内容，它帮助值班人员掌握电气设备的运行参数，进行运行分析，发现设备的隐患，及时调整负荷和更改运行方式，从而保证生产任务的完成和降低消耗指标。运行值班人员应学会记录运行日志，计算有关的参数。

运行日志中的主要参数有以下几项：

（1）电量（kW·h）。它包括发电量、厂用电量、受电量（指发电厂与系统并列运行时发电厂从系统接受的电量）、送出电量等。

（2）电力（kW）。它包括发电电力、受电电力、送出电力、厂用电力、最大负荷和最小负荷。

（3）几项指标。它包括厂用电率、负荷率、煤耗率、给水泵用电消耗、循环水用电消耗、制粉用电消耗、锅炉风机用电消耗等。

（4）主要设备的电流、温度和各母线的电压。

值班日志和运行日志

两票三制

科学的电气运行管理制度，是每个运行值班人员在电气运行中的行为准则及指导思想，各级电气运行人员必须熟悉本单位的各项管理制度。

电气运行管理制度最基本的内容是人们常说的"两票三制"，即工作票制度、操作票制度、交接班制度、运行巡回检查与运行分析制度、设备定期试验与切换制度。据统计，电力系统中因工作票和操作票执行不严造成的误操作占85%左右。

任务2.1　工作票制度

一、工作票的作用

工作票是批准在电气设备上工作的书面命令，也是明确安全职责，严格执行安全组织措施，向工作人员进行安全交底，履行工作许可手续和工作间断、工作转移和工作终结手续，同时实施安全技术措施等的书面依据。因此，在电气设备上工作时，必须按要求填写工作票。

二、工作票的种类及使用范围

根据工作性质的不同，在电气设备上工作时的工作票可分为三种：第一种工作票、第二种工作票、口头或电话命令。

（一）第一种工作票

1. 第一种工作票的使用范围

（1）凡在高压电气设备上或其他电气回路上工作，需要将高压电气设备停电或装设遮栏的。

工作票制度

（2）凡在高压室内的二次回路和照明等回路上工作，需要将高压设备停电或做安全措施者，均应填写第一种工作票。

一份工作票中所列的工作地点以一个电气连接部分为限，之所以这样规定，是因为在一个电气连接部分的两端或各侧施以适当的安全措施后，就不可能再有其他电源窜入的危险，故可保证安全。

2. 填写第一种工作票的规定

（1）为使运行值班员能有充分时间审查工作票所列安全措施是否正确完备，是否符合现场条件,第一种工作票应在工作前24 h交给值班员。

(2) 工作票中下列几项不能涂改:

①设备的名称和编号。

②工作地点。

③接地线装设地点。

④计划工作时间。

(3) 工作票一律用钢笔或圆珠笔填写,一式两份,不得使用铅笔或红色笔,要求书写正确、清楚,不能任意涂改。如有个别错别字要修改时,应在要改的字上划两道横线,使被改的字能看得更清楚。

(4) 应在工作内容和工作任务栏内填写双重名称,即设备编号和设备名称,其他有关项目可不填写双重名称。

(5) 当工作结束后,如接地线未拆除,除允许值班员和工作负责人先行办理工作终结手续,将其中一份工作票退给检修部门(不填接地线已拆除)作为该项工作的终结外,要待接地线拆除、恢复常设遮栏后,才可作为工作票终结。

(6) 当几张工作票合用一组接地线时,其中有的工作终结,只要在接地线栏内填写接地线不能拆除的原因,即可对工作票进行终结,当这组接地线已被拆除,恢复常设遮栏后,方可给最后一张工作票进行终结。

(7) 凡工作中需要进行高压试验项目时,则必须在工作票的工作任务栏内写明。在同一个电气连接部分发出带有高压试验项目的工作票后,禁止再发出第二张工作票;若确实需要发出第二张工作票,则原先发出的工作票应收回。

(8) 用户在电气设备上工作,必须同样执行工作票制度。

(9) 在一经合闸即可送电到工作地点的断路器及两侧隔离开关操作把手上均应挂"禁止合闸,有人工作!"的警告牌。

(10) 如工作许可人发现工作票中所列安全措施不完善,而工作票签发人又远离现场时,则允许在工作许可人填写栏内对安全措施加以补充和完善。

(11) 值班人员在工作许可人填写的栏内不准许填写"同左"等字样。

(12) 工作票应统一编号,按月装订,评议合格后还应保存一个互查周期。

(13) 工作票要求进行的验电,装拆接地线,取、放控制回路熔丝等操作均需填写安全措施操作票,其内容、考核同倒闸操作票。

(14) 计划工作时间与停电申请批准的时间应相符。确定计划工作时间应考虑前、后有0.5~1 h,作为安全措施的布置和拆除时间。若扩大工作任务而不改变安全措施,必须由工作负责人通过工作许可人和调度同意,方可在第一种工作票上增加工作内容。若需变更安全措施,则必须重新办理工作票,履行许可手续。

(15) 工作票签发人在考虑设置安全措施时,应按本次工作需要拉开工作范围内所有断路器、隔离开关及二次部分的操作电源,许可人按实际情况填写具体的熔丝和连接片。

工作地点所有可能来电的部分均应装设接地线,签发人注明需要装设接地线的具体地点,不写编号,许可人则应写上接地线的具体地点和编号。

(16) 工作地点、保留带电部分和补充安全措施栏,是运行人员向检修人员交代安全注意事项的书面依据。

①检修设备间隔上、下、左、右、前、后保留带电部分和具体设备名称编号，如××××隔离开关××侧有电。

②指明与保护工作地点相邻的其他保护盘的运行情况。

③其他需要向检修人员交代的注意事项。

（17）工作票终结时间应在安全措施执行结束之后，不得超出计划停电时间。工作票应在值班负责人全面复查无误且签名后方可盖"已终结"章，向调度汇报竣工。

（二）第二种工作票

1. 第二种工作票的使用范围

（1）带电作业和在带电设备外壳上的工作。

（2）控制盘、低压配电盘、配电箱、电源干线上的工作。

（3）二次接线回路上的工作，无须将高压设备停电的工作。

（4）非当值值班人员用绝缘棒对电压互感器定相或用钳形电流表测量高压回路的电流等。

（5）在同期调相机的励磁回路或高压电动机转子电阻回路上的工作。

第二种工作票与第一种工作票的最大区别是不需将高压设备停电或装设遮栏。

2. 填写第二种工作票的规定

（1）第二种工作票应在工作前交值班员。

（2）建筑工、油漆工和杂工等非电气人员在变电站内工作，如因工作负责人不足，工作票可交给监护人，可指定本单位经安规考试合格的人员作为监护人。

（3）在几个电气部分上依次进行不停电的同一类型的工作时，可发给一张第二种工作票。工作类型不同时，则应分别开票。

（4）第二种工作票不能延期。若工作没结束，可先终结，再重新办理第二张工作票手续。

（5）注意事项栏内应填写的项目有：

①带电工作时重合闸的投、切情况。

②做保护定校、检查工作时，该套保护及母线有关连接的保护连接片的投、切情况。工作设备与其他相邻保护应用遮栏隔开的情况。

③在直流回路、低压照明回路或低压干线上工作时，电源开关及熔断器切除情况，需要装设的接地线或挡板情况。

④在邻近运行设备工作时应注明设备运行情况，安全距离应以数字表示。

⑤在蓄电池室内工作时，应提醒工作人员注意"禁止烟火"。在控制室、直流室或蓄电池室顶部工作时，下面应设遮栏布并注明其他注意事项。

⑥在高处作业时，应注明下层设备及周围设备的运行情况。

⑦工作时防止事故发生的措施，不要笼统地写"注意""防止"等字样，如"防振动、防误跳、防误拔继电器、防跑错间隔"等，而应写明具体措施，如"加锁、切连接片"或"贴封条"等。

⑧带电拆引线时，应注明该引线是否带负荷的具体情况；进行带电测温、核相等工作时，应注明设备的运行情况。

⑨在变电站内地面挖掘时，应注明地下电缆及接地装置情况。

（三）　口头或电话命令的工作

事故抢修情况下可以不用工作票。事故抢修系指设备在运行中发生了故障或严重缺陷，需要紧急抢修。其工作量不大，所需时间不长，在短时间内能竣工。此种工作可不使用工作票，但在抢修前必须做好安全措施，并得到值班员的许可。如果设备损坏比较严重，或是等待备品、备件等原因，短时间不能修复需转入事故检修的，则仍应补填工作票，并履行正常的工作许可手续。

三、　工作票的执行程序

1. 发工作票

在电气设备上工作，使用的工作票必须由工作票签发人根据所要进

工作票的使用

行的工作性质，依据停电申请，填写工作票中有关内容，并签名以示对所填写内容负责。

2. 送交现场

已填写并签发的工作票应及时送交现场。第一种工作票应在工作前一日交给值班员，临时工作的工作票可在工作开始以前直接交给值班员。第二种工作票应在进行工作的当天预先交给值班员，以便变电值班员能有充分时间审查工作票所列安全措施是否正确完备、是否符合现场条件等。

若距离较远或因故更换工作票，不能在工作前一日将工作票送到现场时，工作票签发人可根据自己填好的工作票用电话全文传达给值班员，传达必须清楚。值班员根据传达做好记录，并复诵校对。

3. 审核把关

已送交变电值班员的工作票，应由变电值班员认真审核，检查工作票中各项内容，如计划工作时间、工作内容、停电范围等是否与停电申请内容相符，要求现场设置的安全措施是否完备、与现场条件是否相符等。审核无误后应填写收到工作票的时间，审核人签名。

4. 布置安全措施

变电值班员应根据审核合格的工作票中所提要求，填写安全措施操作票，并在得到调度许可将停电设备转入检修状态的命令后执行。从设备开始停电时间起即对设备停电后时间进行考核。因此，变电值班员在接到调度命令后应迅速、正确地布置现场安全措施，以免影响开工时间。

5. 许可工作

变电值班员在完成了工作现场的安全措施以后，应会同工作负责人一起到现场再次检查所做的安全措施，以手触试证明被检修设备确无电压，然后向工作负责人指明带电设备的位置、工作范围和注意事项，并与工作负责人在工作票上分别签字以明确责任。完成上述手续后，工作人员方可开始工作。

6. 开工前会

工作负责人在与工作许可人办理完许可手续后，即向全体检修工作人员逐条宣读工作

票，明确工作地点、现场布置的安全措施，而且工作负责人应在工作前确认：人员精神状态良好，服饰符合要求，工具材料备妥，安全用具合格、充分，工作内容清楚，停电范围明确，安全措施清楚，邻近带电部位明白，安全距离足够，工作位置及时间要求清楚，工种间配合情况清楚、明白。

7. 收工后会

收工后会就是工作一个阶段的小结。工作负责人向参加检修的人员了解工作进展情况，其主要内容为工作进度、检修工作中发现的缺陷以及处理情况，还遗留哪些问题，有无出现不安全情况以及下一步工作如何进行等。工作班成员应主动向工作负责人汇报：①对所布置工作任务是否已按时保质保量完成；②消除缺陷项目和自检情况；③有关设备的试验报告；④检修中临时短接线或拆开的线头有无恢复，工器具设备是否完好，是否已全部收回等情况。收工后检修人员应将现场清扫干净。

8. 工作终结

全部工作完毕后，工作负责人应做周密的检查，撤离全体工作人员，并详细填写检修记录，向变电值班员递交检修试验资料，并会同值班员共同对设备状态、现场清洁卫生工作以及有无遗留物件等进行检查。验收后，双方在工作票上签字即表示工作终结，此时检修人员工作即告终结。

9. 工作票终结

值班员拆除工作地点的全部接地线（由调度管辖的由调度发令拆除）和临时安全措施，并经盖章后工作票方告终结。

工作票流程如下：填写工作票→签发工作票→接收工作票→布置安全措施→工作许可→工作开工→工作监护→工作间断→工作终结→工作票终结。

任务 2.2　操作票制度

一、操作票的作用

电气运行人员完成一个操作任务常常需要进行十几项甚至几十项的操作，对这种复杂的操作，仅靠记忆是办不到的，也是不允许的，因为稍有疏忽、失误，就会造成人身、设备事故或严重停电事故。填写操作票是安全正确进行倒闸操作的依据，它把经过深思熟虑制定的操作项目记录下来，从而根据操作票面上填写的内容依次进行操作。电气设备改变运行状态时，必须使用操作票进行倒闸操作，这是防止误操作的主要措施之一。

为防止误操作，还应采取以下措施。

1. 防止误操作的主要组织措施

（1）倒闸操作根据值班调度员命令，受令人复诵无误后执行。

（2）每张操作票只能填写一个操作任务，明确操作目的，写出操作具体步骤、设备名称、编号等，从根本上防止差错。

操作票制度

（3）实行操作监护制。倒闸操作必须由两人执行，对设备较熟悉者作为监护人，操作时都应严肃、认真、专心，以防止走错设备位置、走错间隔，特别重要和复杂的倒闸操作，应由熟练的值班员操作，值班负责人或值班长监护。

2. 防止误操作的主要技术措施

（1）高压电气设备都应加装防止误操作的闭锁装置，这是重要的技术措施。闭锁装置的解锁用具应由监护人妥善保管，按规定使用，不许乱用，以避免造成误操作。

（2）操作票内按操作任务应填写有关装拆的接地线（或合、拉接地开关）、切换保护回路和检验是否确无电压等。

二、　操作票的填写方法及注意事项

操作票由操作人根据值班调度员下达的操作任务、值班负责人下达的命令或工作票的工作要求填写，填写前操作人应了解本站设备的运行方式和运行状态，对照模拟图安排操作项目。

1. 操作票的填写方法

（1）电气倒闸操作票应严格按照《电业安全工作规程》和有关规定填写。

（2）操作票应统一编号，按照编号顺序使用，不能丢失。一律用蓝、黑水的钢笔填写，字迹必须清楚，按照规定格式逐项填写，并进行审核，亲笔签名。

（3）作废的操作票应加盖"作废"印章，调度作废票应加盖"调度作废"印章，已执行后的操作票应加盖"已执行"印章。

（4）填写倒闸操作票必须使用统一的调度术语和操作术语。

（5）每张操作票只能填写一个操作目的的任务。一个操作目的的任务，是指根据同一个操作目的而进行的、不间断的倒闸操作过程。

（6）一个操作目的的任务在填写操作票时若字数超过一页，为避免重复签名及填写时间等，可将操作开始、结束时间填写在首页，填票、审核、操作、监护人签名和"已执行"印章盖在末页，续页也应填写任务票调字编号。

（7）下列各项内容应填入操作票内：

①应拉合的断路器和隔离开关。

②检查断路器、隔离开关实际位置的情况。

③检查负荷分配的情况。

④装拆接地线的情况等。

（8）操作票填写完毕，经审核正确无误后，要对最后一项后的空白处打终止符"々"，表示以下无任何操作步骤。

2. 操作票填写的注意事项

（1）根据《电业安全工作规程》规定，操作票应填写设备的双重名称，即设备的名称和编号。一般有下列两种形式：

①编号在前，名称在后。

②名称在前，编号在后。

实际使用中，可按各级调度规定使用。

（2）操作票中下列四项不得涂改：

①设备名称、编号。

②有关参数和时间。

③设备状态。

④操作动词。

如有个别错、漏字时允许进行修改，但应做到修改的字和改后的字均要保持字迹清楚，原字迹用"＼"符号划去，不得将其涂擦掉。

（3）操作票中的签名规定：

①填票人、审核人由填写操作的运行班依次分别签名，并对所填操作票的正确性负责，不经签名，不得向下级移交。

②操作人、监护人在执行操作任务前，应对操作票审核无误，在调度员正式发命令后依次分别签名，并对操作票和所要进行操作的任务正确性负全部责任，如审核发现错误应作废并重新填写。

（4）检查项目的填写规定：

①接地线的装拆不需要填检查内容，但拉合接地开关应填写检查内容。

②断路器由热备用转运行时，不需要检查断路器确在热备用状态。

③断路器分、合闸后，操作票中只填写"检查断路器分、合闸位置"，其含义包括三方面：表计指示、位置指示灯、本体机构位置指示，没有必要再填写检查表计、灯光等。

④母线电压互感器由运行转冷备用时，可不填写检查电压表指示情况，而由冷备用转运行时应检查电压表指示情况，以便于及时发现电压互感器工作是否正常及可能存在的问题。

⑤对二次回路操作，如连接片、熔断器、二次电源开关、空气断路器、切换开关等，操作后不要求填写检查内容，因为这些操作本身比较直观、明了。

⑥检查送电范围内确无遗留接地线。送电范围的含义是变电站可见范围，不包括线路及对侧情况。送电是由电源侧向检修后的设备送电（充电），并非是仅仅对用户送电。

三、 倒闸操作标准工作程序

倒闸操作的标准工作程序，是按照上级主管部门颁发及本企业制定的规章制度、技术标准，根据作业的客观规律、相互关系，结合现场实际设备、工作环境、作业条件等具体情况，将作业的各个步骤合理优化简洁地列出。以列出的标准工作程序开展工作，才能保证人身和设备的安全，以及电网的安全、稳定、经济运行。下面所拟定的标准工作程序，系按常规工作提出，作为供电企业制定倒闸操作标准工作程序时参考。

1. 受理操作指令

（1）值班人员（含维操队人员）接受调度指令时，应录音，并做好记录，经复诵无误后，详细报告值班负责人。

（2）根据现场设备实际运行情况，核对指令的正确性。

（3）采用计算机管理的变电站，记录调度指令时，因不能及时输入计算机，必须采用正规记录本记录调度指令，此原始记录本必须保存一年。

2. 倒闸操作的填写、审查

（1）填写操作票时，应根据操作任务和现场设备实际运行情况，由有资格执行操作的当班值班人员填写。

（2）填写好的操作票交监护人或值班负责人审查。

（3）特别复查的操作，还应事先组织讨论。

（4）不允许用未按正规要求或未履行正式审查的操作票草稿执行操作。

3. 倒闸操作准备

（1）由监护人或操作人做准备工作，包括断路器、隔离开关、高压室门钥匙（含微机防误钥匙）、操作用具和安全工具的准备。

（2）以上的准备工作，由操作监护人按本次操作的实际需要进行一次复查。钥匙由监护人掌管。

4. 在系统接线模拟图板上进行演习

（1）操作前监护人和操作人根据所拟操作票顺序，对照系统接线模拟图板做好操作演习。

（2）按照监护人发的操作令，操作人先进行复诵，得到监护人的同意后，操作人对系统接线模拟图板上相关断路器或隔离开关模拟进行操作。虽然是模拟演习，同样要执行由监护人唱票（即发操作令）、操作人复诵制度，演习无误后，操作人、监护人、值班负责人分别在操作票的最后一页上履行签名手续，由监护人填写操作开始时间。

（3）凡已装设微机防误装置的，应按微机防误装置的运行管理规定使用，严禁无故解锁操作。

5. 执行倒闸操作

（1）进入操作现场后，操作人和监护人应共同核对设备名称、编号和位置是否与操作任务相符，否则应予纠正。

（2）核对无误后，由监护人将钥匙交给操作人（副值及以上人员）开锁，监护人按操作票项目顺序相继唱票（即逐项发操作预令），操作人复诵，监护人确认无误后，再发出"对！执行"的动令。每操作完一项，监护人要检查其操作内容是否正确，操作人所执行操作项目无误后，监护人方可在操作票上该项序号前打"√"。

（3）执行完一项操作项目后，监护人应对已操作的设备进行检查，复核其是否操作到位，无误后方能继续进行下一项操作。

（4）凡调度要求记录操作时间的项目，在执行完后，应立即在该操作项目后由监护人记上执行的时间。

6. 向值班调度员汇报

（1）全部操作完毕后，由监护人和操作人共同对操作票上的项目进行仔细核对，确认是否已全部执行完毕，复查无误后由监护人填写操作终了时间。

电气设备
倒闸操作票
填写流程

（2）操作完毕后，由操作人员或值班负责人及时向当班调度员发令人汇报操作情况及终了时间，并记录，经发令人认可后，在操作票上盖"已执行"章，然后由操作人员或值班负责人将汇报情况记入操作记录簿。

任务2.3 交接班制度

为保证电力系统的安全经济运行，各运行岗位应认真做好交接班工作，杜绝因交接不清造成的事故和异常。

一、 交接班条件及注意事项

（1）运行人员应根据轮值表进行值班，未经领导同意不得擅自改变，不允许连续值两个班。

（2）交班前，值班负责人应组织全体运行人员进行本班工作小结，提前检查各项记录是否及时登记，并将交接班事项填写在运行日志上。

（3）若接班人员因故未到，交班人员应坚守岗位，并汇报班长，待接班人员或分场指派人员前来接班并正式办好交接手续后方可离岗。

（4）在重大操作、异常运行及事故时，不得进行交接班。接班人员可在交班值长、班长的统一领导下，协助上班进行工作，待重大操作或事故处理告一段落后，由双方值长决定交接班。

（5）交班人员发现接班人员精神异常或酗酒时，不应交班，并将情况汇报有关领导。

二、 交接班的具体内容及要求

（1）交班前各值班人员应对本岗位所辖设备全面检查一次，并将各运行参数控制在规定的范围内。

（2）交班人员应将值班期间发现及消除缺陷的情况记录并交代清楚。

（3）交班前公用工具、钥匙、材料等清点齐全，各种记录本、台账应完整无损，现场卫生应扫扫干净。

交接班条件及
注意事项

（4）交班人员应详细交代本班次内的系统运行方式、异常运行的操作情况以及上级指示和注意事项。接班人员也应主动向交班人员详细了解上述情况，并核对模拟图及有关报表、表计。

（5）交接班应做到"口头清、书面清、现场清"。

（6）接班人员提前20 min进入现场，并做好以下工作：

①详细阅读交接班记录簿及有关台账，了解上值本岗位设备运行情况。

②听取交班人员对运行情况的陈述，核对有关记录。

③按照各岗位的接班检查要求巡视现场，检查并核对设备缺陷及检修情况，清点有关台账和材料。

④巡检中发现的问题，及时向交班人员提出，并汇报班长，由双方做好有关记录和说明。

（7）接班前5 min由班长召开班前会，听取各岗位检查情况汇报，布置本班主要工作、事故预想及注意事项。

（8）必须整点交接班，集控室内由值长统一发令，其余外围专业由班长发令，外围岗位按规定交接。

（9）双方交接清楚后，应在交接班本上签名。接班人员签名后，运行工作的全部责任由接班人员负责。

（10）各外围岗位接班后 10 min 内向班长汇报，班长接班后 15 min 内向值长汇报，值长 30 min 内向调度汇报，并逐级布置本值内的主要工作、事故预想及注意事项。

（11）正式交班后，交班班长应根据情况召开班后会，小结当班工作。

交接班的具体
内容及要求

任务 2.4　运行巡回检查与运行分析制度

一、运行巡回检查制度

运行巡回检查是保证电气设备安全运行、及时发现和处理电气设备缺陷及隐患的有效手段，每个运行值班人员应按各自的岗位职责，认真、按时执行巡回检查制度。巡回检查分为交接班检查、经常监视检查和定期巡回检查。

1. 巡回检查的要求

（1）值班人员必须认真按时地巡视设备。

（2）值班人员必须按规定的设备巡视路线巡视本岗位所分工负责的设备，以防漏巡设备。

运行巡回检查制度

（3）巡回检查时应带好必要的工具，如手套、手电、电笔、防尘口罩、套鞋、听音器等。

（4）巡回检查时必须遵守有关安全规定，不要触及带电、高温、高压、转动等危险部位，防止危及人身和设备安全。

（5）检查中若发现异常情况，应及时处理、汇报，若不能处理时，应填写缺陷单，并及时通知有关部门处理。

（6）检查中若发生事故，应立即返回自己的岗位处理事故。

（7）巡回检查前后，均应汇报班长，并做好有关记录。

2. 巡回检查的有关规定

（1）每班值班期间，对全部设备检查应不少于三次，即交、接班各一次，班间相对高峰负荷时一次。

（2）对于天气突变、设备存在缺陷及运行设备失去备用等各种特殊情况，应临时安排特殊检查或增加巡视次数，并做好事故预想。

（3）检修后的设备以及新投入运行的设备，应加强巡视。

（4）事故处理后应对设备、系统进行全面巡视。

巡回检查的有关规定

3. 巡视检查设备的基本方法

（1）以运行人员的眼观、耳听、鼻嗅、手触等感觉为主要检查手段，判断运行中设备的缺陷及隐患。

①目测检查法。目测检查法就是用眼睛来检查看得见的设备部位，通过设备外观的变化来发现异常情况。通过目测可以发现的异常现象综合如下：

a. 破裂、断股断线；b. 变形（膨胀、收缩、弯曲、位移）；c. 松动；d. 漏油、漏水、描气、渗油；e. 腐蚀污秽；f. 闪络痕迹；g. 磨损；h. 变色（烧焦、硅胶变色、油变黑）；i. 冒烟，接头发热（试温蜡片熔化）；j. 产生火花；k. 有杂质、异物搭挂；l. 不正常的动作等。

这些外观现象往往反映了设备的异常情况，因此靠目测观察就可以做出初步分析判断。应该说变电站的电气设备几乎可用目测法对外观进行巡视检查。所以，目测法是巡视检查中最常用的方法之一。

②耳听判断法。发电厂、变电站的一次、二次电磁式设备（如变压器、互感器、断电器、接触器等）正常运行时通过交流电后，其绕组铁芯会发出均匀有规律和一定响度的"嗡、嗡"声。这些声音是运行设备所特有的，也可以说是设备处于运行状态的一种特征。如果仔细听这种声音，并熟练掌握声音特点，就能通过它的高低节奏、音量的变化、音量的强弱及是否伴有杂音等，来判断设备是否运行正常。运行值班人员应该熟悉、掌握声音的特点，当设备出现故障时，一般会夹着杂音，甚至有"噼啪"的放电声，可以通过正常时和异常时音律、音量的变化来判断设备故障的发生和性质。

③鼻嗅判断法。电气设备的绝缘材料一旦过热会产生一种异味，这种异味对正常巡查人员来说是可以嗅别出来的。如果值班人员检查电气设备，嗅到设备过热或绝缘材料被烧焦产生的气味时，应立即进行深入检查，看有没有冒烟的地方，有没有变色的现象，听一听有没有放电的声音等，直到查找出原因为止。嗅气味是发现电气设备某些异常和缺陷的比较灵敏的一种方法。

④手触试检查法。用手触试检查是判断设备的部分缺陷和故障的一种必需的方法，但用手触试检查带电设备是绝对禁止的，运行中的变压器、消弧线圈的中性点接地装置，必须视为带电设备，在没有可靠的安全措施时，也禁止用手触试。对外壳不带电且外壳接地很好的设备及其附件等，检查其温度或温差需要用手触试时，应保持安全距离。对于二次设备（如断电器等）发热、振动等，也可用手触试检查。

（2）使用工具和仪表，进一步探明故障的性质。用仪器进行检测的优点是灵敏、准确、可靠。检测技术发展较快，测试仪器种类较多。使用这些测试仪器时，应认真阅读说明书，掌握测试要领和安全注意事项。

目前在发电厂、变电站中使用较多的是用仪器对电气设备的温度进行检测。常用的测温方法有：

①在设备易发热部位贴试温蜡片，黄、绿、红三种试温蜡片的熔点分别为 60 ℃、70 ℃、80 ℃。

②设备上涂示温漆或涂料。

③红外线测温仪。

巡回检查设备的
基本方法

前两种方法的优点是简便易行，但也存在一些缺点。例如不能和周围温度做比较；蜡片贴的时间长了易脱落；涂料虽可长期使用，但受阳光照射会引起变色，变色不易分辨清楚；不能发现设备发热初期的微热以及温差等。

红外线测温仪是一种利用高灵敏度的热敏感应辐射元件检测由被测物发射出来的红外线进行测温的仪器，能正确地测出运行设备的发热部位及发热程度。

测温后的分析与判断：实际上测温的目的是在运行设备发热部位尚未达到其最高允许

温度之前，尽快发现发热的状态，以便采取相应的措施。为此，当经过测量得到设备的实际温度后，必须了解设备在测温时所带负荷情况，与该设备历年的温度记录资料及同等条件下同类设备温度做比较，并与各类电气设备的最高允许温度做比较，然后进行综合分析，做出判断，制定处理意见。经判断属于"注意"范围的设备，应加强巡视检查，并在定期检修时安排处理；属于"危险"范围的设备，应立即报告调度和领导，进行停电处理。巡视检查时，注意力必须高度集中，对气候异常或刚投入运行的设备或因跳闸后又投入运行的设备，应重点检查。

巡回检查工具
和仪器

二、运行分析制度

运行分析是确保电力系统安全经济运行的一项重要工作，通过对各个运行参数、运行记录和设备运行状况的全面分析，及时采取相应措施，消除缺陷或提出防止事故发生的对策，并为设备技术改进、运行操作改进和合理安排运行方式提供依据。

1. 运行分析的内容

运行分析的内容包括岗位分析、专业分析、专题分析和异常运行及事故分析。

（1）岗位分析。运行人员在值班期间对仪表活动、设备参数变化、设备异常和缺陷、操作异常等情况进行的分析。

（2）专业分析。专业技术人员将运行记录整理后，进行定期的系统性分析。

（3）专题分析。根据总结经验的要求，进行某些专题分析，如机组启停过程分析、大修前设备运行状况和改进的分析、大修后设备运行工况的对比分析等。

（4）异常运行及事故分析。发生事故后，应对事故处理和有关操作认真进行分析评价，总结经验教训，以不断提高运行水平。

2. 运行分析的要求

为了做好运行分析，要求做到以下几点：

（1）运行值班人员在监盘时应集中思想，认真监视仪表指示的变化。按时并准确地抄表，及时进行分析，并进行必要的调整和处理。

运行分析制度

（2）各种值班记录、运行日志、月报表及登记簿等原始资料应填写清楚，内容正确、完整，保管齐全。

（3）记录仪表应随同设备一起投入，指示应正确。若记录仪表发生缺陷，值班人员应及时通知检修人员修复。

（4）发现异常情况时，应认真追查和分析原因。

（5）发现重大的设备异常或一时难以分析和处理的异常情况时，应逐级汇报，组织专题分析，提出对策，采取紧急措施，同时运行人员应做好事故预想。

任务 2.5　设备定期试验与切换制度

为了保证备用设备的完好性，确保运行设备故障时备用设备能正确投入工作，提高运行可靠性，必须对设备定期进行试验与切换。

设备定期试验与切换的要求如下：

（1）运行各班、各岗位应按规定的时间、内容和要求，认真做好设备的定期试验、切换、加油、测绝缘等工作。班长在接班前应查阅设备定期工作项目，在班前会上进行布置，并督促实施。

（2）如遇机组启停或事故处理等特殊情况，不能按时完成有关定期工作时，应向值长或值班负责人申明理由并获同意后，在交接班记录簿内记录说明，以便下一班补做。

（3）经试验、切换发现缺陷时，应及时通知有关检修人员处理，并填写缺陷通知单。若一时不能解决的，经生产副厂长或总工程师同意，可作为事故或紧急备用。

（4）电气测量备用辅助电动机绝缘不合格时，应及时通知检修人员处理。

（5）各种试验、切换操作均应按岗位职责做好操作和监护，试验前应做好相应的安全措施和事故预想。

（6）定期试验与切换中发生异常或事故时，应按运行规程进行处理。

（7）运行人员应将本班定期工作的执行情况、发现问题及未执行原因及时登记在《定期试验切换记录簿》内，并做好交接班记录。

电气设备的定期试验与切换应按现场规定执行。

除此之外，电气运行管理制度还有设备缺陷管理制度、运行管理制度、运行维护制度。

设备缺陷管理制度是为了及时消除影响安全运行或威胁安全生产的设备缺陷，提高设备的完好率，保证安全生产的一项重要制度。

运行管理制度包括做好备品（如熔断器、电刷等）、安全用具、图纸、资料、钥匙及测量仪表的管理规定。

设备定期试验与
切换制度

运行维护制度主要是指对电刷、熔断器等部件的维护，发现的其他设备缺陷，运行值班人员能处理的应及时处理，不能处理的由检修人员或协助检修人员进行处理，以保证设备处于良好的运行状态。

电气设备巡视概述

任务 3.1　电气设备巡视规定

电气设备巡视规定有以下几方面：

（1）设备的巡视检查工作应根据规定的要求按时进行，运行人员在巡视过程中应随时掌握设备的运行情况，做到正常运行按时查，高峰、高温重点查，天气突变及时查，重点设备重点查，薄弱设备过细查。

（2）巡视中应做好巡视记录（主要反映在"运行记录"中），对于巡视中发现的设备异常和变动情况，应及时向当值值长汇报，若问题严重危及系统正常运行时，还应立即向相应的当值调度员汇报，以采取相应的措施，确保系统安全运行。

（3）对于巡视中发现的问题，应做好设备缺陷记录，上报队长、有关部门，并及时通知维修人员进行处理。

（4）运行人员在巡视时应严格按照有关安全工作规定，巡视中不得兼做其他工作，单人巡视，不得擅自触动运行设备、进入固定遮栏等；如遇雷雨天气，巡视时应按《运行规程》有关规定执行。

（5）正常巡视。运行人员每 2~3 天对设备巡视一次，每半月进行一次晚间闭灯巡视。

（6）全面巡视。每月应对全厂、站标准化作业巡视一次，主要内容是对设备进行全面的外部检查，对缺陷有无发展做出鉴定，检查设备薄弱环节，检查防火、防小动物、防误闭锁等漏洞，检查接地网及引线是否完好等。

（7）特殊巡视。它是指运行人员根据设备的运行情况、外部环境的变化和系统的运行状况有针对性的重点巡视。

电气设备巡视概述

下列情况时应进行特殊巡视：

（1）设备过负荷或负荷有明显增加时。

（2）设备经过检修、改造或长期停用后重新投入系统运行，以及新安装设备投入系统运行时。

（3）设备异常运行或运行中有可疑的现象时。

（4）恶劣气候或气候突变时。

（5）事故跳闸时。

（6）设备存在缺陷未消除前。

（7）法定节假日或上级通知有重要供电任务期间。

（8）其他特殊情况。

对气候变化或突变等情况有针对性地对设备进行检查的要求如下：

（1）气候暴热时，应检查各种设备温度和油位的变化是否过高、冷却设备运行是否正常、油压和气压变化是否正常。

（2）气候骤冷时，应重点检查充油充气设备的油位变化情况，如检查油压和气压变化是否正常，加热设备是否启动、运行是否正常等情况。

（3）大风天气时，应注意临时设备牢固情况、导线舞动情况及有无杂物刮到设备上，室外设备箱门是否已关闭好等。

（4）降雨、雪天气时，应注意室外设备接点触头等处及导线是否有发热和冒气现象。

电气运行注意事项
（PPT）

（5）大雾潮湿天气时，应注意套管及绝缘部分是否有污闪和放电现象，端子箱、机构箱内是否有凝露现象。

（6）雷雨天气后，应注意检查设备有无放电痕迹，避雷器放电记录器是否动作。

任务 3.2　电气设备巡视内容

电气设备巡视的内容主要有以下几方面：

（1）设备运行情况。

（2）充油设备有无漏油、渗油现象，油位、油压指示是否正常。

（3）设备接头接点有无发热、烧红现象，金具有无变形和螺栓有无断损和脱落、电晕放电等情况。

（4）运转设备声音是否异常（如冷却器风扇、油泵和水泵等）。

（5）设备干燥装置是否已失效（如硅胶变色）。

电气设备巡视内容
（视频文件）

（6）设备绝缘子、瓷套有无破损和灰尘污染。

（7）设备的计数器、指示器的动作和变化指示情况（如避雷器动作计数器、断路器操作指示器等）。

任务 3.3　电气设备维护要求及周期

电气设备维护要求及周期有以下规定：

（1）应结合发电厂、变电站设备情况及无人值班变电站的《设备定期巡视周期表》，制定《设备定期维护周期表》，按时进行设备维护工作，每月至少进行一次。

（2）全厂、站安全工器具检查、整理、清扫工作每月进行一次，要求工器具清洁、合格、摆放整齐。

（3）全厂、站保护定值、压板核对、保护对时、间隔维护、主变压器冷却装置检查、清扫并进行投退切换工作每月进行一次；要求一次设备及保护屏应清扫干净，保护定值、压板投退正确。冷却装置工作正常并按要求轮换。

（4）全厂、站门窗、孔洞、消防器材、防小动物设施、防火设施检查、清扫工作每月进行一次，要求门窗孔洞关堵严密，玻璃完好，设备保管妥善、合格。

（5）厂、站用电源每月必须轮换一次，并运行 1 h 以上。

（6）全厂、站接地螺栓、防误闭锁装置锁头注油工作每半年进行一次，要求维护到位。

（7）蓄电池维护检查、测量电压并记录工作每月进行一次，要求记录正确，维护到位。

（8）全厂、站室内、外照明，检修照明和事故照明检查，每月进行一次，要求开关电源合格，事故照明切换正常。

（9）每年入冬前、雨期前对取暖、驱潮电源检查一次，要求设施完好。

（10）每年进行一次主变压器冷却装置备用电源启动试验，要求运行正常。火灾报警系统试验检查，要求设施完好。

电气设备维护要求及周期（视频文件）

电气设备事故处理概述

任务 4.1　事故处理一般规定

一、　电气设备的工作状态

1. 电气设备的正常运行状态

电气设备在规定的外部环境下（额定电压、额定气温、额定海拔、额定冷却条件、规定的介质状况等），保证连接（或在规定的时间内）正常达到额定工作能力的状态，称为额定工作状态，即电气设备的正常运行状态。

2. 电气设备的异常状态

电气设备的异常状态就是不正常的工作状态，是相对于设备的正常工作状态而言的。设备的异常状态是指设备在规定的外部条件下，部分或全部失去额定的工作能力的状态。例如：

（1）设备功率达不到铭牌要求，变压器不能带额定负荷，断路器不能通过额定电流或不能切断规定的事故电流，母线不能通过额定电流等。

（2）设备不能达到规定的运行时间，变压器带额定负荷不能连续运行，电流互感器长时间运行本身发热超过允许值，隔离开关通过额定电流时过热等。

（3）设备不能承受额定电压，瓷件受损的电气设备在额定电压下形成击穿，在变压器组绝缘破坏后的额定电压下造成匝间短路、层间短路等故障。

3. 电气设备的事故状态

电气设备运行中的异常状态是事故状态的前奏，如果处理不当或延误处理时就可能转化为事故状态。通常，比较严重的异常状态或已经造成设备部分损坏、引起系统运行异常、中止了对用户供电的状态，称为事故状态。

电气设备的异常运行或故障，将导致整个电网的安全运行出现问题，果断、正确、迅速处理好事故，其意义非常重大。

二、　事故处理一般规定

（1）发生事故和处理事故时，值班人员不得擅自离开岗位，应正确执行调度、值长、值班长（机长）的命令，处理事故。

（2）在交接班手续未办完而发生事故时，应由交班人员处理，接班人员协助、配合。

在系统未恢复稳定状态或值班负责人不同意交接班之前，不得进行交接班。只有在事故处理告一段落或值班负责人同意交接班后，方可进行交接班。

（3）处理事故时，系统调度员是系统事故处理的领导和组织者，值长是发电厂全厂事故处理的领导和组织者，电气值班长是电厂（变电所）电气事故处理的领导和组织者（机长是本机组事故处理的领导和组织者），电气值班长（机长）均应接受值长指挥，值长和变电所值班长均应接受系统调度员指挥。

（4）处理事故时，各级值班人员必须严格执行发令、复诵、汇报、录音和记录制度。发令人发出事故处理的命令后，要求受令人复诵自己的命令，受令人应将事故处理的命令向发令人复诵一遍。如果受令人未听懂，应向发令人问清楚。命令执行后，应向发令人汇报。为便于分析事故，处理事故时应录音。事故处理后，应记录事故现象和处理情况。

事故处理一般原则
（视频文件）

（5）事故处理中若下一个命令需根据前一命令执行情况来确定，则发令人必须等待命令执行人的亲自汇报后再定，不能经第三者传达，不准根据表计的指示信号判断命令的执行情况。

（6）发生事故时，各装置的动作信号不要急于复归，以便随时查核，有利于事故的正确分析和处理。

任务4.2　事故处理基本原则

事故处理的基本原则如下：

（1）迅速限制事故的发展，消除事故的根源，解除对人身和设备安全的威胁。

（2）注意厂用电、站用电的安全，设法保持厂用、站用电源正常。

（3）事故发生后，根据表计、保护、信号及自动装置动作情况进行综合分析、判断，做出处理方案。处理中应防止非同期并列和系统事故扩大。

（4）在不影响人身及设备安全的情况下，尽一切可能使设备继续运行。必要时，应在未直接受到事故损害和威胁的机组上增加负荷，以保证对用户的正常供电。

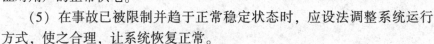

事故处理基本原则
（视频文件）

（5）在事故已被限制并趋于正常稳定状态时，应设法调整系统运行方式，使之合理，让系统恢复正常。

（6）尽快对已停电的用户恢复供电。

（7）做好主要操作及操作时间的记录，及时将事故处理情况报告给有关领导和系统调度员。

任务4.3　事故处理时各岗位人员的职责

（1）发电厂发生事故时，值长（值班长）通过电话迅速向系统调度汇报事故情况，听取调度的处理意见。

（2）事故发生后及事故处理过程中，值长用口头或电话向值班长（或机长）发布事故处理的命令，值班长（或机长）复诵后立即执行，值班长（或机长）根据值长的命令，口头向值班员发布命令，值班员受令复诵后，立即执行。执行完毕，用口头或电话向值班长（或机长）汇报；值班长（或机长）用口头或电话再向值长汇报。

（3）在紧急情况下，值班长（或机长）来不及向值长请示时，可直接向值班员发布事故处理的命令。事故处理后，值班长（或机长）用口头或电话再向值长汇报。

岗位人员职责
（视频文件）

（4）变电所发生事故时，变电所值班长用电话与系统调度直接联系，听取调度的处理意见。在事故发生后及处理过程中，值班长用口头直接向值班员发布事故处理的命令，值班员受令复诵后立即执行。执行完毕，口头向值班长汇报。

任务4.4　事故处理一般程序

（1）判断故障性质。根据计算机显像管（显示器）图像显示、光字牌报警信号、系统中有无冲击摆动现象、继电保护及自动装置动作情况、仪表及计算机打印记录、设备的外部象征等进行分析、判断。

（2）判明故障范围。设备故障时，值班人员应到故障现场，严格执行安全规程，对设备进行全面检查。母线故障时，应检查所有与其相连接的断路器和隔离开关。

（3）解除对人身和设备安全的威胁。若故障对人身和设备安全构成威胁，应立即设法消除，必要时可停止设备运行。

（4）保证非故障设备的运行。将故障设备隔离，确保非故障设备的运行。

（5）做好现场安全措施。对于故障设备，在判明故障性质后，值班人员应做好现场安全措施，以便检修人员进行抢修。

事故处理一般程序
（视频文件）

（6）及时汇报。值班人员必须迅速、准确地将事故处理的每一阶段情况报告给值长或值班长（或机长），避免事故处理发生混乱。

倒闸操作概述

任务 5.1 倒闸操作一般规定

电气设备由一种状态转换到另一种状态，或改变电气一次系统运行方式所进行的一系列操作，称为倒闸操作。

倒闸操作是一项复杂而重要的工作，操作的正确与否，直接关系到操作人员的安全和设备的正常运行。若发生误操作事故，其后果是极其严重的。因此，电气运行人员一定要树立"精心操作，安全第一"的思想，严肃认真地对待每一个操作。

倒闸操作的主要内容有：拉开或合上某些断路器或隔离开关，拉开或合上接地隔离开关（拆除或挂上接地线），取下或装上某些控制、合闸及电压互感器的熔断器，停用或加用某些继电保护和自动装置及改变定值，改变变压器、消弧线圈组分接头及检查设备绝缘等。

一、电气设备的状态

电气设备的状态有以下几种：

（1）运行状态。电气设备的相关一次、二次回路全部接通带电，称为运行状态。

（2）热备用状态。电气设备的热备用状态是指其断路器断开、隔离开关合上时的状态，其特点是断路器一经操作就接通电源。

（3）冷备用状态。电气设备的冷备用状态是指回路中断路器和隔离开关全都断开时的状态。其显著特点是该设备与其他带电部分之间有明显的断开点。设备冷备用根据工作性质分为断路器冷备用与线路冷备用等。

电气设备的状态
（视频文件）

（4）检修状态。电气设备的检修状态是指回路中断路器和隔离开关均已断开，待检修设备两侧装设了保护接地线（或合上了接地开关）和遮栏，并悬挂了标示牌时的状态。

二、对倒闸操作的一般规定

由于倒闸操作是实现设备运行的开始、结束或变换参数的操作，因此它是一项操作复杂而又特别危险的工作，因而对该过程的正确性与严肃性要求尤显严格。对倒闸操作的一般规定为：

（1）操作人和监护人需经考试合格并经工区领导批准公布。

（2）操作人和监护人不能单凭记忆，而应仔细检查操作地点及设备的名称编号后，才能进行操作。

（3）只有值班长或正值才能够接受调度命令和担任倒闸操作中的监护人，副值无权接受调度命令，只能担任倒闸操作中的操作人；实习人员一般不介入操作中的实质性工作。操作中由正值监护、副值操作。对重要和复杂的倒闸操作，由当值的正值操作，值班长（或站长）监护。

（4）操作人不能只依赖监护人，而应对操作内容做到心中有数。否则，操作中仍可能出问题。

（5）在进行操作期间，不得进行与操作无关的交谈或工作。

（6）处理事故时，不能惊惶失措，以免扩大事故。

（7）设备送电前，必须终结全部工作票，拆除接地线及与检修工作有关的临时安全措施，恢复固定遮栏及常用警告牌。对送电设备进行全面检查时应正常，摇测设备绝缘电阻应合格。

（8）无保护的设备不允许投入运行。

（9）装有同期合闸的断路器，必须进行同期合闸，仅在断路器一侧无电压进行充电操作时，才允许合上同期闭锁开关解除同期闭锁回路。

（10）对检修过的断路器送电时，必须进行远方跳合闸试验，运行中的小车开关不允许解除机械闭锁手动分闸。

（11）现场一次、二次设备要有明显的标志，包括命名、编号、铭牌、转动方向、切换位置的指示以及区别电气相别的颜色。

（12）要有与现场设备标志和运行方式相符合的一次系统模拟图及二次回路的原理图和展开图。

（13）要有合格的操作工具、安全用具和设施（包括放置接地线的专用装置）等。

（14）对下列合闸操作，可以不经调度许可自行进行：

①在发生人身触电或设备危险时，可自行拉开有关断路器，但事后必须汇报调度。

②母线电压不合格时，可进行主变压器有载开关的操作，但事后必须汇报调度。

对倒闸操作的一般规定
（视频文件）

③不属于调度管辖设备的操作，如并联电容器、分路断路器、直流系统、站用电系统等。

三、 倒闸操作要点

1. 隔离开关操作要点

（1）手动合闸隔离开关时，先拔出联锁销子，开始要缓慢，当刀片接近刀嘴时，要迅速果断合上，以防产生弧光。但在合到终了时，不得用力过猛，防止冲击力过大而损坏隔离开关绝缘子。

（2）手动拉闸时，应按"慢—快—慢"的过程进行。开始时，将动触头从固定触头中缓慢拉出，使之有一小间隙。若有较大电弧（错拉），应迅速合上；若电弧较小，则迅速将动触头拉开，以利灭弧。拉至接近终了时，应缓慢，防止冲击力过大，损坏隔离开关绝缘子和操动机构。操作完毕后应锁好销子。

（3）隔离开关操作完毕后，应检查其开、合位置是否正常。

2. 断路器操作要点

（1）用控制开关远方电动合闸时，先将控制开关顺时针方向扭转90°至"预合闸"位置；待绿灯闪光后，再将控制开关顺时针方向扭转45°至"合闸"位置；当红灯亮、绿灯灭后，松开控制开关，控制开关自动反时针方向返回45°，合闸操作完成。

（2）用控制开关远方电动分闸时，先将控制开关反时针方向扭转90°至"预分"位置；待红灯闪光后，再将控制开关反时针方向扭转45°至"分闸"位置；当红灯灭、绿灯亮后，松开控制开关，控制开关自动顺时针方向返回45°，完成分闸操作。

（3）操作控制开关时，操作应到位，停留时间以灯光亮或灭为限，不要过快松开控制开关，防止分、合闸操作失灵。操作控制开关时，不要用力过猛，以免损坏控制开关。

（4）断路器操作完毕后，应检查断路器位置状态。

判断断路器分、合闸实际位置的方法是：

①检查有关信号及测量仪表指示，作为断路器分、合闸位置参考判据。

②检查断路器机械位置指示器，根据机械位置指示器分、合位置指示，确认断路器实际分、合闸位置状态。

③检查断路器分、合闸弹簧状态及传动机构水平拉杆或外拐臂的位置变化，在机械位置指示器失灵情况下，也能确认断路器分、合闸实际位置状态。

四、　倒闸操作注意事项

（1）倒闸操作必须两人进行，一人操作，一人监护。

（2）倒闸操作必须先在一次接线模拟屏上进行模拟操作（用微机操作的不做此规定），核对系统接线方式及操作票正确无误后方可正式操作。

（3）倒闸操作时，不允许将设备的电气和机械防误操作闭锁装置解除，特殊情况下如需解除，必须经值长（或值班负责人）同意。

（4）倒闸操作时，必须按操作票填写的顺序逐项唱票和复诵进行操作，每操作完一项，应检查无误后做一个"√"记号，以防操作漏项或顺序颠倒。全部操作完毕后进行复查。

（5）操作时，应戴绝缘手套和穿绝缘靴。

（6）雷电时，禁止倒闸操作。雨天操作室外高压设备时，绝缘棒应有防雨罩。

（7）装、卸高压熔断器时，应戴护目镜和绝缘手套，必要时使用绝缘夹针，并站在绝缘垫或绝缘台上。

（8）装设接地线（或合接地开关）前，应先验电，后装设接地线（或合接地开关）。

（9）电气设备停电后，即使是事故停电，在未拉开有关隔离开关和做好安全措施前，不得触及设备或进入遮栏，以防突然来电。

任务5.2　倒闸操作基本原则

一、　停送电操作原则

（1）拉、合隔离开关及小车断路器停、送电时，必须检查并确认断路器在断开位置

（倒母线时除外，此时母线联络断路器必须合上）。

（2）严禁带负荷拉、合隔离开关，所装电气和机械防误闭锁装置不能随意退出。

（3）停电时，先断开断路器，再拉开负荷侧隔离开关，最后拉开母线侧隔离开关；送电时，先合上电源侧隔离开关，再合上负荷侧隔离开关，最后合上断路器。

（4）手动操作过程中，若发现误拉隔离开关，不准把已拉开的隔离开关重新合上。只有用手动蜗轮传动的隔离开关，在动触头未离开静触头刀刃之前，允许将误拉的隔离开关重新合上，不再操作。

（5）超高压线路送电时，必须先投入并联电抗器后再合线路断路器。

（6）线路停电前要先停用重合装置，送电后要再投入。

二、 母线倒闸操作原则

（1）倒母线必须先合上母线联络断路器，并取下控制熔断器，以保证母线隔离开关在并、解列时满足等电位操作的要求。

（2）在母线隔离开关的合、拉过程中，如可能产生较大火花时，应依次先合靠母线联络断路器最近的母线隔离开关；拉的顺序则与其相反。尽量减小操作母线隔离开关时的电位差。

（3）拉母线联络断路器前，母线联络断路器的电流表应指示为零；同时，母线隔离开关辅助触点、位置指示器应切换正常。以防"漏"倒设备，或从母线电压互感器二次侧反充电，引起事故。

（4）倒母线的过程中，母线差动保护的工作原理如不遭到破坏，一般均应投入运行。同时，应考虑母线差动保护非选择性开关的拉、合及低电压闭锁母线差动保护压板的切换。

（5）母线联络断路器因故不能使用，必须用母线隔离开关拉、合空载母线时，应先将该母线电压互感器二次侧断开（取下熔断器或低压断路器），防止运行母线的电压互感器熔断器熔断或低压断路器跳闸。

（6）母线停电后需做安全措施的，应验明母线无电压后，方可合上该母线的接地开关或装设接地线。

（7）向检修后或处于备用状态的母线充电，充电断路器有速断保护时，应优先使用；无速断保护时，其主保护必须加用。

（8）母线倒闸操作时，先给备用母线充电，检查两组母线电压相等，确认母线联络断路器已合好后，取下其控制电源熔断器，然后进行母线隔离开关的切换操作。母线联络断路器断开前，必须确认负荷已全部转移，母线联络断路器电流表指示为零后，再断开母线联络断路器。

（9）其他注意事项。

①严禁将检修中的设备或未正式投运设备的母线隔离开关合上。

②禁止用分段断路器（串有电抗器）代替母线联络断路器进行充电或倒母线操作。

③当拉开工作母线隔离开关后，若发现合上的备用母线隔离开关接触不好或放弧，应立即将拉开的开关再合上，并查明原因。

④停电母线的电压互感器所带的保护（如低电压、低频、阻抗保护等），如不能提前

切换到运行母线的电压互感器上供电，则事先应将这些保护停用，并断开跳压板。

三、 变压器的停、 送电操作原则

（1）双绕组升压变压器停电时，应先拉开高压侧断路器，再拉开低压侧断路器，最后拉开两侧隔离开关。送电时的操作顺序与此相反。

（2）双绕组降压变压器停电时，应先拉开低压侧断路器，再拉开高压侧断路器，最后拉开两侧隔离开关。送电时的操作顺序与此相反。

（3）三绕组升压变压器停电时，应依次拉开高、中、低压三侧断路器，再拉开三侧隔离开关。送电时的操作顺序与此相反。

（4）三绕组降压变压器停、送电的操作顺序与三绕组升压变压器相反。

倒闸操作基本
原则（PPT）

总的来说，变压器停电时，先拉开负荷侧断路器，后拉开电源侧断路器。送电时的操作顺序与此相反。

四、 消弧线圈操作原则

（1）消弧线圈隔离开关的拉、合均必须在确认该系统中不存在接地故障的情况下进行。

（2）消弧线圈在两台变压器中性点之间切换使用时应先拉后合，即任何时间不得在两台变压器中性点使用消弧线圈。

任务5.3　倒闸操作中应重点防止的误操作事故

50％以上的电气误操作事故发生在10 kV及以下系统，而误拉误合断路器或隔离开关、带负荷拉合隔离开关、带电挂接地线或带电合接地开关、带地线合闸、非同期并列这五种误操作，约占电气误操作事故的80％以上，其性质恶劣、后果严重，是我们日常防止误操作的重点。

一、 误拉误合断路器或隔离开关

不少误操作事故都直接或间接地与误拉误合断路器或隔离开关有关。防止误操作的具体措施是：

（1）倒闸操作发令、接令或联系操作要正确、清楚，并坚持重复命令，有条件的要录音。

（2）操作前进行三对照，操作中坚持三禁止，操作后坚持复查。整个操作要贯彻五不干。

①三对照：a. 对照操作任务、运行方式，由操作人填写操作票；b. 对照"电气模拟图"审查操作票并预演：c. 对照设备编号无误后再操作。

②三禁止：a. 禁止操作人、监护人一齐动手操作，失去监护；b. 禁止有疑问盲目操作；c. 禁止边操作、边做与其无关的工作（或聊天），分散精力。

③五不干：a. 操作任务不清不干；b. 操作时无操作票不干：c. 操作票不合格不干；d. 应有监护而无监护人不干；e. 设备编号不清不干。

（3）预定的重大操作或运行方式将发生特殊的变化，电气运行专责工程师（技术员）应提前制定"临时措施"，对倒闸操作工作进行指导，做出全面安排，提出相应要求及注意事项、事故预想等，使值班人员操作时心中有数。

（4）通过平时技术培训（考问讲解、事故演习），使值班人员掌握正确的操作方法，并领会规程条文的精神实质。

二、 带负荷拉合隔离开关

带负荷拉合隔离开关是最常见的误操作事故。自1980年防误操作闭锁装置普遍应用之后，这种事故有所下降，但并未杜绝。不少单位仍时有发生，后果仍然严重。

1. 带负荷拉合隔离开关事故的主要原因

（1）拉合回路时，回路负荷电流超过了隔离开关开断小电流的允许值。

（2）拉合环路时，环路电流及断口电压差超过了容许限度。

（3）人为误操作，如走错间隔、拉错隔离开关，或断路器未拉开就拉合隔离开关等。

2. 防止带负荷拉合隔离开关的具体措施

（1）按照隔离开关允许的使用范围及条件进行操作。拉合负荷电路时，严格控制电流值，确保在全电压下开断的小电流值在允许值之内。

（2）拉合规程规定之外的环路，必须谨慎，要有相应的安全和技术措施。

（3）加强操作监护，对号检查，防止走错间隔、动错设备、误拉误合隔离开关。同时对隔离开关普遍加装防误操作闭锁装置。

（4）拉合隔离开关前，现场检查断路器，必须在断开位置。隔离开关经操作后，操动机构的定位销一定要锁好，防止因机构滑脱接通或断开负荷电路。

带负荷拉合隔离
开关（PPT）

（5）倒母线及拉合母线隔离开关，属于等电位操作，故必须保证母线联络断路器合入，同时取下该断路器的控制电源熔断器，以防止跳闸。

（6）隔离开关检修时，与其相邻运行的隔离开关机构应锁住，以防止误拉合。

（7）手车断路器的机械闭锁必须可靠，检修后应实际操作进行验收，以防止将手车带负荷拉出或推入间隔，引起短路。

三、 带电挂接地线或带电合接地开关

防止带电挂接地线或带电合接地开关的措施：

（1）断路器、隔离开关拉后，必须检查实际位置是否拉开，以免回路电源未切断。

（2）坚持验电，及时发现带电回路，查明原因。

（3）正确判断正常带电与应电的区别，防止误把带电当静电。

（4）隔离开关拉开后，若一侧带电，一侧不带电，应防止将有电一侧的接地开关合入，造成短路。当隔离开关两侧均装有接地开关时，一旦隔离开关拉开，接地开关与主隔离开关之间的机械闭锁即失去作用，此时任意一侧接地开关都可以自由合入。若疏忽大意，必将酿成事故。

（5）普遍安装带电显示器，并闭锁接地开关，有电时不允许接地开关合入。

四、 带地线合闸

防止带地线合闸事故与日常技术管理和遵章守纪密切相关，具体执行以下措施：

（1）加强地线的管理。按编号使用地线；拆、挂地线要做记录并登记。

（2）防止在设备系统上遗留地线。

①拆、挂地线或拉合接地开关，要在"电气模拟图"上做好标记，并与现场的实际位置相符。交接班检查设备时，同时要查对现场地线的位置、数量是否正确，与"电气模拟图"是否一致。

②禁止任何人不经值班人员同意，在设备系统上私自拆、挂地线，挪动地线的位置，或增加地线的数量。

③设备第一次送电或检修后送电前，值班人员应到现场进行检查，掌握地线的实际情况；调度人员下令送电前，事先应与发电厂、变电所、用户的值班人员核对地线，防止漏拆接地线。

（3）对于一经操作可能向检修地点送电的隔离开关，其操动机构要锁住，并悬挂"有人工作，禁止合闸"的标示牌，防止误操作。

（4）正常倒母线，严禁将检修设备的母线隔离开关误合入。事故倒母线，要按照"先拉后合"的原则操作，即先将故障母线上的母线隔离开关拉开，然后再将运行母线上的母线隔离开关合入，严禁将两母线的母线隔离开关同时合入并列，使运行的母线再短路。

（5）设备检修后的注意事项：

①检修后的隔离开关应保持在断开位置，以免接通检修回路的地线，送电时引起人为短路。

带地线合闸
（视频文件）

②防止工具、仪器、梯子等物件遗留在设备上，送电后引起接地或短路。

③送电前，坚持摇测设备绝缘电阻。万一遗留地线，通过摇绝缘可以发现。

五、 非同期并列

发生非同期并列事故的主要原因有：①一次系统不符合条件，误合闸；②同期用的电压互感器或同期装置电压回路，接线错误，没有定相；③人员误操作，误并列。

非同期并列，不但危及发电机、变压器，还严重影响电网及供电系统，造成振荡和甩负荷。就电气设备本身而言，非同期并列的危害甚至超过短路故障。防止非同期并列的具体措施如下：

（1）设备变更时要坚持定相。发电机、变压器、电压互感器、线路新投入（大修后投入），或一次回路有改变、接线有变动，并列前均应定相。

（2）防止并列时人为发生误操作。

①值班人员应熟知全厂（所）的同期回路及同期点。

②在同一时间不允许投入两个同期电源开关，以免在同期回路发生非同期并列。

③手动同期并列时，要经过同期继电器闭锁，在允许相位差合闸。严禁将同期短接开关合入，失去闭锁，在任意相位差合闸。

④工作厂用变压器、备用厂用变压器，分别接自不同频率的电源系统时，不准直接并列系统。此时倒换变压器要采取"拉联"的办法，即手动拉开工作厂用变压器的电源断路器，使一段备用厂用变压器的断路器联动合入。

⑤电网电源联络线跳闸，未经检查同期或调度下令许可，严禁强送或合环。

（3）保证同期回路接线正确，同期装置动作良好。

（4）断路器的同期回路或合闸回路有工作时，对应一次回路的隔离开关应拉开，以防断路器误合入、误并列。

另外，严格执行"停电、验电、挂接地线、设置遮栏、挂牌"技术措施的步骤和要求，也是防止误操作的重要手段。同时，防止操作人员高空坠落、误入带电间隔、误登带电构架，也是倒操作中注意的要点。

非同期并列（视频文件）

技 能 篇

电气设备的运行监视及巡检维护

项目描述

该项目主要学习发电机、变电站主系统一次设备、二次设备、站用电与直流系统等电气设备的运行监视和巡检维护。学习完本项目应具备以下专业能力、方法能力、社会能力。

（1）专业能力：具备对发电机、变电站主系统一次设备、二次设备、站用电与直流系统等电气设备进行运行监测的能力；具备对发电机、变电站主系统一次设备、二次设备、站用电与直流系统等电气设备进行巡检维护的能力。

（2）方法能力：具备发电机、变电站主系统一次设备、二次设备、站用电与直流系统等电气设备运行监测和巡视检查中发现问题并进行分析的能力。

（3）社会能力：具备服从指挥、遵章守纪、吃苦耐劳、主动思考、善于交流、团结协作、认真细致地安全作业的能力。

教学目标

一、知识目标

（1）熟悉发电机、变电站主系统一次设备、二次设备、站用电与直流系统等电气设备的运行监测项目。

（2）熟悉发电机、变电站主系统一次设备、二次设备、站用电与直流系统等电气设备的巡检维护项目。

二、能力目标

（1）能对发电机、变电站主系统一次设备、二次设备、站用电与直流系统等电气设备进行运行监测。

（2）能对发电机、变电站主系统一次设备、二次设备、站用电与直流系统等电气设备进行巡视检查。

三、素质目标

（1）愿意交流，主动思考，善于在反思中进步。

（2）学会服从指挥，遵章守纪，吃苦耐劳，安全作业。

（3）学会团队协作，认真细致，保证目标实现。

 教学环境

电气设备的运行监视及巡视检查在电气运行仿真实训室进行一体化教学，机位要求能满足每个学生一台计算机；电气运行仿真系统相关资料齐全，配备规范的一体化教材和相应的多媒体课件等教学资源。

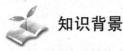 **知识背景**

在电力生产中，发电厂把其他形式的能量转换为电能，电能经过变压器和不同电压等级的输电线路被输送并分配给用户，再通过各用电设备转换成适合用户需要的其他形式的能。这种由生产、输送、分配和使用电能的各种电气设备连接在一起而组成的整体，称为电力系统。如果把火电厂的汽轮机、锅炉、供热系统和热用户，水电厂的水轮机和水库，核电厂的反应堆和汽轮机等动力部分也包括进来，就称为动力系统。

电力系统中输送和分配电能的部分称为电力网，它包括升、降压变压器，换流站和各种电压等级的交、直流输电线路。由输电线和连接这些电力线路的变电站所组成的统一体，称为输电网，它的作用是将发电厂的电能送往负荷中心；由配电线路和配电站组成的统一体，称为配电网，它的作用是将负荷中心的电能分配到各配电站后，再将电能送往各用户。

任务 1.1 发电机的正常运行监控

 教学目标

知识目标：

（1）熟悉发电机的额定运行方式和允许运行方式。

（2）熟悉发电机监测内容和方法。

能力目标：

能进行发电机运行监控。

素质目标：

（1）主动学习，在完成对发电机运行监控过程中发现问题、分析问题和解决问题。

（2）能与小组成员协商、交流配合，按标准化作业流程完成发电机的运行监控工作。

 任务分析

发电机运行监视。

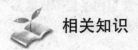 **相关知识**

一、 发电机额定运行方式

发电机按制造厂铭牌额定参数运行的方式，称为额定运行方式。发电机的额定参数是制造厂对其在稳定、对称运行条件下规定的最合理的运行参数。当发电机在各相电压和电流都对称的稳态条件下运行时，具有损耗小、效率高、转矩均匀等优点。所以在一般情况下，发电机应尽量保持在额定或接近额定工作状态下运行。

二、 发电机允许温度和温升

由于电网负荷的变化，不可能所有的发电机组都按铭牌额定参数运行，会出现某些机组偏离铭牌参数运行的情况。当发电机的运行参数偏离额定值，但在允许范围内时，这种运行方式为允许运行方式。

发电机运行时会产生各种损耗，这些损耗一方面使发电机的效率降低，另一方面会变成热量使发电机各部分的温度升高。温度过高及高温延续时间过长都会使绝缘加速老化，缩短使用寿命，甚至引起发电机事故。一般来说，发电机温度若超过额定允许温度 6 ℃ 长期运行，其寿命会缩短一半（即 6 ℃ 规则）。所以，发电机运行时，必须严格监视各部分的温度，使其在允许范围内。另外，由于发电机内部的散热能力与周围空气温度的变化成正比，当周围环境温度较低，温差增大时，为使发电机内各部位实际温度不超过允许值，还应监视其允许温升。

发电机的连续工作容量主要决定于定子绕组、转子绕组和定子铁芯的温度。这些部分的允许温度和允许温升，决定于发电机采用的绝缘材料等级和温度测量方法。通常容量较大的发电机，大多采用 B 级绝缘材料，也有的采用 F 级绝缘材料，绝缘材料不同则测温方法也不完全相同。因此，发电机运行时的温度和温升，应根据制造厂规定的允许值（或现场试验值）确定。若无厂家规定时，可按表 1−1−1 执行。

表 1−1−1 发电机各主要部分的温度和温升允许值

发电机部位	允许温升/℃	允许温度/℃	温度测试方法
定子铁芯	65	105	埋入检温计法
定子绕组	65	105	埋入检温计法
转子绕组	90	130	电阻法

表 1−1−1 中，发电机定子铁芯和定子绕组的允许温度同为 105 ℃。因为一方面有部分定子铁芯直接与定子绕组接触，定子铁芯的温度超过105 ℃时会使定子绕组的绝缘遭受损坏，特别是采用纸绝缘时，若温度经常在 100 ℃ 以上，由于绝缘纸的过分干燥而较绝缘漆更易损坏，所以发电机定子铁芯的允许温度不应超过定子绕组的允许温度。

发电机转子绕组的允许温度为 130 ℃，高于定子绕组的允许温度，

发电机允许温度和
温升（视频文件）

其原因首先是转子绕组电压较低，且绕组温度分布均匀，不会像定子绕组因受定子铁芯温度的影响而可能出现局部过热；其次，定子、转子绝缘材料不同，测温方法也不同。

三、冷却介质的质量、温度和压力允许变化范围

发电机的冷却介质主要有氢气、水和空气。氢气冷却一般用在容量为 50～600 MW 的汽轮发电机中。其中，50～100 MW 的汽轮发电机一般用氢表面冷却；100～250 MW 的汽轮发电机的转子一般用氢内冷，而定子用氢表面冷却；200～600 MW 的汽轮发电机采用定子、转子氢内冷。容量较大的发电机的定子绕组广泛采用水内冷。空气冷却一般用在 50 MW 以下的汽轮发电机中。目前，国内外大、中型水轮发电机主要采用空气冷却和水冷却。

为保证发电机能在其绝缘材料的允许温度下长期运行，必须使其冷却介质的温度、压力运行在规定的范围内，其冷却介质的质量也必须符合规定。

1. 氢气的质量、压力和温度

机组运行时，为防止氢气爆炸，氢气质量必须达到规定标准：氢气纯度正常时应维持在 98% 或以上，其湿度不大于 2 g/m³（一个标准大气压下）。氢冷发电机氢气压力的大小，直接影响发电机各绕组的温度和温升。任何情况下，发电机的最高和最低运行氢压不得超过制造厂的规定。为保证机组额定出力和各部分温度、温升不超过允许值，发电机冷氢温度应不超过额定的冷氢温度。温度太低，机内容易结露；温度太高，影响发电机出力。

2. 冷却水的水质、温度和水压

冷却水的水质对发电机的运行有很大影响，如果电导率大于规定值，运行中会引起较大泄漏电流，使绝缘引水管老化，过大的泄漏电流还会引起相间闪络；水的硬度过大，则水中含钙、镁离子多，运行中易使管路结垢，影响冷却效果，甚至堵塞管道。为保证发电机的安全运行，对内冷水质有如下规定：电导率小于 15 μΩ/cm（20 ℃）；硬度小于 10 μg/L；酸碱度（pH 值）为 7～9。

水内冷发电机的进水温度的高低对其运行有很大影响，定子内冷水进水温度过高，影响发电机出力，而水温过低，则会使机内结露。故发电机的进水温度变化时，应根据规程规定接带负荷。发电机内冷水进水温度一般规定为 40～45 ℃，有的制造厂规定为 45～50 ℃。同时发电机定子绕组和转子绕组中的出水温度也不得超过规定值，以防止出水温度过高，引起水汽化而使绕组过热烧坏。

定子内冷水水压的高低，会影响定子绕组的冷却效果，影响机组出力，故机组内冷水进水压力应符合制造厂规定。为防止定子绕组漏水，内冷水运行压力不得大于氢压。当发电机的氢压发生变化时，应相应调整水压。

3. 冷却空气的温度

我国规定发电机进口风温不得高于 40 ℃，出口风温一般不超过 5 ℃，冷却气体的温升一般为 25～30 ℃。在此风温下，发电机可以连续在定容量下运行。当进口风温高于规定值时，冷却条件变差，发电机的出力就要减少，否则发电机各部分的温度和温升就要超过其允许值。反之，当进口风温低于规定值时，冷却条件变好，发电机的出力允许适当增加。

采用开启式通风的发电机，其进口风温不应低于 5 ℃，温度过低会使绝缘材料变脆。采用密封式通风的发电机，其进口风温一般不宜低于 15～20 ℃，以免在空气冷却器上凝结水珠。

四、 发电机电压的允许变化范围

发电机应运行在额定电压下。实际上，发电机的电压是根据电网的需要而变化的。发电机电压在额定值的 ±5% 范围内变化时，允许长期按额定出力运行。当定子电压较额定值减小 5% 时，定子电流可较额定值增加 5%，因为电压低时，铁芯中磁通密度降低，因而铁损也降低，此时稍增加定子电流，绕组温度也不会超过允许值。反之，当定子电压较额定值增加 5% 时，定子电流应减小 5%。这样，如果功率因数为额定值时，发电机就可以连续地在额定出力下运行。发电机电压的最大变化范围不得超过额定值的 10%。发电机电压偏离额定值超过 ±5% 时，都会给发电机的运行带来不利影响。

1. 电压低于额定值对发电机运行的主要影响

（1）降低发电机并列运行的稳定性和电压调节的稳定性。当电压降低时，功率极限降低，若保持输出功率不变，则势必增大功角运行，而功角越接近 90°，并列运行的稳定性越差，容易引起发电机振荡或失步。另外，电压降低时发电机铁芯可能处于不饱和状态，其运行点可能落在空载特性的直线部分，励磁电流做小范围的调节都会造成发电机电压的大幅变动，且难以控制。这种情况还会影响并列运行的稳定性。

（2）使发电机定子绕组温度升高。在发电机电压降低的情况下，若保持出力不变，则定子电流增大，有可能使定子温度超过允许值。

（3）影响厂用电动机和整个电力系统的安全运行，反过来又影响发电机本身的运行。

2. 电压高于额定值对发电机运行的主要影响

（1）转子绕组温度有可能超过允许值。保持发电机有功输出不变而提高电压时，转子绕组励磁电流就要增大，这会使转子绕组温度升高。当电压升高到 1.3～1.4 倍额定电压运行时，转子表面脉动损耗增加（这些损耗与电压的二次方成正比），使转子绕组的温度有可能超过允许值。

（2）使定子铁芯温度升高。定子铁芯的温升一方面是定子绕组发热传递的；另一方面是定子铁芯本身的损耗发热引起的。当定子端电压升高时，定子铁芯的磁通密度增高，铁芯损耗明显上升，使定子铁芯的温度大大升高。过高的铁芯温度会使绝缘漆烧焦、起泡。

（3）可能使定子结构部件出现局部高温。由于定子电压升高过多，定子铁芯磁通密度增大，使定子铁芯过度饱和，会造成较多的磁通逸出轭部并穿过某些结构部件，如机座、支撑筋、齿压板等，形成另外的漏磁磁路。过多的漏磁会使结构部件产生较大涡流，可能引起局部高温。

（4）对定子绕组的绝缘造成威胁。正常情况下，定子绕组的绝缘材料能耐受 1.3 倍额定电压。但对运行多年、绝缘材料已老化或本身有潜伏性绝缘缺陷的发电机，升高电压运行，定子绕组的绝缘材料可能被击穿。

五、 发电机频率的允许变化范围

正常运行时，发电机的频率应经常保持在 50 Hz。但是，因为电力系统负荷的增减频繁，而频率调整不能及时进行，因此频率不能始终保持在额定值上，可能稍有偏差。频率的正常变化范围应在额定值的 ±0.2 Hz 以内，最大偏差不应超过额定值的 ±0.5 Hz。频率超过额定值的 ±2.5 Hz 时，应立即停机。在允许变化范围内，发电机可按额定容量运行。频率变化过大将对用户和发电机带来有害的影响。

1. 频率降低对发电机运行的影响

（1）频率降低时，发电机转子风扇的转速会随之下降，使通风量减少，造成发电机的冷却条件变坏，从而使绕组和铁芯的温度升高。

（2）频率降低时，定子电动势随之下降。若保持发电机出力不变，则定子电流会增加，使定子绕组的温度升高；若保持电动势不变，使出力也不变，则应增加转子的励磁电流，也会使转子绕组的温度升高。

（3）频率降低时，若用增加转子电流来保持机端电压不变，会使定子铁芯中的磁通增加，定子铁芯饱和程度加剧，磁通逸出磁轭，使机座上的某些部件产生局部高温，有的部位甚至冒火花。

（4）频率降低时，厂用电动机的转速会随之下降，厂用机械的出力降低，这将导致发电机的出力降低。而发电机出力下降又会加剧系统频率的再度降低，如此恶性循环，将影响系统稳定运行。

（5）频率降低，可能引起汽轮机叶片断裂。因为频率降低时，若出力不变，转矩应增加，这会使叶片过负荷而产生较大振动，叶片可能因共振而折断。

2. 频率过高对发电机运行的影响

频率过高时，发电机的转速升高，转子上承受的离心力增大，可能使转子部件损坏，影响机组安全运行。当频率高至汽轮机危急保安器动作时，会使主汽门关闭，机组停止运行。

六、 发电机功率因数的允许变化范围

发电机运行时的定子电流滞后于定子电压一个角度 φ，同时向系统输出有功功率和无功功率，此工况为发电机的迟相运行，与此工况对应的 $\cos\varphi$ 为迟相功率因数。当发电机运行时的定子电流超前于定子电压一个角度 φ，发电机从系统吸取无功功率，用以建立机内磁场，并向系统输出有功功率，此工况为发电机的进相运行，与此工况对应的 $\cos\varphi$ 为进相功率因数。发电机的额定功率因数，是指发电机在额定出力时的迟相功率因数 $\cos\varphi$，其值一般为 0.8 ~ 0.9。

发电机运行时，由于有功负荷和无功负荷的变化，其 $\cos\varphi$ 也是变化的。为保持发电机的稳定运行，功率因数一般运行在迟相 0.8 ~ 0.95 范围内。$\cos\varphi$ 也可以工作在迟相的 0.95 ~ 1.0 或进相的 0.95，但此种工况下发电机的静态稳定性差，容易引起振荡和失步。因为，迟相 $\cos\varphi$ 值越高，输出的无功功率越小，转子励磁电流越小，定子、转子磁极间的吸力减小、攻角增大，定子的电动势降低，发电机的功率极限也降低，故发电机的静态稳定度降低。所以，通常规定 $\cos\varphi$ 一般不得超过迟相 0.95 运行，即无功功率不应低于有功功率的 1/3。对于有自动调节励磁的发电机，在 $\cos\varphi = 1$ 或 $\cos\varphi$ 在进相 0.95 ~ 1.0 范围内时，也只允许短时间运行。

$\cos\varphi$ 的低限值一般不做规定，因其不影响发电机运行的稳定性。

发电机在 $\cos\varphi$ 变化情况下运行时，有功和无功出力一定不能超过发电机的允许运行范围。在静态稳定条件下，发电机的允许运行范围主要决定于下述 4 个条件：

（1）原动机的额定功率。原动机的额定功率一般要稍大于或等于发电机的额定功率。

（2）定子的发热温度。发热温度决定了发电机额定容量的安全运行极限。

（3）转子的发热温度。该温度决定了发电机转子绕组和励磁机的最大防磁电流。

（4）发电机进相运行时的静态稳定极限。发电机进相运行时，考虑到运行稳定，发电机的有功输出要受到静态稳定极限的限制。

七、定子不平衡电流的允许范围

在实际运行中，发电机可能处于不对称状态，如系统中有电炉、电焊等单相负荷存在，系统发生不对称短路、输电线路或其他电气设备一次回路一相断线、断路器或隔离开关一相未合上等原因，使发电机三相电流不相等（不平衡）。

不平衡电流对发电机的运行有如下不良影响。

1. 使转子表面温度升高或局部损坏

不平衡电流中含有的负序电流所产生的负序旋转磁场，其旋转方向与转子转向相反，对转子的相对速度是同步转速的 2 倍，它将在转子绕组、阻尼绕组、转子铁芯表面及其他金属结构部件中感应出倍频（100 Hz）电流。倍频电流因趋肤效应在转子铁芯表面流通，引起损耗使转子铁芯表面发热，温度升高。倍频电流在转子绕组、阻尼绕组中流过时，引起绕组附加铜损，使转子绕组温度升高。

转子铁芯中的倍频电流在铁芯中环流时，大部分通过转子本体，也越过许多转子金件的接触面，如槽、套、中心环等，因接触面的接触电阻大，在一些接触面会产生局部高温，造成转子局部损坏，如套箍与齿的接触被烧伤。

发热对汽轮发电机转子的影响尤为显著，因为汽轮发电机为隐极式转子，铁芯为圆形且用整个钢锭整体锻制而成，转子绕组放在槽中不易散热。

2. 引起发电机振动

由于定子三相电流不对称，定子负序电流产生的负序磁场相对转子以 2 倍同步转速旋转，它与转子磁场相互作用，产生 100 Hz 的交变转矩，该转矩作用在转子及定子机座上，产生 100 Hz 的振动。由于水轮发电机为凸极式转子，沿圆周气隙不均匀，磁阻不等、磁场不均匀，而汽轮发电机为隐极式转子，沿圆周气隙较均匀、磁阻相差不大、磁场比较均匀，故三相电流不平衡运行时，负序磁场引起的机组振动，水轮发电机比汽轮发电机严重。因此，水轮发电机常设置阻尼绕组，利用其对负序磁场的去磁作用，可以减小负序电抗，同时可以降低负序磁场对转子造成的过热，以及减小附加振动转矩。

为此，对发电机三相不平衡电流的允许范围做如下规定：

（1）正常运行时，汽轮发电机在额定负荷下的持续不平衡电流（定子各相电流之差）不应超过额定值的 10%，对水轮发电机和调相机来讲，则不应超过额定值的 20%，且最大相的电流不大于额定值。在低于额定负荷下连续运行时，不平衡电流可大于上述值，但不得超过额定值的 20%，其具体数据应根据试验确定。

（2）长期稳定运行，每项电流均不大于额定值时，其负序电流分量不大于额定值的 8%～10%。水轮发电机允许担负的负序电流，不大于额定电流的 12%。

（3）短时耐负序电流的能力应满足 $I_2^2t \leqslant 10$。

八、发电机组绝缘电阻的允许范围

在发电机启动前或停机备用期间，应对其绝缘电阻进行监测，以保证发电机能安全运行。测量对象为发电机定子绕组、转子绕组、励磁回路、励磁机轴承绝缘垫、主励定子绕组、转子绕组、副励定子绕组以及各测温元件。

1. 发电机定子绝缘电阻的规定

300 MW 及以上的火电机组，一般接成发变组（即发电机变压器的简称）单元接线，测量发电机定子回路的绝缘电阻（包括发电机出口封闭母线、主变低压侧绕组、厂变高压绕组），一般用专用发电机绝缘测试仪进行测量。测量时，定子绕组水路系统内应通入合格的内冷水，不同条件下的测量值换算至同温度下的绝缘电阻（一般换算至 75 ℃下），不得低于前一次测量结果的 1/3 ~ 1/5，但最低不能低于 20 MΩ，吸收比不得低于 1.3。发电机的定子出口与封闭母线断开时，定子绝缘电阻值不应低于 200 MΩ。绝缘电阻不符合上述要求时，应查明原因并处理。

在任意温度下测得的定子绕组绝缘电阻值，也可直接用温度系数 K 将其换算为 75 ℃下的绝缘电阻值，定子绕组不同温度下绝缘电阻温度系数见表 1 – 1 – 2。

表 1 – 1 – 2　定子绕组不同温度下的绝缘电阻温度系数 K_t

$t/℃$	K_t	$t/℃$	K_t	$t/℃$	K_t	$t/℃$	K_t
10	0.011 1	26	0.033 3	42	0.101 0	58	0.303 0
12	0.012 6	28	0.038 5	44	0.116 2	60	0.357 1
14	0.014 5	30	0.043 5	46	0.133 3	62	0.405 6
16	0.016 6	32	0.050 0	48	0.153 8	64	0.456 6
18	0.019 2	34	0.058 8	50	0.175 4	67	0.574 7
20	0.022 2	36	0.066 6	52	0.204 1	70	0.707 9
22	0.025 6	38	0.076 9	54	0.232 6	72	0.813 0
24	0.029 4	40	0.088 5	56	0.270 3	75	1.000 0

测量发电机定子回路绝缘电阻也可用 1 000 ~ 2 500 V 绝缘电阻表进行。

2. 发电机转子绕组及励磁回路绝缘电阻值的规定

用 500 V 绝缘电阻表测量转子绕组绝缘电阻值，不得低于 5 MΩ，包括转子绕组在内的励磁回路绝缘电阻值不得低于 1 MΩ。

3. 主、副励磁机绝缘电阻值的规定

主、副励磁机定子绕组和主励磁机转子绕组的绝缘电阻值，应用 500 V 绝缘电阻表测量，其值不得低于 1 MΩ。

4. 轴承和测温元件绝缘电阻值的规定

发电机和励磁机轴承的绝缘电阻值，应用 1 000 V 绝缘电阻表测量，其值不得低于 1 MΩ；发电机内所有测温元件的对地绝缘电阻值在冷态下应用 250 V 绝缘电阻表测量，其值不得低于 1 MΩ。

九、 发电机组运行中监测的内容及方法

发电机运行时，运行值班人员应对发电机的运行工况进行严密监测，要有严格的制度。运行工况的监测和巡检包括对有关表计的监视和通过切换装置对运行参数的测量，对监测的参数进行分析，以确定发电机的运行工况是否正常，并进行相应的调节。

1. 通过测量仪表及画面显示进行监测

发电机装有各种测量表计，如有功功率表（简称有功表）、无功功率表（简称无功表）、定子电压表、定子电流表、转子电压表、转子电流表、频率表、主励磁机转子电压表和电流表、副励磁机交流电压表、AVR（自动励磁调节器）的输出电压表和电流表、AVR 自动励磁与手动励磁输出的平衡电压表、50 Hz 手动励磁输出电压表等。此外，还有温度检测装置、自动记录装置和计算机 CRT（阴极射线管）画面显示等。

发电机运行过程中，值班人员应严密监视发电机各表计、自动记录装置的工作情况，各仪表显示应与计算机 CRT 画面显示相符，各表计指示应不超过额定值，平衡电压表正常。监盘过程中，应根据有功负荷、电网电压等情况，及时做好无功负荷、发电机电压流及励磁系统参数的调整，使机组在安全、经济的最佳状态下运行。同时，应针对各表计图指示值，结合运行资料，及时分析、判断有无异常。

另外，发电机运行中，运行值班人员应每小时记录一次发电机盘上各表计的指示值，发电机各部位的温度，应与计算机打印结果相符。通过定时抄录和打印，积累运行资料，要运行分析数据，以便监视和掌握发电机运行工况，及时发现异常和采取相应措施，保证发电机正常运行。

2. 通过检测装置进行监测

发电机运行时，通过检测装置进行的监测有以下几方面。

1. 转子绕组及励磁回路绝缘监测

发电机运行时，转子绕组的绝缘是最薄弱的部分。因转子高速运转，离心力大，温度最高，且转子运转时，其通风孔可能被冷却气体中的灰尘和杂物堵塞，这样长期运行会使转子绕组的绝缘降低，故运行中需用转子绝缘监测装置定期（每班一次）对转子绕组回路的绝缘电阻进行测量，其方法有：

（1）用电压表测量。测量时，切换转子电压表控制开关，分别测量出转子正、负极之间的电压 U，转子正极对地电压 U_1，转子负极对地电压 U_2，再通过公式计算出转子绕组的绝缘电阻。

（2）用磁场接地检测装置测量发电机转子和励磁机转子的绝缘电阻。

2. 定子绕组绝缘监测

定子绝缘监测装置由电压表和切换开关组成，通过测量各相对地电压判断定子绕组的绝缘情况。绝缘正常时，各相对地电压相等且平衡。当测量发现一相对地电压降低（或为零），而另两相电压升高时，则说明电压降低的一相对地绝缘电阻下降（或发生金属性接地）。也可通过测量定子回路零序电压（发电机电压互感器二次侧开口三角形绕组两端电压）来监测定子绕组的绝缘。零序电压除在交接班时进行测量外，值班时间内至少还应测量一次。

3. 转子绕组运行温度的监测

转子绕组的运行温度用电阻法进行监测。

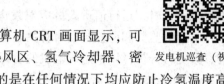

4. 定子各部位运行温度的监测

通过发电机温度巡检装置的切换测量或计算机 CRT 画面显示，可监测发电机定子绕组、定子铁芯、冷风区、热风区、氢气冷却器、密 发电机巡查（视频）封油及轴承等不同部位的运行温度。需要指出的是在任何情况下均应防止冷氢温度高于内冷水入口温度。

任务实施

（1）对发电厂的 1 号发电机进行正常运行方式下的监测，填写监测数据。

监测项目	有功功率	无功功率	频率	定子电压	定子电流	转子电压	转子电流
监测数据							

（2）调整 1 号发电机发出的有功功率，监测发电机发出的无功功率、定子电压、定子电流、转子电压、转子电流的变化情况。制作表格，填写监测数据。

（3）调整 1 号发电机发出的无功功率，监测发电机发出的有功功率、定子电压、定子电流、转子电压、转子电流的变化情况。制作表格，填写监测数据。

任务1.2　变电站运行监控

运行监控是日常运行工作的主要组成部分，通过对主控室控制屏上各种表计、开关位置指示灯和信号光字牌的监视，可随时掌握变电站一、二次设备的运行状态及电网潮流分布情况。运行监控必须指定有资格的人员负责，并随时记录变化情况，同时按要求向调度值班员进行汇报。

教学目标

知识目标：

（1）掌握变电站主变压器、站用变压器、断路器、隔离开关等主要设备额定运行方式下的主要参数及监控。

（2）掌握运行数据分析。

能力目标：

（1）对照仿真变电站正常运行方式，说出变压器等主要设备额定运行方式下的主要参数。

（2）能在仿真机上对仿真变电站进行正常运行（一、二次系统）监控。

（3）能够发现系统运行异常、设备运行异常、测量回路异常、电压回路断线或电流回路开路等。

素质目标：

（1）主动学习，在完成任务过程中发现问题、分析问题和解决问题。

（2）能严格遵守专业相关规程标准及规章制度，与小组成员协商、交流配合，按标准化作业流程完成学习任务。

 ## 任务分析

（1）分析电压、电流、功率的越限情况。

一般变电站的母线电压，线路、变压器的电流和功率是在电网调度规程规定或额定参数的范围内运行的。当运行值超过规定值时称为越限。例如：某变电站的 10 kV 母线电压，规程规定或调度下达在 0% ～ +7% 范围内运行。若该母线实际运行电压为 10.8 kV，则母线电压越限。

（2）在仿真机上对仿真变电站进行正常运行（一、二次系统）监控。

对变电站的主变压器、站用变压器、断路器、隔离开关等主要设备进行监视。

 ## 相关知识

一、 设备运行工况监视的内容

1. 常规变电站的运行监视

运行监视常规变电站电气设备额定运行方式下的主要参数及状况包括以下内容：

（1）直流系统电压、电流和绝缘情况。

（2）各级母线电压、频率。

（3）主变压器有载分接开关位置、油温和各侧电流、有功功率、无功功率。

（4）各线路的电压、电流、有功功率、无功功率及潮流方向。

（5）主变压器功率因数和电容器投切情况。

（6）光字牌亮牌情况。

（7）开关的位置指示灯状况。

（8）预告信号电源指示灯状况。

（9）站用电系统运行方式。

2. 综合自动化变电站的运行监视

综合自动化变电站的运行监视，是指以微机监控系统为主、人工为辅的监视方式，对变电站内的日常信息进行监视，以达到掌握变电站一、二次设备运行状态及电网潮流分布情况，并保证正常运行的目的。

运行监视综合自动化变电站电气设备额定运行方式下的主要参数及状况包括以下内容：

（1）监视一次主接线及一次设备的运行情况。

（2）检查站内所做的安全措施。

（3）监视主变压器的油温、负荷情况。

（4）监视主变压器分接开关运行位置。

（5）监视保护及自动装置运行情况。

（6）监视各级母线电压。

（7）监视各线路电流、有功功率及无功功率、潮流方向。

（8）检查光字牌信息变位情况。

（9）对事故音响、预告音响进行试验检查。

（10）监视本站微机网络（包括与测控装置、保护装置、五防计算机之间的通信）的运行情况。

（11）检查直流系统的电压、电流及绝缘情况。

（12）监控主变压器功率因数和电容器投切情况。

（13）监视站用电系统运行方式。

（14）检查告警报文发出及复归情况。

3. 变压器的运行监视

变压器是变电站中最重要的设备，本节主要讨论变压器的运行电压和温度的监视。变压器在运行中还必须按规程规定，进行正常巡视检查和特殊巡视检查。

（1）变压器的运行电压。因电力系统的运行电压随负荷变化而波动，从而决定了在电力系统中运行的变压器不可能严格控制在额定电压值下运行。当变压器的运行电压升高时，将使励磁电流相应增加，在变压器的励磁电流增大后，会使变压器的铁芯损耗增大而过热。同时变压器的励磁电流是无功电流，因此励磁电流的增加会使无功功率增加。由于变压器的容量是一定的，当无功功率增加时，有功功率会相应减少。因此电源电压升高以后，变压器允许通过的有功功率将会降低。

此外，变压器的电源电压升高后，磁通增大，会使铁芯饱和，从而使变压器的电压和磁通波形畸变。电压畸变后，电压波形中的高次谐波分量也将随之加大。由于高次谐波使电压畸变而产生的尖峰波对用电设备有很大的破坏性，如：①引起用户的电流波形畸变、增加电机和线路的附加损耗；②可能使系统中产生谐振过电压，从而使电气设备的绝缘遭到破坏；③高次谐波会干扰附近的通信线路。

因此，国家电网公司《变压器运行规范》规定：变压器的运行电压一般不应高于该变压器运行分接额定电压的105%。

（2）变压器温度。运行中的变压器，由于铜损和铁损的原因，温度必然要升高。变压器温度空载时比停运时高，负载时比空载时高，过载时比轻载时高，短路时的温升更高。因为铁损基本不变，而铜损是与电流的平方成正比变化的。由于出厂运行的变压器的绝缘是一定的，其绝缘材料的绝缘强度（包括机械强度）也是一定的，随着时间的推移，特别是长期在高温的作用下，变压器绝缘材料的原有绝缘性能将会不断降低，这一过程叫作变压器的绝缘老化。温度越高，其绝缘老化越快，同时变脆而碎裂，绕组的绝缘层保护也会失去。当变压器绝缘材料的工作温度超过其允许的长期工作最高温度时，每升高6℃，其使用寿命将减少一半，这就是变压器运行的"6℃原则"（干式变压器的为"10℃原则"）。油浸式变压器的温度依次为绕组＞铁芯＞上层油温＞下层油温。变压器绕组热点温度的额定值（长期工作的允许最高温度）为正常寿命温度，绕组热点温度的最高允许值（非长期的）为安全温度。油浸式变压器一般通过监测上层油温来监视变压器绕组的温度。

对于变压器绝缘材料，一般油浸式变压器用的是 A 级绝缘材料。A 级绝缘材料的耐热温度为 105 ℃。为使变压器绕组的最高运行温度不超过绝缘材料的耐热温度，规程规定，当最高环境温度为 40 ℃时，A 级绝缘的变压器，上层油温允许值见表 1 - 2 - 1。

表 1 - 2 - 1　油浸式变压器上层油温一般限值

冷却方式	冷却介质最高温度/℃	最高上层油温/℃
自然循环自冷、风冷	40	95
强迫油循环风冷	40	85
强迫油循环水冷	30	70

由于 A 级绝缘变压器绕组的最高允许温度为 105 ℃，绕组的平均温度约比油温高 10 ℃，故油浸自冷或风冷变压器上层油温最高允许温度为 95 ℃，考虑油温对油的劣化影响（油温每增加 10 ℃，油的氧化速度增加 1 倍），故上层油温的允许值一般不超过 85 ℃。对于强迫油循环风冷或水冷变压器，由于油的冷却效果好，使上层油温和绕组的最热点温度降低，但绕组平均温度与上层油温的温差较大（一般绕组的平均油温比上层油温高20 ~ 30 ℃），故变压器运行时上层油温一般为 75 ℃，最高上层油温不超过 85 ℃。

（3）变压器允许温升。如果说允许温度是反映变压器绝缘材料耐受温度破坏的能力，那么允许温升是反映变压器绝缘材料承受对应热的允许空间。绝缘材料一定，其承受热的空间温度就不允许超过对应要求值。

变压器上层油温与周围环境温度的差值称为温升。温升的极限值（允许值），称为允许温升。故 A 级绝缘的油浸式变压器，周围环境温度为 +40 ℃时，上层油的允许温升值规定如下：

①油浸自冷或风冷变压器，在额定负荷下，上层油温升不超过 55 ℃。

②强迫油循环风冷变压器，在额定负荷下，上层油温升不超过45 ℃。强迫油循环水冷变压器，冷却介质最高温度为 +30 ℃，在额定负荷下运行，上层油温升不超过 40 ℃。

更换变压器油
（视频）

4. 直流系统的运行监视

变电站的直流系统为各种保护、控制、信号和自动装置等二次设备提供可靠的工作电源，同时它还为开关设备、配电装置等一次设备提供操作电源。而且，当变电站失去工作电压时，直流电源还要作为上述设备的后备电源和事故照明电源。可见，直流系统在变电站运行中的地位是十分重要的。变电站直流系统是由蓄电池组、充电装置、直流回路和直流负载四部分组成的一个整体。在运行中，为保证变电站二次设备的正常工作，要求直流系统的绝缘良好，直流绝缘监察装置就是对变电站直流系统运行状态进行监视的设备。

（1）直流绝缘监察装置。目前，变电站广泛采用的微机型直流绝缘监察装置或数字式直流绝缘检查仪，能在线连续监测直流系统绝缘变化的动态。当绝缘电阻低于报警门限时，自动发出报警信息，启动支路巡检功能，而且可选出绝缘降低的回路，可以不停电查找接地支路，并用便携式探测仪查找具体接地点。另配有绝缘监测电压表辅助检查绝缘情况。正常运行时运行人员也可通过绝缘监测电压表检查绝缘及验证微机装置是否正常。这类装置还有以下优点：

①在线实时监测直流系统的绝缘状况，当直流系统发生绝缘较大下降还未达到危险值之前，装置能提前自动检出，发出声光信号。

②按键设置，可设置母线分段、各段母线模块数、各模块支路数、报警门限。

③密码验证，系统中重要参数设置前需进行密码验证；验证密码可由用户设置。

④循环测量，循环测量并显示两段正、负母线对地电压，正、负母线对地电阻。

⑤液晶显示，显示容量大，直接显示数字，以菜单方式操作，简单方便。

⑥采用 DCS 控制模式，便于扩展，可外扩绝缘监测模块。采用插板式结构，便于维护。

⑦通信功能，具有 RS－232、RS－422 或 RS－485 串口，与变电站综合自动化后台主机相连，实现远方监测。

（2）直流绝缘监察装置的运行监视。微机型直流绝缘监察装置在正常运行时，能监测直流母线电压，当直流母线电压低于或高于整定值时，发出低压或过压信号及声光报警。该装置还能监测和显示其支路的绝缘状态，各支路发生接地时，应能正确显示和报警。

对于 220 V 直流系统两极对地电压绝对值超过 40 V 或绝缘降低到 25 kΩ 以下，48 V 直流系统任一极对地电压有明显变化时，应视为直流系统接地。发生直流系统接地后，应立即查明原因，根据接地选线装置指示或当日工作情况、天气和直流系统绝缘状况，找出接地故障点，并尽快消除。

5. 电能计量的正常监视

（1）电量监视。变电站的电能计量监视，主要是指监视各进出线的电量、主变压器的电量和站用电的电量等。通过电量监视，运行人员能了解变电站输送和分配电量的情况，同时还能根据电量的异常，发现变电站电能计量装置、电压互感器、电流互感器或二次回路的故障。

（2）母线电量监视。变电站的母线是电网中的一个节点，它承担着电网的功率分配任务。因此，对变电站母线的电量监视、统计和分析，是线损指标管理的一项工作。尤其是电能表所在的母线，需要对其母线电量的监视，按月统计和计算母线电量不平衡率（进线电量减去各出线电量之和除以进线计量的百分数）。根据电力网电能损耗管理的要求，按月做好关口表计所在母线电量平衡。220 kV 及以上电压等级母线电量不平衡率不大于±1%；110 kV 及以下电压等级母线电量不平衡率不大于±2%。若母线电量不平衡率大于规定值，应分析原因，加强对电能计量装置和计量二次回路的监测和维护，保证计量的准确性，防止因计量故障引起"母线"电量非正常不平衡的现象发生。

6. 案例——变压器油温过高

一台油浸自冷变压器，周围空气温度为 +20 ℃，上层油温为 75 ℃，则上层油的温升为 75 ℃ －20 ℃ ＝55 ℃，未超过允许值 55 ℃，且上层油温也未超过允许值 85 ℃，这台变压器运行是正常的。如果这台变压器周围空气温度为 0 ℃，上层油温为 60 ℃（未超过允许值 85 ℃），但上层油的温升为 60 ℃ ＞55 ℃，故应迅速采取措施，使温升降低到允许值以下。需特别指出的是变压器在任何环境下运行，其温度、温升均不得超过允许值。

运行中的变压器，不仅要监视上层油温，还要监视上层油的温升。这是因为变压器内部介质的传热能力与周围环境温度的变化不是成正比关系，当周围环境温度下降很多时，变压器外壳的散热能力将大大增加，而变压器内部的散热能力却提高很少。所以当变压器在环境温度很低的情况下带大负荷或超负荷运行时，因外壳散热能力提高，尽管上层油温未超过允许值，但上层油温升可能已超过允许值，这样运行也是不允许的。

二、 设备运行工况监视的要求

1. 电流、功率的监视要求

（1）三相电流应平衡，电流表指针无卡涩，微机监控系统数据刷新正常。

（2）电流不超过允许值。

（3）母线的进出线电流应平衡。

（4）功率指示数值应与电流指示相对应。

2. 电压的监视要求

（1）三相电压应平衡并满足电压曲线的要求。

（2）并列运行的母线电压应相差不大。

（3）电压表指示应稳定、无波动、微机监控系统数据刷新正常。

3. 电能计量装置的监视要求

（1）每日按照规定的时间监视或抄录变电站内安装的各种关口表、馈线电能表的读数，并进行电量核算。

（2）对于双侧电源线路，运行中线路的潮流方向随时可能发生变化，抄录电能表读数时，要注意输入、输出两个方向的电量均要抄录。

（3）定期核算母线电量不平衡率，若发现母线电量不平衡率超过规定值（一般为±（1%~2%））时应查明原因。

（4）当计量回路出现异常（如电压回路熔断器熔断、电流回路开路等）后，应记录时间，以便根据负荷情况补算电量。

（5）有代路操作时，应及时抄录通过旁路断路器的电量。

4. 变电站微机监控系统运行状况判断

（1）在监控系统"遥测表"画面下，如果发现某一间隔的所有遥测数据不更新，或者日负荷报表中某一间隔的所有报表数据一直都未改动过，则应检查网络通信、支持程序及采集装置运行指示是否正常，判断出该间隔的异常原因并进行相应处理。

（2）如果发现监控系统中所用遥测数据均不再更新，通信状态显示正常，可能是程序死机，则应按照规定的顺序退出监控程序，重新登录。

三、 运行工况分析判断

变电站运行工况主要是通过对变电站主要设备的工作状态、变电站运行方式、潮流或负荷变化、母线电压等进行分析，发现变电站是否运行异常或设备故障。

（一） 电流、 负荷和功率变化分析

变电站的负荷或潮流是随电网运行方式变化的。因此，运行值班人员，除了要监视变电站各进出线、主变压器的负荷电流和功率外，还应了解本变电站所在电网的接线、运行方式、电源点及潮流情况，了解相关的设备容量及线路参数等。

通过分析线路、变压器的电流和功率变化，判断线路是否过负荷或功率越限，判断变压器是否过负荷，分析变电站的潮流是否合理，是否符合当前运行方式等。在高峰负荷时段、季节变化、重大政治活动日、重要保电期间、特殊气象时期等非常时期，尤其需要加强运行监视，及时发现运行参数的变化或负荷异常。

例如：对于变电站的主变压器，在运行时应根据负荷情况、环境温度、主变压器温升、温度监视、冷却器工作情况等因素，按变压器运行规程的要求，加强监视和分析。对于变电站的一些重要线路，调度有时需要下达线路的功率限值。或者某些线路，由于设计参数限值，在高峰负荷时可能过载。对这些线路需要特别加强监视，当发生过负荷时，及时汇报调度。

对变电站的负荷或潮流变化进行分析，还可以根据运行记录、表计显示、参数对比、历史数据等进行综合分析，判断是否出现异常。

（二）母线电压变化的原因分析

1. 正常运行时变电站母线电压的变化与调整

电气设备在额定电压下运行时，具有最佳的技术性能和经济指标，电压变化对电力用户有着重要影响。电网运行时，随运行方式的改变和用电负荷的变化，由于无功功率和电压损耗等原因，变电站的母线电压随之变化，电网各点的电压是不同的，具有分散性。因此，要保证电网中所有节点在任何时刻均为额定电压是不可能的，总会出现电压偏移。按照电网无功电压管理的要求，通常在一个地区电网设立若干个电压中枢点或电压监测点，以调整和监视该地区电网的运行电压。同时，在电压中枢点或电压监测点，规定合理电压合格率范围，对电压合格率进行考核。

通常，影响变电站母线电压变化，造成母线电压不合格主要有下列因素：

（1）地区供电负荷的不断增长，无功补偿容量不足或补偿容量分布不合理。

（2）负荷季节变化较大或日负荷波动较大，负荷率较低。

（3）电网运行方式变化较大，潮流变化幅度大或分布不合理。

（4）主网无功不足、运行电压偏低，甚至可能出现倒送无功的情况。

（5）地区电网结构不合理，供电半径较大。

（6）电网的调压措施配置不足或配置不合理。

加强对变电站母线电压的监视，严格按照调度下达的电压曲线对母线电压进行监视和调整，提高母线电压合格率。变电站要维持母线电压在规定的范围内变化，就需要有相应的调压手段：①增减无功功率进行调压，如发电机、静止补偿器、并联电容器、串联电抗器；②改变有功功率和无功功率的分布进行调压，如改变变压器分接头进行调压；③改变网络参数调压，如加大电力网的导线截面、在线路中装设串联电容器、利用可调电抗、改变电网接线等；④特殊情况下，也可采用调整用电负荷或采取限电的方法对电网电压进行调整。

2. 母线电压异常的原因分析

电网在正常运行时，变电站母线电压是额定电压或在调度规定的范围内。若一次系统出现故障或不正常运行状态，会导致变电站母线三相电压不平衡、某相电压异常升高或降低等异常现象，造成这些现象的原因主要有：

（1）系统谐振。发生谐振时，电流、电压会不正常增大或发生较大波动，电压互感器会发出不正常声音，表计指示摆动较大等现象。一般，在电气投入运行（充电）时容易产生铁磁谐振。因此，在发生铁磁谐振时应立即用断路器断开谐振点（充电电源断路器），然后采取措施改变电感、电容的参数组合。例如，改变操作顺序、先投入一条空载出线、投入变压器中性点等。

（2）单相接地。一般 10~35 kV 系统为中性点不接地或经消弧线圈接地系统，当系统发生单相接地时，接地相电压会大幅降低甚至为零，非接地相电压将升高达到线电压。根据规定，这种情况可以继续运行不超过 2 h。因此运行人员必须尽快查找出故障线路，汇报调度，将其隔离。

（三）　电压互感器二次电压异常的原因分析

变电站有时会发生这种情况。虽一次系统电压是正常的，但由于电压互感器一次或二次电压回路故障，也会产生三相电压不平衡或某些电压显示不正常的现象。这时，除电压、功率等显示不正常外，还可能有"交流电压断线""交流电压消失"等信号。造成这些现象的原因通常有：

（1）电压互感器内部故障。

（2）电压互感二次熔断器熔断或二次开关断开。

（3）二次电压回路断线或接触不良。

（4）电容式电压互感器电容单元损坏等。

发生上述情况，运行值班人员应认真分析，迅速查明原因，及时汇报调度进行处理。应注意，停用电压互感器时应将可能误动的保护和自动装置停用。

（四）　电流互感器二次回路异常及原因分析

电流互感器正常运行时，由于负载阻抗小，接近于短路工作状态。当电流互感器二次回路开路时，将会在二次绕组感应出很高的电动势，其峰值可能达几千伏。这种高电压将威胁人身安全，造成测量仪表、保护装置、二次电流回路绝缘等破坏。另外，由于这使电流互感器铁芯磁通密度增大，可能造成铁芯严重发热而损坏。因此，应该对二次电流回路的运行监视予以一定的重视。

发生电流互感器二次回路开路的现象主要有：

（1）有功功率、无功功率表计指示不正常，电流表三相不一致，电能表计量不正常。

（2）监控系统功率、电流等相关数据显示不正常。

（3）电流互感器二次绕组引线或接头与外壳之间有放电现象，互感器内部有异常声响，本体有严重发热，并有冒烟和烧焦等现象。

（4）二次电流的开路点有火花放电现象，出现异常高电压。

（5）该回路的测量仪表、保护装置等可能被烧坏冒烟。

（6）继电保护、自动装置可能发生误动或拒动等。

运行值班人员在运行监视或巡视检查中，发现上述现象时，应立即分析判断，巡视并查明原因，及时汇报调度，进行处理。

（五）　根据表计或监视信息发现异常

变电站的监视仪表，如电压表、电流表、功率表、电能表、频率表等，都是通过电压互感器和电流互感器接入一次系统进行测量的。若表计指示或相应的监控系统显示不正常可能有下列几方面原因：

(1) 表计损坏或出现故障。

(2) 电压互感器、电流互感器损坏或出现故障。

(3) 二次回路故障、断线、接触不良或熔断器熔断。

(4) 更换设备后，二次接线错误或倍率变化。

(5) 二次负载不均衡或变化较大引起互感器误差增大。

(6) 一次设备工作异常等。

运行人员应根据现象，查找原因，分析的方法可用检查判断法、对比分析法等。然后根据检查情况、表计信息、二次信号、异常现象、历史数据、设备参数等进行综合分析判断。

（六） 案例——通过声响判断变压器的运行工况

变压器出现异常时，可能是将要发生事故的先兆，内部故障多是由轻微到严重发展的。值班人员应随时对变压器运行的情况进行监视与巡视检查。通过变压器的声音、振动、气味、油色、温度及外部状况等现象的变化，来判断有无异常，以便采取相应的措施。正常变压器的声音，应是均匀的"嗡嗡"声。如果声音不均匀或有其他异常，都属不正常，但不一定都是内部有异常。例如，通过变压器的不正常声响，结合其他因素判断变压器的状态：

(1) 变压器内部有较高且沉重的"嗡嗡"声。可能是过负荷运行，由于电流大，铁芯振动力增大引起。可根据变压器负荷情况鉴定，并加强监视。

(2) 变压器内部有短时的"哇哇"声。一种可能是电网中发生过电压，如中性点不接地系统，有单相接地故障或铁磁谐振；另一种可能是大型动力设备启动，负荷突然变大，因高次谐波作用产生。可以参考当时有无接地信号，电压、电流表指示情况，有无负荷的摆动来判定。

(3) 变压器内部有尖细的"哼哼"声。可能是系统中有铁磁谐振现象，也可能是系统中有一相断线或单相接地故障。若"哼哼"声会忽粗忽细，可参考当时有无接地信号、电压表指示、绝缘监察电压表指示情况进行判断。

(4) 变压器内部有"吱吱"或"噼啪"声。可能是内部有放电故障，如铁芯接触不良，分接开关接触不良，内部引线对外壳放电等。

变压器运行中的异常声音较复杂，检查时要注意观察电压、电流表指示变化，保护、信号装置动作是否同时发生。必要时取油样做色谱分析，检测内部有无过热、局部放电等潜伏性故障。

变压器的正常
运行及巡视

 **任务实施**

对照变电站各主要设备配置和技术规范，在仿真机上对仿真变电站进行运行监控。

(1) 对仿真变电站主变压器进行运行监控。

(2) 对断路器进行运行监控。

(3) 对隔离开关进行运行监视。

（4）对电压互感器、电流互感器进行运行监视。

任务1.3　发电机的巡检与维护

教学目标

知识目标：

熟悉发电机检查和维护内容。

能力目标：

能对发电机进行巡检与维护。

素质目标：

（1）主动学习，在完成对发电机巡视检查过程中发现问题、分析问题和解决问题。

（2）能与小组成员协商、交流配合，按标准化作业流程完成发电机的巡视检查工作。

任务分析

对发电机进行巡检与维护。

相关知识

一、发电机本体的检查与维护

1. 检查

运行中的发电机，一般应检查下列项目：

（1）发电机运行时检查声音应正常，无金属摩擦或撞击声，无异常振动现象。若发现异常，应及时检查处理。

（2）发电机运行时，检查外壳应无漏风，机壳内无烟气和放电现象。由于定子、转子运行温度较高，冷却气体的密封可能会损坏，运行中应定期检查定子本体漏风情况。在补氢量较多时，应对本体进行查漏。当发电机内部发生短路故障，如转子端部绕组两点接地而保护失灵时，转子端部绝缘会烧坏，机端转子间隙可能发生射黑烟和火苗，并伴随异常阵动，故运行中应检查机内无烟气或放电现象。

（3）发电机运行时，应检查机端绕组运行情况。从机端视孔观察，机端定子绕组应无变形、无流胶、无绝缘磨损黄粉、绑线整块无松动、绕组无结露、定子绝缘引水管接头不渗漏、无抖动及磨损、机端灭灯观察无电晕等现象。

（4）运行中的发电机，应定期检查液位检测器内的漏水、漏油情况。每班应打开一次液位检测器的排液门进行排液，其内应无水、油排出。否则，应立即排净液体，并检查机端绕组、绝缘引水管、氢气冷却器是否漏水。若漏油严重，说明密封油压不正常，应及时处理。

（5）发电机运行时，应检查集电环和电刷。集电环表面应清洁、无金属磨损痕迹、无过热变色现象，集电环和大轴接地的电刷在刷握内无跳动、冒火、卡涩或接触不良的现象，电刷未破碎、不过短，刷未脱落、未磨断，刷握和刷架无油垢、炭粉和尘埃等情况。

（6）对于水轮发电机组，还应检查水轮机顶盖的积水情况，大轴水封松紧是否适当，导水机构各连接部件是否牢固，导水机构动作是否平衡灵活，导水叶套筒轴承应不漏水，检查剪断销信号装置是否完好。检查各油槽油位、油色是否正常，油有无溅漏。检查各空气冷却器温度是否均匀，有无过热、结露及漏水现象。检查风洞内是否清洁、无杂物，带电设备有无电晕放电现象和异常声音，有无焦臭味。

2. 维护

运行中的发电机，应做好下述维护工作：

（1）清扫脏污。对刷握和刷架上的积灰可用不含水分的压缩空气（压力适中）吹净，也可用毛刷清扫。油污可用棉布随少量四氯化碳擦净。操作时注意不要被转动部分绞住，必要时，可依次取出电刷逐个清扫。

（2）调整电刷弹簧压力。电刷运行时，应定期用手提拉每个电刷的刷辫，以检查各电刷的压力是否均匀及电刷在刷握中是否有卡涩或间隙过大的情况。刷压过大或过小电刷都会产生火花，对于压力过大的电刷，先将电刷取出，待冷却后再放回刷握，然后适当减小弹簧压力，并稍微增大其他电刷的压力；对于压力过小的电刷，可适当增大弹簧的压力。

（3）定期测量电刷的均流度。运行中的发电机，由于电刷长短、弹簧压力大小不一致，使各电刷与集电环的接触电阻相差较大，各电刷流过的电流不均匀，致使有的电刷电流为零，有的电刷电流很大。零电流电刷越多，其他电刷过载越严重，如不及时处理，大电流电刷会因严重过载而发热烧红，使刷辫熔化，继而形成恶性循环而被迫停机。因此，应定期测量电刷的均流度，并及时处理异常。可用钳形电流表测量电刷均流度：测量前，检查钳嘴部分应绝缘良好；测量时，应注意不要将钳嘴碰到集电环面，也不要接触到接地部分。处理过程中，切忌将大电流电刷脱离集电环面，否则会加大其他大电流电刷的承载电流而造成严重后果。所以，应先处理零电流电刷，使其电流接近平均值，这样处理后，大电流电刷的电流便会自动趋于正常。

（4）更换电刷。处理零电流电刷的方法应根据不同情况而定。电刷过短时，应更换电刷；压缩弹簧压力低或失效时，应更换新弹簧；因电刷脏污引起零电流时，应用棉布擦拭或用000号细砂纸轻擦。更换新电刷的注意事项如下：

①更换新电刷时，应执行《发电机运行规程》的有关条文。如工作人员应穿绝缘鞋站在绝缘垫上工作，工作服袖口扎紧，戴手套，使用良好的绝缘工具等。

②更换的电刷必须与原电刷同型号。如几种型号的电刷混用，会因电刷材料硬度和导电性能不同，可能加速集电环面磨损或部分电刷过热而影响机组的正常运行。

③更换电刷的过程中应防止电极接地及极间短路。严禁同时用两手碰触励磁回路和接地部分或不同极的带电部分，也不允许两个人同时进行同一机组不同极的电刷调换，以免造成励磁回路两点接地短路。

④更换后的电刷，要保证电刷在刷握内活动自如，无卡涩，弹簧压力正常。同时，对未更换的电刷，按磨损程度将弹簧压力做适当调整，使压力正常。

⑤在更换电刷过程中，不许用锐利金属工具顶住电刷增加接触效果，即使是短时间也

不允许，以免造成集电环面损坏或人身事故。

水轮发电机组在运行中要做好以下工作：

（1）定期切换压油装置的油泵和进水口闸门工作油泵。

（2）定期为调速器各连杆关节注油，切换滤油器或更换滤纸。

（3）定期测量发电机、水轮机主轴摆度，定期测量机组轴电压、轴电流。

（4）定期为水轮机轴承加油（根据轴承用油情况而定）。

（5）定期根据油位给压油槽充气。

（6）新机组停运超过24 h，运行3个月到1年的机组停运72 h，运行1年以上的机组停运10天，应手动开机或顶转子一次，防止推力把油膜破坏。

二、发电机氢系统的检查与维护

发电机运行时，应随时监视机壳内的氢气压力。即使密封油系统很完善，无泄漏现象，但由于密封油会吸收氢气，机壳内的氢气压力也会逐步下降，故应定时补氢，保持机壳内氢压正常。补氢时，应观察、比较不同部位的氢压，正确判断机壳内的氢气压力，防止因表计的假指示而产生误判断。

定期检查氢气的纯度、湿度和温度。运行值班人员应根据气体分析仪检查机壳内氢气纯度，并每小时记录一次。当氢气纯度低于96%时，应进行排污，并向机内补充净氢气，以保持机内氢气纯度。化验人员应定期化验机壳内的氢气湿度，当湿度超过15 g/m³ 时，应排污并补入纯净氢气或适当升高冷氢温度，注意观察并降低氢源湿度，防止发电机绕组受潮。发电机运行时，规定了机内冷氢温度的最高值和最低值，可通过调节氢气冷却器的冷却水调节冷氢温度。

三、发电机冷却水系统的检查与维护

发电机运行时，氢气压力应高于定子绕组冷却水压力，这是为了防止定子线棒爆管漏水，当氢、水压力低于报警值时，应调节氢、水压力；当密封油系统故障，只能维持氢压运行时，必须保持最低水压；若水压大于氢压，只允许短时运行，但不允许长期运行。

发电机运行时，定子冷却水箱内的水质应合格，水箱内应保持一定的氮压（或氢压）。当水质不合格时，应投入离子交换器运行。水箱内维持一定的氮压，可防止水质污染。

发电机运行时，应检查定子入口冷水温度是否正常，冷却水回路及定子绕组各水支路是否通畅。故运行中应注意定子水冷却器的运行，水回路各段水压降应正常，定子绕组各水支路的水温平均温度偏差不得超过规定值。若某出水支路水温超过规定值，应立即采取措施，如调整负荷、检查冷却水流量、降低进水温度，并应尽快查明原因予以处理，必要时应停机。

四、发电机励磁系统的检查与维护

1. 盘面检查

检查励磁控制盘面各表计指示应正常，各控制开关位置正确，信号指示与工作方式一致。AVR处于自动方式时，应重点监视AVR直流回路跟踪情况及电压波动时AVR的自动调节功能。AVR无论处于何种运行方式，励磁方式切换开关不允许置于断开位置。

2. 现场检查

（1）检查 100 Hz 整流柜。要求整流柜各运行指示灯指示正常；各整流柜冷却风扇电动机运行正常，无异常及焦臭味，风扇电动机的运行电源符合预先规定；各表计指示正常，各整流柜电流指示值应接近，电流差值不超过规定值；各整流元件、熔断器及载流接头无过热，整流元件故障指示灯应不亮，熔断器无熔断；对于使用冷却水的整流柜，其阀门、接头及管路应无渗漏水，冷却器水压正常。

（2）检查 AVR。要求 AVR 的调节柜、功率柜、辅助柜内各元器件无过热、无焦味现象；功率柜冷却风扇电动机运转正常；保护信号继电器无吊牌指示；各表计指示正常，功率元器件的电流分配应接近平衡（两组整流桥的正、负电流都相接近）。

（3）检查 50 Hz 手动励磁装置应正常。

（4）检查主、副励磁机应运转正常。对无刷励磁机，用频闪灯检查每个熔断器，以确定旋转硅整流盘中无零件发生故障。

五、 备用机组的维护

备用中的发电机及其全部附属设备，应按运行机组的有关规定进行定期检查和维护，经常确认处于完好状态，保证随时能够启动。

任务实施

对发电机进行巡视检查，填写设备巡视卡。

任务1.4 变电站主系统一次设备巡视及维护

变电站主系统的设备用于输送和分配电能，变电站主系统的一次设备主要有电力变压器、断路器、隔离开关、互感器等，这些都是高电压、大电流的强电设备。为了确保变电站及电力系统的安全稳定运行，必须对变电站主系统一次设备进行巡视及维护，使变电站主系统能正常稳定运行。

教学目标

知识目标：

（1）熟悉典型变电站一次设备巡视及维护的主要内容及要求。

（2）熟悉变电站设备巡视的标准化作业流程（国家电网公司）。

（3）掌握一次设备特殊巡视项目及要求、巡视标准和测温方法。

能力目标：

（1）能熟读变电站主系统正常运行方式。

（2）能根据变电站电气设备巡视维护的基本流程及基本要求、变电站电气设备的布局，确定变电站一次电气设备巡视路线。

（3）能够按标准化作业流程在仿真机上对照变电站一次电气设备巡视及维护内容，熟练进行电气设备巡视及维护的操作。

(4) 能够通过特殊巡视发现设备的隐蔽性缺陷，并能进行分级上报。

素质目标：

(1) 能主动学习，在完成任务过程中发现问题、分析问题和解决问题。

(2) 能严格遵守专业相关规程标准及规章制度，与小组成员协商、交流配合，按标准化作业流程完成学习任务。

 ## 任务分析

(1) 对照变电仿真系统仿真变电站主接线图，结合各设备平面布置情况，确定变电站设备巡视路线。

(2) 对照电气设备巡视及维护的内容，按照变电站设备巡视的标准化作业流程，在仿真机上对仿真变电站一次设备进行巡视。

(3) 对在特殊巡视过程中发现的缺陷设备进行处理。

 ## 相关知识

变电站一次设备正常巡视的内容包括主变压器、开关设备、母线、互感器、避雷器和配电装置等。由于设备巡视的内容比较多，运行人员在巡视时很容易遗漏，巡视不全面，为避免这种情况，可以实行设备巡视卡制度，逐项巡视检查，保证巡视质量。

一、变压器的运行、巡视检查与维护

变压器在运行中，运行人员应按照变压器运行规程制订的周期和巡视项目进行检查，及时掌握变压器的运行状况。

（一）变压器运行

1. 一般运行条件

(1) 变压器的运行电压一般不应高于该运行分接额定电压的105%。并联电抗器、消弧线圈、调压器等设备允许过电压运行的倍数和时间，按制造厂的规定执行。

(2) 无励磁调压变压器在额定电压 ±5% 范围内改换分接位置运行时，其额定容量不变。有载调压变压器各分接位置的容量，按制造厂的规定执行。

(3) 油浸式变压器正常运行时，顶层油温一般不超过表 1-4-1 规定（制造厂有规定的按制造厂规定）。当冷却介质温度较低时，顶层油温也相应降低。自然循环冷却变压器

表 1-4-1　油浸式变压器顶层油温

冷却方式	冷却介质最高温度/℃	最高顶层油温/℃
自然循环冷却、风冷	40	95
强迫油循环风冷	40	85
强迫油循环水冷	30	70

的顶层油温一般不易经常超过 85 ℃，若运行中超过 85 ℃，应采取措施启用备用冷却器或转移负荷。

（4）干式变压器的温度限制应按制造厂的规定执行。

（5）变压器三相负载不平衡时，应监视最大相的电流。

2. 主变压器负载运行

（1）变压器周期性负载的运行。

①变压器在额定使用条件下，全年可按额定电流运行。

②当变压器有较严重的缺陷（如冷却系统不正常、严重漏油、有局部过热现象、油中溶解气体分析结果异常等）或绝缘有弱点时，不宜超额定电流运行。

③长期急救周期性负载下运行时，将在不同程度上缩短变压器的寿命，应尽量减少出现这种运行方式的机会；必须采用时，应尽量缩短超额定电流运行的时间，降低超额定电流的倍数，有条件时（按制造厂规定）投入备用冷却器。

④在长期急救周期性负载下运行期间，应有负载电流记录，并计算该运行期间的平均相对老化率。

（2）干式变压器的正常周期性负载和急救负载的运行要求，按制造厂规定和相应导则的要求。

（3）无人值班变电站内变压器超额定电流的运行方式，可视具体情况在现场规程中规定。

（4）一般规定：长期周期性负载的运行，室外变压器过负荷总数不得超过 30%；对室内变压器过负荷总数则不得超过 20%。

$$过负荷百分数 = (负荷电流 - 变压器额定电流)/变压器额定电流 \times 100\%$$

3. 变压器的并列运行

多台变压器并列运行方式能够提高供电的可靠性；可根据负荷情况增减变压器并列台数，达到经济运行的目的。

（1）变压器的并列运行条件。

①接线组别相同。任何奇数组变压器不能和任何偶数组别的变压器并列运行；不同奇数组别的变压器可以通过改变其外部接线的方式来满足并列运行的要求，否则在绕组间产生很大环流，使变压器严重过热以致烧毁变压器。

②电压变比相同。变比偏差不应超过 ±5%，否则会在绕组内产生一个环流，降低变压器的输出容量，甚至烧毁线圈。

③短路阻抗相等。允许偏差不超过 ±10%，否则不能按变压器容量成比例负荷分配，会造成短路阻抗电压百分数小的过负荷，短路阻抗百分数大不能满负荷。

④容量比不宜超过 3:1，否则会使负荷分配不合理，造成一台变压器过负荷，另一台变压器不能满负荷。

（2）新装或变动过内外连接线的变压器，并列运行前必须核定相位。

（3）发电厂升压变压器高压侧跳闸时，应防止变压器严重超过额定电压运行。厂用电倒换操作时应防止非同期。

4. 油浸变压器冷却器装置的运行

（1）强油风冷变压器投入运行时，必须投入冷却装置，在合上主变压器任一电源侧断路器时，冷却装置应自动投入。有自然循环和强油循环两种冷却装置的变压器另行规定。

（2）强油风冷变压器正常运行时一般将冷却器总台数的 1/3 至 1/2 作为工作冷却器和一台备用冷却器以外，其他冷却器均作为"辅助"冷却器。在空载和轻载时，不应投入过多的工作冷却器。

（3）500 kV 变压器在工作、辅助冷却器无故障时严禁将备用冷却器投入运行，以避免油流静电现象。

（4）严禁用风冷动力电源隔离开关投入或退出冷却装置，以免烧损隔离开关。

（5）主控制室应具备以下强油冷却装置的监视信号：

①风冷工作电源 I、风冷工作电源 II 故障信号。

②辅助、备用冷却器控制电源失电信号。

③冷却器故障信号

④冷却器全停信号。

（6）强油水冷变压器运行按制造厂规定执行。

（二）变压器巡视检查

1. 主变压器正常巡视检查项目及要求

（1）变压器的油温和温度计应正常，1 号主变压器油温应在 75 ℃以下，2 号主变压器油温应在 85 ℃以下。储油柜的油位应与温度相对应。

（2）变压器各部位应无渗油、漏油。

（3）套管油位应正常，套管外部无破损裂纹、无严重油污、无放电痕迹及其他异常现象。

（4）变压器声响应均匀、正常。

（5）各冷却器手感温度应相近，风扇、油泵运转正常，油流继电器工作正常。

（6）吸湿器完好，吸附剂干燥，油封油位正常。

（7）引线接头、电缆、母线应无发热现象。

（8）压力释放器、安全气道应完好无损。

（9）有载调压分接开关的分接位置及电源指示应正常。

（10）气体继电器内应无气体。

（11）各控制箱和二次端子箱、机构箱应关严，无受潮，温控装置工作正常。

（12）各类指示、灯光、信号应正常。

（13）检查变压器各部件的接地应完好。

2. 新安装变压器投运前的检查项目及要求

（1）检查本体、冷却装置及所有附件，应无缺陷，无渗漏油现象。

（2）事故排油设施应完好，消防设施齐全。

（3）根据阀门的作用，检查其所在的位置（开或闭）应正确。

（4）接地系统应可靠，铁芯接地情况必须保证只能是一点接地。

（5）储油柜及充油套管油位正常，储油柜呼吸用干燥器油位正常，干燥剂（硅胶）颜色正常，呼吸器应畅通。

（6）检查各保护装置和断路器整定情况及动作灵敏度应良好，继电保护应正确。

（7）检查冷却器控制系统控制投入、退出应可靠。

（8）根据系统情况，调整系统保护整定值，以便有效保护变压器。

3. 新安装变压器空载试运行

（1）进行空载冲击合闸时，其中性点必须接地。

（2）空载冲击合闸前，应将气体继电器信号触点并入重瓦斯触点上（即电源跳闸回路），合闸结束后应将气体继电器的信号触点恢复至报警回路上。

（3）变压器第一次投入时，可全电压冲击合闸，冲击合闸时，变压器宜从高压侧投入。

（4）冲击合闸电压为系统额定电压，合闸次数最多为 5 次，第一次受电后持续时间不应少于 10 min，变压器开始带电试运行，并带一定的载荷即可能的最大负荷连续运行 24 h，无异常后转入正常运行状态。

4. 变压器大修后投运前的检查项目及要求

（1）每组冷却器的上、下联管阀门，净油器的上、下联管阀门，储油柜与油箱联管阀门都在开启位置。

（2）有载调压开关与接头指示已按调度规定的使用分接头（抽头）位置调整好。

（3）气体继电器动作，重瓦斯保护接跳主变三侧断路器，轻瓦斯保护动作于信号。

（4）主变保护（后备保护、主保护）整组试验符合要求，即保护整定正确，每套保护装置信号、光字牌信号、接跳断路器均与设计图纸相符。

（5）变压器油箱接地要良好。

（6）油箱顶盖无杂物，瓷套表面清洁完整。

（7）接通电源，启动各组强油循环油泵，检查油泵和风扇的电动机旋转方向是否正确，整个冷却器有无强烈振动。冷却器运行 2 h 后，停止运行，拧开顶部放气塞排出散热器里面的空气（如此反复 2～3 次）。

（8）放去各套管升高座、冷却器、净油器等上部的残存空气。

（9）检查并试验变压器强油循环、冷却系统自动控制装置，其控制和信号均应正确无误。

5. 主变压器检修后的试运行

（1）主变压器新安装或大修后，在试运行前，应由检修和运行双方工作人员密切配合，对其本体及其有关设备进行全面检查，集中检修、试验、保护及运行方式的意见，确认符合运行条件后，方可进行试运行。

（2）大修后的主变压器应进行 3 次冲击合闸试验，第一次冲击带电后运行时间应不少于 10 min，以后为 5 min，主变压器带电后检查内部有无不正常杂音，每次冲击合闸应检查冲击励磁涌流对差动保护的影响，并记录空载电流。

（3）主变压器差动保护和瓦斯保护同时投入跳闸位置，经试运行不发生异常情况，24 h 空载运行后投入正式带负荷运行。主变压器带负荷后，对主变压器差动保护测量电流相位和不平衡电流或电压，测试差动保护电流相位前，退出差动保护跳闸连接片，证实二次接线及极性正确无误后，再将差动保护跳闸连接片投入。

（4）变压器的运行维护应按照 DL/T 572—2010《电力变压器运行规程》和国家电网公司的有关规定进行。为监视和防止变压器绝缘老化，不得随意改变冷却方式运行，要经常监视上层油温和温升（温升 = 上层油温 − 环境温度）。当环境温度在 20 ℃ 以上时，上层油温不得超过 75 ℃（1 号主变压器）或 85 ℃（2 号主变压器）；当环境温度在 20 ℃ 以下时，上层油温不得超过 55 ℃（1 号主变压器）或 65 ℃（2 号主变压器）。

6. 变压器的特殊巡视检查项目

（1）气温骤变时，检查储油柜油位和瓷套管油位是否有明显变化，各侧连接引线是否有断股或接头处是否有发红现象，各密封处有否渗漏油现象。

（2）雷雨、冰雹后，检查引线摆动情况及有无断股，设备上有无其他杂物，瓷套管有无放电痕迹及破裂现象。

（3）在雷雨天气过后，应检查有无放电闪络，避雷器放电记录器有无动作情况。

（4）大雾天气时，检查瓷套管有无放电打火现象，重点监视污秽瓷质部分。

（5）下雪天气时，根据积雪融化情况检查接头发热部位；检查引线积雪情况，及时处理引线过多的积雪和冰柱。

（6）大风天气时，检查引线摆动情况及有无搭杂物。

（7）高温天气时，检查油温、油位、油色和冷却器运行是否正常。

（8）过负荷时，监视负荷、油温和油位的变化，接头接触应良好，试温蜡片（贴有试温蜡片时）无熔化现象，冷却系统应运行正常。

（9）大短路故障后，检查有关设备、接头有无异状。

（三）变压器的维护项目

（1）处理已发现的缺陷。

（2）放出储油柜积污器中的污油。

（3）检修油位计，调整油位。

（4）检修冷却装置，包括油泵、风扇、油流继电器，必要时吹扫冷却器管束。

（5）检修安全保护装置，包括储油柜、压力释放阀（安全气道）、气体继电器等。

（6）检修油保护装置。

（7）检修测温装置，包括压力式温度计、电阻温度计（绕组温度计）、棒形温度计等。

（8）检修调压装置、测量装置及控制箱，并进行调试。

（9）检查接地系统。

（10）检修全部阀门和塞子，全面检查密封状态，处理渗漏油。

（11）清扫油箱和附件，必要时进行补漆。

（12）清扫外绝缘和检查导电接头（包括套管将军帽）。

（13）定期更换呼气器硅胶。

（14）按有关规程规定进行测量和试验。

二、断路器的运行、巡视检查与维护

（一）断路器的运行

（1）断路器本体应标明相别、设备编号和调度编号，并要求整体漆皮应完整。

（2）断路器的额定开断电流应不小于安装地点的最大运行方式下的母线短路电流，所用断路器应符合制造厂规定的要求。

（3）装有电热装置的断路器操动机构，电热电源的投入和断开应适应运行条件的要求，加温电热投切控制宜采用自动温控装置，温控装置应按 0 ℃投入、10 ℃退出调整。

（4）在机构箱外或开关柜门外的手动脱扣装置应拆除，不能拆除的应加防误跳闸措施，并涂有红色标志。

（5）断路器在正常运行时，断路器机构箱内的"远方/当地"切换手把应放在"远方"位置；断路器机构箱内的当地操作手把只允许在检修、试验时使用。

（6）操作液压机构断路器时，工作人员应避开高压管道接口处，以防高压油喷出伤人。

（7）运行人员不允许对运行中的液压机构泄压。

（8）电磁操动机构断路器严禁用手力杠杆或千斤顶的办法带电进行合闸操作。

（9）电磁机构主合闸熔断器的熔体应按主合闸电流的 $1/4 \sim 1/3$ 选择；对于弹簧操作直流电动机回路，熔件的额定电流应大于等于额定电流 3 倍。

（10）真空断路器的操动机构应定期进行检修。

（11）真空断路器的灭弧室应按周期进行试验。

（12）气动操动机构的断路器，每周应进行一次放水；定期检查空气压缩机润滑油的油位。

（13）新投的 SF_6 断路器（含 GIS）气体压力应符合制造厂家规定。

（14）对于 SF_6 设备的配电装置室应装设强力通风装置，风口应设置在室内底部，定期开启通风系统进行排风。SF_6 配电装置室与其下方电缆层、电缆隧道相通的孔洞应封堵。工作人员进入 SF_6 配电装置室，入口处若无 SF_6 气体含量显示器，在进入前应先通风 15 min，并用检漏仪测量 SF_6 气体含量是否合格。

（15）SF_6 全封闭组和电器 GIS 设备进行正常操作时，为了防止接触电压对人身的危害，凡在 GIS 设备外壳上进行的任何工作均应停止，工作人员应远离 GIS 设备。

（16）运行人员手动操动 GIS 的隔离开关或接地隔离开关时，应戴绝缘手套并与设备外壳保持一定距离。

（17）GIS 室内应有 GIS 设备的系统模拟图，图上应标明气室分隔情况，气室应有编号；室内 GIS 本体上应有明显牢固的 GIS 一次示意图。

（18）对于 GIS 设备操作室，应注意设备的机械位置与电气位置指示应完全一致，若发现不一致应立即查明原因，待处理后方可继续操作，禁止用解除联锁的方法强行操作。

（二）断路器的巡视检查

1. 断路器运行巡视检查内容

（1）断路器内部应无打火放电声响。

（2）断路器的本体及液压机构常压油箱的油位、油色应正常。

（3）断路器的分合闸指示器应指示正确。

（4）断路器本体及机构应无渗漏油现象。

（5）定期检查断路器本体 SF_6 气体及机构压力值，压力值应符合制造厂规定。

（6）室外安装的多油断路器在每年入冬季节前进行一次放水检查。

（7）绝缘子套管瓷质部分应无损伤及裂纹，充胶套管膏子无外流。

（8）载流接头无发热现象。

（9）弹簧储能机构应储能正常。

（10）机构箱、接线箱应密封严密。

（11）防雨帽应安装良好。

（12）SF_6断路器本体及机构压力值应每周记录一次。

2. SF_6断路器的正常巡视检查内容

（1）检查环境温度，若温度下降超过允许范围，应启用加热器，防止SF_6气体液化。

（2）检查SF_6气体压力是否正常，其压力一般应为 $0.4 \sim 0.6$ MPa（20 ℃）。

（3）检查断路器各部分通道有无异常（漏气声、振动声）及异味，通道连接头是否正常。

（4）检查其绝缘子套管，应无裂纹、无放电痕迹和脏污现象。

（5）检查接头接触处有无过热现象，引线弛度要适中。

3. 空气断路器的正常巡视检查内容

（1）检查压缩空气的压力是否正常，空气断路器储气筒气压是否保持在（20 ± 0.05）MPa 气压范围内，若超过允许气压范围，则应及时调整减压阀开度，使其达到允许工作压力，因为工作气压过低，将降低断路器的灭弧能力，工作气压过高，将使断路器的机械寿命缩短。

（2）空气系统的阀门、法兰、通道及储气筒的放气螺丝等处应无明显漏气。如有漏气，可以听到"嘶嘶"的响声，同时耗气量增加，空气压力降低。

（3）检查断路器的环境温度，应不低于 5 ℃，否则应投入加热器。

（4）检查充入断路器内的压缩空气的质量是否合格，要求其最大相对湿度应不大于70%。

（5）检查各接头接触处接触是否良好，有无过热现象。

（6）检查绝缘子套管有无放电痕迹和脏污现象。

（7）检查绝缘拉杆，应完整无断裂现象。

（8）检查空压垫及其管路系统的运行，应符合正常运行方式，空压机运转时应正常，无其他异常的声音。此外，空压机气缸外壳强度不得超过允许值，各级气压应正常，且应定期开启各储气罐的放油水阀门，检查有无水排出。在排污时，直到水排空为止。检查运转中的空压机定期排污装置是否良好，排污电磁阀能否可靠开启和关闭及电磁线圈有无过热现象。

4. 真空断路器的正常检查内容

（1）检查绝缘瓷柱有无破裂损坏、放电痕迹和脏污现象。

（2）检查绝缘拉杆，应完整无断裂现象，各连杆应无弯曲现象，开关在合闸状态时，弹簧应在储能状态。

（3）检查接头接触处有无过热现象，引线弛度是否适中。

（4）检查分、合闸位置指示是否正确，并是否与当时实际运行情况相符合。

5. 操动机构的正常巡视内容和要求

（1）机构箱门应关好，断路器辅助触点接触到位正确，断路器在分闸状态时绿灯应亮，在合闸状态时红灯应亮。断路器的实际位置与机械指示器及红绿灯指示应相符。对于电磁式操动机构，还应检查合闸熔断器是否完好。

（2）对于液压（气压）式操动机构，检查压力表指示，应在规定的范围（液压式还应检查传动杆行程和液压油位的位置），外部通道应无漏油、漏气现象，电机电源回路应完好，油泵启动次数应在规定的范围内。

（3）对于电磁式操动机构，应检查直流合闸母线电压，其值应符合要求，当合闸线圈通电流时，其端子的电压应不低于额定电压的 80%，最高不得高于额定电压的 110%。分、合闸线圈及合闸接触器线圈应完好，无冒烟和异味。

（4）对于弹簧式操动机构，应检查其弹簧状况，当其在分闸状态时，合闸弹簧应储能。

6. 断路器的特殊巡视检查项目和标准

设备新投运及大修后，巡视周期相应缩短，投运 72 h 以后转入正常巡视。遇有下列情况时，应对设备进行特殊巡视检查：①设备负荷有显著增加；②设备经过检修、改造或长期停用后重新投入系统运行；③设备缺陷近期有发展；④恶劣气候、事故跳闸和设备运行中发现可疑现象；⑤法定节假日和上级通知有重要供电任务期间。

特殊巡视检查项目如下：

（1）大风天气时，检查引线摆动情况及有无搭挂杂物。

（2）雷雨天气时，检查瓷套管有无放电闪络现象。

（3）大雾天气时，检查瓷套管有无放电、打火现象，重点监视污秽瓷质部分。

（4）大雪天气时，根据积雪融化情况，检查接头发热部位，及时处理悬冰。

（5）温度骤变时，检查注油设备油位变化及设备有无渗漏油等情况。

（6）节假日时，监视负荷及增加巡视次数。

（7）高峰负荷期间，增加巡视次数，监视设备温度，检查触头、引线接头，特别是限流元件接头有无过热现象，设备有无异常声音。

断路器巡视步骤
（视频文件）

（8）短路故障跳闸后，检查隔离开关的位置是否正确，各附件有无变形，触头、引线接头有无过热、松动现象，油断路器有无喷油，油色及油位是否正常，测量合闸熔断器是否良好，断路器内部有无异常声音。

（9）设备重合闸后，检查设备位置是否正确，动作是否到位，有无不正常的音响或气味。

（三）断路器的维护项目

（1）进行不带电的正常清扫。

（2）配合带电设备停电的机会，进行传动部分的检查，清扫绝缘子积垢，处理缺陷，除锈刷漆。

（3）对断路器及操动机构传动部件添加润滑油。

（4）根据需要进行补气或放气，完成放气阀泄漏处理。

（5）检查控制熔断器（或自动空气开关）、油泵电动机熔断器及储能电源自动空气开关是否正常。

（6）记录断路器的动作次数。

（7）检查各断路器防误闭锁功能是否齐全，有无缺陷。

三、 隔离开关的运行、巡视检查与维护

（一） 隔离开关的运行

（1）隔离开关不能用于开断负荷电流。

（2）可用隔离开关操作的项目有：

①拉合电压互感器（新建或大修后的电压互感器，在条件允许时第一次受电应用断路器进行拉合）。

②拉合避雷器（无雷雨时）。

③拉合变压器中性点接地开关，拉合消弧线圈隔离开关（小电流接地系统，变压器中性点位移电压不超限的情况下）。

④拉合同一电压等级变电站内经断路器闭合的旁路电流（在拉合前须将断路器的操作电源退出）。

⑤拉合空母线，但不能对母线试充电。

⑥当可用隔离开关操作的设备（电压互感器、避雷器、站用变压器等）在运行中发生故障或接地时，不允许使用隔离开关将故障设备隔离，应使用本电压级的相应断路器将故障设备停电后，再将故障设备隔离。

（二） 隔离开关的巡视检查

1. 隔离开关的正常巡视检查

（1）监视隔离开关的电流不得超过额定值，温度不超过允许温度 70 ℃，接头及触头应接触良好，无过热现象。否则，应设法减小负载或停用，若电网负载暂时不允许停电时，则应采取降温措施并加强监视。

（2）检查隔离开关的绝缘子（瓷质部分）应完整无裂纹、无放电痕迹及无异常声音。

（3）隔离开关本体与操作连杆及机械部分应无损伤。各机件紧固、位置正确，电动操作箱内应无渗漏雨水，密封应良好。

（4）检查隔离开关运行中应保持"十不"：不偏斜、不振动、不过热、不锈蚀、不打火、不污脏、不疲劳、不断裂、不烧伤、不变形。

（5）检查隔离开关在分闸时的位置，应有足够的安全距离，定位锁应到位。

（6）检查隔离开关的防误闭锁装置应良好，应检查电气闭锁和机构闭锁均在良好状态，辅助触点位置应正确，接触应良好。隔离开关的辅助切换触点应安装牢固，动作正确（包括母线隔离开关的电压辅助开关），接触良好。装于室外时，应有防雨罩壳，并密封良好。

（7）检查带有接地隔离开关的隔离开关，应接地良好，刀片和刀嘴应接触良好，闭锁应正确。

（8）合上接地隔离开关之前，必须确知有关各侧电源均已断开，并经验明无电后才能进行。

（9）对液压机构（指油压操作）的隔离开关，机构内应无渗油现象，油位指示应正常；对电动操作的隔离开关，操作完毕后应拉开其操作电源。

（10）装有闭锁装置的隔离开关，不得擅自解锁进行操作（包括电动隔离开关，直接启动接触器、铁芯等进行操作），当闭锁确实失灵时，应重新核对操作命令及现场命名，检查有关断路器位置等确保不会带负载拉合隔离开关时方可操作，不准采取其他手段强行操作。

（11）在110 kV及以上双母线带旁路的接线中，隔离开关和断路器之间、正副母线隔离开关之间、母线隔离开关和母联断路器之间、旁母隔离开关和旁路断路器之间设有电气回路闭锁，接地隔离开关与有关隔离开关之间设有机械或电气闭锁装置，因而在操作过程中应特别注意操作的正确性。

（12）在运行或定期试验中，发现防误装置有缺陷时，应视同设备缺陷及时上报，并催促处理。

2. 隔离开关的特殊巡视检查

（1）隔离开关通过短路电流后，应检查隔离开关的绝缘子有无破损和放电痕迹，以及动静触头及接头有无熔化现象。

（2）下雪或冰冻天气时，检查隔离开关接触处积雪是否立即融化，绝缘子是否有冻裂现象。

隔离开关巡视
（动画）

（3）大雾、阴雨天气的夜间，应检查隔离开关上的绝缘子是否有放电及电晕声音。

（4）大风时注意检查引线有无摆动，有无落物，能否保持相间或对地距离。

（5）高峰负荷时检查隔离开关接头及接触处是否有发热烧红现象。

（三）隔离开关的维护项目

对于隔离开关，应趁停电机会进行定期清扫和维护工作，其内容如下：

（1）铁件除锈刷漆，活动部件加润滑油；擦拭绝缘子。

（2）检查和调整隔离开关的触头弹簧压力，用0号砂纸修理触头的接触面，旋紧各部件螺丝。

（3）调整隔离开关的开度和三相同期。

（4）检查隔离开关支柱绝缘子底座结合处是否开裂。

（5）检查防误闭锁装置是否操作灵活、闭锁可靠。

（6）隔离开关的锁定装置安装是否牢固，动作是否灵活，能否将隔离开关可靠地保证在既定的位置。

（7）对于电动操动机构的隔离开关，在确信机构各部正常后用电动开合操作几次；在隔离开关的电动操动机构动作正常、回路切换正常、连锁可靠后方可投入运行。

（8）户外隔离开关电气锁应每月加润滑油一次，每年进行一次校准性维护检查。

（9）隔离开关操作上存在问题时，应趁停电机会给予处理。

隔离开关的日常巡检
（视频文件）

（10）缺陷处理工作可配合检修工作进行。

四、 电流互感器的运行、巡视检查与维护

（一） 电流互感器的运行

（1） 运行中电流互感器的负荷电流，对独立式电流互感器应不超过其额定值的110%，对套管式电流互感器应不超过其额定值的120%（宜不超过110%）。如长时间过负荷，会使测量误差加大和绕组过热或损坏。

（2） 电流互感器的二次绕组在运行中不允许开路。因为出现开路时，将使二次电流消失，全部一次电流都成为励磁电流，使铁芯中的磁感应强度急剧增加，其有功损耗增加很多，因而引起铁芯和绕组绝缘过热，甚至造成互感器的损坏；此外，由于磁通很大，在二次绕组中感应产生一个很大的电动势，这个电动势在故障电流作用下可达数千伏，无论对工作人员还是对二次回路的绝缘都是很危险的。

（3） 应定期检查油浸式电流互感器油位的变化是否在规定的范围内，若发现异常，应及时汇报调度和相关部门。

（4） 电流互感器的二次绕组至少应有一个端子可靠接地，以防止电流互感器主绝缘故障或击穿时，二次回路上出现高电压，危及人身和设备的安全。但为了防止二次回路多点接地造成继电保护误动作，对电流差动保护等交流二次回路只允许有一点接地，接地点一般设在保护屏上。

（二） 电流互感器的巡视检查

1. 电流互感器的正常巡视检查
（1） 设备外观完整无损。
（2） 一、二次引线接触良好，接头无过热现象，各连接引线无过热、变色现象。
（3） 外绝缘表面清洁、无裂纹及放电现象。
（4） 金属部位无锈蚀，底座、支架牢固，无倾斜变形。
（5） 架构、遮栏、器身外涂漆层清洁，无爆皮掉漆。
（6） 无异常振动、异常声音及异味。
（7） 瓷套、底座、阀门和法兰等部位无渗漏油现象。
（8） 端子箱引线端子无松动、过热、打火现象。
（9） 油色、油位正常。
（10） 金属膨胀器膨胀位置指示正常，无渗漏。
2. 电流互感器的特殊巡视检查
（1） 大负荷期间用红外测温设备检查互感器内部、引线接头发热情况。
（2） 大风扬尘、雾天、雨天，检查外绝缘有无闪络现象。
（3） 冰雪、冰雹天气，检查外绝缘有无损伤。

（三） 电流互感器的维护项目

应趁停电机会安排对电流互感器的清扫维护。其维护工作内容如下：
（1） 检查高低压螺栓是否松动。

（2）检查引线夹是否断裂，工作接地、外壳接地是否牢固。

（3）擦抹绝缘子各部件，清除渗漏。

五、 电压互感器的运行、巡视检查与维护

电流互感器巡视
（动画）

（一） 电压互感器的正常运行

（1）电压互感器允许在 1~2 倍额定电压下长期运行。

（2）在运行中若高压侧绝缘击穿，电压互感器二次绕组将出现高电压，为了保证安全，应将二次绕组的一个出线端或互感器的中性点直接接地，防止高压窜至二次侧对人身和设备造成危险。

（3）启用电压互感器时，应检查绝缘是否良好，定相是否正确，外观、油位是否正常，接头是否清洁。

（4）停用电压互感器时，应先退出相关保护和自动装置，断开二次侧自动空气开关（取下二次熔丝），再拉开一次侧隔离开关，防止反充电；记录有关回路停止电能计量时间。

（5）电压互感器二次侧严禁短路。

（6）严密监视各电压等级的相电压、线电压是否正常。

（二） 电压互感器的巡视检查

（1）设备外观完整无损，外绝缘表面清洁、无裂纹及放电现象。

（2）一、二次引线接触良好，接头无过热现象，各连接引线无发热、变色现象。

（3）金属部位无锈蚀，底座、支架牢固，无倾斜变形。

（4）架构、遮栏、器身外涂漆层清洁，无爆皮掉漆。

（5）无异常振动、异常声音及异味，油色、油位正常。

（6）瓷套、底座、阀门和法兰等部位无渗漏油现象。

（7）电压互感器端子箱熔断器和二次自动空气开关正常。

（8）金属膨胀器膨胀位置指示正常，无渗漏。

（9）各部位接地可靠。

（10）注意电容式电压互感器二次电压（包括开口三角形绕组电压）无异常波动。

（三） 电压互感器的维护

（1）大修，一般指将互感器解体，对内、外部件进行检查和修理。

（2）大修周期，根据互感器预防性试验结果、在线监测结果进行综合分析判断，认为必要时进行大修。

（3）小修，一般指对互感器不解体进行的检查与修理。

（4）小修周期，结合预防性试验和实际运行情况进行，1~3 年1 次。

（5）利用停电机会进行清扫，擦抹绝缘子，检查引线接头是否接触良好，工作接地、保护接地是否牢固，渗油是否清除。

电压互感器巡视
（动画）

六、　避雷器的运行、巡视检查与维护

（一）　避雷器的正常运行与维护

（1）加在避雷器上的工频电压不允许长时间超过持续运行电压。

（2）避雷器正常运行时应无任何响声。

（3）雷电临近变电站时，一切人员应远离避雷针 5 m 以外，不得在户外配电装置场地上逗留。

（4）雷雨天气过后，应尽快特巡避雷器和避雷针，同时记录避雷器放电计数器动作情况。

（5）每月中旬和月底应对全站避雷器放电计数器动作情况进行全面检查，并做好记录。

（6）每星期四检查避雷器泄漏电流情况，并做好记录。

（7）避雷针、接地网的接地电阻每 6 年测量一次。

（8）对于避雷器应每年雷雨季节前定期试验一次。

避雷器（动画）

（9）利用停电机会对避雷器进行清扫，擦抹绝缘子，并检查绝缘子有无裂纹或放电痕迹，接线装置是否牢固、可靠，引线接头是否紧固。

（二）　避雷器的巡视检查

1. 避雷器的正常巡视检查

（1）瓷套表面有无严重污秽，有无裂纹、破损及放电现象。

（2）避雷器内部有无放电响声，是否发出异味（若发生上述现象，须立即退出运行）。

（3）避雷器引线有无烧伤痕迹或断股。

（4）避雷器曾否动作、计数器读数是否有变化，连接是否牢固，连接片有无锈蚀，连接线是否造成放电计数器短路。

（5）落地布置时，围栏内应无杂草，以防避雷器电压分布不均。

巡视检查时应注意，雷雨时，人员严禁接近避雷器。避雷器应设有集中接地装置，其接地电阻一般不大于 10 Ω。集中接地装置与主地网之间应有可以拆卸的连接。

避雷器漏电流记录器是一种在线监测设备，用于监测在运行电压作用下通过避雷器的漏电流峰值，以判断避雷器内部是否受潮，元件有无异常。其运行注意事项有：①应保持记录器观察孔玻璃的清洁，若玻璃内部脏污或积水，应要求维修人员处理；②巡视时，应注意各相记录器的指示是否基本一致，记录器发光管是否发亮；③应按规定及时记录毫安表读数，并注意分析其有无异常变化。

2. 避雷器雷雨天气后的特殊巡视检查

检查引线是否松动，本体是否有摆动，均压环是否歪斜，瓷套管有无闪络、损伤，放电计数器的动作情况，避雷针有无倾斜、摆动，接地引下线有无损伤等。

避雷器日常巡检
（视频文件）

七、 母线的运行、巡视检查与维护

变电站的母线是站内重要的一次设备，通过巡视检查，及时发现母线设备的缺陷或故障隐患，对保证变电站安全运行，避免全站失电等事故发生是十分重要的。因此，需要对运行中的母线加强巡视检查。

（一） 母线的正常运行与维护

（1）运行中母线接头温度不得超过70 ℃，每日负荷晚高峰时期应用红外线测温仪对接头温度（或薄弱点）进行抽测，并做好记录。

（2）每年由带电班测试悬式绝缘子绝缘及运行情况。

（3）遇有高温或冰冻气候，应观察母线垂度是否符合规定。

（4）利用母线停电机会进行清扫，擦抹母线绝缘子，同时检查母线接头紧固情况。

（5）每两年至少进行一次对各种线夹的紧固检查。

（二） 母线的巡视检查

1. 母线的正常巡视检查

（1）检查导线、母排和连接用金具的连接部分接触是否良好，有无氧化、电腐蚀、发热、熔化等现象，有无断股、散股现象或烧伤痕迹。

（2）耐张线夹、双槽夹板有无松动和发热现象。检查方法为用远红外测温仪进行测试，各接头温度一般不超过70 ℃。

（3）母线伸缩接头是否有裂纹、折皱或断股现象。

（4）绝缘子是否清洁，有无裂纹或破损，有无放电现象。

（5）低压配电屏母线支持绝缘子及母线固定螺丝是否垫好。

（6）母线上有无不正常声音。

2. 母线的特殊巡视检查项目和标准

（1）下雪时检查接头积雪有无融化、冒气现象，线夹及导线、母排导电部分可根据积雪情况判断有无发热现象。

（2）大风天气时检查母线有无剧烈摆动；导线、绝缘子上是否挂有落物，以及摆动、扭伤、断股等异常情况。

（3）雷雨后检查绝缘子有无闪络痕迹。

（4）天气过冷或过热时检查室外母线有无拉缩过紧、弛度过大现象，检查导线是否存在受力过大的地方。

（5）夜间熄灯后检查导线、母排及线夹各部位有无发红、电晕或放电现象等。

（6）当导线、母排及线夹经过短路电流后，检查有无熔断、散股，连接部位有无接触不良，母排有无变形，线夹有无熔化变形等现象。

3. 母线大修或新投入运行的检查项目及要求

（1）耐张绝缘子清洁、无裂纹、表面无剥落现象。

（2）各部螺丝紧固，螺丝杆露出螺丝长度不少于3~5 mm。

（3）各部螺丝、零件完整，无损裂。

（4）导线无断股，连接可靠，接触良好。

（5）绝缘电阻合格。

八、电缆线路的运行、巡视检查与维护

（一）电缆线路的正常运行

（1）电缆线路的运行电压应不超过其额定电压的115%；备用或不使用的电缆线路应连接在电网上，加以充电，以防受潮而降低绝缘强度；在中性点不接地系统中，当发生单相接地时，要求电缆线路运行时间不超过2 h。

（2）电缆线路在运行中不得超过其允许温度，否则将加速绝缘老化，导致电缆的损坏而引起事故。因此，当电缆的表面温度超过允许温度时，应采取限制负荷措施。

（3）全线敷设电缆的线路一般不装重合闸，因此当断路器跳闸后不允许试送电。这是因为电缆线路故障多为永久性的。

（4）电缆线路不得长期过负荷运行，但经常性负荷电流小于最大长期运行电流的电缆，允许短时少量过负荷。

（5）电缆线路接入时，相位应正确。

（6）运行中的电缆线路，禁止值班人员用手直接触试电缆表面，以免发生意外，禁止搬动运行中的电缆线路。

（二）电缆线路的巡视检查

1. 电缆线路的正常巡视检查

（1）电缆沟盖板应完好无缺。对于敷设在地下的电缆，应检查其所经过的路面有无挖掘工程及其他损坏覆盖层的施工作业，路线标桩是否完整。

（2）电缆沟支架必须牢固，无松动和锈蚀现象，接地应良好。

（3）电缆沟内不应积水或堆积杂物和易燃品，防火设施应完善。

（4）电缆线路标示牌应无脱落，电缆铠甲和保护管应完整、无锈蚀。

（5）电缆终端头绝缘子应完整、清洁、无闪络放电现象；外露电缆的外皮应完整，支撑应牢固，外皮接地应良好。

（6）引出线的连接线夹应紧固，使用红外线测温仪测量其温度，应不超过70 ℃。

（7）电缆头上应无杂物，如鸟巢等。

（8）电缆终端头接地线必须良好，无松动、断股和锈蚀现象，相序色应明显。

（9）电缆中间接头应无变形和过热。

2. 电缆线路的特殊巡视检查项目和标准

（1）电力电缆线路已达满载或过载运行时，应检查电缆头接触处是否发热变色。

（2）故障跳闸后特别是听到巨响时，应检查电缆头是否正常，引线接头是否有烧伤或烧断现象。

（3）下雨或冰冻天气，应检查电缆瓷套管是否被冻裂，引线接头是否过紧。

（4）雷雨天气，应检查电缆瓷套管是否有放电闪络的现象。

（5）大雾或阴雨天气，应检查电缆头上瓷套管是否有放电电晕声音。

（三）电缆线路的维护

（1）电缆线路除正常和特殊巡视检查外，还应利用停电机会清扫、擦抹电缆和绝缘子，同时检查是否有裂纹及闪络痕迹，以及电缆头接触部位是否紧固。

（2）经常用红外线测温仪测试电缆接头温度，要求不超过 70 ℃，并做好相关记录。

（3）每季度检查电缆运行情况及防小动物孔洞是否封堵严密，措施是否到位。

（4）电缆层应装设温度自动控制灭火器，以防电缆温度过高而引发火灾。

（5）电缆线路发生故障，在处理完毕后，必须进行电缆绝缘的潮气试验和绝缘电阻试验。

九、 电力电容器的运行、巡视检查与维护

（一）电力电容器的正常运行

（1）电容器组投运前应对电容器组断路器、保护、控制信号按质量标准进行严格验收，并收集移交安装施工记录、竣工报告、出厂说明书和出厂试验报告，这些投运事宜完善后方可投入运行。

（2）在额定电压下，合闸冲击三次，每次合闸间隔时间为 5 min；应将电容器残留电压放完时方可进行下次合闸。

（3）在投运 1 个月后应停运全面检查一次，3 个月内应对电容器组加强巡检。

（4）电容器允许在不超过额定电流的 30% 工况下长期运行，三相不平衡电流不应超过 ±5%。

（5）运行人员应经常监视电容器组的温度，应不超过 50 ℃。

（6）电容器组的电压、电流、温度均应前后比较，如有突变，视为异常运行，必须查明原因，进行处理。

（7）任何情况下电容器组的断路器跳闸后，5 min 内不得强送电，在未找出原因之前不得重新合闸。

（8）电容器退出运行后虽已自动放电，但在人体接触其导电部位时仍需按规定用接地棒对地放电并接地。

（9）电容器的投切一般应按就地补偿无功功率，不得向系统倒送的原则进行。其具体操作应按规定电压曲线及有关参数进行，同时还应与主变压器的有载分接开关相配合，其配合原则如下：

①电压在规定的上下限之间，而无功功率过多或不足时，应当切除或投入电容器。

②电压超上限，当无功功率不足时，应先调整变压器分接开关，再投入电容器；当无功功率合适时，应调整变压器分接开关；当无功功率过多时，应先切除电容器，再调整变压器分接开关。

③电压超下限，当无功功率不足时，应先投入电容器，再调整变压器分接开关；当无功功率合适时，应调整变压器分接开关；当无功功率过多时，应先调整变压器分接开关，再切除电容器。

④电容器停止运行后，一般至少应放电 5 min，方可再次合闸送电。

（10）电容器停电维修前须将接地开关合上。

（11）主变压器停电操作时，先停电容器组的断路器；主变压器送电时，待主变压器低压侧母线配电装置投运后，再视具体情况投入电容器组。严禁主变压器和电容器组同时投退。

（二）　电力电容器的巡视检查

1. 对集中式电力电容器应检查的内容

（1）油位、油色、油温是否正常。

（2）吸湿器内硅胶是否变色。

（3）电容器有无渗漏油。

2. 对电力电容器成套装置应检查的内容

（1）电容器外壳有无膨胀及变形。

（2）电容器熔丝有无熔断。

（3）电容器套管瓷质部分有无闪络痕迹。

（4）电气连接部分有无松动、过热现象。

（5）电容器室温度是否在允许范围内。

3. 电容器的特殊巡视项目和标准

（1）雨、雾、雪、冰雹天气，应检查瓷绝缘有无破损裂纹、放电现象，表面是否清洁；冰雪融化后有无悬挂冰柱，桩头有无发热；建筑物及构架有无下沉倾斜、积水、屋顶漏水等现象。大风后应检查设备和导线上有无悬挂物，有无断线；构架和建筑物有无下沉倾斜变形。

（2）大风后检查母线及引线是否过紧过松，设备连接处有无松动、过热。

（3）雷电后应检查瓷绝缘有无破损裂纹、放电痕迹。

（4）环境温度超过或低于规定温度时，检查试温蜡片是否齐全或熔化，各接头有无发热现象。

（5）断路器故障跳闸后应检查电容器有无烧伤、变形、移位等，导线有无短路；电容器温度、音响、外壳有无异常。熔断器、放电回路、电抗器、电缆、避雷器等是否完好。

（6）系统异常（如振荡、接地、低频或铁磁谐振）运行消除后，应检查电容器有无放电，温度、音响、外壳有无异常。

（三）　电力电容器的维护

（1）利用停电机会，做好箱壳表面、套管表面及其他各部位的清洁工作，并应定期清扫，以保证安全运行。

（2）运行人员每周进行一次测温，以便于及时发现设备存在的隐患，保证设备安全可靠运行。

（3）每季定期检查一次电容器组设备所有的接点和连接点。

（4）电容器投运后，每年测量一次谐波。

十、 消弧线圈的运行、巡视检查与维护

安装消弧线圈的目的是为了减少 10 kV 系统接地时的残流值，减缓恢复电压的上升速度以及抑制谐振过电压的产生等。

（一） 消弧线圈的正常运行与维护

（1）正常运行中 10 kV 两段主母线各投一套消弧线圈，因故需要停运接地变压器或消弧线圈时，必须报告值班调度员，按给定的运行方式倒闸操作。

（2）在正常情况下，消弧线圈自动调谐装置必须投入运行，且应投入自动运行状态。

（3）消弧线圈自动调谐装置投入运行操作步骤如下：先合上消弧线圈自动控制屏后的交、直流电源自动空气开关，再推上消弧线圈与中性点之间的单相隔离开关（站用变压器断路器须在断开位置，消弧线圈与中性点之间单相隔离开关只有站用变压器断路器在断开时才能推上），最后将站用变压器断路器由热备用（冷备用）转运行，合上控制器电源开关。

（4）消弧线圈自动调谐装置退出运行操作步骤如下：先断开控制器电源开关，将站用变压器断路器由运行转热备用（冷备用），再拉开消弧线圈与中性点之间的单相隔离开关，最后断开消弧线圈自动控制屏后的交、直流电源自动空气开关。

（5）若微机调节装置不能投运需要手动倒换消弧线圈的挡位时，应和值班调度员取得联系，根据脱谐度和位移电压的大小确定挡位。

（6）禁止将一台消弧线圈同时接在两台接地变压器（或变压器）的中性点上。

（二） 消弧线圈的巡视检查

（1）检查声音是否正常，有无异常噪声。

（2）检查紧固件、连接件是否松动，导电零件有无生锈、腐蚀的痕迹。

（3）绝缘表面有无爬电痕迹和碳化现象，瓷套管是否清洁，有无裂纹和放电痕迹。

（4）引线、电缆接头是否紧固，有无过热发红现象。

（5）检查其附件设备（电阻器、真空接触器、电压互感器）运行是否正常，隔离开关刀口是否接触良好，有无发热现象。

十一、 电抗器的运行、巡视检查与维护

（一） 电抗器的正常运行

（1）电抗器允许在额定电压、额定电流下长期运行。

（2）运行中应检查线圈垂直通风道是否畅通，发现异物应及时清除。

（3）运行中应检查电抗器水平、垂直绑扎带有无损伤，出现异常时应及时处理或通知制造厂修理。

（二） 电抗器的巡视检查

1. 电抗器的正常巡视检查

（1）设备外观完整无损，无异物。

（2）引线接触良好，接头无过热，各连接引线无发热、变色。

（3）外包封表面清洁、无裂纹、无爬电痕迹、无油漆脱落现象，憎水性良好。

（4）撑条无错位。

（5）无动物巢穴等异物堵塞通风道。

（6）支柱绝缘子金属部位无锈蚀，支架牢固、无倾斜变形、无明显污染情况。

（7）无异常振动和声响。

（8）接地可靠，周边金属物无异常发热现象。

（9）场地清洁无杂物，无杂草。

（10）电抗器门窗应严密，以防小动物进入。

2. 电抗器的特殊巡视项目和标准

（1）投运期间用红外测温设备检查电抗器包封内部、引线接头发热情况。

（2）大风扬尘、雾天、雨天，应检查外绝缘有无闪络，表面有无放电痕迹。

（3）冰雪、冰雹天气，应检查外绝缘有无损伤，本体有无倾斜变形，有无异物。

（4）检查电抗器接地体及围网、围栏有无异常发热，可对比其他设备检查，通过积雪融化较快、水汽较明显等进行判断。

（5）故障跳闸后未查明原因前不得再次投入运行，应检查保护装置是否正常，干式电抗器线圈匝间及支持部分有无变形、烧坏等现象。

（三） 电抗器的维护

（1）干式电抗器及其电气连接部分，每季度应进行带电红外线测温和不定期重点测温。红外测温发现有异常过热现象时，应申请停运处理。

（2）户外干式电抗器表面应定期清洗，5~6年重新喷涂憎水绝缘材料。

（3）发现包封表面有放电痕迹或油漆脱落，以及流（滴）胶、裂纹现象，应及时处理。

十二、 变电站设备缺陷管理

变电站设备缺陷管理的目的，一方面是为了掌握正在运行的电气设备存在的问题，以便按轻、重、缓、急消除缺陷，提高设备的健康水平，保障变电站的安全运行。另一方面，对缺陷进行全面分析，总结变化规律，为大修、技改提供依据，加强对设备缺陷的管理。对于在巡视中发现的一些缺陷，特别是严重缺陷，应及时做分析，分析它对运行有哪些危害，有没有继续发展的可能。任何一个细小的纰漏都可能造成非常严重的后果。例如，当变电站运行人员巡视发现掉地上的绝缘子小碎片，就可以查出绝缘子断裂的危急缺陷，避免了母线停电事故的严重后果。

1. 设备缺陷分级

变电站的设备缺陷管理是变电运行值班人员的一项重要工作，通过设备巡视，发现设备的缺陷，及时掌握主要设备缺陷。结合设备评价工作对设备缺陷进行综合分析，根据缺陷产生的规律，提出反事故措施，并报上级。变电运行值班人员的职责是及时掌握本站或管辖站设备的全部缺陷和缺陷处理情况；对设备缺陷实行分类管理，做到每个缺陷都有处理意见和措施；发现缺陷后应对缺陷进行定性，并记入缺陷记录，报告主管部门。

变电站设备缺陷分类的原则：

（1）危急缺陷：设备或建筑物发生了直接威胁安全运行并需立即处理的缺陷，否则，随时可能造成设备损坏、人身伤亡、大面积停电、火灾等事故。

（2）严重缺陷：对人身或设备有严重威胁，暂时尚能坚持运行但需尽快处理的缺陷。

（3）一般缺陷：上述危急、严重缺陷以外的设备缺陷，指性质一般，情况较轻，对安全运行影响不大的缺陷。

2. 设备缺陷管理

变电站的设备缺陷实行闭环管理，所谓闭环管理就是从发现缺陷→缺陷记录→缺陷上报→检修计划→缺陷处理→缺陷消除→消缺记录等环节形成闭环。

运行单位发现危急、严重缺陷后，应立即上报。一般缺陷应定期上报，以便安排处理。消缺工作应列入各单位生产计划中，对危急、严重或有普遍性的缺陷还要及时研究对策，制定措施，尽快消除。缺陷消除时间应严格掌握，对危急、严重、一般缺陷要严格按照本单位规定的时间进行消缺处理。

十三、 变电站主要设备的缺陷分级

1. 变压器的缺陷分级

根据国家电网公司《变压器运行规范》，变压器的运行可分为三种状态加以评估，即危急状态、严重状态和一般状态。

（1）一般情况下变压器存在以下缺陷可定为危急状态：

①油中乙炔或总烃含量和增加速率严重超过注意值，有放电特征，危急变压器安全，绝缘电阻、介质损耗因数等反映变压器绝缘性能指标的数据大多数超标，且历次数据比较，变化明显的。

②变压器有异常响声，内部有爆裂声。

③套管有严重破损和放电现象。

④变压器严重漏油、喷油、冒烟着火等现象。

⑤冷却器故障全停，且在规定时间内无法修复的。

⑥轻瓦斯发信号，色谱异常。

变压器出现上述危急状态时，应立即停役，安排检修处理；并按设备管辖范围及时报告上级主管部门，要求在 24 h 内予以处理。

（2）变压器存在以下缺陷可定为严重状态：

①根据绝缘电阻、吸收比和极化指数、介质损耗、泄漏电流等反映变压器绝缘性能指标的数据进行综合判断，有严重缺陷的。

②强油循环变压器的密封破坏造成负压区、套管严重渗漏油或储油柜胶囊破损的。

③变压器出口短路后，绕组变形测试或色谱分析有异常，但直流电阻测试为正常的。

④铁芯多点接地，且色谱异常的。

变压器出现上述严重状态时，应及时报告上级主管部门，尽快安排检修处理。

（3）变压器存在以下缺陷可定为一般状态：

①变压器本体及附件的渗漏油。

②备用冷却装置故障。

③变压器油箱及附件锈蚀。

④铁芯多点接地，其接地电流大于 100 mA。

对于变压器的一般缺陷应定期上报，以便安排处理。消缺工作应列入各单位生产计划中。

2. 开关设备的缺陷分级

在变电站一次设备巡视检查中，开关设备是重要的巡视检查内容。根据缺陷对设备安全运行的影响程度，高压开关设备的缺陷也分三种，即：危急缺陷、严重缺陷和一般缺陷。开关设备缺陷分类标准见表 1-4-2。

表 1-4-2　开关设备缺陷分类标准

设备（部位）名称	危急缺陷	严重缺陷
1. 通则		
短路电流	安装地点的短路电流超过断路器的额定短路开断电流	安装地点的短路电流接近断路器的额定短路开断电流
操作次数和开断次数	断路器的累计故障开断电流超过额定允许的累计故障开断电流	断路器的累计故障开断电流接近额定允许的累计故障开断电流；操作次数接近断路器的机械寿命次数
导电回路	导电回路部件有严重过热或打火现象	导电回路部件温度超过设备允许的最高运行温度
瓷套或绝缘子	有开裂、放电声或严重电晕	严重积污
操动机构	液压或气动机构失压到零	液压或气动机构频繁打压
	液压或气动机构打压不停泵	
	控制回路断线、辅助开关接触不良或切换不到位	
	控制回路的电阻、电容等零件损坏	
	分合闸线圈引线断线或线圈烧坏	分合闸线圈最低动作电压超出标准和规程要求
断口电容	有严重漏油现象、电容量或介质损耗严重超标	有明显的渗油现象、电容量或介质损耗超标
接地线	接地引下线断开	接地引下线松动
断路器的分合闸位置	分、合闸位置不正确，与当时的实际运行工况不相符	

设备（部位）名称	危急缺陷	严重缺陷
2. SF₆开关设备		
SF₆气体	SF₆气室严重漏气，发出闭锁信号	SF₆气室严重漏气，发出报警信号
		SF₆气体湿度严重超标
设备本体	内部及管道有异常声音（漏气声、振动声、放电声等）	
	落地罐式断路器或GIS防爆膜变形或损坏	
操动机构	气动机构加热装置损坏，管路或阀体结冰	气动机构自动排污装置失灵
	气动机构压缩机故障	气动机构压缩机打压超时
	液压机构油压异常	液压机构压缩机打压超时
	液压机构严重漏油、漏氮	
	液压机构压缩机损坏	
	弹簧机构弹簧断裂或出现裂纹	
	弹簧机构储能电机损坏	
	绝缘拉杆松脱、断裂	
3. 高压开关柜和真空断路器		
真空断路器	真空灭弧室有裂纹	真空灭弧室外表面积污严重
	真空灭弧室内有放电或因放电而发光	
	真空灭弧室耐压或真空度检测不合格	
开关柜及元部件	元部件表面严重积污或凝露	母线室柜与柜间封堵不严
	母线桥内有异常声音	电缆孔封堵不严
4. 高压隔离开关	绝缘子有裂纹，法兰开裂	传动或转动部件严重腐蚀
		导体严重腐蚀
若开关设备发生诸如编号牌脱落、相色标志不全、金属部位锈蚀、机构箱密封不严等缺陷，则可定为一般缺陷。		

3. 互感器的缺陷分级

互感器的缺陷是指互感器任何部件的损坏、绝缘不良或不正常的运行状态，分为危急缺陷、严重缺陷和一般缺陷。

（1）危急缺陷：互感器发生了直接威胁安全运行并需立即处理的缺陷，否则随时可能造成设备损坏、人身伤亡、大面积停电和火灾等事故，例如下列情况等：

①设备漏油，从油位指示器中看不到油位。

②设备内部有放电声响。

③主导流部分接触不良，引起发热变色。

④设备严重放电或瓷质部分有明显裂纹。

⑤绝缘污秽严重，有污闪可能。

⑥电压互感器二次电压异常波动。

⑦设备的试验、油化验等主要指标超过规定不能继续运行。

⑧SF_6气体压力表为零。

（2）严重缺陷：互感器的缺陷有发展趋势，但可以采取措施坚持运行，列入月计划处理，不致造成事故者，例如下列情况等：

①设备漏油。

②红外测温设备内部异常发热。

③工作、保护接地失效。

④瓷质部分有掉瓷现象，不影响继续运行。

⑤充油设备油中有微量水分，呈淡黑色。

⑥二次回路绝缘下降，但下降不超过30%者。

⑦SF_6气体压力表指针在红色区域。

（3）一般缺陷：上述危急、严重缺陷以外的设备缺陷。它是指性质一般，情况较轻，对安全运行影响不大的缺陷，例如下列情况等：

①储油柜轻微渗油。

②设备上缺少不重要的部件。

③设备不清洁、有锈蚀现象。

④二次回路绝缘有所下降者。

⑤非重要表计指示不准者。

⑥其他不属于危急、严重的设备缺陷。

发现设备缺陷时应及时记录在设备缺陷记录簿上，并立即按规定汇报，根据缺陷严重程度进行处理。缺陷消除的期限一般规定为：

（1）危急缺陷：立即汇报调度和上级领导，并申请停电处理，应在24 h内消除。

（2）严重缺陷：应汇报调度和上级领导，并记录在缺陷记录本内进行缺陷传递，在规定时间内安排处理。一般视其严重程度在一周或一个月内安排处理。

（3）一般缺陷：设备存在缺陷但不影响安全运行，应加强监视，针对缺陷发展做出分析和事故预想。可列入月度或季度大修计划进行处理或在日常维护工作中消除。

运行单位应全面掌握设备的健康状况，及时发现缺陷，认真分析缺陷产生的原因，尽快消除设备隐患，掌握设备的运行规律，努力做到防患于未然，保证设备经常处于良好的运行状态，实现设备缺陷的闭环管理。通常，变电站设备缺陷管理应进入生产管理和信息系统管理，变电站设备的所有缺陷管理流程都应在生产管理和信息系统上进行，特殊情况用消缺通知单来实现闭环管理。

运行人员发现设备缺陷后应对缺陷做出正确判断和定性。发现危急缺陷时，在按照现场运行规程进行必要的应急措施后，应首先汇报调度，交当值调度值班员处理，需要立即消缺的，当值调度值班员应直接通知检修维护单位负责人组织消缺，同时上报生产管理部门。发现其他缺陷后，由所属各班班长审核后录入生产管理和信息系统，同时报生产管理部门。对于特别重大和紧急缺陷，设备检修维护单位在接到设备缺陷汇报后，应立即组织消缺。消缺后应主动补充完善生产管理信息系统资料。对一般缺陷，生产管理部门缺陷管理专责按计划下达设备消缺通知单给检修维护单位，并将汇总表报安保部和分管生产领导。相应班组在接到消缺通知单后，应按消缺通知单规定时间内自行完成缺陷处理。

检修维护部门处理完设备缺陷后，应认真填写相关记录。变电运行人员同时组织验收，验收后应做好归档工作。生产部门跟进各自管辖范围按季度统计设备缺陷消缺率，累计消缺率将作为检修维护部门月度、季度、年度考核依据。消缺率统计的分类：按缺陷的划分，消缺率分为一般缺陷消缺率、严重缺陷消缺率和危急缺陷消缺率。各生产部门负责人、班组长每天应定时进入生产管理信息系统进行缺陷查询，及时了解设备消缺任务和消缺完成情况。

十四、 设备测温

变电站的各种电气设备在运行中，由于负荷电流过大、接头接触不良、导电部分存在缺陷或设备内部故障等原因都可能导致局部发热，对设备测温是发现这类缺陷或故障的有效手段。因此，开展测温工作能检查电气设备工作状态是否异常、是否存在缺陷或隐患，指导消缺、预试和检修。通过测温，常常还能发现一些隐蔽性的缺陷。

根据设备测温管理的要求，变电站的测温有三种类型：计划普测、跟踪测温及重点测温。

1. 测温周期

（1）计划普测：带电设备每年应安排两次计划普测，一般在预试和检修开始前应安排一次红外检测，以指导预试和检修工作。

（2）跟踪测温：发现设备某处温度异常时，除按程序填报设备缺陷外，还要对其跟踪测温。根据温度变化情况，采取相应措施。

（3）重点测温：根据运行方式和设备变化安排测温时间，按以下原则掌握：

①长期大负荷的设备应增加测温次数。

②设备负荷有明显增大时，根据需要安排测温。

③设备存在异常情况时，需要进一步分析鉴定。

④上级有明确要求时，如保电等，需进行测温。

⑤新建、改扩建的电气设备在其带负荷后应进行一次测温，大修或试验后的设备必要时应进行测温。

⑥遇有较大范围设备停电（如变压器、母线停电等），应酌情安排对将要停电设备进行测温。

2. 测温范围

只要表面发出的红外辐射不受阻挡的器件都属于红外诊断的有效检测设备。例如：变压器、断路器、隔离开关、互感器、电力电容器、避雷器、电力电缆、母线、导线、组合电器、低压电器及二次回路等。

3. 测温方法

目前，电气设备的测温一般都采用红外热像仪或红外测温仪，红外热像仪可以从电气设备外部显现的温度分布热像图，判断出各种内部故障。对于无法进行红外测温的设备，可采取其他测温手段，如贴试温蜡片等。

红外检测技术是集光电成像技术、计算机技术、图像处理技术于一身，通过接收物体发出的红外辐射将其热像显示在显示器上，从而准确判断物体表面的温度分布情况，具有准确、实时、快速等优点。与传统的测温方式相比，红外热像仪可在一定距离内实时、定量、在线监测发热点的温度。通过扫描，还可以绘出设备在运行中的温度梯度热像图，而且灵敏度高，不受电磁场干扰，便于现场使用。它可以在 $-20 \sim 2\,000\ ℃$ 的宽量程内以 $0.05\ ℃$ 的高分辨率监测电气设备的热故障，揭示出如导线接头或线夹发热，以及电气设备中的局部过热点等现象。

 任务实施

1. 变电站设备巡视路线

对照变电仿真系统仿真变电站主接线图，结合各设备平面布置情况，确定变电站设备巡视路线。

2. 变压器的设备巡视卡

按照变电站设备巡视的标准化作业流程，对照以下各电气设备巡视及维护的内容，在仿真机上对仿真变电站变压器进行巡视，并记录本值巡视检查的开始时间、结束时间、巡视类别、巡视中发现的缺陷及巡视人姓名。填写油浸式变压器的设备巡视卡，见表1-4-3。

表1-4-3 油浸式变压器的设备巡视卡

设备名称	序号	巡视内容	巡视标准	检查情况
主变压器	1	引线及导线、各接头	(1) 无变色过热、散股、断股现象； (2) 接头无变色、过热现象	
	2	本体及音响	(1) 本体无锈蚀、变形； (2) 无渗漏油； (3) 音响正常，无杂音、爆裂声	
	3	线圈温度及上层油温度（记录数据）	(1) 上层油温度　　℃，绕组温度　　℃，环境温度　　℃； (2) 温度计指示温度符合运行要求，与主变压器控制屏远方温度显示器指示一致	
	4	本体油枕	(1) 完好，无渗漏油； (2) 油位指示应和油枕上的环境温度标志线相对应	
	5	有载调压油枕	完好，无渗漏油	

设备名称	序号	巡视内容	巡视标准	检查情况
主变压器	6	本体瓦斯继电器及有载调压瓦斯继电器	(1) 瓦斯继电器内应充满油，油色应为淡黄色透明，无渗漏油，瓦斯继电器内应无气体（泡）； (2) 瓦斯继电器防雨措施完好、防雨罩牢固； (3) 瓦斯继电器的引出二次电缆应无油迹和腐蚀现象，无松脱	
	7	本体及有载调压油枕呼吸器	(1) 硅胶变色未超过 1/3； (2) 呼吸器外部无油迹，油杯完好，油位正常	
	8	压力释放器	完好，标示杆未突出	
	9	各侧套管	(1) 相序标色齐全、无破损、放电痕迹； (2) 油位正常，无渗漏油	
	10	各侧套管升高座	升高座、法兰盘无渗漏油	
	11	各侧避雷器	(1) 表面完好，无破损、放电痕迹； (2) 线接头无过热现象	
	12	有载调压机构箱	(1) 表面完好无锈蚀，名称标注齐全； (2) 挡位显示与控制屏显示一致； (3) 二次线无异味及放电打火现象，电机无异常，传动机构无渗漏油，手动调压手柄完好，箱门关闭严密，封堵良好	
	13	主变压器铁芯、外壳接地	接地扁铁无锈蚀、断裂现象	
	14	冷却系统	(1) 各运行冷却器温度相近； (2) 油泵、风扇运转正常，投入数量满足主变压器运行要求	
	15	主变压器爬梯	完好无锈蚀，运行中已用锁锁死，并挂有安全标示牌	
	16	主变压器端子箱	(1) 表面完好无锈蚀，名称标注齐全，箱体接地扁铁无锈蚀、断裂； (2) 二次线无异味、无放电打火现象，封堵良好、箱门关闭严密	

续表

设备名称	序号	巡视内容	巡视标准	检查情况
主变压器	17	主变压器冷控箱	（1）表面完好无锈蚀，名称标注齐全，箱门关闭严密，箱体接地扁铁无锈蚀、断裂； （2）各冷却器电源空气开关完好无异常，各切换开关位置符合运行要求，指示灯指示正常，二次线无异味、无放电打火现象，封堵良好	
	18	储油池内鹅卵石	铺放整齐、无油迹	

3. 设备消缺

变电站运行人员在巡视设备时，发现变电站 4 号母线 U 相电压互感器的瓷质部分有明显裂纹。

由于这种缺陷可能直接导致互感器损坏，甚至可能导致母线故障，引起全站停电事故。根据设备缺陷分级标准，这是属于危急缺陷。按照危急缺陷的要求，运行人员应立即汇报调度和上报生产管理部门，并申请停电处理。设备检修维护单位在接到设备缺陷汇报后，应立即组织消缺，缺陷应在 24 h 内消除。运行人员做好缺陷记录，录入生产管理系统，报生产管理部门。消缺后及时完善生产管理系统资料。

任务1.5 变电站主系统二次设备巡视及维护

变电站主系统二次设备是指对主系统一次设备的工作状况进行监视、测量、控制、保护、调节的电气设备或装置，如监控装置、继电保护装置、自动装置、信号装置等，通常还包括电流互感器、电压互感器的二次绕组、引出线及二次回路。这些二次设备按一定要求连接在一起构成的电路，称为二次接线或二次回路。掌握变电站二次设备巡视及维护是发电厂电气值班人员必备的技能之一。

教学目标

知识目标：

（1）掌握仿真变电站二次设备巡视及维护的主要内容及要求。

（2）掌握变电站二次设备的特殊巡视内容。

能力目标：

（1）能说出变电站二次电气设备巡视及维护的基本流程及确定变电站电气设备巡视路线。

（2）能按标准化作业流程在仿真机上对变电站二次设备进行巡视及维护操作。

（3）能够在二次设备特殊巡视过程中发现缺陷和异常。

素质目标：

（1）能主动学习，在完成任务过程中发现问题、分析问题和解决问题。

（2）能严格遵守专业相关规程标准及规章制度，与小组成员协商、交流配合，按标准化作业流程完成学习任务。

任务分析

对照电气二次设备巡视及维护的内容，按照变电站设备巡视的标准化作业流程，在仿真机上对仿真变电站二次设备进行巡视。

相关知识

一、二次设备巡视的一般规定

1. 变电站二次回路概述

二次回路主要包括以下内容：

（1）控制系统。控制系统的作用是，对变电站的开关设备进行就地或远方跳、合闸操作，以满足改变主系统运行方式及处理故障的要求。控制系统由控制装置、控制对象及控制网络构成。在实现了综合自动化的变电站中，控制系统控制方式包括远方控制和就地控制。远方控制有变电站端控制和调度（集控站或集控中心）端控制，就地控制有操动机构处和保护（或监控）屏控制。

（2）信号系统。信号系统的作用是，准确及时地显示出相应一次设备的运行工作状态，为运行人员提供操作、调节和处理故障的可靠依据。信号系统由信号发送机构、信号接收显示元件（装置）及其网络构成。按信号性质分类，信号可分为状态信号和实时登录信号。常见的状态信号有断路器位置信号、各种开关位置信号、变压器挡位信号等；常见的实时登录信号有保护动作信号、装置故障信号、断路器监视的各种异常信号等。按信号发出时间分类，信号可分为瞬时动作信号和延时动作信号。按信号复归方式分类，信号可分为自动复归信号和手动复归信号等。

（3）测量及监察系统。测量及监察系统的作用是，指示或记录电气设备和输电线路的运行参数，作为运行人员掌握主系统运行情况、故障处理及经济核算的依据。测量及监察系统由各种电气测计仪表、监测装置、切换开关及其网络构成。变电站常见的有电流、电压、频率、功率、电能等的测量系统和交流、直流绝缘监察。

（4）调节系统。调节系统的作用是，调节某些主设备的工作参数，以保证主设备和电力系统的安全、经济、稳定运行，如有载调压分接开关等。调节系统由测量机构、传送设备、自控装置、执行元件及其网络构成。常用的调节方式有手动、自动或半自动方式。

（5）继电保护及自动装置系统。继电保护及自动装置系统的作用是，当电力系统发生故障时，能自动、快速、有选择地切除故障设备，减小设备的损坏程度，保证电力系统的稳定，增加供电的可靠性；及时反映主设备的不正常工作状态，提示运行人员关注和处理，保证主设备的完好及系统的安全。

继电保护及自动装置系统由电压互感器和电流互感器的二次绕组、继电器、继电保护及自动装置、断路器及其网络构成。继电保护及自动装置系统是按电力系统的电气单元进行配置的。所谓电气单元是指由断路器隔离的一次电气设备，即构成一个电气单元（也称元件）。通过断路器可以将电力系统分隔为各种独立的电气元件，如发电机、变压器、母线、线路、电动机等。一次设备被分隔为各种电气单元，相应的就有了各种电气单元的继电保护装置，如发电机保护、变压器保护、母线保护、线路保护、电动机保护等。

（6）操作电源系统。操作电源系统的作用是，供给上述各二次系统的工作电源，断路器的跳、合闸电源，及其他设备的事故电源等。操作电源系统是由直流电源或交流电源供电，一般常由直流电源设备和供电网络构成。

2. 二次设备巡视目的

变电站二次设备的主要功能是对一次设备运行的监视、测量、控制和调节。因此，巡视二次设备主要有两个目的：一是可以发现一次设备的故障和运行异常；二是监视二次设备和系统本身的运行状态，掌握二次设备运行情况，通过对二次设备巡视检查，及时发现二次设备和系统运行的异常、缺陷或故障，确保变电站和电网安全运行。

3. 二次设备巡视方法

变电站的二次设备是监视、测量、控制、保护、调节一次设备运行的。通常二次设备本身的自动化程度高，尤其是现在大量采用的微机型保护或装置，这类装置一般都有自检程序，当装置发生故障或异常时会自动闭锁，并发出报警信号。因此，对于二次设备的巡视应重点检查保护装置、监控系统、自动化设备、直流设备等的信号和显示。

二次设备的巡视检查一般采用下列方法：

（1）外观检查：检查设备的外观，是否有破损、损坏、锈蚀、脱落、松动或异常等，检查设备有无明显发热、放电、烧焦等痕迹。

（2）信息检查：检查二次设备、各种装置、保护屏、电源屏、直流屏、控制柜、控制箱、监控系统等是否发出异常信号、报警信号、光字信号、报文信息、上传信息、打印信息、异常显示等。

（3）测试检查：利用装置、设备和系统等的自检功能，测试其工作状态。

（4）仪表检查：利用仪表测量电阻、电压和电流等。

（5）位置检查：检查设备和装置的压板、开关和操作把手位置是否符合运行方式。

（6）环境检查：检查主控室、保护室等的温度、清洁、工作环境是否符合要求。

（7）其他检查：检查是否有异响、异味，检查电缆孔洞、端子箱等封堵情况。

4. 二次设备巡视的要求

二次设备巡视的基本要求、巡视周期、巡视流程与一次设备相同。巡视检查也必须按标准化作业指导书进行，按规定路线巡视，使用巡视卡（智能卡或纸质卡），详细填写巡视记录，严格执行相关规程规定，确保人身安全和设备安全运行。同时，为了保证巡视质量，运行值班人员除了应具备高度责任感，严格执行标准化作业要求外，还应正确理解微机继电保护、自动装置和监控系统的各种信息含义，才能及时发现问题。

5. 二次设备巡视的危险点分析

二次设备巡视的危险点主要是下列几个方面：

（1）未按照巡视线路巡视，造成巡视不到位，漏巡视。

（2）人员身体状况不适、思想波动，造成巡视质量不高或发生人身伤害。

（3）巡视中误碰、误动运行设备，造成装置误动或人员触电。

（4）擅自改变检修设备状态，变更安全措施。

（5）开、关装置或柜门振动过大，造成设备误动。

（6）在保护室使用移动通信工具，造成保护误动。

（7）发现缺陷及异常时，未及时汇报。

（8）夜间巡视或室内照明不足，造成人员碰伤等。

二、 监控系统的正常巡视检查

监控系统是集控站（监控中心）用于监视和控制无人值班变电站的自动化系统，它是在调度自动化系统的基础上进行功能细化和完善。通过监控系统，集控站（监控中心）可以对其所管辖的变电站实行遥测、遥信、遥控、遥调和遥视（五遥），完成各种远方操作、监视和控制等功能。由于监控系统主要是计算机设备、远动设备、通信设备、网络设备和信息传输通道等，因此，变电运行值班人员对监控系统的巡视检查主要是对设备外观的检查、工作状态和工作环境等检查，同时还要检查监控系统的异常信号、运行状态和监控功能。巡视检查的内容和要求如下：

（1）检查计算机柜、远动屏、通信屏、装置屏、机柜等屏上的各种装置、显示窗口、操作面板、组合开关等是否清洁、完整、安装牢固，信号灯显示是否正常、有无异常信号。

（2）检查监控系统有无异常信息、报警信息、报文信息、上传信息等，是否出现故障信号、异常信号、动作信号、断线信号、温度信号、过负荷信号等。检查事件记录、操作日志、运行曲线、报表等是否异常，并对监控信息进行分析判断。

（3）检查监控系统显示的运行状态与实际运行方式是否一致，各监控画面进行切换检查，检查频率、电压、电流、功率、电量等实时数据和参数显示是否正常。

（4）检查监控系统"五遥"功能、自检功能和自恢复功能是否正常。

（5）检查各种保护装置和监控装置的电源指示、时间显示、各信号指示灯是否正确，通信、巡检是否正常，液晶显示应与实际相符。

三、 继电保护和自动装置的正常巡视检查

变电站所有的电气设备和线路，都按规定装设保护装置、自动装置、测控装置及事件记录装置等二次设备。

1. 设备巡视的内容和要求

（1）各种控制屏、信号屏、保护装置、自动装置、直流屏和站用屏等应清洁，屏上所有装置和元件的标示应齐全。各种屏上的装置、显示板、面板、信号屏、开关、压板等应清洁、完整，不破损，无锈蚀、安装牢固。

（2）继电保护及自动装置屏上的保护压板、切换开关、组合开关的投入位置应与一次设备的运行相对应，信号灯显示应正常、无异常信号，装置的打印纸应足够。

（3）控制屏、信号屏、直流屏和站用屏上的自动空气开关、熔断器、小刀闸等的投入位置应正确，信号灯显示应正常、无异常信号。

（4）断路器和隔离开关等的位置信号应正确，分、合显示应与实际位置相符。

（5）各种装置的电源指示、信号指示灯应正确，液晶显示应与实际相符。

（6）控制柜、端子箱、操作箱、端子盒的门应关好、无损坏，保护屏、端子箱、接线盒、电缆沟的孔洞应密封。

（7）继电保护室、开关室、直流室等的室内温度和湿度应符合规定。

对于无人值班变电站的巡视检查，应使用调度自动化监控系统，认真监视设备运行情况，做好各种有关记录。在监控机上检查各站有无信号发出以及检查各站的有功功率、无功功率及电流、电压情况是否正常。集控站（监控中心）应能对所辖各无人值班变电站实行监控，实现防火、防盗自动报警和远程图像监控。

2. 巡视检查发现问题的处理

（1）当低压信号或电压回路断线信号发出时，应检查电压互感器的熔断器及自动空气开关并设法处理，及时向调度汇报；经处理仍无法恢复时，根据调度命令退出有关保护，并及时通知保护专业人员进行处理。

（2）当直流回路断线信号发出时，应检查控制熔断器及控制回路并设法处理，及时向调度汇报；如仍无法恢复时，应及时通知保护专业人员进行处理。

（3）当继电保护和安全自动装置异常信号发出时，应查明原因并设法处理，及时向调度汇报；经处理仍无法消除时，该保护和安全自动装置是否退出应根据调度命令执行，并及时通知保护专业人员进行处理。

（4）当监控系统发出异常信号，如无法查明原因且不能消除时，应及时向调度汇报，通知自动化专业人员进行处理。

四、 通信及自动化设备的正常巡视检查

（一） 通信设备的巡视检查

电力通信是电网调度和自动化的基础，变电站的通信设备应纳入变电运行管理。电网通信系统主要包括：微波通信系统、光纤通信系统、电力载波通信系统、通信电缆系统、调度程控交换系统等。

1. 通信设备日常巡视检查

为了提高通信设备的运行质量，确保系统内通信设备的安全运行，在有人值班变电站的值班人员必须按规定对通信机房进行必要的巡视。

（1）做好设备的巡视、检查，做好设备运行记录等工作。

（2）做好机房的环境卫生，保持室内温度在规定范围内。

（3）通信设备的电源要稳定可靠，运行正常。

（4）在日常巡视中发现故障应及时向通信主管部门汇报。

2. 载波设备日常巡视内容

（1）观测运行情况：正常状态黄色灯亮，故障状态红色灯亮；交换系统电源灯正常状态应点亮；检测有无辅助带通盘高频信号。

（2）导频电平是否正常。

（3）检查电源盘各电压情况。

（二） 自动化设备的巡视检查

变电站自动化设备是调度自动化、监控系统的主要设备，其将变电站的运行信息实时上传至监控中心和调度中心，并接收由监控中心发出的指令对变电站进行控制。

1. 交接班检查

（1）检查自动化设备屏、柜的清洁情况，屏上所有元件的标示应齐全。

（2）检查自动化设备屏上主要指示灯的运行工况，应根据实际情况制定设备巡视卡。

（3）检查综合自动化变电站的事故音响是否正常，检查后台机主画面遥信位置与实际状态是否对应，遥测是否一致，且画面不断有刷新。

（4）检查自动化设备屏、柜的门（盖）是否关好。

（5）检查自动化设备屏内是否有异音、异味。

2. 班中检查

（1）检查遥控输出连接片的投入、退出应正确。

（2）检查自动化装置电源位置是否正确。

（3）检查综合自动化变电站后台机，应在遥信变位时发出音响，推出告警画面，遥测画面在不断刷新。

（4）检查上一班操作后的遥控出口压板和断路器的位置是否符合实际状态。

（5）检查自动化设备主要指示灯的运行工况是否正常。

（6）检查后台机是否有病毒侵害。

（7）当调度终端发出事故或异常告警时，变电站值班员应立即巡视相关设备。

五、 继电保护及自动装置的运行维护

（1）定期对微机保护装置进行采样值检查、可查询的开入量状态检查和时钟校对，检查周期一般不超过一个月，并应做好记录。

（2）每年按规定打印一次全站各微机保护装置定值，与存档的正式定值单核对，并在打印定值单上记录核对日期、核对人，保存该定值直到下次核对。

（3）应每月检查打印机的打印纸是否充足、打印字迹是否清晰，及时加装打印纸和更换打印机色带。

（4）加强对保护室空调、通风等装置的管理，保护室内相对湿度不超过75%，环境温度应在5~30℃范围内。

（5）应按规定进行专用载波通道的测试工作。

①有人值守变电站按规定时间（该时间由本单位排定，线路两端一般应错开4 h以上）进行一次通道测试，并填写记录，记录数据应包括天气状况、收发信号灯状况、电平指示、告警灯状况等内容。

②无人值守变电站通过监控中心每日进行远方测试。运行人员对变电站进行常规巡视检查时，应进行一次各线路专用载波通道的测试，并做好记录。

③无论变电站是否有人值守，在下列情况下应增加一次通道测试：断路器转代及恢复原断路器运行时，对转代线路增加测试；线路停电转运行时，对本线路增加测试；保护工

作完毕投入运行时，对本线路增加测试。

④天气情况恶劣（大雾或线路冰）时，通道测试工作由 24 h 一次改为 4 h 一次，直至天气状况恢复且通道测试正常。

六、 变电站二次设备的特殊巡视

1. 特殊巡视的一般要求

变电站设备巡视检查的目的是发现运行设备存在的缺陷，及时进行处理，避免发生设备事故。二次设备的特殊巡视主要是从变电站安全运行角度考虑的，有针对性、有重点地进行设备巡视检查。特殊巡视检查是指设备运行条件变化的情况下进行的检查，这类设备巡视检查不是按照周期性进行的，而是在设备一旦出现运行条件变化就应该立即进行的检查。设备运行条件的变化主要是指：

（1）气候条件的变化。雷雨、大风、冰雹、冰雪、大雾、高温等，对于这些异常气候的变化，可能影响到的运行设备都应该进行巡视检查。

（2）运行方式改变。运行方式改变可能使有缺陷的运行设备出现异常。当然如果是计划检修，事先就应该对运行设备状况进行全面检查，为设备计划检修提供依据，也作为制订检修计划的参考。

（3）有缺陷的设备。有些运行设备本来就存在缺陷，但是还可以继续运行，设备缺陷近期有发展时。

（4）二次设备经过试验、改造或长期停用后重新投入运行，新安装的设备投入运行。

（5）设备变动后的巡视。

（6）异常情况下的巡视。主要是指：过负荷或负荷剧增、超温、设备发热、系统冲击、跳闸、有接地故障情况等，应加强巡视。必要时，应派专人监视。

（7）法定节假日及上级通知有重要供电任务期间，应加强巡视。

2. 特殊巡视的检查内容

二次设备由于主要在室内，所受外界环境变化的影响相对较小，主要是受室内温度、湿度等条件的影响。因此，装置或系统的缺陷、故障或异常信号，就是二次设备特殊巡视检查的重要内容，可以根据变电站二次设备运行实际状况和运行方式的要求来决定需要检查的项目。根据国家电网公司《变电站管理规范》要求，特殊巡视检查的内容，应按本单位《变电运行规程》规定执行，一般应检查以下内容：

（1）保护室、控制室环境温度、通风、照明符合规定。

（2）保护及自动装置屏电源指示灯、插件指示灯、工作状态指示灯、液晶显示灯正常，无异常信号。检查室内二次接线，无异味、无放电打火现象。

（3）保护及自动装置切换开关、压板投入情况正确，与运行方式相符。

（4）通信、自动化设备功能正常，无异常信号。

（5）监控系统各部分功能正常，各种运行参数显示正确，无越限、异常及告警信号。

（6）直流设备及蓄电池运行正常，直流母线电压、充电电流、直流系统绝缘正常。

（7）新安装、试验、改造或长期停用后投入运行的二次设备，运行正常。

（8）二次设备存在的缺陷近期有无发展。根据本站设备情况，其他需要重点检查的项目。

七、 变电站二次设备缺陷管理

发现二次设备缺陷后，运行人员应对缺陷进行初步分类，根据现场规程进行应急处理，并立即报告值班调度及上级管理部门。设备缺陷按严重程度和对安全运行造成的威胁大小，分为危急缺陷、严重缺陷、一般缺陷三类。

1. 危急缺陷

危急缺陷是指性质严重，情况危急，直接威胁安全运行的缺陷。发现危急缺陷，应当立即采取应急措施，并尽快予以消除。以下缺陷属于危急缺陷：

（1）电流互感器回路开路。

（2）二次回路或二次设备着火。

（3）保护、控制回路直流消失。

（4）保护装置故障或保护异常退出。

（5）保护装置电源灯灭或电源消失。

（6）收发信机运行灯灭、装置故障、裕度告警。

（7）控制回路断线。

（8）电压切换不正常。

（9）电流互感器回路断线告警、差流越限，线路保护电压互感器回路断线告警。

（10）保护开入异常变位，可能造成保护不正确动作。

（11）直流接地。

（12）其他威胁安全运行的情况。

2. 严重缺陷

严重缺陷是指设备缺陷情况严重，有恶化发展趋势，影响保护正确动作，对电网和设备安全有威胁，可能造成事故的缺陷。严重缺陷可在保护专业人员到达现场进行处理时再申请退出相应保护。缺陷未处理期间，运行人员应加强监视，保护有误动风险时应及时处置。以下缺陷属于严重缺陷：

（1）保护通道异常，如3 dB告警等。

（2）保护装置只发告警或异常信号，未闭锁。

（3）录波器装置故障、频繁启动或电源消失。

（4）保护装置液晶显示屏异常。

（5）操作箱指示灯不亮，但未发控制回路断线信号。

（6）保护装置动作后报告打印不完整或无事故报告。

（7）就地信号正常，后台或中央信号不正常。

（8）切换灯不亮，但未发电压互感器断线告警。

（9）母线保护隔离开关辅助触点开入异常，但不影响母线保护正确动作。

（10）无人值守变电站保护信息通信中断。

（11）频繁出现又能自动复归的缺陷。

（12）其他可能影响保护正确动作的情况。

3. 一般缺陷

一般缺陷是指上述危急、严重缺陷以外的，性质一般、情况较轻、保护能继续运行，对安全运行影响不大的缺陷。以下缺陷属于一般缺陷：

（1）打印机故障或打印格式不对。

（2）电磁继电器外壳变形、损坏，但不影响内部。

（3）GPS 装置失灵或时间不对，保护装置时钟无法调整。

（4）保护屏上按钮接触不良。

（5）有人值守变电站保护信息通信中断。

（6）能自动复归的偶然缺陷。

（7）其他对安全运行影响不大的缺陷。

 任务实施

学生分组讨论、熟悉变电仿真系统的操作，按照变电站设备巡视的标准化作业流程，对照二次设备巡视及维护的内容，在仿真机上对仿真变电站二次设备进行巡视，并记录本值各类巡视检查的开始时间、结束时间、巡视类别、巡视中发现的缺陷及巡视人姓名。

任务1.6 变电站站用交、直流系统巡视及维护

变电站的站用电系统是保障变电站安全、可靠运行的一个重要环节。若站用电系统出现问题，将直接或间接地影响变电站安全运行，严重时会造成设备停电。例如：主变压器的冷却风扇或强油循环冷却装置的油泵、水泵、风扇及整流操作电源等，这些设备是变电站的重要负荷，一旦中断供电就可能导致一次设备停电。因此，提高站用电系统的供电可靠性是保证变电站安全运行的重要措施。

 教学目标

知识目标：

（1）熟悉变电站站用交、直流系统的主要设备。

（2）熟悉变电站站用交、直流系统的巡视及维护的主要内容及要求。

能力目标：

（1）能说出变电站站用交、直流系统电气设备巡视及维护的基本流程及确定变电站站用电与直流系统电气设备巡视路线。

（2）能在仿真机上对照站用交、直流系统电气设备巡视及维护内容，熟练进行站用交、直流系统电气设备巡视及维护的操作。

（3）能发现站用交、直流设备的缺陷和异常，并及时上报处理。

素质目标：

（1）能主动学习，在完成任务过程中发现问题、分析问题和解决问题。

（2）能严格遵守专业相关规程标准及规章制度，与小组成员协商、交流配合，按标准化作业流程完成学习任务。

 任务分析

对照站用交、直流系统电气设备巡视及维护的内容，按照变电站设备巡视的标准化作业流程，在仿真机上对仿真变电站站用交、直流系统进行巡视。

 相关知识

一、 站用交流系统运行的一般规定

1. 站用交流系统

变电站的站用交流系统由站用变压器、配电盘、配电电缆、站用电负荷等组成。站用电负荷主要包括变压器冷却系统、蓄电池充电设备、油处理设备、操作电源、照明电源、空调、通风设施、采暖设备、加热设备、检修用电等。

2. 站用交流系统的运行监视

一般变电站站用电系统的运行有如下规定：

（1）站用变压器高压侧用熔断器作保护时，熔断器性能必须满足站用电系统的要求。

（2）室内安装的站用变压器应有足够的通风，室温一般不得超过 40 ℃。

（3）站用变压器室的门应采用阻燃或不燃材料，门上要标明设备名称、编号并应上锁。

（4）经常监视仪表指示，掌握站用变压器运行情况。当其电流超过额定值时，应做好记录。

（5）在最大负载期间测量站用变压器三相电流，并设法保持三相电流基本平衡。

（6）对站用变压器每天应进行一次外部检查，每周应进行一次夜间检查。

（7）站用电系统的运行方式，在变电站现场运行规程中规定。

二、 站用交流系统的巡视检查项目及要求

1. 油浸式站用变压器巡视检查项目

（1）运行时上层油温应不超过 80 ℃。

（2）有关过负荷运行的规定，应根据制造厂规定和导则要求，在现场运行规程中明确。

（3）变压器的油色、油位应正常，本体音响正常，无渗油、漏油，吸湿器应完好，硅胶应干燥。

（4）套管外部应清洁、无破损裂纹、无放电痕迹及其他异常现象。

（5）变压器外壳及箱沿应无异常发热，引线接头、电缆应无过热现象。

（6）变压器室的门、窗应完整，房屋应无漏水、渗水现象，通风设备应完好。

（7）各部位的接地应完好，必要时应测量铁芯和夹件的接地电流。

（8）各种标志应齐全、明显、完好，各种温度计均在检验周期内，超温信号应正确可靠。

（9）消防设施应齐全完好。

2. 干式变压器的运行规定及巡视检查项目

（1）干式变压器的温度限值应按制造厂的规定执行。

（2）干式变压器的正常周期性负载、长期急救周期性负载和短期急救负载，应根据制造厂规定和导则要求，在现场运行规程中明确。

（3）变压器的温度和温度计应正常。

（4）变压器的音响正常。

（5）引线接头完好，电缆、母线应无发热迹象。

（6）外部表面无积污。

3. 其他站用设备的检查内容

（1）站用电配电盘外壳应清洁、无破损、无异常，各种标志应齐全、明确、完好。

（2）站用电母线电压应正常，各部位的接地应完好，必要时应测量铁芯和夹件的接地电流。

（3）站用电设备接头接触良好、无发热现象，设备外壳的接地应完好。

三、 变电站直流设备巡视检查内容及要求

1. 直流设备运行维护的基本要求

变电站直流设备包括直流馈电设备、蓄电池及其充电设备等。变电站直流系统为站内的控制设备、信号设备、继电保护及自动装置、事故照明提供可靠的电源，同时还为断路器的操动机构、五防闭锁装置提供电源。直流设备运行维护的基本要求如下：

（1）使变电站直流设备保持良好的运行状态，以保证变电站直流电源可靠，使用寿命延长。

（2）保证变电站直流系统各项指标在合格范围内。

（3）保证变电站蓄电池组经常有足够的放电容量（额定容量的80%以上）。

2. 直流设备的巡视检查项目

（1）蓄电池外壳应完整清洁，无电解液外流现象，无爬碱现象，支架应清洁、干燥。

（2）电解液液面应在两标示线之间。若低于下线，应加蒸馏水，蒸馏水应无色透明，无积淀物。

（3）检查蓄电池沉积物的厚度，检查极板有无弯曲短路，蓄电池极板有无龟裂、变形，极板颜色是否正常，应无欠充、过充电，电解液温度不超过35 ℃。

（4）检查标示电池电压、比重，注意有无落后电池。

（5）蓄电池抽头连接线的夹头螺丝及蓄电池连接螺丝应紧固，端子无生盐，并有凡士林护层。

（6）蓄电池抽头母线及连接所用支持绝缘子应完好、清洁，无破损裂纹，无放电痕迹。

（7）蓄电池室门窗应完好，关闭应严密，天花板、墙壁和蓄电池支架应无腐蚀，房屋无漏雨。

（8）蓄电池室交流、直流照明灯应充足，通风装置运转应正常，消防设备完好。

（9）储酸室应有足够数量的蒸馏水及苏打水，防酸用具、试药应齐备。

（10）空气中是否有酸味，若酸味过重应将通风机开启半小时。

（11）蓄电池室应无易燃、易爆物品。

（12）检查负荷电流应无突增，如有应查明原因。

（13）充电装置三相交流输入电压平衡，无缺相，运行噪声、温度无异常，保护的声光信号正常，正对地、负对地的绝缘状态良好，直流负荷各回路的运行监视灯无熄灭，熔断器无熔断。

（14）直流控制母线、动力母线在规定范围内，浮充电电流适当，各表计指示正确。

（15）蓄电池呼吸器无堵塞，密封良好。

（16）检查蓄电池运行记录簿及充放电记录簿，了解充电是否正常，有无落后电池；测量负荷电流，测量每个电池的电压、比重，并记录在充放电记录簿上。测量负荷电流后应换算为额定电压时的电流值，对比看有无变化，若有变化则应查明原因。

（17）检查变电站存在的直流设备缺陷是否已消除。

（18）检查情况应记录在蓄电池运行记录簿上，内容包括直流母线电压、直流负荷、浮充电电流、绝缘状况以及运行方式等。

四、 站用交流系统特殊巡视

1. 特殊巡视一般要求

站用交流系统的特殊巡视检查是指在特殊运行条件下进行的检查，这种巡视检查不是按照周期性进行的，而是在出现运行环境或运行条件变化时进行的巡视检查。

（1）气候条件的变化：雷雨、大风、高温等，特殊的气候变化，可能影响到的运行设备都应该进行全面检查，如站用变压器、照明电源、电缆沟等。

（2）运行方式改变：运行方式改变可能使设备负荷变化，这样可能使某些设备出现发热或异常，应加强监视。

（3）有缺陷的设备：有些站用设备或系统本来就存在缺陷，但是还可以运行，在巡视检查时要监控设备缺陷的变化情况。

（4）变电站负荷高峰期：在高峰负荷期间，对站用系统和站用设备进行巡视检查，尤其是对降温设备、冷却系统等进行检查，以发现设备存在的缺陷或不正常工作状态。

（5）夜间检查：夜间检查的目的主要是检查照明系统或设备，以发现有缺陷或损坏的设备。

（6）站用电系统经过检修、改造或长期停用后重新投入运行，新安装的设备投入运行时，需要进行特殊巡视。

（7）根据站用电系统发出的故障或异常信号，判断系统的运行来决定需要检查的项目。

2. 特殊巡视内容

（1）电缆绝缘有无破损。

（2）引线连接是否牢固，接点接触是否良好，有无严重发热、变形现象。

（3）动力电缆（高、低压）有无腐蚀发热现象，电缆头是否正常，有无流胶现象。

（4）站用 380 V 母线有无异常。

（5）站用设备运行状态是否正确。

（6）检查有无小动物踪迹。

五、 站用直流系统的特殊巡视要求

（1）新安装、检修、改造后的直流系统投运后，应进行特殊巡视。

（2）蓄电池核对性充放电期间应进行特殊巡视。

（3）直流系统出现交流失压、直流失压、直流接地、熔断器熔断等异常现象处理后，应进行特殊巡视。

（4）出现自动空气开关跳闸、熔断器熔断等异常现象后，应巡视保护范围内各直流回路元件有无过热、损坏和明显故障现象。

 任务实施

学生分组讨论、熟悉变电站仿真系统的操作，按照变电站站用交、直流系统巡视及维护的内容，以及变电站设备巡视的标准化作业流程，对在仿真机上对仿真变电站站用交、直流系统进行巡视，并指导学生正确填写巡视卡。

任务 1.7 电动机的运行监视及巡视检查

 教学目标

知识目标：

（1）熟悉电动机的运行方式。

（2）熟悉电动机巡视检查项目。

（3）熟悉电动机运行维护内容。

能力目标：

（1）能对电动机进行运行监视。

（2）能对电动机进行巡视检查。

素质目标：

（1）主动学习，在完成对电动机运行监视、巡视检查过程中发现问题、分析问题和解决问题。

（2）能与小组成员协商、交流配合，按标准化作业流程完成电动机的巡视检查工作。

 任务分析

（1）电动机的运行监视。

（2）电动机的巡视检查。

相关知识

一、 电动机的运行方式

1. 电动机的允许温度和温升

由于电动机在运行中产生的各种能量损耗（铜损、铁损、机械损耗等）都转化为热量，会引起电动机绕组、铁芯和轴承等温度的升高，若电动机绝缘材料的运行温度超过了规定值，将使电动机的使用寿命因绝缘材料的迅速老化而减少，因此，规定了电动机运行的最高允许温度。最高允许温度由电动机使用的绝缘材料等级和温度测量方法来决定。

考虑电动机的绝缘寿命，电动机还规定了最高允许温升。电动机的允许温升是一定环境温度下（一般规定为 35 ℃ 或 40 ℃），电动机温度 t 与周围环境温度 t_n 的差值，即

$$\theta = t - t_n$$

电动机的允许温升由其所使用的绝缘材料来决定，不同绝缘等级的绝缘材料有不同的允许温升。常用的绝缘材料等级有 A、E、B、F 级。对应的耐热极限温度分别为 105 ℃、120 ℃、130 ℃ 及 155 ℃，如规定环境温度为 35 ℃，一般还留有 5 ℃ 的裕度（测出的温升为绕组的平均温升，而绕组的最高温升要比平均温升高，故留有 5 ℃ 的温度裕度），故上述绝缘等级绝缘材料的允许温升分别为 65 ℃、80 ℃、90 ℃ 及 115 ℃。

不同绝缘等级电动机的最高允许温度和温升见表 1 – 7 – 1。

表 1 – 7 – 1　不同等级电动机的最高允许温度和温升

电动机各部件名称	各绝缘等级的允许温度和温升/℃										测定方法
	A 级		E 级		B 级		F 级		H 级		
	t	θ_n	t	θ_n	t	θ_n	t	θ_n	t	θ_n	
定子绕组	105	70	120	85	130	95	155	120	180	145	电阻法
转子绕组	105	70	120	85	130	95	155	120	180	145	
定子铁芯	105	70	120	85	130	95	155	120	180	145	
集电环	$t = 105$ ℃　　$\theta = 70$ ℃										温度计法
滚动轴承	$t = 100$ ℃　　$\theta = 65$ ℃										
滑动轴承	$t = 80$ ℃　　$\theta = 45$ ℃										

注：环境冷却空气温度为 35 ℃，表中 t 为最高允许温度，θ_n 为最高允许温升。

电动机运行时，环境空气温度的高低对其各部分的温度有很大影响。所以，运行中的电动机，还应考虑周围空气温度变化时，其负荷应控制在相应的范围内。表 1 – 7 – 2 为 A 级绝缘的电动机，当周围空气温度变化时，允许负荷变化的百分数（对额定负荷而言）。

由表 1 – 7 – 2 可知，当周围空气温度的额定值为 35 ℃ 时，电动机可以在电源电压、频率正常的情况下带额定负荷长期运行。当周围空气温度高于额定值时，电动机的出力应相应降低；当周围空气温度低于额定值时，其出力允许升高，但不能超过额定负荷的 10%。对大容量的高压电动机，如采用空气冷却器时，其入口温度不得低于 5 ℃，入口冷

却水量以使空气冷却器出现凝结水珠为标准，以防止电动机定子绕组端部绝缘材料变脆。

表 1 - 7 - 2　周围空气温度变化时 A 级绝缘的电动机允许负荷变化的百分数

周围空气温度/℃	允许负荷变化百分数/%	周围空气温度/℃	允许负荷变化百分数/%
25 及以下	+10	40	-5
30	+5	45	-10
35	额定负荷	50	-15

2. 电动机电源电压、频率的允许变化范围

（1）电动机的电磁转矩与外加电源电压的二次方成正比，因此，外加电源电压的变化直接影响电动机的运行工况。当电动机启动时，若电压太低，启动转矩小，会使电动机的启动时间长，甚至不能启动；对运行中的电动机，若运行电压下降，电动机转矩变小，由于机械负荷不变，电动机转速下降，会引起电动机定子电流增大，使电动机发热增大，严重时会烧坏定子绕组；若电压大幅度下降，还可能造成电动机停转和烧坏定子绕组。

与上述相反，电源电压稍高于电动机的额定电压时，对电动机运行无大的影响，但电源电压过高，因磁路高度饱和，励磁电流急剧上升，将使铁芯严重发热，也会对电动机的绝缘造成危害。

此外，三相电源电压不平衡，会引起电动机三相电流不平衡，这将导致电动机温升增加和电磁转矩减小（因为负序电流产生的负序磁场对电动机转子产生了制动作用，电动机从电网得到的一部分功率变成了损耗，形成额外发热），同时，三相电压不平衡还会产生振动和噪声。

基于上述原因，对电动机电源电压的变化范围有如下规定：

①电动机电源电压在额定值的 -5% ~ 10% 范围内变化时，其额定出力不变。当电源电压提高 10% 时，电动机的电流应减小 10%。

②电动机额定运行时，三相电源电压的不平衡度（任一相电压与三相电压平均值之差，与三相电压平均值之比的百分数）应不超过 5%，或相间电压不平衡度不超过额定值的 5%。

③三相电压不平衡引起的三相不平衡电流不超过额定电流的 10%，且任一相电流不超过额定值。

（2）频率的允许变化范围。

电源频率发生变化也会影响电动机的运行工况。当电源电压为额定值时，电源频率降低对电动机的运行会产生如下影响：

①影响电动机的出力。

②降低电动机的散热效果。当电源频率降低时，电动机的转速降低，电动机风扇的风量减小，影响电动机的散热效果，从而使电动机的温度上升。

基于上述原因，电动机对电源须率的变化有如下规定：我国交流电源额定率为 50 Hz，当电源电压为额定值时，电源频率与额定频率的偏差不得超过 ±1%，即电源频率允许在 49.5 ~ 50.5 Hz 内变化，电动机出力可维持额定值。如果频率过低，电动机定子电流增加，功率因数下降，效率降低，故不允许电动机在过低频率下运行。

3. 电动机振动与窜动允许值

运行中的电动机有时振动及窜动过大，而振动及轴向窜动值过大，可能损坏设备，甚至损坏电动机，故规定运行中的电动机，其振动及窜动值不得超过表 1 – 7 – 3 的规定值。当振动与窜动值超过规定值时，应停止电动机运行，查明原因并予以处理。

表 1 – 7 – 3　电动机振动与窜动允许值

额定转速/(r·min^{-1})	3 000	1 500	1 000	≤750
振动值（双振幅）/mm	0.05	0.085	0.10	0.12
窜动值	2 ~ 4			

4. 电动机绝缘电阻允许值

检修后的电动机、停电时间长达 7 天以上的电动机，在送电前必须测量电动机的绝缘电阻。处于备用状态的电动机也必须定期测量其绝缘电阻，以防投入运行后，因电动机绝缘受潮发生相间短路或对地击穿。

电动机绝缘电阻合格的标准是：

高压电动机用 2 500 V 绝缘电阻表测量绝缘电阻，其绝缘电阻应不低于 1 MΩ/1 kV。高压电动机的绝缘电阻，在相同环境温度下测量，一般不应低于上一次量值的 1/3 ~ 1/5，否则应查明原因。还应测量吸收比（R_{60}/R_{15}），其值应大于 1.3。380 V/220 V 交、直流电动机，用 500 ~ 1 000 V 绝缘电阻表测量绝缘电阻，其绝缘电阻值应不低于 0.5 MΩ。

运行中的电动机因长期运行使绕组积满灰尘或炭化物，可能使绝缘下降，绝缘电阻合格与否应与原始记录相比较，当绝缘电阻较以前同样情况下（温度、电压、使用绝缘电阻表的额定电压均相同）降低 50% 以上时，则应认为不合格。

二、　电动机的巡视检查

1. 电动机的巡视检查

电动机运行时，一般电动机由该电动机所带机械的值班人员进行监视检查。重要的电动机，如给水泵、风扇电动机等，由电气值班人员进行监视检查。监视检查的内容如下：

（1）正常运行时，电流、电压不应超过允许值。电流变化正常时，电动机的最大不平衡电流值一般应不超过 10%；允许电压波动为额定电压的 ±5%，最大不得超过 10%；三相电压的不平衡值不得超过 5%。

（2）电动机的温度、温升应在规定范围内，测温装置完好。

（3）电动机的声音、振动应正常，无异常气味。电动机绕组温度过高时，会发出较强的绝缘漆气味或绝缘材料的焦味和烟气，手摸电动机外壳，会感到非常烫手；正常运行时，电动机的振动和窜动应符合规定；正常运行时的声音应均匀、无杂声和特殊响声，轴承的声音用听针听应正常。如果出现温度过高、振动或声音异常，应停机检查。

（4）电动机的轴承润滑正常。轴承油位、油色正常，油环转动灵活、强力润滑油系统工作正常。

（5）电动机冷却系统（包括冷却水系统）应正常。

（6）电动机周围应清洁、无杂物、无漏水、漏油和漏气等现象。

（7）电动机各护罩、接线盒、接地线、控制箱应完好无异常。

2. 电动机的运行维护

（1）经常保持电动机本体及周围清洁、无杂物。

（2）按规定定时巡视检查电动机，对巡视检查发现的各种异常、缺陷应做记录，并及时处理。

（3）对危及电动机安全运行的漏水、漏气应及时处理，并采取一定措施，防止电动机进水和受潮，危及电动机的绝缘。

电动机的正常运行
和巡视（视频）

（4）为保持备用电动机的"健康"水平和真正起到备用作用，应按规定对电动机定期进行轮换运行：对停用和备用的电动机，定期检查绝缘，绝缘不合格者应及时处理。

（5）对绕线转子异步电动机，应注意电刷与集电环的接触、电刷的磨损及火花情况，火花严重时，必须及时清理集电环表面，矫正电刷弹簧压力。

 任务实施

（1）对发电厂的电动机进行正常运行方式下的监视。

（2）对电动机进行巡视检查，填写设备巡视卡。

电气设备的异常及故障处理

 **项目描述**

该项目主要学习发电机、变压器、母线、互感器、电动机等设备的异常及事故处理。学习完本项目应具备以下专业能力、方法能力、社会能力。

（1）专业能力：具备发现发电机、变压器、母线、互感器、电动机等异常情况的能力；具备对发电机、变压器、母线、互感器、电动机等设备的异常进行处理的能力；具备对发电机、变压器、母线、互感器、电动机等设备的故障进行处理的能力。

（2）方法能力：具备对发电机、变压器、母线、互感器、电动机等设备的异常进行分析的能力。

（3）社会能力：具备服从指挥、遵章守纪、吃苦耐劳、主动思考、善于交流、团结协作、认真细致地安全作业的能力。

 **教学目标**

一、知识目标

（1）熟悉发电机、变压器、母线、互感器、电动机等设备的运行方式和电气设备的性能、结构、工作原理、运行参数。

（2）熟悉发电厂、变电站典型电气主接线图，熟悉发电机、变压器、母线、互感器、电动机等设备的保护配置。

（3）掌握变电站事故的主要原因和故障现象。

（4）掌握事故处理的主要任务、要求、处理程序及有关规定。

（5）熟悉发电厂、变电站事故处理的注意事项。

二、能力目标

（1）能正确叙述发电机、变压器、母线、互感器、电动机等设备的异常及故障现象，并进行具体分析和查找原因。

（2）严格遵守各地现场运行规程，在仿真机上熟练进行发电机、变压器、母线、互感器、电动机等设备的异常及故障处理。

三、素质目标

（1）培养学生安全第一的职业习惯。
（2）培养学生理论联系实际的能力。
（3）培养学生团结协作的能力。
（4）培养学生学会自我评估。

教学环境

电气设备的异常及故障处理内容在电气运行仿真实训室进行一体化教学，机位要求能满足每个学生一台计算机；电气运行仿真系统相关资料齐全，配备规范的一体化教材和相应的多媒体课件等教学资源。

知识背景

电气设备工作状态有电气设备正常状态、电气设备异常状态、电气设备故障状态。电气设备正常状态是指电气设备在规定的外部环境条件，如额定电压、电流、介质、环境温度下，保证连续正常地达到额定工作能力的状态。电气设备异常状态即不正常工作状态，是相对于电气设备正常工作状态而言的，电气设备在规定的外部条件下部分或全部失去额定工作能力的状态，如变压器过负荷。电气设备故障状态是指异常状态逐渐发展到设备丧失部分机能或全部机能，不能维持运行的状态，如变电站发生的各种短路故障。

如受到不可抗拒的外力、设备缺陷、继电保护误动、运行人员误操作等诸多因素的破坏，电力系统不可避免地会发生设备故障或事故，如主变压器在运行中发生过负荷、漏油，断路器运行中发出闭锁信号，母线发生短路，电压互感器高压熔断器熔丝熔断等。电气设备的异常运行或故障，都可能引起事故。电力系统事故是指由于电力系统设备故障或人员工作失误而影响电能供应数量或质量超过规定范围的事件。事故分为人身事故、电网事故和设备事故三大类，其中设备和电网事故又可分为特大事故、重大事故和一般事故。当电力系统发生事故时，变电站运行人员应根据断路器跳闸情况、保护动作情况、表计指示变化情况、监控后台信息和设备故障等现象，迅速准确地判断事故性质，尽快处理，以控制事故范围，减少损失和危害。

事故处理是指在发生危及人身、电网及设备安全的紧急状况或发生电网和设备事故时，为迅速解救人员、隔离故障设备、调整运行方式，以便迅速恢复正常运行的操作过程。变电站电气设备异常及事故处理是变电站运行值班人员一项重要的基本职责和技能。如果异常及事故能得到正确及时的处理，损失就会降到最低程度。处理电气设备故障或事故是一件很复杂的工作，它要求值班人员具有良好的技术素质，并且熟悉变电站运行方式和电气设备的性能、结构、工作原理、运行参数以及电气事故处理规程等专业知识。运行经验证明，严格执行电气事故处理规程，掌握处理故障或事故的基本原则，能够正确判断和及时处理变电站发生的各种故障或事故。

任务 2.1　发电机异常与故障处理

 **教学目标**

知识目标:

(1) 熟悉发电机的运行方式和保护配置。

(2) 熟悉发电机的故障现象。

(3) 掌握发电机故障处理流程和处理步骤。

能力目标:

(1) 能说出发电机的运行方式和保护配置。

(2) 能根据故障现象查找故障。

(3) 能在仿真机上熟练进行发电机的故障处理。

素质目标:

(1) 能主动学习,在完成任务过程中发现问题、分析问题和解决问题。

(2) 能严格遵守专业相关规程标准及规章制度,与小组成员协商、交流配合,按标准化作业流程完成学习任务。

 任务分析

(1) 记录发电机异常现象,进行发电机异常处理。

(2) 记录发电机故障现象,进行发电机故障处理。

 相关知识

一、 发电机的异常运行

所谓异常运行,就是指机组脱离正常的运行状态,在运行中机组的某些参数失调,但未造成严重后果的运行状态。机组发生异常运行时,通常会发出相应的故障信号,有关仪表也会有指示。运行人员可根据这些指示和信号,分析并消除故障,使机组恢复正常运行。如果故障不能消除,而且有危及机组安全的发展趋势,则应停机处理。

1. 发电机过负荷

(1) 现象。

①定子电流指示超过额定值。

②有功表、无功表指示超过额定值。

(2) 原因。

系统发生短路故障、发电机失步运行、成群电动机启动和强行励磁等情况下,发电机的定子或转子都可能短时过负荷。

（3）处理方法。

①系统故障的处理方法：监视发电机各部分温度不超限，定子电流为额定值。

②系统无故障，单机过负荷，系统电压正常，其处理方法如下：

a. 降低无功功率，使定子电流降到额定值以内，但功率因数不超过 0.95，定子电压不大于 0.95 倍额定电压。留意定子电流达到答应值所经过的时间，不应超过规定值。

b. 若降低无功功率不能满足要求，则请示值长降低有功功率。

c. 若 AC 励磁调节器通道故障引起定子过负荷，应将 AC 调节器切至 DC 调节器运行。

发电机过负荷
（视频文件）

d. 加强对发电机端部、集电环和换向器的检查。如有可能，应加强冷却，降低发电机进口风温，发电机、变压器组增开油泵、风扇等。

e. 过负荷运行时，应密切监视定子绕组，空冷器前后的冷、热风温度和机组振动摆度是否超过答应值，并做好其具体的记录。

2. 发电机三相电流不平衡

（1）现象。

①定子三相电流指示互不相等，三相电流差较大，负序电流指示值也增大。

②当不平衡超限且超过规定运行时间时，负序信号装置发出"发电机不对称过负荷"信号。

③造成转子的振动和发热。

（2）原因。

①发电机及其回路一相断开或断路器一相接触不良。

②某条送电线路非全相运行。

③系统单相负荷过大，如有容量巨大的单相负载。

发电机三相电流不平衡
（视频文件）

④定子电流表或表计回路故障也会使定子三相电流表指示不对称。

（3）处理方法。

当发电机三相电流不平衡超限运行时，若判明不是表计回路故障引起，则应立即降低机组的负荷，使不平衡电流降到答应值以下，然后向系统调度汇报。等三相电流平衡后，再根据调度命令增加机组负荷。水轮发电机的三相电流之差，不得超过额定电流的 20%，同时任何一相的电流，不得大于其额定值。水轮发电机答应担负的负序电流，不得大于额定电流的 12%。

3. 发电机温度异常

（1）现象。

发电机绕组或铁芯温度比正常值明显升高或超限，发电机各轴承温度比正常值明显升高或超限。

（2）原因。

①检测元件故障。

②冷却系统故障：冷却水压不够，冷却水量不足，管路堵塞、破裂或阀芯脱落。

③三相电流不平衡超限引起温度升高。

④发电机过负荷。

⑤冷却油盆的油量不足或冷却水管破裂，导致冷却油盆混入冷却水。

（3）处理方法。

①判定是否为表计或测点故障，是则通知维护处理，并将故障测点退出，密切监视其他测点的温度。

②若表计或测点指示正确，温度又在急剧上升，则减负荷使温度降到额定值以内，否则停机处理。

③检查三相电流是否平衡，不平衡电流是否超限，若超限则按三相不平衡电流进行处理。

④检查三相电压是否平衡，功率因数是否在正常范围以内，若不符合要求则调整至正常。

⑤判定是否为冷却水故障引起，若冷却水温升高，则应检查和调节冷却水的流量、压力至正常范围内。

⑥若为过负荷引起，则采用过负荷方式进行处理。

⑦若为冷却水管破裂，则封闭相应阀门，停机处理。

⑧运行中，若定子铁芯部分温度普遍升高，应检查定子三相电流是否平衡、进风温度和出风温差、室冷器的冷却水是否正常，采取相应的措施进行处理。在以上处理过程中，应控制定子铁芯温度不得超过答应值，否则减负荷停机。

发电机温度异常
（视频文件）

⑨运行中，若定子铁芯个别温度忽然升高，应分析该点温度上升的趋势及与有功、无功负荷的变化关系，并检查该测点是否正常。若随着铁芯温度，进、出风温差的明显上升，又出现"定子接地"信号时，应立即减负荷解列停机，以免铁芯烧坏。

⑩运行中，若定子铁芯个别温度异常下降，应加强对发电机本体、空冷小室的检查和温度的监视，综合各种外部迹象和表计、信号进行分析，以判定是否是发电机转子或定子漏水所致。

4. 发电机仪表指示失常

（1）现象：上位机显示的各种参数忽然失去指示或指示异常。

（2）原因及处理方法。

①测点故障或端子松动。

②上位机与LCU（现地控制单元）或LCU与PLC的通信故障：将机组切至现地控制，并通知维护人员进行处理。

③电压互感器二次侧断线：如有功定子电压表、无功定子电压表、功率表等表计因电压互感器二次侧断线失去指示，电能表也因此停止计量，而其他表计，如定子电流、转子电流、转子电压、励磁回路有关表计仍指示正常，此时，运行人员应根据所有表计指示情况做综合分析，判定指示不正常的原因。不可因上述表计指示不正常而盲目解列停机，也不能调节负荷，应通过其他表计监视发电机的运行，并通知维护人员进行处理。

④电流互感器二次侧开路引起表计指示不正常：如一相开路，其定子电流表、有功表、无功表均可能指示不正常。具体情况和程度与电流互感器的故障相别有关。出现电流互感器二次侧开路后，应立即

发电机仪表指示失常
（视频文件）

通知值班人员，不要盲目调节负荷。处理过程中，应加强对发电机运行工况的监视，并防止电流互感器二次侧开路高压对人的伤害。

5. 发电机进相运行

当发电机励磁系统由于 AVR 的原因或故障，或人为降低发电机的励磁电流过多，使发电机由发出感性无功功率变为吸收系统感性无功功率，定子电流由滞后于机端电压变为超前于机端电压运行，这就是发电机的进相运行。进相运行也是现场经常提到的欠励磁运行（或低励磁运行）。此时，由于转子主磁通降低，引起发电机的励磁电动势降低，使发电机无法向系统送出无功功率，进相程度取决于励磁电流的降低程度。

（1）引起发电机进相运行的原因。

①低谷运行时，发电机无功负荷原已处于低限，当系统电流因故忽然升高或有功负荷增加时，励磁电流自动降低引起进相（有功功率增加，功率因素增大，无功功率减小使励磁电流减小）。

②AVR 失灵或误动、励磁系统其他设备发生了故障、人为操纵使励磁电流降低较多等也会引起进相运行。

（2）发电机进相运行的处理方法。

①假如由于设备原因引起进相运行，只要发电机尚未出现振荡或失步，可适当降低发电机的有功负荷，同时进步励磁电流，使发电机脱离进相状态，然后查明励磁电流降低的原因。

发电机进相运行
（视频文件）

②由于设备原因不能使发电机恢复正常运行时，应及早解列。机组进相运行时，定子铁芯端部容易发热，对系统电压也有影响。

③制造厂答应或经过专门试验确定能进相运行的发电机，如系统需要，在不影响电网稳定运行的条件下，可将功率因数进步到 1 或在答应进相状态下运行。此时，应严密监视发电机运行工况，防止失步，尽早使发电机恢复正常。还应留意对高压厂用母线电压的监视，保证其安全。

二、　发电机的故障及处理

1. 发电机定子单相接地

发电机定子接地是指发电机定子绕组回路及与定子绕组回路直接相连的一次系统发生的单相接地短路。定子接地按接地时间长短可分为瞬时接地、断续接地和永久接地；按接地范围可分为内部接地和外部接地；按接地性质可分为金属性接地、电弧接地和电阻接地；按接地的原因可分为真接地和假接地。

（1）发电机定子接地的原因。

①小动物引起定子接地。如老鼠窜入设备，使发电机一次回路的带电导体经小动物接地，造成瞬时接地报警。

②定子绕组绝缘损坏。除了绝缘老化方面的原因，主要还有各种外部原因引起的绝缘损坏，如定子铁芯叠装松动、绝缘表面落上导电性物体（如铁屑）、绕组线棒在槽中固定不紧等，在运行中产生振动使绝缘损坏。制造发电机时，线棒绝缘留有局部缺陷、运转时转子零件飞出、定子端部固定零件绑扎不紧、定子端部接头开焊等因素均能引起绝缘损坏。

③定子绕组引出线回路的瓷绝缘子受潮或脏物引起定子回路接地。

④水冷机组漏水及内冷却水电导率严重超标，引起接地报警。

⑤发电机变压器组（简称发变组）单元接线中，主变压器低压绕组或高压厂用变压器高压绕组内部发生单相接地，都会引发定子接地报警信号。

发电机定子接地的
原因（视频文件）

发电机带开口三角形绕组的电压互感器高压熔断器熔断时，也会发出定子接地报警信号，这种现象通常称为"假接地"。

（2）发电机定子接地的现象及其判断。

当发电机定子绕组及与定子绕组直接连接的一次回路发生单相接地或发电机电压互感器高压熔断器熔断时，均发出"定子接地"光字牌报警信号，按下发电机定子绝缘测量按钮，"定子接地"电压表出现零序电压指示。

发电机发出"定子接地"报警后，运行人员应判别接地相别和真假接地。判别的方法是：当定子一相接地为金属性接地时，通过切换定子电压表可测得接地相对地电压为零，非接地相对地电压为线电压，各线电压不变且平衡。按下定子绝缘测量按钮，"定子接地"电压表指示为零序电压值，其值应为 100 V。如果一点接地发生在定子绕组内部或发电机出口且为电阻性，或接地发生在发变组主变压器低压绕组内，切换测量定子电压表，测得的接地相对地电压大于零而小于相电压，非接地相对地电压大于相电压而小于线电压，"定子接地"电压表指示小于 100 V。

当发电机电压互感器高压侧一相或两相熔断器熔断时，其二次侧开口三角形绕组端电压也要升高。如 U 相熔断器熔断，发电机各相对地电压未发生变化，仍为相电压，但电压互感器二次电压测量值因 U 相熔断器熔断发生了变化，即 U_{UV}、U_{WU} 降低，而 U_{VW} 仍为线电压（线电压不平衡），各相对地电压 U_{U0}、U_{W0} 接近相电压，U_{U0} 明显降低（相对地无电压升高），"定子接地"电压表指示为 100/3 V，发出"定子接地"光字牌信号（假接地）。

综上所述，真、假接地的根本区别在于：真接地时，定子电压表指示接地相对地电压降低（或等于零），非接地相对地电压升高（大于相电压但不超过线电压），而线电压仍平衡。假接地时，相对地电压不会升高，线电压也不平衡。这是判断真、假接地的关键。

发电机定子接地的现象
及判断（视频文件）

（3）发电机定子接地的处理方法。

对于中性点不接地或中性点经消弧线圈接地的发电机（200 MW 及以下），当发生单相接地时，接地电流均不超过允许值（2~4 A），故可继续运行，并查找和处理接地故障。若判明接地点在发电机内，应立即减负荷停机；若接地点在机外，运行时间不应超过 2 h。对于中性点经高电阻接地的发电机（200 MW 及以上），当发生单相接地时，接地保护一般作用于跳闸，动作跳闸待机停转后，通过测量绝缘电阻，找出故障点。这是考虑到接地点发生在发电机内部时，接地电弧电流易使铁芯损坏，对大机组来说，铁芯损坏不易修复。另外，接地电容电流能使铁芯熔化，熔化的铁芯又会引起损坏区扩大，使有效铁芯"着火"，由单相短路发展为相间短路。

由上所述，当接到"定子接地"报警后，若判明为真接地，应检查发电机本体及所连接的一次回路，如果接地点在发电机外部，应设法消除。例如，将厂用电倒为备用电源供电，观察接地是否消除。如果接地无法消除，应在规定时间内停机。如果查明接地点在发电机内部，应立即减负荷解列停机，并向上级调度汇报。如果现场检查不能发现明显故障，但"定子接地"报警又不消失，应视为发电机内部接地，必须停机检查处理。

发电机定子接地的处理（视频文件）

若判明为假接地，应检查并判明发电机电压互感器熔断器熔断的相别，视具体情况，带电或停机更换熔断器。如果带电更换熔断器，应做好人身安全措施和防止继电保护误动的措施。

2. 发电机转子接地

发电机转子接地分转子一点接地和两点接地，另外还会发生转子层间和匝间短路故障。与定子接地一样，转子接地也有瞬时接地、断续接地、永久接地之分，也有内部接地和外部接地、金属性接地和电阻接地之分。

（1）转子接地的原因。

工作人员在励磁回路上工作时，因不慎误碰或其他原因造成转子接地；转子集电环、槽及槽口、端部、引线等部位绝缘损坏；长期运行绝缘老化，因杂物或振动使转子部分匝间绝缘垫片位移，将转子通风孔局部堵塞，使转子绕组绝缘局部过热老化引起转子接地；鼠类等小动物窜入励磁回路，定子进出水支路绝缘引水管破裂漏水，励磁回路脏污等引起转子接地。

（2）发电机转子一点接地的现象及处理方法。

发电机发生转子一点接地时，中央信号警铃响，"发电机转子一点接地"光字牌亮，表计指示无异常。

转子回路一点接地时，因一点接地不形成电流回路，故障点无电流通过，励磁系统仍保持正常状态，故不影响机组的正常运行。此时，运行人员应检查"转子一点接地"光字信号是否能够复归。若能复归，则为瞬时接地；若不能复归，则通知检修人员检查转子一点接地保护是否正常。若正常，则可利用转子电压表通过切换开关测量正、负极对地电压，鉴定是否发生了接地。如发现某极对地电压降到零，另一极对地电压升至全电压（正、负极之间的电压值），说明确实发生了一点接地。运行人员应按下述步骤处理：

①检查励磁回路是否有人工作，如是工作人员引起，应予以纠正。

②检查励磁回路各部位有无明显损伤或是否因脏污接地，若因脏污接地应进行吹扫。

③对有关回路进行详细外部检查，必要时轮流停用整流柜，以判明是否由于整流柜直流回路接地引起。

④检查区分接地是在励磁回路还是在测量保护回路。

⑤若转子接地为一点稳定金属性接地，且无法查明故障点，除加强监视机组运行外，在取得调度同意后，将转子两点接地保护作用于跳闸，并申请尽快停机处理。

⑥转子带一点接地运行时，若机组又发生欠励磁或失步，一般可认为转子接地已发展为两点接地，这时转子两点接地保护动作跳闸，否则应立即人为停机。对于双水内冷机组，在转子一点接地时又发生漏水，应立即停机。

（3）发电机转子两点接地或层间短路的现象及处理方法。

当转子发生两点接地时，转子电流表指示剧增，转子和定子电压表指示降低，无功表指示明显降低，功率因数提高甚至进相，"转子一点接地"光字牌亮，警铃响，机组振动较大，严重时可能发生失步或失磁保护动作跳闸。

由于转子两点接地时，转子电流增大很多，会造成励磁回路设备过热甚至损坏。如果其中一接地点发生在转子绕组内部，部分转子绕组也要出现过热。另外，转子两点接地使磁场的对称性遭到破坏，故机组产生强烈振动，特别是两点接地时除发生刺耳的尖叫声外，发电机两端轴承间隙还可能向外喷带火苗的黑烟。为此，发电机发生转子两点接地时，应立即紧急停机。如果"转子一点接地"光字牌未亮，由于转子层间短路引起机组振动超过允许值或转子电流明显增大时，应立即减小负荷，使振动和转子电流减少至允许范围。经处理无效时，根据具体情况申请停机或打闸停机。

发电机转子接地
（视频文件）

3. 发电机的非同期并列

在不满足同期条件时，人为操作或借助自动装置操作将发电机并入系统，这种并列操作称非同期并列。非同期并列是发电厂电气运作的恶性事故之一，非同期并列对发电机及系统都会造成严重后果，非同期并列时，由于合闸冲击电流很大，机组产生剧烈振动，会使待并发电机组变形、扭转、绝缘崩裂，定子绕组并头套熔化，甚至将定子组烧毁。特别是大容量机组与系统非同期并列，将造成对系统的冲击，引起该机组与系统间的功率振荡，危及系统的稳定运行。因此，必须防止发电机的非同期并列。

（1）非同期并列的现象。

发电机非同期并列时，发电机定子产生大的电流冲击，定子电流表剧烈摆动，定子电压表也随之摆动，发电机发生剧烈振动，发出轰鸣声，其节奏与表计摆动相同。

（2）非同期并列的处理方法。

发电机的非同期并列

（视频文件）

对于发电机的非同期并列，应根据事故现象正确判断处理。当同期条件相差不悬殊时，发电机组无强烈的振动和轰鸣声，且表计摆动能很快趋于缓和，则机组不必停机，机组会很快被系统拉入同步，进入稳定运行状态。若非同期并列对发电机产生极大的冲击和引起强烈的振动，表计摆动剧烈且不衰减时，应立即解列停机，试验检查确认机组无损坏后，方可重新启动开机。

4. 发电机的失磁

同步发电机失去直流励磁，称为失磁。发电机失磁后，经过同步振荡进入异步运行状态，发电机在异步运行状态下，以低转差率与电网并列运行，从系统吸取无功功率建立磁场，向系统输送一定的有功功率，它是一种特殊的运行方式。

（1）发电机失磁的原因。

引起发电机失磁的原因有励磁回路开路，如自动励磁开关误跳闸、励磁调节装置的自动开关误动；转子回路断线，即励磁机电回路断线，励磁机励磁绕组断线；励磁机或励磁回路元器件故障，如励磁装置中元器件损坏，励磁调节器故障，转子集电环、电刷环火或烧断；转子绕组短路；失磁保护误动和运行人员误操作等。

（2）发电机失磁运行的现象。

①中央音响信号动作，"发电机失磁"光字牌亮。

②转子电流表的指示等于零或接近于零。转子电流表的指示与励磁回路的通断情况及失磁原因有关：若励磁回路开路，转子电流表指示为零；若励磁绕组经灭磁电阻或励磁机

电枢绕组闭路，或 AVR、励磁机、整流装置故障，转子电流表有指示。但由于励磁绕组回路流过的是交流（失磁后，转子绕组感应出转差频率的交流），故直流电流表有很小的指示值。

③转子电压表指示异常。在发电机失磁瞬间，转子绕组两端可能产生过电压（励磁回路高电感而致）；若励磁回路开路，则转子电压降至零；若转子绕组两点接地短路，则转子电压指示降低；若转子绕组开路，则转子电压指示升高。

④定子电流表指示升高并摆动。升高的原因是由于发电机失磁运行时，既向系统送出有功功率，又要从系统吸收无功功率以建立机内磁场，且吸收的无功功率比原来送出的无功功率要大，使定子电流加大。摆动是由转矩的交变引起的。发电机失磁后异步运行时，转子上感应出差频交流电流，该电流产生的单相动磁场可分解为正向和反向旋转磁场，其中反向旋转磁场与定子磁场作用，对转子产生起制动作用的异步转矩；正向旋转磁场与定子磁场作用，产生交变的异步转矩。由于电流与转矩成正比，所以转矩的变化引起电流的脉动。

⑤定子电压降低且摆动。发电机失磁时，系统向发电机送出无功功率，因定子电流比失磁前增大，故沿回路的电压降增大，导致机端电压下降。电压摆动是由定子电流摆动引起的。

⑥有功表指示降低且摆动。有功功率输出与电磁转矩直接相关。发电机失磁时，由于原动机的转矩大于电磁转矩，转速升高，汽轮机调速器自动关小汽门，这样，驱动转矩减小，输出有功功率也减小，直到原动机的驱动转矩与发电机的异步转矩平衡时，调速器停止动作。发电机的有功功率输出稳定在小于正常值的某一数值。摆动的原因也是由于存在交变异步功率造成的。

⑦无功表指示为负值，功率因数表指示进相。发电机失磁进入异步运行后，相当于一个转差率为的异步发电机，一方面向系统送出有功功率，另一方面从系统吸收大量的无功功率作用于励磁，所以发电机的无功表指示负值，功率因数表指示进相。

（3）发电机失磁运行的影响及应用条件。

发电机失磁运行的影响：

①发电机失磁后，从系统吸收无功功率，造成系统的无功功率严重缺额，系统电压下降，这不仅影响失磁机组厂用电的安全运行，还可能引起其他发电机的过电流。更严重的是电压下降，降低了其他机组的功率极限，可能破坏系统的稳定性，还可能因电压崩溃造成系统瓦解。

②对失磁机组的影响。发电机失磁运行时，使定子电流增大，引起定子绕组温度升高；使机端漏磁增加，端部铁芯构件因损耗增加而发热，温度升高；由于失磁运行，在转子本体中因感应出的差频交流电流产生损耗而发热，并引起转子局部过热；由于转子的电磁不对称产生的脉动转矩将引起机组和基础的振动。

根据上述不良影响，允许发电机失磁运行的条件是：

①系统有足够的无功电源储备。通过计算，应能确认发电机失磁后要保证电压不低于额定值的90%，这样才能保证系统的稳定。

②定子电流不超过发电机运行规程所规定的数值，一般不超过额定值的1.1倍。

③定子端部各构件的温度不超过允许值。

④转子损耗：外冷式发电机不超过额定励磁损耗；内冷式发电机不超过 0.5 倍额定励磁损耗。

（4）发电机失磁运行的处理方法。

由于不同电力系统的无功功率储备和机组类型不同，有的发电机允许失磁运行，有的不允许失磁运行，因此，处理的方式也不同。

对于汽轮发电机（如 100 MW 汽轮机组），经大量失磁运行试验表明，在 30 s 内将发电机的有功功率减至额定值的 50%，可继续运行 15 min；若将有功功率减至额定值的 40%，可继续运行 30 min。但对无功功率储备不足的电力系统，考虑到电力系统电压水平和系统稳定性，不允许某些容量的汽轮发电机失磁运行。

对于调相机和水轮发电机，无论系统无功功率储备如何，均不允许失磁运行。因调相机本身是无功电源，失去励磁就失去了无功调节的作用。而水轮发电机的转子为凸极转子，失磁后，转子上感应的电流很小，产生的异步转矩小，故输出有功功率也小，失磁运行基本没有实际意义。

①不允许发电机失磁运行的处理步骤：

a. 根据表计和信号显示，尽快判明失磁原因。

b. 失磁机组可利用失磁保护带时限动作于跳闸。若失磁保护未动作，应立即手动将机组与系统解列。

c. 若失磁机组的励磁可切换至备用励磁，且其余部分仍正常，在机组解列后，可迅速换至备用励磁，然后将机组重新并网。

d. 在进行上述处理的同时，应尽量增加其他未失磁机组的励磁电流，以提高系统电压稳定能力。

e. 严密监视失磁机组的高压厂用母线电压，在条件允许且必要时，可切换至备用电源供电，以保证该机组厂用电的可靠性。

②允许发电机失磁运行的处理步骤：

a. 发电机失磁后，若发电机为重载，在规定的时间内，将有功功率减至允许值（降低对系统和厂用电的影响）；若发电机为轻载，则不必减小有功功率；在允许运行时间内，查找机组失磁的原因。

b. 增加其他机组的励磁电流，维持系统电压。

发电机的失磁
（视频文件）

c. 监视失磁机组的定子电流，应不超过 1.1 倍额定电流，定子电压应不低于 0.9 倍额定电压，并同时监视定子端部温度。

d. 在允许运行时间内，设法迅速恢复励磁电流。如果 AVR 不能正常工作，应切换至备用励磁装置。

e. 如果在允许继续运行的时间内不能恢复励磁，应将失磁发电机的有功功率转移至其他机组，然后解列。

5. 发电机的振荡和失步

同步发电机正常运行时，定子磁极与转子磁极之间可看成是有弹性的磁力线联系。当负载增加时，功角将增大，这相当于把磁力线拉长；当负载减小时，功角将减小，这相当于磁力线缩短。当负载突然变化时，由于转子有惯性，转子功角不能立即稳定在新的数值，而是要在新的稳定值左右经过若干次摆动，这种现象称为同步发电机的振荡。

振荡有两种类型：一种是振荡的幅度越来越小，功角的摆动逐渐衰减，最后发电机稳定在某一新的功角下，仍以同步转速稳定运行，称之为同步振荡；另一种是振荡的幅度越来越大，功角不断增大，直至脱出稳定范围，使发电机失步，进入异步运行，称之为非同步振荡。

（1）发电机振荡或失步时的现象。

①定子电流表指示超出正常值，且往复剧烈摆动。这是因为各并列电动势间的夹角发生了变化，出现了电动势差，使发电机之间流过环流。由于转子转速的摆动，使电动势间的夹角时大时小，转矩和功率也时大时小，因而造成环流也时大时小，故定子电流表的指针就来回摆动。这个环流加上原有的负荷电流，其值可能超过正常值。

②定子电压表和其他母线电压表指针指示低于正常值，且往复摆动。这是因为失步发电机与其他发电机电动势间的夹角在变化，引起电压摆动。因为电流比正常时大，压降也就大，引起电压偏低。

③有功负荷与无功负荷大幅度剧烈摆动。这是发电机在未失步时的振荡过程中送出的功率时大时小，以及失步时有时送出有功功率、有时吸收有功功率的缘故。

④转子电压、电流表的指针在正常值附近摆动。发电机振荡或失步时，转子绕组中会感应交变电流，并随定子电流的波动而波动，该电流叠加在原来的励磁电流上，就使得转子电流表指针在正常值附近摆动。

⑤频率表忽高忽低地摆动。振荡或失步时，发电机的输出功率不断地变化，作用在转子上的转矩也相应变化，因而转速也随之变化。

⑥发电机发出有节奏的响声，并与表计指针的摆动节奏合拍。

⑦欠电压继电器过负荷保护可能动作报警。

⑧在控制室可听到有关继电器发出有节奏的动作和释放的响声，其节奏与表计摆动节奏合拍。

⑨水轮发电机调速器平衡表指针摆动：可能有剪断销剪断的信号；压油槽的油泵电动机启动频繁。

（2）发电机振荡和失步的原因。

①静态稳定破坏。这往往是因为运行方式改变，使输送功率超过当时的极限允许功率。

②发电机与电网联系的阻抗突然增加。这种情况常发生在电网中与发电机联络的某处发生短路，一部分并联元件被切除，如双回线路中的一回被断开，并联变压器中的一台被切除等。

③电力系统的功率突然发生不平衡。如大容量机组突然甩负荷、某联络线跳，造成系统功率严重不平衡。

④大机组失磁。大机组失磁，从系统吸取大量无功功率，使系统无功功率不足，系统电压大幅度下降，导致系统失去稳定。

⑤原动机调速系统失灵。原动机调速系统失灵，造成原动机输入转矩突然变化，功率突升或突降，使发电机转矩失去平衡，引起振荡。

⑥发电机运行时电动势过低或功率因数过高。

⑦电源间非同期并列未能拉入同步。

（3）单机失步引起的振荡与系统性振荡的区别。

①失步机组的表计指针摆动幅度比其他机组表计的指针摆动幅度要大。

②失步机组的有功表指针摆动方向正好与其他机组的相反，失步机组有功表的指针摆动可能满刻度，而其他机组在正常值附近摆动。

③系统性振荡时，所有发电机表计指针的摆动是同步的。

（4）发电机振荡或失步的处理方法。

当发生振荡或失步时，应迅速判断是否为本厂误操作所引起，并观察是否有某台发电机发生了失磁。如本厂情况正常，应了解系统是否发生故障，以判断发生振荡或失步的原因。发电机发生振荡或失步的处理如下：

①如果不是某台发电机失磁引起，则应立即增加发电机的励磁电流，以提高发电机电动势，增加功率极限，提高发电机稳定性。这是由于励磁电流的增加，使定子、转子磁极间的拉力增加，削弱了转子的惯性，在发电机到达平衡点时而拉入同步。这时，如果发电机励磁系统处在强励状态，1 min 内不应干预。

②如果是由于单机高功率因数引起，则应降低有功功率，同时增加励磁电流。这样既可以降低转子惯性，也由于提高了功率极限而增加了机组的稳定运行能力。

③当振荡是由于系统故障引起时，应立即增加各发电机的励磁电流，并根据本厂在系统中的地位进行处理。如本厂处于送端，为高频率系统，则应降低机组的有功功率；反之，若本厂处于受端且为低频率系统，则应增加有功功率，必要时采取紧急拉闸措施以提高效率。

发电机的振荡和失步（PPT）

④如果是单机失步引起的振荡，采取上述措施经一定时间仍未进入同步状态时，可根据现场规定，将机组与系统解列或按调度要求将同期的两部分系统解列。

以上处理，必须在系统调度的统一指挥下进行。

6. 发电机调相运行

同步发电机既可作为发电机运行，也可作为电动机运行。当运行中的发电机因汽轮机危及保安器误动或调速系统故障而导致主汽门关闭时，发电机失去原动力，此时若发电机的横向联动保护或逆功率保护未动作，发电机则变为调相机运行。

（1）发电机变为调相机运行的现象。

①汽轮机盘出现"主汽门关闭"光字牌报警信号。

②发电机有功表指示为负值，电能表反转。此时，发电机从系统吸取少量有功功率维持其同步运行。

③发电机无功表指示升高。此时，发电机仅从系统吸取少量有功功率维持空载转动，而发电机的励磁电流未发生变化。由发电机的电压相量图或功率输出 $P-Q$ 特性曲线可知，其功角减小时，功率因数角加大，故无功功率增大。

④发电机定子电压升高，定子电流减小。定子电流的减小是由于发电机输出有功功率突然消失引起的，虽然输出无功功率增加，并从系统吸取少量有功功率，但定子总的电流仍减小。由于定子电流的减小，电流在定子绕组上的压降减小，故定子电压升高。由于发电机与系统相连，发电机向系统输送的无功功率增加，使发电机的去磁作用增加，定子电压自动降低，保持发电机电压与系统电压平衡。

⑤发电机励磁回路仪表指示正常，系统频率可能有降低。因励磁系统未发生变化，故磁路回路各表计指示正常。发电机调相运行时，不仅不输出有功功率，还要从系统吸取少量有功功率维持其同步运行。当该发电机占系统总负荷比例较大时，由于系统有功功率不足，会使系统频率下降。

（2）发电机变为调相机运行的处理方法。

发电机变为调相机运行，对发电机本身来说并无危害，但汽轮机不允许长期无蒸汽运行。这是由于汽轮机无蒸汽运行时，叶片与空气摩擦将会造成过热，使汽轮机的排汽温度很快升高，故汽轮发电机不允许持续调相运行。

当汽轮发电机发生调相运行后，逆功率保护应动作跳闸，按事故跳闸处理；若逆功率保护拒动，运行人员应根据表计指示及信号情况迅速做出判断，在 1 min内将机组手动解列，此时应注意厂用电联动正常。若汽轮机能很快恢复，则可再并列带负荷；若汽轮机不能很快恢复，应将发电机操作至备用状态。

发电机调相运行
（PPT）

水轮发电机组由发电转为调相，或者由调相转为发电方式，在运行上都是允许的，而且是很方便的。机组由发电转为调相运行时，一般先将有功负荷减到零，然后将导水叶全关，但机组不与系统解列，由电网带动机组旋转，转子继续励磁，从而向系统发送无功功率。机组由停机备用转为调相运行时，可按正常程序开机，先使发电机并网空载运行，然后再调节励磁使之调相运行。

担负调相运行的水轮发电机组，为了避免调相运行时水涡轮在水中旋转而造成能量损失，应考虑转轮室的排水方式。通常是向转轮室通入压缩空气以压低转轮室水位。同时，也相应要考虑主轴水封的润滑及冷却方式。

7．发电机断路器自动跳闸

机组正常运行时，由于种种原因可能使发电机与系统相连的断路器自动跳闸，运行人员应正确判断并及时处理，以保证机组安全运行。

（1）发电机断路器自动跳闸的原因。

①继电保护动作跳闸。如机组内部或外部短路故障引起继电保护动作跳闸；发电机因失磁或断水保护动作跳闸；热力系统故障由热机保护联锁使断路器跳闸。

②工作人员误碰或误操作、继电保护误动作使断路器跳闸。

③直流系统发生两点接地，造成控制回路或继电保护误动作跳闸。

（2）发电机断路器自动跳闸后的现象。

保护正确动作引起的跳闸：

①扬声器响，机组断路器和灭磁开关的位置指示灯闪烁。当机组发生故障时，发电机主断路器、灭磁开关、高压厂用工作分支断路器在继电保护的作用下自动跳闸，各跳闸断路器的绿灯闪烁。高压厂用备用分支断路器被联动自动合闸，备用分支断路器的红灯闪烁。

发电机断路器自动
跳闸（PPT）

②发电机主断路器、高压厂用工作分支断路器、灭磁开关"事故跳闸"光字牌信号报警，有关保护动作光字牌亮。

③发电机有关表计指示为零。发电机事故跳闸后，其有功表、无功表、定子电流和电

压表、转子电流和电压表等表计指示全部为零。

④在断路器跳闸的同时，其他机组均有异常信号，表计也有相应异常指示。如发电机故障跳闸时，其他机组应出现过负荷、过电流等现象，并出现表计指示大幅度上升或摆动。

人员误碰、保护误动作引起的跳闸：

①断路器位置指示灯闪光，灭磁开关仍在合闸位置。

②发电机定子电压升高，机组转速升高。

③在自动励磁调节器作用下，发电机转子电压、电流大幅度下降。

④有功功率、无功功率及其他表计有相应指示。因厂用分支断路器未跳闸，仍带厂用电负荷。

⑤其他机组表计无故障指示，无电气系统故障现象。

（3）发电机断路器自动跳闸的处理方法。

保护正确动作的处理：

①发电机主断路器自动跳闸后，应检查灭磁开关是否已经跳闸，若未跳闸应立即断开。

②发电机主断路器、灭磁开关、高压厂用电源工作分支断路器跳闸后，应检查高压厂用电源工作分支切换至备用分支是否成功。若不成功，应手动合上备用分支断路器（若工作分支断路器未跳闸，应先拉工作分支后合备用分支），以保证机组停机用电的需要。

③复归跳闸断路器控制开关和音响信号。将自动跳闸和自动合闸断路器的控制开关置至与断路器的实际位置相一致的位置，使闪光信号停止。按下音响信号的复位按钮，使音响停止。

④停用发电机的自动助磁调节器（AVR）。

⑤调节、监视其他无故障机组的运行工况，以维持其正常运行。

⑥检查继电保护动作情况，并做出相应处理。若发电机因系统故障跳闸（如母线差动、失灵保护），应维持汽轮机的转速，并检查发变组一次系统，特别是需对断路器和灭磁开关的外部状况进行详细检查。在系统故障排除或经倒换运行方式将故障隔离后，联系调度，将机组重新并入系统；若为发变组内部保护动作跳闸，应立即将与其有关的系统改为冷备用，对发电机、主变压器、高压厂用变压器及有关设备进行检查，并测量绝缘；查明原因，确定故障点和故障性质后，汇报调度停机检修，待故障排除后重新启动并网。若为失磁保护动作跳闸，应查明原因，对可切换至备用励磁装置运行的机组，可重新并网，否则只能停机，待缺陷消除后再将机组启动并网。

（4）发电机断路器误跳闸的处理方法。

①发电机保护误动作跳闸。断路器跳闸时，应有继电保护动作信号发出，但机组和系统无故障现象，其他电气设备也无不正常信号。此时，应检查是什么保护误动作引起跳闸。

如为后备保护误动作，在征得调度同意后，可将其暂时停用，先将发电机并网，然后消除故障；如为机组主保护误动作引起跳闸，必须查明保护误动的原因，消除误动故障后方可重新并网。发电机断路器自动跳闸后，检查发变组一次系统无异常，检查保护也无异常时，经总工程师及调度同意，可对发电机手动零起升压。若升压过程中有异常，应立即停机处理。

②人为误磁、误操作引起的跳闸。一般情况下，此时灭磁开关仍处于合闸位置，发电机各表计指示为用负荷现象。此时，应将灭磁开关手动跳闸，在查明确实是人为原因引起后，应尽快将机组重新并网运行。

③因直流系统两点接地引起的误跳闸。这种情况出现前，直流系统往往带一点接地运行，跳闸时可能无故障信号发生，因此应首先查找并消除直流系统接地故障，然后将机组重新并网运行。

8. 发电机内部爆炸、着火

（1）发电机冒烟着火的主要原因。

发生短路故障后的切除时间过长；绝缘击穿形成火花或电弧；绝缘表面脏污造成绝缘损坏，构成故障；承载大电流的接头过热：局部铁芯过热，杂散电流引起火花等。

（2）故障现象。

发电机内部有强烈爆炸声，两侧端盖处冒烟，有焦臭味：发电机内部氢气压力大幅改动，出口氢温升高，氢气纯度下降；发电机表计指示可能基本正常，发电机内部保护动作。

发电机内部爆炸、着火（PPT）

（3）处理方法。

保护未动作时，应立即将发电机与系统解列，切除励磁，并按现场规定灭火。为了防止发电机大轴受热不均而弯曲，应维持发电机在10%额定转速左右运行。

 任务实施

（1）根据发电机事故处理的基本原则、处理流程和相关规程，正确写出发电机异常的处理步骤，并结合有关规定在仿真机上进行发电机异常处理。

（2）根据发电机事故处理的基本原则、处理流程和相关规程，正确写出发电机故障的处理步骤，并结合有关规定在仿真机上进行发电机故障处理。

任务2.2　变压器异常及故障处理

 教学目标

知识目标：

（1）熟悉变压器的运行方式和保护配置。

（2）熟悉变压器的故障现象。

（3）掌握变压器故障处理流程和处理步骤。

能力目标：

（1）能说出变压器的运行方式和保护配置。

（2）能根据故障现象查找故障。

（3）能在仿真机上熟练进行变压器的故障处理。

素质目标:

（1）能主动学习，在完成任务过程中发现问题、分析问题和解决问题。

（2）能严格遵守专业相关规程标准及规章制度，与小组成员协商、交流配合，按标准化作业流程完成学习任务。

任务分析

（1）记录变压器异常现象，进行变压器异常处理；

（2）记录变压器故障现象，进行变压器故障处理。

相关知识

一、 变压器异常及现象

变电站变压器的异常主要表现在运行声音、运行温度、变压器油位、外部连接部件和辅助设备上。

1. 变压器声音异常及现象

（1）变压器声音明显增大，内部有爆裂声。温度表指示明显升高，油位随温度升高而升高，自动化显示遥测温度明显升高。

（2）变压器运行中发出的"嗡嗡"声有变化，声音时大时小，但无杂音，规律正常。变压器油位计、温度表指示正常。

（3）变压器运行中除"嗡嗡"声外，内部有时发出"哇哇"声。变压器油位计、温度表指示正常。

（4）变压器运行中发出的"嗡嗡"声音变闷、变大。报警，自动化信息显示"某变电站某号变压器过负荷"。

（5）运行中变压器声音"尖""粗"而频率不同，规律的"嗡嗡"声中有"尖声""粗声"。报警，自动化信息显示"交流系统某段母线绝缘降低"。

（6）变压器音响夹有放电的"吱吱""噼啪"声。把耳朵贴近变压器油箱，则可能听到变压器内部由于有局部放电或电接触不良而发出的"吱吱"或"噼啪"声。

（7）变压器声响中夹有水的"咕嘟咕嘟"沸腾声，严重时会有巨大轰鸣声。同时油位计指示升高、温度表指示数值急剧升高。

（8）变压器内部有振动或部件松动的声音。变压器油位计、温度表指示正常。

2. 变压器油位异常及现象

（1）油位降低。报警，自动化信息显示"某变电站某号变压器油位降低""某变电站某号变压器轻瓦斯动作"。变压器油位计指示严重降低或看不见油位、变压器漏油（或变压器无漏油）。

（2）油位升高。报警，自动化信息显示"某变电站某号变压器油位升高"、遥测温度升高、"某变电站某号变压器过负荷"。变压器油位计指示升高、变压器冷却效果不良。

变压器异常及故障处理（视频文件）

3. 变压器温度异常及现象

（1）报警，自动化工作站信息显示"某变电站某号变压器温度升高"、变压器负荷正常。油位计指示升高，变压器风冷投入正常、冷却效果良好。

变压器油不正常
（视频文件）

（2）报警，自动化工作站信息显示"某变电站某号变压器温度升高""某变电站某号变压器过负荷"。变压器油位计指示升高，变压器风冷投入不足、冷却效果不好。

4. 变压器过负荷异常及现象

报警，自动化工作站信息显示"某变电站某变压器过负荷"，遥测温度升高、变压器负荷电流指示超额定电流。变压器发出沉重的"嗡嗡"声，变压器温度表指示升高、油位计指示升高，对变压器进行红外测温得到其温度值与温度表指示相同。

变压器过负荷
（视频文件）

5. 变压器冷却系统异常及现象

（1）报警，自动化信息显示"某变电站某号变压器冷却器全停"、"某变电站某号变压器工作电源一故障"、"某变电站某号变压器工作电源二故障"、遥测变压器温度指示升高、负荷正常、站内交流 380 V 母线电压为零。变压器冷却器全停，变压器温度表指示升高，油位计指示升高，变压器风冷控制箱工作电源一、工作电源二电源灯熄灭，站内交流屏 380 V 母线失电，电压表指示均为零；风冷全停跳变压器三侧的压板在退出。

（2）报警，自动化信息显示"某变电站某号变压器冷却器全停"、"某变电站某号变压器工作电源二故障"、遥测变压器温度指示升高、负荷正常、站内交流 380 V 母线电压正常。变压器冷却器全停、温度表指示升高、油位计指示升高；站内交流屏 380 V 母线电压表指示正常、变压器风冷控制箱工作电源二电源低压断路器跳开；变压器风冷控制箱工作电源二电源灯熄灭，电源一、二切换接触器冒烟。风冷全停跳变压器三侧的压板在退出。

（3）报警，自动化信息显示"某变电站某号变压器备用冷却器投入"，遥测变压器温度、负荷正常；变压器温度表、油位计指示正常，原运行的冷却器停用、备用的冷却器运行灯亮。

（4）报警，自动化信息显示"某变电站某号变压器备用冷却器投入"、风冷箱内某号辅助冷却器运行灯亮。

（5）报警，自动化信息显示"某变电站某号变压器工作电源二故障"、"某变电站某号变压器工作电源一投入"、遥测温度正常、变压器负荷正常、站内交流 380 V 母线电压正常。现场检查变压器冷却器运行正常、变压器温度表指示正常；变压器风冷控制箱工作电源二故障光字牌亮，电源灯熄灭；站内交流屏 380 V 电压表指示正常，变压器风冷控制箱工作电源二低压断路器跳开。

变压器冷却系统
故障（视频文件）

6. 变压器轻瓦斯保护动作异常及现象

（1）报警，自动化信息显示"某变电站某号变压器轻瓦斯动作"。遥测温度指示正常、变压器负荷正常。气体继电器内有气体，变压器保护装置显示"轻瓦斯动作"；变压器温度表、油位计指示正常。

（2）报警，自动化信息显示"某变电站某号变压器轻瓦斯动作"、"某变电站 1 号变压器油位降低"、遥测温度正常。气体继电器内无油，变压器保护装置显示"轻瓦斯动作"。

（3）报警，自动化信息显示"某变电站某号变压器轻瓦斯动作"、遥测温度升高、变压器负荷正常。气体继电器内有气体，变压器保护装置显示"轻瓦斯动作"。

7. 变压器压力释放阀动作异常及现象

报警，自动化信息显示"某变电站某号变压器压力释放阀动作"、遥测温度正常、负荷正常。变压器压力释放阀喷油，变压器油位无明显变化、温度计指示正常、气体继电器内无气体、气体继电器连接管路阀门已开启、变压器声音正常、变压器铁芯电流正常。

变压器受潮故障
（视频文件）

8. 变压器套管异常及现象

（1）油位降低。看不见油位。

（2）变压器套管严重污秽。异常天气有"吱吱"放电声，发出蓝色、橘红色的电晕。

（3）接头接触电阻增大。报警，自动化信息显示"某变电站某号变压器过负荷"、遥测温度升高。变压器套管接头温度异常升高，变压器温度计指示升高，变压器冷却系统正常。

（4）套管异音。套管部位有放电的"吱吱""噼啪"声。

二、 变压器异常产生原因分析及处理

（一） 变压器异音产生原因分析及处理

1. 变压器异音产生原因分析

（1）变压器声音明显增大，内部有爆裂声。可能是变压器的器身内部绝缘油击穿现象。

（2）变压器运行中发出的"嗡嗡"声有变化，声音时大时小，但无杂音，规律正常。这是因为有较大的负荷变化造成的声音变化，无故障。

（3）变压器运行中除"嗡嗡"声外，内部有时发出"哇哇"声。这是因为大容量动力设备启动所致。另外变压器如接有电弧炉、可控硅整流器设备，在电弧炉引弧和可控硅整流过程中，电网产生高次谐波过电压，变压器绕组产生谐波过电流。若高次谐波分量很大，变压器内部也会出现"哇哇"声，这就是人们所说的可控硅、电弧炉高次谐波对电网波形的污染。

（4）变压器运行中发出的"嗡嗡"声音变闷、变大。这是由于变压器过负荷，铁芯磁通密度过大造成的声音变闷，但振荡频率不变。

（5）运行中变压器声音"尖""粗"而频率不同，规律的"嗡嗡"声中有"尖声""粗声"。这是中性点不接地系统发生单相金属性接地，系统中产生铁磁饱和过电压，使铁芯磁路发生畸变，造成振荡和声音不正常。

（6）变压器音响夹有放电的"吱吱""噼啪"声。可能是变压器内部有局部放电或接触不良。

（7）变压器声响中夹有水的"咕嘟咕嘟"沸腾声，严重时会有巨大轰鸣声。可能是绕组匝间短路或分接开关接触不良而局部严重过热引起。

（8）变压器内部有振动或部件松动的声音。可能是变压器铁芯、夹件松动。

2. 变压器声音异常处理

（1）负荷变化造成的声音变化，变压器可继续运行。

（2）大容量动力设备启动引起的声音异常，应减少大容量动力设备启动次数。

（3）变压器过负荷引起的声音异常按变压器过负荷处理。

（4）单相金属性过电压引起的声音异常，应汇报调度，查找、处理接地故障。

（5）声响明显增大，内部有爆裂声，既大又不均匀；变压器声响中夹有水的"咕嘟咕嘟"沸腾声。对于这些异常，应汇报调度，立即将变压器停电。

（6）若声响夹有放电的"吱吱""噼啪"声，应汇报调度，停止变压器运行。

（7）若变压器声响较大而嘈杂，应上报停电计划，尽快将变压器停运。

（二）变压器油位异常原因分析及处理

1. 变压器油位异常原因分析

（1）油位降低。可能是变压器漏油；也可能是假油位。如果是备用变压器在温度低时油位过低，没有渗漏油，应是变压器油枕容积不符合要求（+40 ℃满载状态下油不溢出，在-30 ℃未投入运行时，观察油位计应指示有油）或以前填油不足。

（2）油位异常升高。可能是假油位、负荷增加、冷却器投入不足或效果不良，也可能是变压器内部绕组、铁芯过热性故障引起。怀疑是内部故障时，对变压器进行红外热像测温，检查变压器过热发生的部位，安排进行油色谱分析，做进一步判断。

2. 变压器油位异常处理

（1）当油位降低时，应进行补油。补油时应汇报调度将重瓦斯保护改投信号。当运行变压器因漏油造成轻瓦斯动作时，应联系调度立即停电处理。

（2）当油位异常升高，综合判断为内部故障并根据试验结论确定故障有发展，应立即将变压器停电。如果油位过高是因冷却器运行不正常引起，则应检查冷却器表面有无积灰，油管道上、下阀门是否打开，管道有否堵塞，风扇、潜油泵运转是否正常合理，根据情况采取措施提高冷却效果，并应放油，使油位降至当时油温相对应的高度，以免溢油或将油位计损坏。放油前应先汇报调度将重瓦斯改投信号。当确认是假油位，需打开放气或放油阀时，也应先汇报调度将重瓦斯保护改投信号。

（三）变压器温度异常原因分析及处理

1. 变压器温度异常原因分析

（1）自动启动风冷的定值设定错误或投入数量不足。负荷增加备用风冷未启动，达不到与负荷相对应的冷却器投入组数。

（2）变压器内部过热性或放电异常。如分接开关接触不良、绕组匝间短路、铁芯硅钢片间短路、变压器缺油。在正常负载和冷却条件下，变压器油温不正常并不断上升，且经检查证明温度指示正确，则认为变压器已发生内部异常。此外应检查变压器的气体继电器内是否积聚了可燃气体，联系相关单位进行色谱分析判断。对变压器进行红外测温，确定引发温度异常的重点部位。

（3）冷却效果不良。变压器室的通风不良、散热器有关蝶阀未开启、散热管堵塞或有脏污杂物附着在散热器上。

（4）冷却系统异常。部分冷却器异常停运、损坏或冷却器全停。

2. 变压器温度异常处理

（1）自动启动风冷的定值设定错误或投入数量不足。应手动投入冷却器并联系相关专业调整定值。

（2）变压器内部过热性或放电异常。应联系调度，尽快将变压器停运。如色谱分析判断故障有发展，应立即汇报调度将变压器停运。

（3）冷却效果不良。启动通风、联系相关专业进行水冲洗，开启阀门或停电处理管路堵塞情况。

（4）冷却系统异常。手动启动备用冷却器后通知相关专业处理；冷却器全停按照冷却器全停处理方案进行处理。

（四）变压器过负荷原因分析及处理

1. 变压器过负荷异常原因分析

（1）由于负荷突然增加、运行方式改变或变压器容量选择不合理而造成。

（2）当一台变压器跳闸后，由于没有过负荷联切装置或备自投动作未联切负荷而造成运行的变压器过负荷。

2. 变压器过负荷异常处理

（1）风冷变压器过负荷运行时，应投入全部冷却器。

（2）及时调整运行方式，调整负荷的分配，如有备用变压器，应立即投入。

（3）在变压器过负荷时，应加强温度、油色谱及接点红外测温等的监视、检查和特训，发现异常立即汇报调度。

（4）变压器的过负荷倍数和持续时间要视变压器热特性参数、绝缘状况、冷却系统能力等因素来确定。变压器有严重缺陷、绝缘有弱点时，不允许过负荷允许。变压器不允许长时间连续过负荷运行，对正常或施工过负荷可能超过 1.3 倍额定电流的变压器可加装过负荷联切装置。

（5）若变压器过负荷运行引起油温高报警，在顶层油温超过 105 ℃时，应立即按照事先做好的预案或规定拉路降低负荷。

（五）变压器冷却系统异常原因分析及处理

1. 变压器冷却系统异常原因分析

（1）冷却器全停。可能是运行的站用变压器失电，交流屏电源切换装置故障；变压器冷却器运行回路电缆、空气断路器、熔断器、把手损坏，风冷控制箱内电源切换装置故障或备用电源已经处于故障状态；风冷箱或交流屏烧损；站用变压器全停。

（2）备用冷却器启动。可能是冷却器某组风冷电机、潜油泵、二次回路异常或损坏，造成风冷停运。

（3）备用冷却器启动后故障。可能是冷却器某组风冷、潜油泵电机、二次回路异常或损坏，造成风冷停运。备用冷却器投入后由于上述某原因又停运。

（4）辅助冷却器启动。可能是变压器过负荷、外温高、冷却效果不良等原因造成温度高达启动定值，温度表接点接通，冷却器启动。

2. 变压器冷却系统异常处理

（1）变压器冷却器全停。运行的站用变压器失电，交流屏备用电源切换装置故障，应手动进行切换，如切换不了，将有关情况及时汇报调度，通知有关专业尽快处理；变压器冷却器运行回路电缆、空气断路器、熔断器、把手损坏，风冷控制箱内备用电源切换装置故障，应手动进行切换，如切换不了，将有关情况及时汇报调度，通知有关专业尽快处理；若风冷箱或交流屏烧损，将有关情况及时汇报调度，通知有关专业尽快处理。油浸（自然循环）风冷变压器，风扇停止工作时，允许的负载和运行时间，应按制造厂的规定：强油循环风冷变压器允许带额定负载运行 20 min，如 20 min 后顶层油温尚未达到 75 ℃，则运行上升到 75 ℃，但这种状态下运行的最长时间不得超过 1 h。根据变压器温度、负荷和运行时间及时联系调度转移负荷，或按照事先做好的事故预案规定拉路降低负荷。做好退出该变压器运行的准备。

（2）备用冷却器启动。将故障冷却器把手切至停用，将备用冷却器把手切至运行，通知有关人员处理。如仍有备用变压器，将其把手切至备用。

（3）备用冷却器启动后故障。如仍有备用冷却器，将其投入；如没有，应监视变压器温度、负荷、油位，然后汇报，通知有关专业尽快处理。

（4）辅助冷却器启动。将启动的辅助冷却器把手切至运行，如果是变压器过负荷按过负荷异常处理执行，如果是冷却效果不良，则立即汇报，通知有关专业立即处理。

（六）　变压器轻瓦斯保护动作原因分析及处理

1. 变压器轻瓦斯动作原因分析

（1）因滤油、加油、换油或冷却系统不严密，空气进入变压器。

（2）检修、安装后空气未排净。

（3）二次回路故障造成。

（4）可能是漏油使油面降低到瓦斯继电器以下。

（5）可能由于内部严重过热、短路引发变压器油少量汽化而使轻瓦斯动作。

2. 变压器轻瓦斯动作异常处理

（1）气体继电器内无气体，应是继电器等二次回路有异常，则通知相关专业处理。

（2）气体继电器内有气体，如气体继电器内有气体，则应记录气体量，取气方法如下：操作人员将乳胶管套在气体继电器的气嘴上，乳胶管另一头夹上弹簧夹，将注射器针头刺入乳胶管，拔出抽空，再重复一次，最后通过插入乳胶管取出 20～30 mL 气体，拔下针头用胶布密封，不要让变压器油进入注射器的气体中。取气后观察气体的颜色，交相关单位进行分析。

（3）若气体继电器内的气体为无色、无臭且不可燃，色谱分析判断为空气，则放气后变压器可继续运行。

（4）若信号动作是因剩余气体逸出或强油循环系统吸入空气而动作，而且信号动作间隔逐次缩短，将造成跳闸时应将重瓦斯改投信号。

（5）漏油引起的动作应安排补油，补油前应汇报调度将重瓦斯保护改投信号，并进行渗漏处理，如带电无法处理，应申请将变压器停电处理。

（6）如果轻瓦斯动作发信后经分析已判为变压器内部存在故障，且发信间隔时间逐次缩短，则说明故障正在发展，应立即汇报调度，将该变压器停运。

（七） 变压器压力释放阀动作原因分析及处理

1. 变压器压力释放阀动作原因分析

变压器压力释放阀动作，可能是变压器内部有故障，产生大量气体，达到其动作值而动作喷油，同时伴随变压器气体保护的动作；也可能是误动。如果变压器负荷、温度、油位均正常，气体继电器管路阀门开启，但气体继电器内无气体，压力释放阀动作喷油，可初步怀疑是误动原因引起，应通知有关专业取出变压器本体油样进行色谱分析，如果色谱正常，则可基本确定压力释放阀误动作。误动原因可能是压力释放阀升高座放气塞未打卡，积聚气体因气温变化发生误动或其自身密封压力元件出现异常。

2. 变压器压力释放阀动作处理

若压力释放阀误动喷油，应立即汇报，安排变压器检修。

（八） 变压器套管异常原因分析及处理

1. 变压器套管异常原因分析

（1）油位降低，看不见油位。可能是套管裂纹、油标、接线端子、末屏等密封破坏，造成渗漏油，也可能是长时间取油样试验而没有及时补油。

（2）套管严重污秽。可能是环境恶劣，造成表面严重脏污或长时间未清扫。若电晕不断延长，说明外部污秽程度不断增强。

（3）接点过热。可能是施工工艺不良，接触面紧固不到位，接触压力不够；材料质量不良，螺纹公差配合不合理，接触面不够；在负荷增大或过负荷时，可能会出现接点发红。

（4）套管异音。可能是套管末屏接地不良或套管发生表面污秽放电。

2. 变压器套管异常处理

（1）油位降低，看不见油位。若油位在油标以下不再渗油，则申请计划停电处理。绝缘子破裂，油位已经在储油柜以下时，应立即联系调度停电处理。

（2）套管严重污秽。重新测试污秽等级，检查爬距是否已不满足所在地区的污秽等级要求，避免污闪事故的发生。如电晕现象比较严重，应汇报，尽快安排处理。如无明显放电现象，应汇报，安排计划停电处理。

（3）接点过热。若接点已经发红，应汇报调度，降低负荷，申请对变压器立即停电处理。若接点发热，应汇报调度，降低负荷，根据测温异常性质，尽快安排停电处理。

（4）套管异音。可能是末屏接地不良而放电，因此应汇报调度，立即将变压器停电处理。

三、 主变压器故障跳闸及处理

变压器的主要作用是变换电压和传输电能，是变电站的重要设备。若变压器发生故障，用户则无法从电力系统获取所需要的电压等级的电能。

（一）　主变压器跳闸处理原则

（1）　主变压器的断路器跳闸时，应首先根据保护的动作情况和跳闸时的外部现象，判明故障原因后再进行处理。

（2）　检查相关设备有无过负荷现象。一台主变压器跳闸后应严格监视其他运行中的主变压器负荷。

（3）　主变压器主保护（差动、气体保护）动作，在未查明原因、消除故障前不得送电。

（4）　如果只是过流等后备保护动作，检查主变压器无问题后可以送电。

（5）　当主变压器跳闸时，应尽快转移负荷、改变运行方式，同时查明故障是何种保护动作。在检查主变压器跳闸原因时，应查明主变压器有无明显的异常现象，有无外部短路线路故障，有无明显的异常声响、喷油等现象。如果确实证明主变压器各侧断路器跳闸不是由于内部故障引起，而是由于外部短路或包含装置误动造成的，则可以申请试送一次。

（6）　如因线路故障，保护越级动作引起主变压器跳闸，则在故障线路隔离后，即可恢复主变压器运行。

（7）　主变压器跳闸后应首先考虑确保站用电的供电。

（8）　主变压器在运行中发生下列严重异常情况时，应立即停止运行：

①主变压器内部声响异常或声响明显增大，并伴随有爆裂声。

②压力释放装置动作（同时伴有其他保护动作）。

③主变压器冒烟、着火、喷油。

④在正常负荷和冷却条件下，主变压器温度不正常并不断上升超过允许运行值（应确定温度计正常）。

⑤主变压器严重漏油使油位降低，并低于油位计的指示限度。

⑥套管有严重破损和放电现象。

（二）　主变压器差动保护动作

1. 差动保护动作跳闸的原因

（1）　主变压器引出线及变压器绕组发生多相短路。

（2）　单相严重的匝间短路。

（3）　在大电流接地系统中绕组及引出线上的接地故障。

（4）　保护二次回路问题引起保护误动作。

（5）　差动保护用电流互感器二次回路故障。

2. 差动保护动作跳闸现象

报警，自动化信息显示主变压器"差动保护"动作，主变压器各侧断路器闪烁，相应的电流、有功功率、无功功率等指示为零。根据接线形式和备用电源装置配置的不同，可能发"备自投装置动作""TV断线信号"信号。

3. 巡视检查

（1）　巡视检查保护室，主变压器保护屏显示"差动保护动作"信号，微机保护打印出详细的报告，经两人确认无误后复归保护信号。

（2）到现场检查差动保护范围内的所有设备有无接地、短路、闪络后破裂的痕迹等。检查主变压器本体有无异常，包括油面、油温、油色是否正常等。

4. 分析判断

（1）检查发现主变压器本身有异常和故障迹象或差动保护范围内一次设备故障现象时，可以判断是主变压器差动保护范围内设备故障引起主变压器保护动作。

（2）检查未发现任何异常及故障迹象，但有气体保护动作时，即使只是报出轻瓦斯保护信号，属主变压器内部故障的可能性极大。

（3）检查主变压器及差动保护范围内一次设备，若未发现异常及故障迹象，主变压器气体保护未动作，其他设备和线路保护均无动作信号，则应通过对主变压器进行试验后才能准确判断是保护误动还是一次设备存在故障。

（4）检查主变压器及差动保护范围内一次设备，未发现异常及故障迹象，主变压器气体保护未动作，其他设备和线路保护均无动作信号，但直流系统有"直流接地"信号出现时，可能是因为直流多点接地造成保护误动。

5. 处理步骤

（1）检查发现主变压器本身有异常、故障迹象或差动保护范围内一次设备有故障现象时，应根据调度指令将故障点隔离或将主变压器转检修，由相关专业人员进行检查、试验、处理。试验合格后方可投入运行。

（2）检查未发现任何异常及故障迹象，但有气体保护动作，即使只是报出轻瓦斯保护信号，属主变压器内部故障的可能性极大，应经过内部检查并经试验合格后方可投入运行。

（3）检查主变压器及差动保护范围内一次设备，未发现异常及故障迹象，主变压器气体保护未动作，其他设备和线路保护均无动作信号，则应根据调度指令将主变压器转检修，测量主变压器绝缘，若无问题，根据调度指令试送一次。

（4）检查主变压器及差动保护范围内一次设备，若未发现异常及故障迹象，主变压器气体保护未动作，其他设备和线路保护均无动作信号，但直流系统有"直流接地"信号出现时，可能是因为直流多点接地造成保护误动，则应根据调度指令将主变压器转检修，由专业人员进行检查。

（5）如果中低压侧没有备自投或备自投未动作，则应断开失压母线上的所有断路器，并检查是否确实断开，发现未断开的，应在确保没有电压的情况下断开其两侧隔离开关（对手车式断路器，按下紧急分闸按钮，将断路器拉开，后将手车式断路器拉至试验位置进行隔离）。根据其他运行变压器的负荷情况向调度申请通过合上中、低压侧分段断路器恢复中、低压侧母线及全部或部分线路运行。

（6）如果运行中的主变压器出现过负荷，应根据现场运行规程的过负荷倍数和允许运行时间等规定，向调度申请转移负荷或进行压负荷。

（三）主变压器重瓦斯保护动作处理

1. 重瓦斯保护动作跳闸的原因

（1）主变压器内部严重故障。

（2）保护二次回路问题引起保护误动作。

（3）某些情况下，由于油枕内的隔膜安装不良，造成呼吸器堵塞，油温发生变化后，呼吸器突然冲开，油流冲动使重瓦斯保护误动作。

（4）外部发生穿越性短路故障（浮筒式气体继电器可能误动）。

（5）主变压器附件有较强的振动。

2. 重瓦斯保护动作跳闸现象

报警，自动化信息显示主变压器"重瓦斯保护"动作，主变压器各侧断路器闪烁，相应的电流、有功功率、无功功率等指示为零。中、低压侧备自投装置投入时，备自投装置动作。

3. 巡视检查

（1）巡视检查保护室，主变压器保护屏显示"重瓦斯保护动作"信号，微机保护打印出详细的报告，经两人确认无误后复归保护信号。

（2）到现场检查主变压器本体有无异常，检查的主要内容有：油温、油位、油色、有无着火、爆炸、喷油、漏油等情况，外壳是否有变形，气体继电器内有无气体，防爆管隔膜是否冲破等。

4. 分析判断

（1）若主变压器差动保护等同时动作，说明主变压器内部有故障。

（2）若主变压器外部检查到有明显异常和故障痕迹（如喷油），说明主变压器内部有故障。

（3）取气检查分析，如果气体继电器内的气体有色、有味、可燃，则无论主变压器外部检查有无明显的异常或故障现象，都应判定为内部故障。

（4）检查主变压器本体未发现异常及故障迹象，气体继电器内充满油，无气体，其他设备和线路保护均无动作信号，但直流系统有"直流接地"信号出现时，可能是因为直流多点接地造成保护误动。

5. 处理步骤

（1）根据调度指令将跳闸主变压器转检修，等待专业人员进行检查、试验。试验合格后方可投入运行。

（2）如果中低压侧没有备自投或备自投未动作，则应断开失压母线上的所有断路器，并检查是否确实断开，发现未断开的，应在确保没有电压的情况下断开其两侧隔离开关（对手车式断路器，按下紧急分闸按钮，将断路器拉开，然后将手车断路器拉至试验位置进行隔离）。根据其他运行变压器的负荷情况向调度申请通过合上中、低压侧分段断路器恢复中、低压侧母线及全部或部分线路运行。

（3）如果运行中的主变压器出现过负荷，应根据现场运行规程的过负荷倍数和允许运行时间等规定，向调度申请转移负荷或进行压负荷。

若变压器内部有严重的故障，瓦斯保护和差动保护可能同时动作。

（四）　主变压器着火处理

1. 主变压器着火现象

主变压器有冒烟或燃烧现象，主变压器油温出现异常升高，主变压器差动保护（外部出现短路或接地故障）或重瓦斯保护（内部故障）可能动作。

2. 主变压器着火处理

（1）主变压器起火时，如果保护没有动作跳开主变压器各侧断路器，则应立即断开主变压器各侧断路器，并立即停止冷却装置运行。

（2）立即切除主变压器所有二次控制电源。

（3）立即到现场检查主变压器起火是否对周围其他设备有影响。

（4）立即向消防部门报警。

（5）在确保人身安全的情况下迅速采取灭火措施，防止火势蔓延。

（6）立即将情况向调度及有关部门汇报。

（7）必要时开启事故排油阀排油；若油溢在主变压器顶盖上引起着火，则应打开下部油门至适当油位；若主变压器内部故障引起着火，则不能放油，以防主变压器爆炸；处理时，应首先保证人身安全。

（8）消防人员灭火时，必须指定专人监护，并指明带电部分及注意事项。

（9）火情消除后，根据其他运行变压器的负荷情况向调度申请通过合 10 kV 侧母线分段断路器，恢复 10 kV 侧母线所带全部或部分线路运行。

 任务实施

（1）根据变压器异常处理基本原则、调度和现场运行规程，运行值班人员对变压器异常进行原因分析及处理。

（2）根据变压器故障处理基本原则、调度和现场运行规程，运行值班人员对变压器故障进行原因分析及处理。

任务 2.3　电动机异常及故障处理

 教学目标

知识目标：

（1）熟悉电动机的运行方式和保护配置。

（2）熟悉电动机的故障现象。

（3）掌握电动机故障处理流程和处理步骤。

能力目标：

（1）能说出电动机的运行方式和保护配置。

（2）能根据故障现象查找故障。

（3）能在仿真机上熟练进行电动机的故障处理。

素质目标：

（1）能主动学习，在完成任务过程中发现问题、分析问题和解决问题。

（2）能严格遵守专业相关规程标准及规章制度，与小组成员协商、交流配合，按标准化作业流程完成学习任务。

任务分析

（1）记录电动机异常现象，进行变压器异常处理。

（2）记录电动机故障现象，进行变压器故障处理。

相关知识

一、电动机的异常运行及处理

电动机被广泛地作为动力装置来使用。在生产运行和检修过程中会出现各种各样的故障，如果不及时处理，将影响电动机的正常运行。

1. 电动机无法启动只发出响声，或启动后达不到正常转速

电动机接通电源后，转子不转动，只发出"嗡嗡"声，或能转动但转速慢，其可能的原因是：

（1）定子回路一相断线。如供电变压器的低压侧一相断电，低压线路一相断线，熔断器一相熔断，电动机的电缆头、刀开关等一相松脱或接触不良而造成一相断电，电动机绕组一相断线或接线盒内接触不良而烧断等。

（2）转子回路断线或接触不良。如笼型异步电动机，转子导条与端环间的连接部分已断开；绕线转子异步电动机，转子变阻器回路已断开，启动设备与转子回路间的电缆连接点已断开，电刷与集电环接触不良。

（3）电动机转子或被拖动的机械被卡死，如转子和定子有相碰的部位。

（4）电动机定子回路接线错误。如将三角形连接误接为星形，或将星形连接的三相绕组中一相接反。

（5）电动机电源电压过低。因转矩与电压的二次方成正比，电压太低，会使电动机无法启动。

根据上述可能的原因，首先检查电源是否正常，然后检查断路器、刀开关、熔断器及一次回路接线，检查启动设备及回路是否正常，并逐一消除缺陷。如是电动机内部故障，应立即检修处理。

2. 电动机运行温度过高或冒烟

电动机运行时，其绕组及铁芯有时温度过高，用手摸电动机外壳，会感到烫手，有时还会出现电动机冒烟现象。运行温度过高或冒烟的可能原因有：

（1）电源方面。电源电压过高或过低，两相运行。

（2）电动机本身。绕组接地或相间、匝间短路；定子、转子铁芯相擦，或装配质量不好引起卡转；绕线转子绕组的接头松脱或笼型转子断条。

（3）负载方面。机械负载过重或卡死。

（4）通风散热方面。环境温度过高，散热困难；电动机绕组灰尘太

电动机运行温度过高或冒烟（PPT）

多，影响散热；风扇损坏或装反；通风孔堵塞，进风不畅；电动机冷却有故障，进水量不足，出水门误关闭，冷却器有堵塞等。

3. 电动机轴承运行温度过高

轴承运行温度过高的原因及处理方法是：

（1）轴承损坏，应更换轴承。

（2）润滑油过少、过多或有杂质。处理方法是增、减润滑油或更换润滑油。

电动机轴承运行温度
过高（视频文件）

（3）轴承中心偏斜或轴承油环被卡住，应检修处理。

（4）传动带过紧或靠背轮安装不符合要求，应适当放松传动带或校正靠背轮。

4. 电动机运行时发出异常噪声或强烈振动

电动机运行时发出异常噪声或强烈振动的原因是：

（1）定子、转子相擦或所拖动机械有严重磨损变形。

（2）电动机或所拖动机械部分的地基、地脚不符合要求，如地基不平，基础不平，基础不坚固或地脚螺钉松动等。

电动机运行时发出异常
噪声或振动（视频文件）

（3）电动机与所拖动机械的轴中心未对准，转轴弯曲，靠背轮连接松动。

（4）转子偏心，如转子不平衡或所拖动机械不平衡，轴承偏心等。

（5）轴承缺油或损坏。

（6）笼型转子导条断裂或绕线转子绕组断开。

（7）两相运行或负荷运行；定子绕组断线，三相电路不平衡。

出现上述情况，应停机检修处理。

二、 电动机的故障及处理

1. 电动机自动跳闸的处理

运行中的电动机通常因定子回路发生故障，如一相断线、绕组层间短路、绕组相间短路或系统电压下降超限，使电动机的电源开关自动跳闸。

当电动机自动跳闸后，应立即启动备用电动机，若已断开的重要电动机无备用电动机或不能迅速启动备用电动机时，为保证机、炉安全，允许已跳闸的电动机再重新强送电一次，但下列情况除外：

（1）电动机本体、电动机启动调节装置或电源电缆线上有明显的短路或损坏现象。

电动机自动跳闸
的处理（视频文件）

（2）发生需要停机的人身事故。

（3）电动机所拖动的机械损坏，无法维持运行。

2. 必须立即切断电源的事故

发生下列情况之一者，必须立即切断电动机的电源：

（1）电动机电气回路及其拖动机械部分发生人身事故。

（2）电动机及其相关电气设备冒烟着火。

（3）电动机所带机械损坏至危险程度。

（4）电动机发生强烈振动和窜动，危及电动机的安全运行。

必须立即切断电源的
事故（视频文件）

3. 必须立即停止运行的故障

发生下列情况之一者，必须立即停止电动机的运行：

(1) 电动机中有异常声音或绝缘材料有烧焦气味。

(2) 电动机内或启动装置内出现火花或冒烟。

(3) 定子电流超过正常值。

(4) 电动机铁芯温度超过正常值，采取措施后无效。

(5) 轴承温度超过规定值，处理无效。

(6) 受水灾威胁。

(7) 启动或运行中的电动机，转子与定子有摩擦声。

(8) 直流电动机发生严重环火，经处理无效。

必须立即停止运行
的事故（视频文件）

4. 电动机着火

电动机着火时，应先断开电源，然后使用电气设备专用的灭火器进行灭火。使用干粉灭火器时，应注意不使粉尘落入轴承内，必要时也可用消防水喷射成雾状的水珠灭火，禁止大股水注入电动机内。

电动机着火
（视频文件）

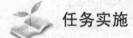 **任务实施**

(1) 根据电动机异常处理基本原则、调度和现场运行规程，运行值班人员对电动机异常进行原因分析及处理。

(2) 根据电动机故障处理基本原则、调度和现场运行规程，运行值班人员对电动机故障进行原因分析及处理。

任务 2.4　高压断路器异常及故障处理

 教学目标

知识目标：

(1) 熟悉高压断路器的运行方式和保护配置。

(2) 熟悉高压断路器的故障现象。

(3) 掌握高压断路器故障处理流程和处理步骤。

能力目标：

(1) 能说出高压断路器的运行方式和保护配置。

(2) 能根据故障现象查找故障。

(3) 能在仿真机上熟练进行高压断路器的故障处理。

素质目标：

(1) 能主动学习，在完成任务过程中发现问题、分析问题和解决问题。

(2) 能严格遵守专业相关规程标准及规章制度，与小组成员协商、交流配合，按标准化作业流程完成学习任务。

任务分析

（1）记录高压断路器异常现象，进行高压断路器异常处理；

（2）记录高压断路器故障现象，进行高压断路器故障处理。

 相关知识

一、油断路器的异常运行及处理

1. 油断路器运行中过热

过热运行的油断路器有如下现象显示：油箱外部的颜色异常，油位异常升高，有焦气味，油色异常，接头处试温蜡片熔化，内部声音异常等。

油断路器过热运行的原因如下：

（1）断路器过负荷。负荷电流超过额定值或断路器达不到厂家铭牌规定容量。

（2）触头接触电阻过大。由于断路器触头表面烧伤或氧化、动触头插入行程不够而合闸不到位、动触头压力不够、触指歪斜、触指压紧弹簧松弛及支持环开裂或变形等原因，使动、静触头接触不好，造成触头接触电阻过大。

（3）周围环境温度升高。周围环境温度高于断路器的额定环境温度，运行电流仍为额定电流，造成运行过热。

油断路器过热运行会使油温过高，造成油质氧化，产生沉淀物，使油的酸价升高，绝缘强度降低，灭弧能力差。如果发热严重，灭弧室内压力增大，易引起断路器喷油；另外，过热运行会使绝缘材料加速老化，金属零件机械强度降低，弹簧退火，触头氧化加剧，使发热更严重。

当断路器出现过热运行时，应与调度联系，降低负荷。若温度仍不下降或过热发生喷油，油断路器应停止运行并检修。

2. 油断路器运行时发出不正常响声

油断路器运行时发出不正常响声，可能是由于以下原因造成的：

（1）套管和支持鼓形绝缘子严重破损发生连续放电。

（2）套管或油箱内有起泡声和放电声。

（3）电气连接部位烧红变色而出现放电。

（4）二次接线接触不良出现放电声或着火。

油断路器的异常运行
及处理（视频文件）

二、真空断路器的异常运行及处理

1. 真空灭弧室的真空度失常

真空断路器运行时，正常情况下，其灭弧室的屏蔽罩颜色应无异常变化，若真空度正常运行中或合闸之前真空灭弧室出现红色或乳白色辉光，说明真空度下降，影响灭弧性能，应更换灭弧室。

2. 真空断路器运行中断相

真空断路器接通高压电动机时，有时会出现断相，使电动机断相运行而烧坏电动机。真空断路器出现合闸断相的可能原因是：

（1）断路器超行程（触头弹簧被压缩的数值）不满足要求，影响该相触头的正常接触。这时应调节绝缘拉杆的长度，并重复测量多次，才能保证其超行程的正确性和接触的稳定性。

（2）断路器行程不满足要求。在保证超行程的前提下，可通过调节分闸定位件的垫片，使三相行程均满足要求，使三相同步。

（3）由于真空断路器的触头为对接式，触头材料较软，在分、合闸数百次后触头易变形，使断路器超行程变化，影响触头的正常接触。

3. 真空断路器合闸失灵

合闸失灵的原因如下：

（1）电气方面的故障。电气方面的故障主要有：合闸电压过低（操作电压低于0.85倍额定电压）或合闸电源整流部分故障、合闸电源容量不够、合闸线圈断线或匝间短路、二次接线接错等。

（2）操动机构故障。操动机构的故障主要有：合闸过程中分闸锁扣未扣住；分闸锁扣的尺寸不对；辅助开关的行程调得过大，使触片变形弯曲，接触不良。

处理完上述缺陷后再合闸。

4. 真空断路器分闸失灵

分闸失灵的原因主要是：

（1）电气方面的故障。主要故障有：分闸电压过低（操作电压低于0.85倍额定电压），分闸线圈断线，辅助开关接触不良。

（2）操动机构故障。主要故障有：分闸铁芯的行程调整不当，分闸锁扣扣住过量，分闸锁扣销子脱落。

上述缺陷应逐一检查消除。

三、　SF_6断路器的异常运行及处理

真空断路器的异常运行
及处理（视频文件）

一般来说，SF_6断路器运行可靠，维护工作量小，检修周期长。但运行中有时也会出现一些异常运行和故障情况，可能发生的异常运行及故障分述如下。

1. 液压机构油压过高或过低

SF_6断路器运行时，其液压机构的油压有时过高或过低。油压过高的原因主要是：液压机构的微动开关失灵，当油泵启动、油压升至额定值时，微动开关不能切断油泵电动机电源，造成油泵持续打压；储能筒的活塞密封不严或筒壁磨损，液压油中进入氮气，使油压升高；液压机构压力表失灵或指示数据不真实。处理时，应调整或更换微动开关，检查并检修储能罐，检查校验压力表。

2. 油泵启动频繁和打压时间过长

由于液压机构的高压油系统漏油（如管路接头漏油、高压放油阀关闭不严、合阀内部漏油、工作缸活塞不严等），油泵本身有缺陷，引起液压油压力降低，使油泵频繁启动打火。遇到有油泵频繁启动，应立即查漏，消除启动现象。有时油泵打压时间过长（超过

3 ~ 5 min)，应检查高压放油阀是否关严，安全阀是否动作，机构是否有内漏、外泄，油面是否过低，吸油管有无变形，油泵低压侧有无气体等，针对以上缺陷进行相应处理。

3. 液压机构无法建立油压

断路器投入运行前，其液压机构应建立正常油压。有时，油压建立不起来，其原因可能是：

（1）油泵内各阀体高压密封圈损坏，或单向阀阀口密封不严（此时用手摸油泵，油泵可能发热）；油泵柱塞间隙配合过大；油泵柱塞组装时没注入适量的液压油或柱塞及柱塞座没擦干净，影响油泵出力，甚至使油泵打压件磨损。

（2）油泵低压侧有空气存在。

（3）油箱过滤网有脏物，油路堵塞。

（4）高压放油阀没有关严，高压油泄漏到油箱中。

（5）合闸阀一、二级阀口密封不严，高压油通过排油孔泄掉。

消除上述缺陷后，再打压。

4. 断路器 SF$_6$ 气体泄漏

运行中的 SF$_6$ 断路器有时发出"补气"信号，这说明断路器漏气。漏气的原因可能是：断路器安装时遗留有漏气点（连接座内拉杆、气管坡口、本体、密度继电器、气压表接头连接密封处等易形成漏气点）。当断路器发出"补气"信号时，处理方式如下：

（1）检查气体压力。若属断路器气体压力降低，则需将断路器停电补气。

（2）检查密度继电器。SF$_6$ 断路器运行时，由密度继电器监视其气体的运行压力，当气体压力降低到第一报警值时，其触头闭合并发出"补气"信号。此时，可用压力检测专用工具，检测密度继电器动作值是否正确。

（3）确认 SF$_6$ 气体泄漏时，应联系检修人员检修处理。

5. 断路器合后即分

当操作断路器合闸时，可能出现合后即分现象。合后即分的原因可能是：合闸阀的二级阀杆不能自保持；分闸阀的阀杆卡涩，不能很快复位。

SF6 断路器的异常运行
及处理（视频文件）

6. 断路器拒动

操作断路器分、合闸时，可能出现断路器拒动。拒动的原因主要有：分、合电磁铁线圈断线，匝间短路或线圈线头接触不良；电磁铁行程太小，使分、合闸阀钢球无法打开；操作回路故障，如断线、熔断器熔断、端子排接头和辅助开关触头接触不良或接线错误；二线杆锈死；灭弧室动、静触头没对准；中间机构箱卡涩；操作电压过低等。

上述缺陷必须消除后，断路器才允许投入运行。

四、油断路器拒合闸

将控制开关扭至合闸位置时，扬声器响，绿灯闪烁，而断路器拒合闸。无法合闸的原因及处理方法如下：

（1）合闸电源电压不正常引起拒合闸。合闸电源电压过低，合闸时电磁机构的铁芯不到位，使挂钩不能挂住；合闸电源电压过高，合闸时电磁机构的铁芯发生强烈冲击，使挂钩不能挂住。其处理方法是：待调整好操作电压后再合闸。

（2）操作电源中断引起拒合闸。如操作熔断器熔断、合闸动力熔断器熔断（有弹簧储能电源、油泵电源、电磁机构合闸电源等），使断路器不能合闸。此时应检查并更换熔断器后再合闸。

（3）操作及合闸回路故障引起拒合闸。如控制开关触头、断路器辅助常闭触头、合闸接触器主触头、操作及合闸动力熔断器等接触不良；中间继电器触头熔焊；合闸接触器线圈断线或短路；合闸线圈断线、短路或烧坏；防跳继电器故障；断路器的远方/就地选择开关未置于相应位置；同期开关未投入；操作及合闸回路连接导线脱落、断线等原因，使断路器不能合闸。此时应处理上述缺陷后再合闸。

（4）操动机构卡住而拒合闸。如操动机构部分不灵活或调整不准确、挂钩脱扣造成合闸后又跳闸；因振动使跳闸机构脱扣，使断路器拒合闸。此时应待机构处理好后再合闸。

（5）合闸时间太短引起拒合闸。手动操作控制开关合闸时，控制开关在合闸位置未合到底，或合到底后停留时间太短就松手，让控制开关自动返回，致使断路器合闸后挂钩未挂住，合闸回路电源就断开而跳闸。

油断路器拒合闸
（视频文件）

正确做法是：控制开关在合闸位置应合到底，待红灯亮后再松手，让控制开关返回。

（6）弹簧操动机构的弹簧储能未到位，液压操动机构的油压低于合闸油压而被闭锁，使断路器不能合闸。其处理方法是：待弹簧储能到位及液压达到正常油压后再合闸。

五、　油断路器拒分闸

断路器运行时，若断路器一次回路发生故障，则会出现保护动作信号吊牌、光字牌亮、电流表指示剧增、电压表指示大为降低，而断路器拒分闸。或用控制开关手动分闸时，红灯闪烁，但断路器拒分闸。运行中的断路器拒分闸对系统的安全运行威胁很大。当发生无法分闸时，可能造成上一级断路器越级跳闸，甚至造成系统解列，故拒分闸比拒合闸有更大的危害。

1. 断路器拒分闸的一般原因

（1）操作电源故障。即操作电源中断，或操作电源电压过低。如因电网故障引起硅整流装置直流电源电压波动，直流过负荷引起操作电源电压降低；交流消失，由直流代替交流，使操作电源电压降低。

（2）操作回路故障。如控制开关触头、断路器的辅助常开触头、操作熔断器等接触不良；操作熔断器熔断；跳闸线圈断线、短路或烧坏；中间继电器（防跳跃继电器、手动跳闸继电器）线圈断线或烧坏；跳闸回路连接导线脱落、断线；断路器远方/就地选择开关未置于相应位置等。

（3）操动机构故障。如跳闸铁芯卡住或顶杆脱落，合闸支点过低使铁芯动作不能脱扣，从而使操动机构失灵，液压机构分闸系统故障等。

（4）手动操作分闸时间短。手动操作控制开关至分闸位置时，控制开关分闸不到位就松手返回，使断路器因分闸时间太短而不能分闸。

（5）继电保护拒动作。如出现继电保护整定值不正确、保护接线错误、保护回路断线、互感器回路故障、保护连接片接触不良及跳闸继电器触点闭合接触不良等缺陷，在一次回路短路故障的情况下，继电保护会拒动作，使断路器不能分闸。

2. 断路器拒分闸的处理方法

（1）正常情况下拒分闸。

正常情况下，断路器的红色信号灯亮，表示跳闸回路完好，当操作控制开关分闸时，断路器拒分闸，如果控制电源电压正常，则为操动机构故障。此时，可按下述 3 种情况处理。

①联络线断路器拒分闸。可先断开联络线对侧断路器，再至现场手动打跳拒分闸的断路器（该断路器操动机构的液压或气压均正常），然后拉开该断路器两侧的隔离开关，再对操动机构的故障进行查找和处理，按这种方式处理的速度较快。另外，也可采用倒母线的方法，空出一组母线，由母联断路器串接拒分闸的断路器，再由母联断路器分闸，然后手动打跳拒分闸的断路器，拉开该断路器两侧隔离开关，或解除防误操作闭锁装置，拉开该断路器两侧隔离开关，再对操动机构的故障进行查找和处理。此种处理，要经较复杂的倒母线操作，处理时间长。

②馈线断路器拒分闸。馈线是直接送到用户的线路。一般与用户的联系较困难，故不易由馈线的对侧断路器断开该线路，但本侧断路器拒动作，不能用手动打跳的方式带负荷打跳本侧断路器，故只能倒母线。按上述方式，用母联断路器断开馈线。拉开拒分闸的断路器两侧隔离开关后，再对操动机构的故障进行查找和处理。

③发变组回路断路器拒分闸。当发变组停机解列时，发变组回路断路器拒分闸，此时只能倒母线，空出一组母线，由母联断路器串接拒分闸的断路器，再由母联断路器分闸解列，然后再按上述方式处理操动机构故障。

（2）事故情况下拒分闸。

当一次电路发生短路故障时，线路断路器拒分闸，但线路对侧的断路器分闸，拒分闸的断路器的失灵保护动作，将母联断路器及故障线路所连母线上的其他进、出线断路器全部分闸，该母线失压。此时，运行人员处理的思路是：先查明是继电保护拒动作，还是断路器及操动机构本身拒动作，然后再判别是电气二次回路故障，还是操动机构故障。为此，事故情况下断路器拒分闸，可按下述情况及方法处理。

①事故情况下断路器拒分闸，但保护动作、信号吊牌。该情况属跳闸回路或操动机构存在故障。

处理时，可操作控制开关，将断路器分闸一次。操作之前，若红灯亮，则表明跳闸回路完好；操作后，若断路器拒分闸，则属于操动机构故障（或控制开关触头接触不良）。此时，将拒分闸的断路器手动打跳，再拉开断路器两侧隔离开关，如果用手动打跳，断路器仍不分闸，可解除防误操作闭锁装置，手动拉开断路器两侧隔离开关，然后，先恢复失压母线的供电和母联断路器的运行，再对操动机构的故障及控制开关的触头进行处理。手动分闸操作前，若红灯不亮，则跳闸回路有故障。如果短时间内不能消除跳闸回路故障，则先手动打跳断路器或解除防误操作闭锁装置，拉开拒分闸的断路器两侧隔离开关，恢复失压母线的供电和母联断路器的运行，再处理跳闸回路缺陷。跳闸回路故障消除后，手动分闸一次，若断路器分闸，则证实是跳闸回路故障引起拒分闸；若断路器仍拒分闸，则操动机构也存在故障，应处理操动机构故障。

②事故情况下断路器拒分闸，无保护动作及信号吊牌。该情况属继电保护拒动作。处理时，将断路器手动分闸一次，操作前，红灯亮，则表明跳闸回路完好；操作后，断路器

分闸（红灯熄，绿灯亮），则证实是继电保护拒动作引起断路器拒分闸。然后拉开断路器两侧隔离开关，恢复失压母线供电和母联断路器的运行，再按继电保护拒动作的原因查找和处理故障。手动分闸时，若断路器仍拒分闸，则操动机构也存在故障，此时，手动打跳断路器或解除防误操作闭锁装置，拉开断路器两侧隔离开关，恢复失压母线供电和母联断路器运行，然后按操动机构故障原因查找和处理故障（由检修人员处理）。

油断路器拒分闸
（视频文件）

六、 油断路器着火

油断路器着火，可能有以下原因：

（1）油面过高使油箱内缓冲空间不足，事故分闸时断路器喷油。

（2）油面过低，事故跳闸时弧光冲出油面。

油断路器着火
（视频文件）

为了防止断路器着火事故发生，应经常使断路器油面保持在允许范围内，断路器本体及周围应保持清洁。

当发生油断路器着火事故时，应按以下方式处理：断开油断路器及两侧隔离开关；将着火区域与邻近运行设备隔开；用适合熄灭电气火灾的灭火器进行灭火（如四氯化碳、干粉、1211 灭火器、灭火弹等）。落在地面上的油，用砂子铺盖。在高压室内灭火时，应注意启动通风机排烟，并打开房门散烟。为防止人员中毒和窒息，应戴防毒面具（或口罩）。

七、 GIS 的异常运行及事故处理

GIS 运行可靠性高、维护工作量小，检修周期长。由于一次设备密封在压力容器中，而且容器内充有一定压力、绝缘性能和灭弧性能优良的 SF_6 气体，因而 GIS 内部几乎不受大气的影响。此外，制造厂对 GIS 均进行过充分的性能试验，以组件形式出厂，在现场进行拼装，这些都给 GIS 安全、可靠的运行创造了有利条件。根据 GIS 的运行情况，可能有下列常见故障出现。

1. 气体泄漏

这种故障在我国较为常见，轻者会使 GIS 经常补气，重者可能使 GIS 被迫停止运行。GIS 向外泄漏气体通常发生在密封面、焊缝和管路连接处；内部泄漏常发生在盆式绝缘裂纹和 SF_6 气体与油的交界面（SF_6 电缆头）。

2. SF_6 气体的含水量太高

SF_6 气体含水量太高引起的故障几乎都是绝缘子或其他绝缘件闪络，表面闪络的绝缘子需要彻底清洗或更换。这种故障常发生在气温突变或设备补气之后。

3. 杂质使 GIS 闪络

GIS 安装后，其内部可能留有一些导电杂质，这给运行带来不利影响，消除导电杂质影响的有效办法是：当 GIS 安装完毕后，采用小容量电源施加高于运行电压的交流电压，如果杂质很少，它可能在放电中烧毁；如果杂质较多，在交流电压作用下，它会运动到低场强区。运行中的 GIS，如果闪络多次重复发生，通常是由自由导电杂质引起的，特别是在母线的水平与垂直部分的交叉处更是如此。这类故障的处理方法是清扫或更换受影响的部件。

4. 电接触不良

GIS 内部有些金属部件是用来改善电场分布的，在实际运行中，这些部件并不通过负荷电流。这些部件经常使用铝质的弹性触头与外壳或高压导体进行电气连接，运行中可能因松动而导致接触不良。这些接触不良部件的电位取决于它与导电体间的耦合电容，这样，该部件与外壳或导体间的微小间隙便会很快被击穿。多次放电不仅会侵蚀触头弹簧，也会因产生金属微粒、氟化铝及其他杂质等，而导致 GIS 的内部闪络。

对于 50 Hz（或 60 Hz）交流系统，这种故障的放电频率为 100 次/秒（或 120 次/秒），从设备的外部可听到"嗡嗡"声，因而易于发现此类故障。

5. 绝缘子击穿

GIS 中支撑绝缘子的使用场强是一个重要的设计参数。目前，环氧树脂浇注绝缘子的使用场强可高达 6 kV/mm 而不致发生击穿，如果使用场强高达 10 kV/mm，由于绝缘子使用场强太高，起初可能仍无局部放电现象，但运行几年后，便可能发生击穿。

6. 相对地击穿

由于插接式触头未完全插入触座，可能会造成故障。一旦触头有问题，大多可导致相对地击穿。

7. 误操作

在 GIS 的运行中，操作不当引起的故障是多方面的，如将接地隔离开关合到带电相上，如果故障电流很大，即使是快速接地隔离开关也会损坏。因此，出现这类误操作后，应检查触头，如果需要，应更换某些部件。

GIS 的异常运行及事故处理（PPT）

低速接地隔离开关开断距离不够或带负荷拉闸，电弧可能持续到断路器断开为止。如果故障电流很大（10 kA 以上），不仅触头会损坏，而且整台接地隔离开关也需更换或彻底检修。

任务实施

（1）根据高压断路器异常处理基本原则、调度和现场运行规程，运行值班人员对高压断路器异常进行原因分析及处理。

（2）根据高压断路器故障处理基本原则、调度和现场运行规程，运行值班人员对高压断路器故障进行原因分析及处理。

任务 2.5　隔离开关异常及故障处理

教学目标

知识目标：

（1）熟悉隔离开关的运行方式和保护配置。

（2）熟悉隔离开关的故障现象。

（3）掌握隔离开关故障处理流程和处理步骤。

能力目标：

（1）能说出隔离开关的运行方式和保护配置。

（2）能根据故障现象查找故障。

（3）能在仿真机上熟练进行隔离开关的故障处理。

素质目标：

（1）能主动学习，在完成任务过程中发现问题、分析问题和解决问题。

（2）能严格遵守专业相关规程标准及规章制度，与小组成员协商、交流配合，按标准化作业流程完成学习任务。

 任务分析

（1）记录隔离开关异常现象，进行隔离开关异常处理。

（2）记录隔离开关故障现象，进行隔离开关故障处理。

 相关知识

一、 隔离开关触头过热

触头过热时，刀片和导体接头变色发暗，接触部分变色变暗或示温片变色、软化、位移、发亮或熔化；若户外隔离开关触头过热，在雨雪天气可观察到接头处有冒气或落雪立即融化现象；若触头严重过热，则出现刀口可能烧红，甚至发生熔焊现象。

1. 隔离开关运行时触头过热的可能原因

（1）合闸不到位，使电流通过的截面积大大缩小，因而出现接触电阻增大，又产生很大的斥力，减少了弹簧的压力，使压缩弹簧或螺钉松弛，更使接触电阻增大而过热。

（2）因触头紧固件松动，刀片或刀嘴的弹簧锈蚀或过热，使弹簧压力降低；或操作时用力不当，使接触位置不正。这些情况均使触头压力降低，触头接触电阻增大而过热。

（3）刀口合得不严，使触头表面氧化、脏污；拉合过程中触头被电弧烧伤，各连动部件磨损或变形等，均会使触头接触不良，接触电阻增大而过热。

（4）隔离开关过负荷，引起触头过热。

2. 母线、隔离开关触头过热的处理方法

（1）用红外测温仪测量过热点的温度，以判断发热程度。

（2）如果母线过热，应根据过热的程度和部位，调配负荷，减小发热点电流，必要时汇报调度协助调配负荷。

（3）若隔离开关触头因接触不良而过热，可用相应电压等级的绝缘棒推动触头，使触头接触良好，但不得用力过猛，以免滑脱，扩大事故。

（4）若隔离开关因过负荷引起过热，应向调度汇报，将负荷降至额定值或以下运行。

（5）在双母线接线中，若某一母线隔离开关过热，可将该回路倒换到另一母线上运行，然后拉开过热的隔离开关。待母线停电时再检修该过热隔离开关。

（6）在单母线接线中，若母线隔离开关过热，则只能降低负荷运行，并加强监视，也可加装临时通风装置，加强冷却。

（7）在具有旁路母线的接线中，母线隔离开关或线路隔离开关过热，可以倒至旁路运行，使过热的隔离开关退出运行或停电检修。无旁路接线的线路隔离开关过热，可以减负荷运行，但应加强监视。

（8）在3/2接线中，若某隔离开关过热，可开环运行，将过热隔离开关拉开。

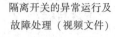

隔离开关的异常运行及
故障处理（视频文件）

（9）若隔离开关发热不断恶化，威胁安全运行时，应立即停电处理。不能停电的隔离开关，可带电进行处理。

二、隔离开关绝缘子损坏或闪络

运行中的隔离开关，有时发生绝缘子表面破损、龟裂、脱釉，绝缘子胶合部位因胶合剂自然老化或质量欠佳引起松动，以及绝缘子严重积污等现象。若绝缘子损坏和严重积污，当出现过电压时，绝缘子将发生闪络、放电、击穿接地，轻者使绝缘子表面引起烧伤痕迹，严重时将发生短路、绝缘子爆炸、断路器跳闸。

隔离开关绝缘子损坏
或闪络（PPT）

运行中，若绝缘子损坏程度不严重或出现不严重的放电痕迹时，可暂时不停电，但应报告调度尽快处理。处理之前，应加强监视。如果绝缘子破损严重，或发生对地击穿、触头熔焊等现象，则应立即停电处理。

三、隔离开关无法分、合闸

1. 用手动或电动操作隔离开关时，发生无法分、合闸的可能原因

（1）操动机构故障。手动操作的操动机构发生冰冻、锈蚀、卡死、瓷件破裂或断裂、操作杆断裂或销子脱落，以及检修后机械部分未连接，会使隔离开关无法分、合闸。若是气动、液压的操动机构，其压力降低，也会使隔离开关无法分、合闸。隔离开关本身的传动机构故障也会使隔离开关无法分、合闸。

（2）电气回路故障。电动操作的隔离开关，如动力回路动力熔断器熔断，电动机运转不正常或烧坏，电源不正常；操作回路如断路器或隔离开关的辅助触头接触不良，隔离开关的行程开关、控制开关切换不良，隔离开关箱的门控开关未接通等均会使隔离开关无法分、合闸。

（3）误操作或防误装置失灵。断路器与隔离开关之间装有防止误操作的闭锁装置。当操作顺序错误时，由于被闭锁，隔离开关无法分、合闸；当防误装置失灵时，隔离开关也会无法动作。

（4）隔离开关触头熔焊或触头变形，使刀片与刀嘴相抵触，会使隔离开关无法分、合闸。

2. 隔离开关无法分、合闸的处理

（1）操动机构故障时，如属冰冻或其他原因拒动，不得用强力冲击操作，应检查支持销子及操作杆各部位，找出阻力增加的原因。如是生锈、机械卡死、部件损坏、主触头受阻或熔焊，应检修处理。

隔离开关无法分、
合闸（PPT）

（2）如果是电气回路故障，应查明故障原因并做相应处理。

（3）确认不是误操作而是防误操作闭锁回路故障，应查明原因，消除防误操作闭锁回路故障。或按闭锁要求的条件，严格检查相应的断路器、隔离开关位置状态，核对无误后，解除防误操作闭锁回路的闭锁再行操作。

四、隔离开关自动掉落合闸

隔离开关在分闸位置时，如果操作机构的机械装置失灵，如弹簧的锁住弹力减弱、销子行程太短等，遇到较小振动，便会使机械闭锁销子滑出，造成隔离开关自动掉落合闸。这不仅会损坏设备，而且也易造成对工作人员的伤害。例如，某变电站一 35 kV 隔离开关自动掉落，引起系统带接地线合闸事故，使一台大容量变压器被烧坏，而且接地线被烧断，电弧对近旁的控制电缆放电，高电压传到控制室，烧坏了许多二次设备，险些危及人身安全。

隔离开关自动掉落
合闸（PPT）

五、误拉、合隔离开关

在倒闸操作时，由于误操作，可能出现误拉、合隔离开关。由于带负荷误拉、合隔离开关会产生异常弧光，甚至引起三相弧光短路，故在倒闸操作过程中，应严防隔离开关的误拉、合闸。

当发生带负荷误拉、合隔离开关时，根据隔离开关传动机构装置形式的不同，分别按下列方法处理。

（1）对手动传动机构的隔离开关，当带负荷误拉闸时，若动触头刚离开静触头便有异常弧光产生，此时应立即将触头合上，电弧便可熄灭，避免发生事故。若动触头已全部拉开，则不允许将动触头再合上。若再合上，会造成带负荷合闸，产生三相弧光短路，扩大事故。

（2）对电动传动机构的隔离开关，因这种隔离开关的分闸时间短（如 GW6 – 200 型只需 6 s），比人力直接操作快，当带负荷误拉闸时，应继续最初的操作直至完成，操作严禁中断，禁止再合闸。

（3）对手动蜗轮型的传动机构，则拉开过程很慢，在主触头断开不大时（2～3 mm 及以下）就能发现火花。这时应迅速进行反方向操作，可立即熄灭电弧，避免发生事故。

误拉、合隔离开关
（视频文件）

（4）当带负荷误合隔离开关时，即使错合，甚至在合闸时产生电弧，也不允许再拉开隔离开关。否则，会形成带负荷拉闸，造成三相弧光短路，扩大事故。只有在采取措施后，先用断路器将该隔离开关回路断开，才可再拉开误合的隔离开关。

任务实施

（1）根据隔离开关异常处理基本原则、调度和现场运行规程，运行值班人员对隔离开关异常进行原因分析及处理。

（2）根据隔离开关故障处理基本原则、调度和现场运行规程，运行值班人员对隔离开关故障进行原因分析及处理。

任务 2.6　母线异常及故障处理

 教学目标

知识目标：

（1）熟悉母线的运行方式和保护配置。

（2）熟悉母线的故障现象。

（3）掌握母线故障处理流程和处理步骤。

能力目标：

（1）能说出母线的运行方式和保护配置。

（2）能根据故障现象查找故障。

（3）能在仿真机上熟练进行母线的故障处理。

素质目标：

（1）能主动学习，在完成任务过程中发现问题、分析问题和解决问题。

（2）能严格遵守专业相关规程标准及规章制度，与小组成员协商、交流配合，按标准化作业流程完成学习任务。

 任务分析

（1）记录母线异常现象，进行母线异常处理。

（2）记录母线故障现象，进行母线故障处理。

 相关知识

母线故障在电力系统的故障中所占比例不大，据资料统计，母线故障占系统所有线路故障的 6%～7%。但由于母线上连接多条回路，发生失电压故障时对整个系统影响较大，会造成送电线路失去电源，从而造成大面积停电，甚至系统解列，后果十分严重。所以，母线失电压事故应根据现象准确、迅速地隔离故障点，并恢复其他回路的运行。

一、母线异常处理

母线、母线设备一般常见异常及现象如下。

1. 声音异常及现象

（1）管母线振动。

（2）开关柜封闭母线室内有放电声。

（3）SF_6 封闭母线气室内有"丝丝"声。

（4）SF_6 封闭母线气室内部放电类似小雨点落在金属外壳的声音。

（5）SF_6 封闭母线气室内振动过大。

母线失压（PPT）

（6）SF$_6$ 封闭母线气室内有励磁声，并且不同于变压器正常的励磁声。

（7）母线绝缘子有放电声。恶劣天气下绝缘子有"吱吱"放电声，发出蓝色或橘红色的电晕。

母线运行过热

2. **母线设备发热异常及现象**

（1）接点颜色变化。

（2）试温蜡片、温度在线装置显示温度高或塑封等外敷部件受热变形。

（3）冬天雪后，触头、接头处雪融化较快并冒气。

（4）红外测温发现接点温度异常升高。

（5）接头发红。

（6）母线穿过的金属板过热。

母线电压不平衡
（视频文件）

3. **SF$_6$ 封闭母线气室压力异常及现象**

（1）报警，自动化信息显示"某变电站某母线某气室 SF$_6$ 压力低补气"。压力表指示低于额定补气压力，检漏仪监测到有漏气报警。

（2）防爆膜变形，可听到某气室内部有轻微放电声，SF$_6$ 压力表指示高于额定压力，尚未造成漏气。

4. **母线绝缘子外观异常及现象**

（1）支持瓷绝缘子严重裂纹。

（2）支持瓷绝缘子断裂。

（3）母线瓷绝缘子表面有破损，损坏 2 个瓷沿。

（4）管母线塌陷。

（5）母线绝缘子表面污秽严重。恶劣天气下绝缘子有"吱吱"放电声，发出蓝色或橘红色的电晕。

母线绝缘子破损、
放电（视频文件）

二、母线设备常见的异常分析及处理

（一）声音异常分析及处理

1. **声音异常分析**

（1）管母线振动。可能是管母线内部阻尼线脱落，由于风的频率与管母线固有频率相同，而引发共振。

（2）开关柜封闭母线室内有放电声。可能是母线绝缘设备绝缘降低引发放电。

（3）SF$_6$ 封闭母线气室内有"丝丝"声，压力表压力逐渐降低，是漏气造成。

（4）SF$_6$ 封闭母线气室内部放电类似小雨点落在金属外壳的声音。是由于局部放电声音频率比较低，且音质与其噪声也有不同之处，但如果放电声微弱，分不清放电声来自电器内部还是外部，或者无法判断是否为放电声，可通过局部放电监测、噪声分析方法，定期对设备进行检查。

（5）SF$_6$ 封闭母线气室内振动过大。是因为部件有松动现象，振动声可能会伴随过热，需要配合对振动处的外壳进行温度检查与出厂说明中的温升比较。

（6）SF₆封闭母线气室内有励磁声，并且不同于变压器正常的励磁声。说明存在螺栓松动等情况，需要进一步检查，综合判断。

（7）母线绝缘子有放电声。可能是绝缘子表面有裂纹或严重污秽造成绝缘降低。

2. 声音异常处理

（1）管母线振动：汇报，尽快安排停电处理。

（2）开关柜封闭母线室内有放电声：汇报调度，立即停电处理。

（3）SF₆封闭母线气室内有"丝丝"声：应查明漏气部位，根据漏气性质和速率决定处理办法，如带电无法处理，汇报，申请停电处理。

（4）SF₆封闭母线气室内部放电类似小雨点落在金属外壳的声音：如判断为放电引起，汇报调度，立即停电处理。

（5）SF₆封闭母线气室内振动过大：汇报，尽快安排停电处理。

（6）SF₆封闭母线气室内有励磁声，并且不同于变压器正常的励磁声：汇报，如确认是螺栓松动，尽快安排停电处理。

（7）母线绝缘子有放电声：汇报，尽快安排停电清扫、涂刷防污涂料、调爬。

（二）母线设备发热异常分析及处理

1. 母线设备发热异常分析

（1）接头过热可能是紧固不良、接触面积不足、接头老化、接头表面涂抹的导电膏等老化或质量不良、过负荷造成。

（2）在大负荷、新设备投运、方式变化时没安排测温工作。

（3）母线穿过的金属板等过热。可能是由于母线电流大而在其穿过的金属板上产生涡流而引起过热。

2. 母线设备发热异常处理

（1）接头过热，已明显可见过热发红：汇报调度，应立即停电处理。

（2）母线穿过的金属板等过热：应将金属板更换为非磁性材料，如不锈钢等，并将隔板切割出避免涡流流通的切口。

（三）SF₆封闭母线气室压力异常分析及处理

1. SF₆封闭母线气室压力异常分析

（1）气室漏气发出补气信号，主要原因有：

①振动、振动对密封的破坏是漏气的主要原因。

②焊缝渗漏。

③密封阀和压力表的结合部不严实。

（2）气室SF₆压力低闭锁，是由于上述漏气原因，漏气点比较大，一般现场可听到"丝丝"声。

（3）气室SF₆压力升高，应是内部有低能放电所致。可能是 GIS 内部金属微粒、粉尘、水分引起的放电情况加剧。气室内放电声，是由于气室内金属颗粒、尘埃、气体中的水分引发的，能量低时不易听清楚，当气体中微粒增加，放电能量不断加大时，可听到，说明故障的概率增大。可听到某气室内部有轻微放电声，其放电能量不断放大，伴随防爆膜变形、SF$_6$压力表指示升高，说明异常有发展成故障的可能。

2. 压力异常处理

（1）气室 SF$_6$压力降低，发出补气信号，而无明显的"丝丝"声或使用漏检仪未检测到漏气点，对于此种异常，可在保证安全的情况下，用合格的 SF$_6$气体做补气处理。

（2）当 SF$_6$压力低，断路器已经闭锁时，应汇报调度，将断路器停电处理。

（3）当气室压力升高，应汇报调度，立即停电处理。

（四）　母线绝缘子外观异常分析及处理

1. 母线绝缘子外观异常分析

（1）支持瓷绝缘子严重裂纹、断裂，主要由以下几个方面的原因造成：

①制造质量不良。

②涂防水胶等反措落实不到位，气候恶劣。

③安装不当造成异常受力。

（2）母线瓷绝缘子表面有破损，可能是受外力打击造成。

（3）管母线塌陷，可能是安装工艺不符合要求、质量不良、跨度大造成。

（4）母线绝缘子表面污秽严重，可能是所处地区污秽程度加剧或长期未清扫造成。

2. 母线绝缘子外观异常处理

（1）支持瓷绝缘子严重裂纹、断裂：汇报，立即停电更换。如对绝缘子影响严重，应尽快停电处理；在天气异常可能发生绝缘事故情况下应立即停电处理。

（2）母线瓷绝缘子表面有破损：汇报，安排停电更换。如对绝缘子影响严重，应尽快停电处理；在天气异常可能发生绝缘事故情况下应立即停电处理。

（3）管母线塌陷：汇报，尽快安排处理。

（4）母线绝缘子表面污秽严重：汇报，安排停电清扫、涂防污闪涂料或更换。

三、　母线故障的类型

1. 母线单相接地故障

对小电流接地系统，母线单相接地故障的现象和线路单相接地的现象相同，在确认为母线故障且故障点无法隔离的，应根据调度指令将负荷转移后将母线停电，待故障排除后再根据调度指令送电。如果故障点可以隔离（如故障点在某线路母线侧隔离开关与断路器之间），则在故障点隔离之后恢复母线和其他正常设备的运行。

2. 母线相间故障

对小电流接地系统（如 35 kV、10 kV 侧），母线发生相间故障，将会使主变压器对应侧的断路器及分段断路器跳闸。对大电流接地系统，母线发生相间故障，对单母线分段接线的，将会使其上级电源断路器跳闸。对内桥接线的，则对应的主变压器差动保护动作。

四、　母线故障的主要原因

（1）误操作（如带电合接地刀闸或悬挂接地线等）或操作时设备损坏（如母线侧隔离开关瓷瓶断裂等）。

（2）母线及连接设备的绝缘子发生闪络，引起母线接地或短路。

（3）母线上设备发生故障，如母线上设备引线接头松动造成接地，断路器、隔离开关、互感器、避雷器等发生接地或短路故障。

（4）外力破坏、悬浮物等引起母线接地或短路等。

五、 母线故障处理的基本原则

（1）若站用电失去时，应优先恢复站用电，夜间应投入事故照明。

（2）当母线本身无保护装置时，或其母线保护因故停用中，母线故障时，其所连线路断路器不会跳闸，而由对方断路器跳闸，应联系处理。单母线运行时，经检查没有发现明显故障点时，应立即选择适当电源强送一次。不良时切换至备用母线运行。

（3）当单母线运行由于母线差动保护动作而停电时，经检查有条件的可切换至备用母线运行，或尽快排除母线故障后试送电，母线良好后则恢复供电。

（4）在母线处理过程中应注意以下问题：

①尽量不用母联断路器试送母线。

②注意防止非同期合闸，对端有电源的线路必须联系调度值班员处理。

③受端无电源的线路，可不经联系送出（另有规定者除外）。

④母线靠线路对端保护者，在试送前应将对端重合闸停用。

⑤如果因母线故障而造成中性点接地的主变压器断路器跳闸，还应申请合上无故障母线上的主变压器中性点隔离开关。

（5）经判断是由于连接在该母线上的元件故障造成的，即将故障元件切除，然后恢复该母线送电。

（6）母线故障，在电话未联系到时，运行单位要正确判断。根据上述原则，能自行处理的先处理；处理不了的应做好一切准备，并积极设法与调度值班员联系。

六、 母线故障的一般处理步骤

（1）复归音响，记录故障时间，检查自动化故障信息显示，确认后复归信号。

（2）根据事故前运行方式，及事故后继电保护和安全自动装置动作情况、自动化信息显示、断路器跳闸等情况，综合判明故障性质及故障发生的范围。若站用电消失，应根据本站站用电接线情况（如利用站备变压器）恢复站用电，特别是夜间时应投入事故照明。

（3）到保护室检查保护动作信号，确认后复归保护信号。

（4）到现场母线及连接设备上检查有无故障迹象。

（5）拉开失压母线上的所有断路器，并检查是否确实拉开，发现未拉开的，应在确保没有电压的情况下拉其两侧隔离开关。

（6）若高压侧母线失压，造成中、低压侧母线失压，经现场确认中、低压侧母线无故障象征（如主变压器中、低压侧没有保护动作信号，在中、低压侧母线上无分路保护动作信号，现场检查没有发现中、低压侧母线上设备有故障点等）时，可以利用备用电源或合上母线分段断路器，先恢复中、低压侧母线运行（应考虑其他运行主变压器的负荷情况），再处理高压侧母线故障。

（7）采取以上措施后，根据保护动作情况、母线及连接设备上有无故障，可将故障迅速隔离，然后按不同情况，采取相应的措施处理。

 任务实施

（1）根据母线异常处理基本原则、调度和现场运行规程，运行值班人员对母线异常进行原因分析及处理。

（2）根据母线故障处理基本原则、调度和现场运行规程，运行值班人员对母线故障进行原因分析及处理。

任务 2.7　互感器异常处理

 教学目标

知识目标：

（1）熟悉变电站互感器运行的基本知识。

（2）熟悉互感器的异常现象。

（3）掌握互感器异常处理流程和处理步骤。

能力目标：

（1）能说出变电站互感器运行的基本要求，区别互感器的正常运行、异常运行状态。

（2）能发现互感器的异常。

（3）能在仿真机上熟练进行互感器的异常处理。

素质目标：

（1）能主动学习，在完成任务过程中发现问题、分析问题和解决问题。

（2）能严格遵守专业相关规程标准及规章制度，与小组成员协商、交流配合，按标准化作业流程完成学习任务。

 任务分析

在熟悉互感器声音异常、油位异常、二次开路、短路等的常用异常现象的基础上，能及时发现互感器的异常，并能够正确进行互感器异常处理。

 相关知识

一、 互感器异常及现象

1. 互感器油位异常及现象

（1）油位降低。从油位指示器中看不到油位。

（2）油位升高。油标已满，金属膨胀器异常膨胀变形。

2. 互感器异常声音及现象

（1）互感器设备内部有放电、振动声响。

（2）树脂浇注互感器出现表面严重裂纹，有放电"吱吱"声音。

（3）互感器外绝缘污秽严重，气候恶劣时发出强烈的"吱吱"放电声和蓝色火花、橘红色的电晕。

3. SF_6 互感器压力异常及现象

SF_6 互感器外部绝缘采用复合材料，内部冲有 SF_6 气体，正常时，应监视其额定压力符合设备厂家规定 [一般为 0.4 MPa（20 ℃），低压报警时为 0.35 MPa（20 ℃）]，SF_6 密度表指针指示应正常。

SF_6 互感器密度表的表盘上有三种颜色区，绿色区表示正常工作压力区，黑色指针在该区内表示压力正常；绿色区与橙色区交界处表示互感器最小的运行压力，当压力值小于该压力值时会出现报警，自动化信息显示"电压互感器 SF_6 气体低补气"。SF_6 密度表指针指向橙色区。

4. 互感器外绝缘异常及现象

（1）瓷套出现严重裂纹。

（2）瓷套破损。

5. 互感器过热异常及现象

（1）互感器本体严重过热。

（2）引线端子有发热或发红。

6. 电压互感器高压侧熔断器熔断异常及现象

（1）一相熔断：报警，自动化信息显示"变压器保护 TV 断线""母线接地"。遥测时一相相电压降低很多，另外两相接近相电压。电压互感器高压侧一相熔断器熔断，二次开关正常，互感器温度正常、外观无异常。电能表显示电压异常。

（2）两相熔断：报警，自动化信息显示"变压器保护 TV 断线""母线接地""某变压器母线 TV 失压"。遥测时两相相电压降低很多，另外一相接近相电压。现场检查时电压互感器高压侧两相熔断器熔断、二次开关正常，互感器温度正常、外观无异常。绝缘监察装置检测绝缘降低报警，电能表显示电压异常。

7. 电压互感器二次断线异常及现象

报警，自动化信息显示"母线 TV 失压""变压器保护 TV 断线"。断线相相电压严重降低或到零，完好相相电压指示正常，断线相与完好相之间电压降低，完好相之间电压为线电压，相应的有功表、无功表指示降低或到零，电能表跑慢。

8. 电磁式电压互感器发生谐振

变电站倒闸操作过程中，出现断路器断口电容器与电磁式电压互感器及空载母线构成的串联谐振回路，产生谐振过电压。产生谐振过电压时的现象：报警，自动化信息显示"某段母线接地"，三相电压无规律变化，如一相降低、两相升高或两相降低、一相升高或三相同时升高，互感器伴有异音产生。

9. 电流互感器二次开路异常及现象

报警，自动化信息显示保护装置发出"电流回路断线""装置异常"等信号。开路处发生火花放电，电流互感器本体发出"嗡嗡"声音，不平衡电流增大，相应的电流表、功率表、有功表、无功表指示降低或摆动，电能表转慢或不转。

二、　互感器异常分析及处理

（一）　互感器油位异常分析及处理

1. 油位异常分析

（1）油位降低。可能是互感器胶圈老化、密封部件工艺不良、油箱有沙眼、长期取油样而未补油或套管裂纹造成互感器渗漏油。漏油严重后会将线圈暴露在空气中引发受潮、绝缘降低，造成接地等事故。

（2）油位升高。油位异常升高，可能是内部放电性故障，造成油过热或产生气体而膨胀，严重时会使金属膨胀器异常膨胀变形。

2. 油位异常处理

（1）油位降低：互感器漏油或漏油造成看不见油位。若漏油，应汇报，尽快安排计划停电处理；如漏油不断发展并已经造成看不见油位或电容式电压互感器漏油，应汇报调度，申请停电处理。

（2）油位升高：在油位升高后如没有造成膨胀器变形，应立即进行油色谱分析，如确定内部已经有故障，应汇报，申请停电处理。如内部故障造成膨胀器变形，应汇报调度，申请停电处理。

（二）　互感器异常声音分析及处理

1. 异常声音分析

（1）互感器设备内部有放电、振动异常声响。可能是铁芯或零件松动、过负荷、电场屏蔽不当、二次开路、接触不良或绝缘损坏放电；也可能是末屏接地开路，造成末屏产生悬浮电位而放电。铁芯穿心螺杆松动，硅钢片松弛，随着铁芯里交变磁通的变化，硅钢片振动幅度增大而引起铁芯异音；严重过载或二次开路磁通急剧增加引起非正弦波，使硅钢片振动极不均匀，从而发出较大噪声。

（2）树脂浇注互感器出现表面严重裂纹，可能是制造质量原因造成外绝缘损坏，绝缘降低放电，发出"吱吱"声音。

（3）互感器外绝缘污秽严重，造成表面绝缘降低，气候恶劣时发出强烈的"吱吱"放电声和蓝色火花、橘红色的电晕放电，可能会引发放电故障。互感器外绝缘污秽严重的原因可能是未及时清扫、所处地区的污秽等级升高、瓷套爬距不满足要求，在天气潮湿时会产生放电声，并产生蓝色火花或橘红色电晕放电，存在故障的危险。

2. 异常声音处理

（1）互感器内部有振动声，如果是穿心螺杆松动，硅钢片松弛造成，应汇报，尽快安排停电处理。

（2）树脂浇注互感器出现表面严重裂纹，应汇报调度，立即安排停电处理。

（3）互感器外绝缘污秽严重，应汇报，尽快安排停电检修，清扫、涂防污涂料或更换。

（三） 互感器压力异常分析及处理

1. 压力异常分析

（1）互感器 SF_6 气体压力表偏出绿色区域或指示在红区，达到需要补气的压力。互感器 SF_6 气体压力表指示异常可能的原因有：

①密封不良。密封面加工工艺不良、尘埃落入密封面、密封圈变形、密封面紧固螺栓松动、瓷套的胶垫连接处胶垫老化或位置未放正、瓷套与法兰胶合处胶合不良、压力表或接头处密封垫损伤。

②焊缝渗漏。

③瓷套管裂纹或破损。

（2）互感器 SF_6 气体压力表指示达到橙色区或指示为零，可能是严重泄漏造成。此时互感器绝缘能力严重降低，可能会造成放电故障。

2. 压力异常处理

（1）互感器 SF_6 气体达到补气的压力，但无明显漏气现象，可进行补气。

（2）互感器 SF_6 气体压力表指示进入橙色区，且压力继续降低，应汇报调度，申请停电处理。

（四） 互感器过热异常分析及处理

1. 电流互感器过热异常分析

互感器本体或引线端子有发热或严重过热原因：可能是内、外接头松动，一次过负荷，二次开路，绝缘介损升高或绝缘损坏放电造成。长时间过热会将内部绝缘损坏而引发事故。

2. 互感器过热异常处理

（1）若接线端子发热，应汇报，尽快安排停电处理。

（2）若是严重过热，应汇报调度，降低负荷或立即安排停电处理。

（五） 外绝缘异常分析及处理

1. 外绝缘异常分析

套管出现严重破损、裂纹：可能是瓷套受到外力作用造成，还可能是由于瓷套质量不良造成。由于裂纹处绝缘降低，会引起放电，同时也有漏油、严重漏油的危险。

2. 外绝缘异常处理

（1）互感器瓷套出现严重裂纹：应汇报调度，尽快安排停电处理。

（2）互感器瓷套出现破损：应根据破损的大小和对瓷套强度影响情况进行汇报，安排计划停电或汇报调度立即停电。

（六） 电压互感器高压侧熔断器熔断异常分析及处理

1. 电压互感器高压侧熔断器熔断异常分析

电压互感器高压侧熔断器熔断：可能是系统发生雷电，雷电窜入熔断器回路；电压互感器本身发生故障；系统发生谐振使电压互感器电流增大；系统接地并伴随间歇过电压造成回路瞬间电流增大均可能造成高压侧熔断器熔断。

2. 电压互感器高压侧熔断器熔断异常处理

当判明高压熔断器熔断时，应拉开二次开关，拉开一次隔离开关，将二次负载切换至另一台电压互感器，做好安全措施，更换同型号熔断器试送，若再次熔断，将电压互感器停电处理。

（七）　电压互感器二次断线异常分析及处理

1. 电压互感器低压侧断线异常分析

电压互感器二次熔断器熔断（或二次开关跳开）：可能是异物、污秽、潮湿、小动物、误接线、误碰等原因造成回路中有瞬时或永久的短路故障，也可能是锈蚀或施工、验收不到位等造成接触不良。

2. 电压互感器二次断线异常处理

（1）退出该互感器影响的可能会误动的低电压保护、距离保护、方向保护、备自投、低频。

（2）对于低压空气开关跳闸，可试合一次（若低压熔断器熔断，应更换同型号熔件试送），若再次跳闸（或熔断），应检查二次电压小母线及各负载回路有无故障，试送时宜采用逐级分段试送的方式，以便发现故障点，缩小故障区域。在未查明原因和隔离故障点以前，不得将二次负载切换至另一台电压互感器。

（八）　电磁式电压互感器发生谐振分析及处理

1. 电压互感器发生谐振原因分析

由于变电站倒闸操作引起的操作过电压作用，电磁式电压互感器励磁特性饱和，激发铁磁谐振，使母线电压异常升高。严重时，损坏母线电压互感器，甚至导致电压互感器爆炸。由于铁磁谐振具有随机性，在这种情况下，操作前应有防谐振预想和措施。操作过程中，如发生电压互感器谐振，应采取措施破坏谐振条件以达到消除谐振的目的。

2. 防止谐振的措施

（1）在运行方式上和倒闸操作过程中，防止断路器断口电容器与空载母线及母线电压互感器构成串联谐振回路。它包括两个方面：一是避免用带断口电容器的断路器切带电磁式电压互感器的空载母线；二是避免用带断口电容器的回路的刀闸对带电磁式电压互感器的空载母线进行合闸操作。具体可采用下述方式来实现：在切空母线时，先拉开电压互感器，再对母线断电；在投空母线时，先断开被送电母线 TV，对母线送电，再合母线电压互感器。

（2）在进行投切空母线操作时，加强母线电压监视，发生铁磁谐振时，应立即合上带断口电容器的断路器，切除回路电容；或投入一条线路，破坏谐振条件；或立即断开充电的断路器，切断回路电源等，避免谐振过电压危急设备安全。

（3）对于 110 kV 采用电容式电压互感器，优先选用励磁特性饱和点较高的抗谐振型电压互感器；35 kV 和 10 kV 母线上的星形接线电压互感器，在其中性点一次侧加装消谐器，二次侧开口三角加装二次消谐器或合适消谐电阻。

（4）减少同一系统中电压互感器高压侧中性点接地数量，除电源侧电压互感器高压侧中性点接地外，其他电压互感器中性点尽可能不接地。

（5）在电压互感器开口三角形绕组中装设二次消谐器或消谐电阻；在电压互感器一次绕组中性点装设一次消谐器。

（6）110 kV 电网谐振过电压的产生，主要因断路器的非全相操作或熔断器非全相熔断，致使变压器、电压互感器产生铁磁谐振过电压。因此要求 110 kV 变压器中性点接地运行，在不允许变压器中性点接地运行时，应在变压器中性点装设间隙。在变压器操作过程中，应先将变压器中性点临时接地。

（九）电流互感器二次开路异常分析及处理

1. 电流互感器二次开路异常分析

电流互感器二次开路可能是互感器本身、分线箱、综合自动化屏内回路的接线端子接触不良，综合自动化装置内部异常、误接线、误拆线、误切回路连片造成开路。电流互感器二次开路，其阻抗无限大，二次电流等于零，那么一次电流将全部作用于激磁，使铁芯严重饱和。磁饱和使铁损增大，电流互感器发热，电流互感器线圈的绝缘也会因过热而被烧坏。最严重的是由于磁饱和，交变磁通的正弦波变为梯形波，在磁通迅速变化的瞬间，二次绕组上将感应出很高的电压，其峰值可达几千伏，如此高的电压作用在二次绕组和二次回路上，对人身和设备都存在着严重的威胁。

2. 电流互感器二次开路异常处理

（1）立即汇报调度及有关人员，必要时停用有关的保护，通知专业人员处理。

（2）根据象征对电流互感器二次回路进行检查，寻找开路点。

（3）当开路点明显时，立即穿绝缘靴，戴绝缘手套，用绝缘工具在开路点前的端子处进行短接。

（4）当判断电流互感器二次出线端子处开路，如不能进行短接处理时，应申请调度降低负荷或停电处理。短接后本体仍有不正常音响，说明内部开路，应申请停电处理。

（5）凡检查电流互感器回路的工作，必须注意安全，至少应有二人在一起工作，使用合格的绝缘工作进行。

（6）若二次开路引起着火，应先切断电源，然后做灭火处理。

 任务实施

（1）根据电流互感器异常处理基本原则、调度和现场运行规程，运行值班人员对电流互感器异常进行原因分析及处理。

（2）根据电压互感器故障处理基本原则、调度和现场运行规程，运行值班人员对电压互感器故障进行原因分析及处理。

任务2.8　变电站补偿装置异常及故障处理

变电站常见的补偿装置有并联电容器组、电抗器、接地变压器、消弧线圈及静止无功补偿器等。补偿装置在变电站中主要起着补偿系统的无功功率，维持系统电压的作用。消弧线圈和接地变压器可以补偿小电流接地系统接地电流。

 教学目标

知识目标：

（1）熟悉变电站补偿装置运行的基本知识。

（2）熟悉补偿装置的常见异常现象。

（3）掌握补偿装置的常见异常的处理流程和处理步骤。

（4）熟悉电容器、电抗器事故跳闸的现象。

（5）掌握并联电容器跳闸和并联电抗器跳闸事故处理的原则。

（6）掌握电容器、电抗器事故跳闸原因。

（7）掌握处理电容器、电抗器跳闸事故的方法和步骤。

能力目标：

（1）能说出变电站补偿装置运行的基本要求，区别补偿装置的正常、异常运行状态。

（2）能正确写出补偿装置异常的处理步骤。

（3）能在仿真机上熟练进行补偿装置的异常处理。

（4）能根据故障现象查找故障。

（5）能在仿真机上熟练进行电容器故障的事故处理。

素质目标：

（1）能主动学习，在完成任务过程中发现问题、分析问题和解决问题。

（2）能严格遵守专业相关规程标准及规章制度，与小组成员协商、交流配合，按标准化作业流程完成学习任务。

 任务分析

（1）在熟悉补偿装置的运行原理和运行要求的基础上，能正确掌握补偿装置常见异常的处理步骤并进行异常处理。

（2）在熟悉补偿装置的运行原理和运行要求的基础上，能正确掌握补偿装置常见故障的处理步骤并进行故障处理。

 **相关知识**

一、 并联电容器组常见异常现象及原因分析

（1）渗漏油。

电容器在运行中如外壳或下部有油渍则可能是发生了渗漏油，渗漏油会使电容器中的浸渍剂减少，内部元件易受潮，从而导致局部击穿。

造成电容器渗漏油的原因有：搬运、安装、检修时造成法兰或焊接处损伤，使法兰焊接出现裂缝；接线时拧螺钉过紧、瓷套焊接出现损伤；产品制造缺陷；温度急剧变化，由

于热胀冷缩使外壳开裂；在长期运行中漆层脱落，外壳严重锈蚀；设计不合理，如使用硬排连接，由于热胀冷缩，极易拉断电容器套管。

（2）外壳膨胀变形。

运行中电容器的外壳可能发生鼓肚等变形现象。

外壳膨胀变形的原因有：介质内产生局部放电，使介质分接而析出气体；部分元件击穿或极对外壳击穿，使介质析出气体；运行电压过高或拉开断路器时重燃引起的操作过电压作用；运行温度过高，内部介质膨胀过大。

（3）单台电容器熔丝熔断。

单台电容器熔丝熔断的现象可通过巡视发现，有时也会反映为电容器组三相电流不平衡。

单台电容器熔丝熔断的原因有：过电流；电容器内部短路；外壳绝缘故障。

（4）温升过高，接头过热或熔化。

通过红外测温、试温蜡片或雨雪天观察能够发现电容器或接头温度过高的现象。

造成电容器组温度过高的原因有：电容器组冷却条件变差，如室内布置的电容器通风不良，环境温度过高，电容器布置过密等；系统中的高次谐波电流影响；频繁切合电容器，使电容器反复承受过电压的作用；电容器内部元件故障，介质老化、介质损耗增大；电容器组过电压或过电流运行。

（5）声音异常。

电容器发出异常音响的原因有：内部故障击穿放电；外绝缘放电闪络；固定螺钉或支架等松动。

（6）过电流运行。

运行中的电容器可能会发生过电流运行的现象。造成电容器过电流的原因有：过电压；高次谐波影响；运行中的电容器容量发生变化，容量增大。

（7）过电压运行。

电容器组运行电压过高的主要原因有：电网电压过高；电容器未根据无功负荷的变化及时退出，造成补偿容量过大；系统中发生谐振过电压。

（8）套管破裂或放电，瓷绝缘子表面闪络。

电容器套管表面脏污或环境污染，再遇上恶劣天气（如雨、雪）和遇有过电压时，可能产生表面闪络放电，引起电容器损坏或跳闸。电容器套管破裂会使套管绝缘性能降低，在雨雪天气，裂缝处进水会造成闪络接地，冬天融雪水进入套管裂缝处结冰会造成套管破裂。

（9）三相电流不平衡。

电容器在运行中容量发生变化或者分布布置电容器组某一相有单只电容器熔丝熔断造成三相容量不平衡，会引起电容器三相电流不平衡。

二、 电抗器常见异常现象及原因分析

变电站中的电抗器分为串联电抗器和并联电抗器两种。串联在电容器组内的电抗器，用以减小电容器组涌流倍数及抑制谐波电压。并联电抗器接在主变压器低压侧，用于补偿输电线路的容性无功功率，维持系统电压稳定。下面介绍电抗器常见的异常现象及产生原因。

（1）声音异常。电抗器正常运行时，发出均匀的"嗡嗡"声，如果声音比平时增大或有其他声音都属于声音异常。

①响声均匀，但比平时增大，可能是电网电压较高，发生单相过电压或产生谐振过电压等，可综合电压表计的指示进行综合判断。

②有杂音，可能是零部件松动或内部原因造成的。

③有放电声，外部放电声多半是污秽严重或接头接触不良造成的；内部放电声多半是不接地部件静电放电、线圈匝间放电等。

④对于干式空心电抗器，在运行中或拉开后经常会听到"咔咔"声，这是电抗器由于热胀冷缩而发出的正常声音，如有其他异音，可能是紧固件、螺钉等松动或是内部放电造成的。

（2）温度异常。温度异常一般表现为油浸式电抗器温度计指示偏高或已经发出超温报警，干式电抗器接头及包封表面过热、冒烟。电抗器过热的主要原因有：

①过电压运行。

②温升的设计裕度取得过小，使设计值与国际规定的温升限值很接近。

③制造的原因，如绕制绕组时，线轴的配重不够、绕制速度过快和停机均可造成绕制松紧度不好和绕组电阻的变化。

④附件有铁磁性材料形成铁磁环路，造成电抗器漏磁损耗过大。

⑤接线端子与绕制焊接处的焊接电阻由于焊接质量的问题产生附加电阻，该焊接电阻产生附加损耗使接线端子处温升过高；另外，在焊接时由于接头设计不当、焊缝深宽比太大，焊道太小，热脆性等原因产生的焊缝金属裂纹都将降低焊接质量，增大焊接电阻，也会造成焊接处温度升高。

（3）套管闪络放电。套管闪络放电会导致发热老化，绝缘下降引发爆炸。常见原因如下：

①表面粉尘污秽过多，阴雨雾天气因电场不均匀发生放电。

②系统出现过电压，套管内存在隐患而放电闪络击穿。

③高压套管制造质量不良，末屏出线焊接不良或小绝缘子芯轴与接地螺套不同心，接触不良以及末屏不接地，导致电位提高而逐步损坏形成放电闪络。

（4）引线断股或散股。

（5）油浸式电抗器常见异常及原因分析。

①油位异常。现象和原因如下：

a. 油位过低。主要原因是电抗器严重渗漏油、气温过低、油枕储量不足、气囊漏气等。

b. 油位过高。当环境温度很高，高压电抗器油枕储油较多时，可能出现油位高信号。

②油浸式高压电抗器渗漏油。常见部位和原因如下：

a. 阀门系统。蝶阀胶垫材质安装不良，放油阀精度不高，螺纹处渗漏。

b. 胶垫、接线螺纹、高压套管基座、TA 出线接线螺钉胶垫密封不良，无弹性，小绝缘子破裂渗漏。

c. 胶垫因材质不良龟裂失去弹性，不密封而渗漏。

d. 高压套管升高座法兰、油箱外表、油箱法兰等焊接处因材质薄，加工粗糙形成渗漏等。

③呼吸器硅胶变色过快。可能是由于硅胶罐有裂纹破损，呼吸管道密封不严，油封罩内无油或油位太低，胶垫龟裂不合格，螺钉松动或安装不良等使湿空气未经油过滤而直接

进入硅胶罐中。

(6) 干式电抗器常见异常现象及原因分析。

①干式电抗器包封表面有爬电痕迹、裂纹或沿面放电。电抗器在户外的大气条件下运行一段时间后，其表面会有污物沉积，同时表面喷涂的绝缘材料也会出现粉化现象，形成污层。在大雾或雨天，表面污层会受潮，导致表面泄漏电流增大，产生热量。这使得表面电场集中区域的水分蒸发过快，造成表面部分区域出现干区，引起局部表面电阻改变。电流在该中断处形成很小的局部电弧。随着时间的增长，电弧将发展合并，在表面形成树枝状放电痕迹，引起沿面树枝状放电，绝大多数树枝状放电产生于电抗器端部表面与星状板相接触的区域。而匝间短路是树枝状放电的进一步发展，即短路线匝中电流剧增，温度升高到使线匝绝缘损坏，高温下导线融化。

②支持绝缘子有倾斜变形或位移、绝缘子裂纹。电抗器安装时支持绝缘子受力不均匀、基础沉陷或地震等都会造成支持绝缘子倾斜变形或绝缘子破裂。变电站中常见的是由于电抗器基础沉陷造成支持绝缘子倾斜变形或破裂。另外，绝缘子受到冰雹或大风刮起的杂物碰撞也会造成破裂，出现裂纹。

③接地体、围网、围栏等异常发热。在电抗器轴向位置有接地网，径向位置有设备、遮栏、构架等，都可能因金属体构成闭环造成较严重的漏磁问题，对周围环境造成严重影响。若有闭环回路，如地网、构架、金属遮栏等，其漏磁感应环路达数百安培，这不仅增大损耗，更因其建立的反向磁场同电抗器的部分绕组耦合而产生严重问题，如是径向位置有闭环，将使电抗器绕组过热或局部过热，相当于电抗器二次侧短路；如是轴向位置存在闭环，将使电抗器电流增大和电位分布改变，故漏磁问题不能简单地认为只是发热或增加损耗。

④有撑条松动或脱落情况。造成这种现象的原因主要有安装质量不良或长期运行振动导致紧固螺钉松动等。

⑤绝缘支柱绝缘子或包封不清洁，金属部分有锈蚀现象。

⑥干式电抗器内有鸟窝或异物，影响通风散热。

三、 接地变压器和消弧线圈的常见异常现象及原因分析

接地变压器和消弧线圈出现故障与系统中的故障及异常运行情况有很密切的关系。接地变压器和消弧线圈一般只有在系统有接地、断线及三相电流严重不对称时，才有较大的电流通过，内部故障的现象才会显现出来。

(1) 渗漏油。接地变压器和消弧线圈发生渗漏油时能在其外壳或下部看到油渍或油滴，渗漏油会造成油面降低，使绝缘暴露在空气中，使绝缘材料老化加剧，绝缘性能降低。渗漏油还会使绝缘油中进入空气，造成绝缘油劣化。渗漏油的原因有：

①外壳密封不良。

②油标管与外壳间有缝隙。

③放油或加油后阀门关闭不严密。

④油位过高，温度升高时有油从上部溢出。

(2) 内部有放电声。巡视时如听到接地变压器和消弧线圈内部有"噼啪"声或"吱吱"声，则可能是内部发生了放电现象，内部放电会造成绝缘过热烧损，甚至击穿造成事

故。引起内部放电的原因有：

①绕组绝缘损坏，对外壳或铁芯放电。

②铁芯接地不良，在感应电压作用下对外壳放电。

（3）套管污秽严重、破裂、放电或接地。

①接地变压器和消弧线圈安装地点空气污染较重、长期得不到清扫等会造成套管污秽严重。在雨、雪、大雾等潮湿天气，套管上的污秽与水结合形成导电带，造成套管放电或接地。

②套管安装质量不良，受力不均匀或者受到恶劣天气（如冰雹等）影响会使套管破损，产生裂纹，套管破裂后潮气侵入套管内部使套管绝缘性能下降，严重时也会造成套管放电或接地。

（4）本体温度（或温升）超过极限值、冒烟甚至着火。接地变压器和消弧线圈内部放电、分接开关接触不良、主变压器中性点电压位移过大或者长时间通过接地电流时都会产生温升过高现象，严重时会造成接地变压器和消弧线圈内部绝缘材料烧坏、冒烟甚至着火。

（5）分接开关接触不良。消弧线圈分接位置调整不到位、分接头接触部分生锈或有油膜会造成分接开关接触不良。分接开关接触不良会造成在通过接地补偿电流时发生过热现象，严重时会使设备烧损。

（6）接地变压器和消弧线圈外壳鼓包或开裂。接地变压器和消弧线圈外壳膨胀、开裂缺陷会伴随发生渗漏油现象。外壳膨胀或开裂的原因有：

①内部过热使绝缘油膨胀或汽化，外壳承受过高的压力造成膨胀或开裂。

②地震等外力破坏使外壳承受过高的应力作用发生开裂。

③外壳焊接质量不良造成开裂。

（7）中性点位移电压大于15%相电压。系统中性点位移电压过大的原因有：

①系统中有接地故障。

②系统负荷严重不平衡。

③系统电源非全相运行。

④谐振过电压。

（8）一次导流部分发热变色。由于导流部分接触不良，引起过热。

（9）设备的试验、油化验等主要指标超过相关规定。

四、电容器组异常处理

1. 电容器组立即停运的情况

遇有下列异常情况之一时电容器应立即退出运行：

（1）电容器发生爆炸。

（2）触头严重发热或电容器外壳试温蜡片熔化。

（3）电容器外壳温度超过55 ℃或室温超过40 ℃，采取降温措施无效时。

（4）电容器套管发生破裂并伴有闪络放电。

（5）电容器严重喷油或起火。

（6）电容器外壳明显膨胀或有油质流出。

（7）三相电流不平衡超过5%以上。

（8）由于内部放电或外部放电造成声音异常。

（9）密集型并联电容器压力释放阀动作。

2. 电容器组应加强监视的情况

电容器组有以下异常现象时应查找原因，采取措施尽快停电处理。

（1）电容器组渗油时，如渗油不严重，可不申请停电处理，只需要按照缺陷管理制度上报缺陷，但必须随时监视；若渗油严重，必须申请停电进行处理。

（2）电容器温度过高，必须严密监视和控制环境温度，如室温过高，应改善通风条件或采取冷却措施控制温度在允许范围内，如控制不住则应停电处理。在高温、长时间运行的情况下，应定时对电容器进行温度检测。如系电容器本身的问题或触点温度过高则应停电处理。

（3）由于外部固定螺钉或支架松动等外部原因造成声音异常。

（4）电容器单台熔断器熔断后的处理：

①严格控制运行电压。

②将电容器组停电并充分放电后更换熔断器，投入后继续熔断，应退出该组电容器。

③由检修人员测量绝缘，报缺陷，对于双极对地绝缘电阻不合格或交流耐压不合格的应及时更换。

④因熔断器熔断引起相间电流不平衡接近2.5%时，应更换故障电容器或拆除其他相电容器进行调整。

（5）发现电容器三相电流不平衡度超过5%时，应立即检查系统电压是否平衡、单台电容器熔丝是否熔断，查出原因后报调度或检修单位处理。如无上述现象，可能是电容器组容量发生变化，应尽快将该组退出运行，报检修单位处理。

（6）母线电压超过电容器额定电压后，过电压倍数及运行持续时间按表2-8-1规定执行。

（7）电容器运行电流超过额定电流，但不到1.3倍时。

表2-8-1 电力电容器过电压倍数及运行持续时间表

过电压倍数	持续时间	说明
1.05	连续	—
1.10	每24 h中8 h	—
1.15	每24 h中30 min	系统电压调整与波动
1.20	5 min	轻荷载时电压升高
1.30	1 min	

五、 高压电抗器异常处理

1. 干式电抗器异常处理

（1）干式电抗器有以下异常应立即停电处理：

①接头及包封表面异常过热、冒烟。

②干式电抗器出现严密放电。

③绝缘子有明显裂纹或倾斜变形。

④并联电抗器包封表面有严重开裂现象。

（2）电抗器有以下异常时应加强监视并尽快退出运行：

①设备有过热点，接地体发热，围栏、围网等异常发热。若发现电抗器有局部发热现象，则应减少该电抗器的负荷，并加强通风。必要时刻采用临时措施，采用轴流风扇冷却（户内设备），待有机会停电时，再进行处理。

②包封表面存在爬电痕迹且有裂纹现象。

③支持绝缘子有倾斜变形（或位移），暂不影响继续运行。

④有撑条松动或脱落情况。

（3）电抗器有以下异常时应报缺陷按检修计划处理：

①包封表面不明显变色或轻微振动。

②绝缘支柱绝缘子或包封不清洁，金属部分有锈蚀现象。

③干式电抗器内有鸟窝或异物，影响通风散热。

④引线散股。

2. 油浸式高压电抗器异常处理

（1）温度异常。检查油位、油色有无异常，并结合无功负荷、电压高低、环境温度分析对照，初步判明高压电抗器内部有无问题。将检查分析结果汇报调度和工区，听候处理。

（2）声响异常。

①高压电抗器响声均匀，但比平时增大，应加强监视。

②高压电抗器有杂音，首先检查有无零部件松动，查看电流表、电压表指示是否正常。以上检查未见异常时，有可能是内部原因造成的，应报告调度和工区。

③高压电抗器有放电声。应仔细检查，判明放电声是来自表面还是由内部发出，外表放电声多半是污秽严重或接头接触不良造成的，应停电处理；内部放电声多半是不接地部件静电放电、线圈匝间放电等产生的。这时应严密监视，及时上报调度和工区。

（3）油位异常。

①油位偏低或偏高时，应加强监视，报缺陷处理。

②由于渗漏油造成油位过低，应汇报调度申请停电处理。

（4）渗漏油。

①轻微漏油或渗油属于一般缺陷，可加强监视，报调度和工区，安排计划处理。

②严重漏油时应申请停电处理，在停电前加强监视，做好事故预想和应急处理准备。

（5）呼吸器硅胶变色过快，应查找变色过快的原因，报缺陷处理。

六、 接地变压器和消弧线圈异常处理

消弧线圈动作或发生异常现象时，应记录好动作时间、中性点位移电压、电流及三相对地电压，并及时向调度汇报。

1. 接地变压器和消弧线圈立即停运的情况

接地变压器和消弧线圈有以下异常时应立即退出运行：

（1）设备漏油，从油位指示器中看不到油位。

（2）设备内部有放电声响。

（3）一次导流部分接触不良，引起发热变色。

（4）设备严重放电或瓷质部分有明显裂纹。

（5）绝缘污秽严重，存在污闪可能。

（6）阻尼电阻发热、烧毁或接地变压器温度异常升高。

（7）设备的试验、油化验等主要指标超过相关规定，由试验人员判断不能继续运行。

（8）消弧线圈本体或接地变压器外壳鼓包或开裂。

2. 接地变压器和消弧线圈应加强监视的情况

接地变压器和消弧线圈有以下异常时，应查找原因、采取措施并尽快退出运行：

（1）设备渗漏油，还能够看到油位。

（2）红外测量设备内部异常发热。

（3）工作、保护接地失效。

（4）瓷质部分有掉瓷现象，不影响继续运行。

（5）绝缘油中有微量水分，游离碳呈淡黑色。

（6）二次回路绝缘下降，但不超过30%。

（7）中性点位移电压大于15%相电压。

（8）设备不清洁，有锈蚀现象。

3. 隔离故障设备的方法

将故障接地变压器和消弧线圈退出运行的方法如下：

（1）在系统存在接地故障的情况下，不得停用消弧线圈，且应严格对其上层油温加强监视，其值最高不得超过95 ℃，并迅速查找和处理单相接地故障，应注意允许带单相接地故障运行时间不得超过2 h，否则应将故障线路断开，停用消弧线圈。

（2）若接地故障已查明，将接地故障切除以后，检查接地信号已消失，中性点位移电压很小时，方可用隔离开关将消弧线圈拉开。

（3）若接地故障点未查明，或中性点位移电压超过相电压的15%时，接地信号未消失，不准用隔离开关拉开消弧线圈，可做如下处理：

①投入备用变压器或备用电源。

②将接有消弧线圈的变压器各侧断路器断开。

③拉开消弧线圈的隔离开关，隔离故障。

④恢复原运行方式。

七、 并联电容器跳闸处理

（一） 并联电容器跳闸的现象

（1）事故警报、警铃鸣响，监控后台机主接线图电容器断路器标志显示绿闪。

（2）故障电容器电流、功率指示均为零。

（3）监控后台机出现告警窗口，显示故障电容器某种保护动作信息。故障电容器保护屏显示保护动作信息（信号灯亮）。

（4）电容器设备短路故障，可伴随声光现象。充油电容器内部故障时可有冒烟、鼓肚、喷油现象。

（5）电容器跳闸同时伴有系统或本站其他设备故障，则往往是由母线电压波动引起的电容器跳闸，应根据现象区别处理。

（二）　并联电容器跳闸的原因

（1）母线电压过高或过低，引起电容器保护动作跳闸。

（2）电容器内部因过热而鼓肚，导致喷油着火而引起相间短路；电容器运行电压过高或绝缘下降引起绝缘击穿，导致相间短路。

（3）电容器母线相间短路。

（4）电容器与断路器连接电缆绝缘击穿导致相间短路。

（5）电容器保护误动作。

（三）　并联电容器跳闸后的处理步骤

（1）记录时间，查看表计、告警信息（光字牌）、跳闸断路器清闪（复归控制开关），检查保护动作情况，记录后复归信号，提取故障录波报告。根据保护动作情况分析判断事故性质。

（2）检查电容器组及其电抗器、电流互感器、电力电缆有无爆炸、鼓肚、喷油现象，接头是否过热或熔化，套管有无放电痕迹，电容器的熔断器有无熔断。如果发现设备着火，应确认电容器断路器断开后，拉开电容器隔离开关，电容器装设地线（合接地隔离开关）后灭火。

（3）将事故现象和检查情况报告调度，并执行调度事故处理指令。

（4）如果是过电压或低电压保护动作跳闸，且检查设备没有异常，待系统稳定并经过5 min 放电后，根据无功负荷缺口和母线电压降低情况再投入电容器运行。

（5）如果电容器速断保护、过电流保护、零序保护或不平衡保护动作跳闸，或者密集型并联电容器压力释放阀动作，或者电容器组、电流互感器、电力电缆有爆炸、鼓肚、喷油，接头过热或熔化，套管有放电痕迹，电容器的熔断器有熔断现象时，应将电容器停用并上报。

（6）不平衡保护动作跳闸，运行人员应检查电容器的熔断器有无熔断。如有熔断，要将电容器停电、布置安全措施，并用短路线将故障电容器的两极短接后，对熔断器熔断的电容器进行外观检查和绝缘摇测。若外观检查和绝缘测量正常，则对电容器进行人工放电后更换同规格的熔断器。若绝缘电阻低于规定或外观检查有鼓肚、渗漏油等异常，应将其退出运行。同时要将星形接线的其他两相各拆除一只电容器的熔断器，以保持电容器组的运行平衡。

（7）故障电容器经试验、检修正常后方可投入系统运行。如果故障点不在电容器内，可不对电容器进行试验。排除故障后可恢复电容送电。

八、　并联电抗器跳闸处理

（一）　并联电抗器跳闸的现象

（1）事故报警、警铃鸣响，监控后台机主接线图电抗器断路器标志显示绿闪。

（2）故障电抗器电流、功率指示均为零。

（3）监控后台机出现告警窗口，显示故障电抗器某种保护动作信息。故障电抗器保护屏显示保护动作信息（信号灯亮）。

（4）电抗器外部设备短路故障伴随声光现象。充油电抗器内部故障可有冒烟、喷油现象。

（二）引起并联电抗器跳闸的原因

（1）电抗器外部引线等设备发生短路引起断路器跳闸。

（2）电抗器绕组相间短路。如层间短路、匝间短路、接地短路、铁芯烧损以及内部放电等引起断路器跳闸。

（3）电抗器保护误动。

（三）并联电抗器跳闸后的处理步骤

（1）记录时间，查看表计、告警信息（光字牌）、跳闸断路器清闪（复归控制开关），检查保护动作情况，记录后复归信号，提取故障录波报告。根据保护动作情况分析判断事故性质。

（2）检查电抗器外壳有无异常现象，套管有无闪络、放电或爆炸；跳闸断路器有无异常现象，若为油断路器，则检查油断路器的油色、油位是否正常，有无喷油现象；电流互感器、电力电缆有无爆炸、鼓肚、喷油现象，接头是否过热或熔化。油浸式电抗器油温、油位有无异常现象，气体继电器和压力释放阀（防爆筒）有无动作。如果发现设备着火，在确认电抗器断路器断开并拉开相应隔离开关后再进行灭火。

（3）将事故现象和检查情况报告调度，请示将电抗器转检修。

（4）报告上级部门，安排检查、检修设备。

 任务实施

（1）根据补偿装置异常处理基本原则、调度和现场运行规程，运行值班人员对补偿装置异常进行原因分析及处理。

（2）根据补偿装置故障处理基本原则、调度和现场运行规程，运行值班人员对补偿装置故障进行原因分析及处理。

任务2.9　变电站站用交流与直流系统异常及故障处理

查找和处理变电站站用交流与直流系统的故障时，必须考虑保证保护及自动装置的电源、调度通信电源、强油风冷变压器的冷却电源、充电装置电源的正常供电，以保证一次主设备和电力系统的安全运行。由于站用交流与直流系统所接负荷众多，处理不当往往会引起一次系统故障，甚至会造成人身伤亡，因此掌握站用交流与直流系统异常及故障处理是运行人员非常重要的工作。

教学目标

知识目标：

（1）熟悉变电站站用交流系统、直流系统运行的基本知识。

（2）熟悉站用交流系统、直流系统的异常及事故现象。

（3）掌握站用交流系统、直流系统异常及事故的处理流程和处理步骤。

能力目标：

（1）能说出变电站站用电系统运行的基本要求，区别站用交流系统、直流系统的正常运行、异常运行及事故运行状态。

（2）能正确写出站用交流系统、直流系统典型异常及事故的处理步骤。

（3）能在仿真机上熟练进行站用交流系统、直流系统的异常及事故处理。

素质目标：

（1）能主动学习，在完成任务过程中发现问题、分析问题和解决问题。

（2）能严格遵守专业相关规程标准及规章制度，与小组成员协商、交流配合，按标准化作业流程完成学习任务。

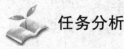 **任务分析**

（1）在熟悉变电站站用电系统的正常运行方式的基础上，能正确掌握站用电系统典型异常及事故状况的处理步骤，进行异常及事故处理。

（2）在熟悉变电站直流系统设备组成和正常运行方式的基础上，能正确掌握直流系统典型异常及事故的处理步骤，并进行相应的异常及事故处理。

 **相关知识**

一、 站用交流系统异常运行及故障现象

（一） 站用交流系统一般常见异常及现象

1. 电压异常及现象

交流 380/220 V 三相四线制系统允许电压波动范围为（ +7% ~ −10%）× 380 V，当超出范围时发信号。

（1）电压高。例如交流母线电压达 425 V 时，报警，自动化信息显示"某变电站交流母线电压高"，遥测数据电压达到 425 V。交流屏"交流母线电压高"光字牌亮，交流屏指示电压为 425 V。系统母线电压高或站用变压器挡位选择低。

（2）电压低。例如交流母线电压达 335 V 时，报警，自动化信息显示"某变电站交流母线电压低"，遥测数据电压达到 335 V。交流屏"交流母线电压低"光字牌亮，交流屏指示电压为 335 V。系统母线电压低或站用变压器挡位选择高。

2. 其他异常现象

站用电失压，主变压器冷却电源失电，主变压器冷却器第一、第二电源故障等。

（二）站用交流系统设备异常分析

（1）电压高。一般站用 380 V 交流母线电压允许过电压范围不超过 + 10%（或 +7%），即 418 V（或 407 V）。电压高可能是变压器分接头位置不合理或系统电压高。

（2）电压低。一般站用 380 V 交流母线电压允许过电压范围不超过 – 10%（或 –7%），即 342 V（或 353 V）。电压低可能是变压器分接头位置不合理或系统电压低。

（三）站用低压配电屏支路故障现象

变电站站用负荷主要有远动屏、火灾报警、逆变电源、直流充电机、主变压器冷却风扇、断路器储能、事故照明、主变压器调压控制、照明箱等。有的支路二次开关跳闸，自动化信息报警；有的支路故障，二次开关跳闸，要结合巡视才能发现。

（四）站用变压器低压侧断路器跳闸现象

站用变压器低压侧断路器跳闸（或低压侧熔断器熔断）现象与站用电接线的形式有关，例如两台站用变压器同时工作，分别带 380 V Ⅰ、Ⅱ段母线，分段断路器断开，其现象为：报警，自动化信息显示"站用电某段母线失电"，380 V 某段母线站用配电屏上各配电支路电流表、电压表显示为零。

（五）站用变压器故障现象

站用变压器故障，其故障现象与站用电接线的形式、站用变压器高压侧装设熔断器还是断路器以及有无备自投装置有关，例如两台站用变压器同时工作，分别带 380 V Ⅰ、Ⅱ段母线，分段断路器断开，站用变压器高压侧采用断路器，配置两段式电流保护。

站用变压器故障现象为：报警，自动化信息显示某号站用变压器回路断路器闪烁，"某号站用变压器电流保护"动作，"站用电某段母线失压"，某号站用变压器回路表计读数为零，380 V 某段母线站用配电屏上各配电支路电流表为零，失压母线电压表读数为零。

（六）站用电全停故障现象

报警，自动化信息显示"站用电源Ⅰ、Ⅱ段母线失电""机构储能电机失电""直流母线电源异常"等报文信息。站用配电屏上各配电支路电流表、电压表显示为零，全站照明用电、站用电全失，事故照明亮。

二、站用交流系统异常及故障处理

1. 站用交流系统设备异常处理

（1）电压高。汇报调度，调整变压器分接头位置；申请站用变压器停电，根据系统电压重新调整站用变压器分接头位置。

（2）电压低。汇报调度，调整变压器分接头位置；申请站用变压器停电，根据系统电压重新调整站用变压器分接头位置。

2. 站用低压配电屏支路故障处理步骤

（1）到站用低压配电屏查找所跳闸的二次开关支路。

（2）断开该支路的所有下级二次开关。

（3）合上该支路二次开关，若再次跳闸说明该支路故障或支路二次开关故障，应立即上报缺陷，并联系检修人员进行检查。

（4）合上站用低压配电屏所跳闸的支路二次开关，正常后再逐一合上下级二次开关，同时检查二次开关容量配置是否符合配置标准。当合到某一下级二次开关时，站用低压配电屏支路二次开关再次跳闸时，应立即断开该二次开关。然后重新合上低压配电屏支路二次开关，逐一合上其他下级二次开关，上报缺陷并联系检修人员。

3. 站用变压器低压断路器跳闸处理步骤

（1）断开失压的低压母线上各二次开关（或熔断器），检查该段母线上有无异常。

（2）若380 V母线上无故障现象，合上站用变压器低压侧二次开关（或更换熔断器），试送母线成功后，逐条分路检查无异常后试送（先试送主干线，后送分支线）一次，以查出故障点。对于经检查有异常现象的分支，不能再投入运行。

（3）若发现母线上有故障现象，应立即排除或隔离后，合上站用变压器低压侧二次开关（或更换熔断器），试送母线成功后，逐条恢复各分路运行。若试送不成功，则将重要的负荷倒至另一段低压母线上供电。应注意逐条分路倒换，并注意在倒换时有无异常，若出现短路现象应立即将其拉开，再恢复正常支路的运行。同时立即联系检修人员进行抢修。

4. 站用变压器故障处理步骤

（1）记录故障时间，检查后台监控机上的故障信息，确认后复归信号。

（2）到保护室检查保护动作信号，确认后复归保护信号。

（3）到现场对保护范围内设备进行检查。应对站用变压器进行外观检查，重点检查支柱绝缘子、套管等有无短路现象，站用变压器本体是否有异常。

①若是站用变压器速断保护跳闸，应立即将该站用变压器进行隔离，汇报调度，经专业人员对该站用变压器试验合格后方可投入使用。

②若是站用变压器过流保护动作，经外部检查未发现异常的，可汇报调度，根据调度指令试送一次。一般情况下，如果另一台站用变压器运行正常，则应在对跳闸用站用变压器进行试验合格后再恢复运行。

③若是站用变压器没有装上备自投装置的，应手动合上380 V分段断路器，这时应注意断开停电的站用变压器的低压侧断路器。

④若是装设备自投装置动作后380 V分段低压断路器再次跳闸，则说明该段380 V母线或某条支路有短路故障，应在查明故障的支路后恢复该段380 V母线运行。

⑤若是380 V供电线路故障，支路断路器未能断开造成越级跳闸，则应隔离该支路后恢复站用电供电。

（4）若380 V装设备自投装置动作成功，则等查明具体故障后再恢复站用变压器正常运行方式。

5. 站用电全停处理步骤

（1）检查站用电母线电压、电流，各侧母线电压，应分清是全站失压还是站用电全停故障。

（2）检查站用电系统，查明故障点。若未发现明显故障点，可断开母线上所有馈线，用站用变压器低压侧二次开关对该母线进行试送，试送成功后可恢复各馈线，在恢复馈线时又出现站用电全停时，则隔离该馈线，按原方法重新试送母线，恢复馈线。

（3）若故障点在站用电母线上，应立即抢修。

（4）若一时无法恢复站用电时，应立即汇报调度，并严密监视主变压器油温及绕组温度的变化、监视直流母线的电压、UPS 装置的运行情况等，如果断路器操动机构是液压或气压的，还要密切关注操动机构的压力情况。条件允许的可以申请用发电车暂时恢复站用交流电。

三、 站用直流系统一般常见异常及现象

1. 电压异常及现象

正常运行时直流母线电压应在 200～240 V 范围，当运行中电压超出规定范围，则会报警发信号。

（1）电压高。例如直流母线电压达 245 V 时，报警，自动化信息显示"某变电站直流母线电压高"，遥测数据电压达到 245 V。直流屏"直流母线电压高"光字牌亮，母线电压显示 245 V。

（2）电压低。例如直流母线电压达 195 V 时，报警，自动化信息显示"某变电站直流母线电压低"，遥测数据电压达到 195 V。直流屏"直流母线电压低"光字牌亮，母线电压显示 195 V。

2. 直流接地异常及现象

报警，自动化信息显示"某变电站直流母线绝缘降低"。直流屏显示"直流母线绝缘降低"、选线系统显示"支路－接地"。

3. 阀控密封铅酸蓄电池异常及现象

（1）阀控密封铅酸蓄电池压力释放阀动作。

①蓄电池压力释放阀附近均有液体痕迹，室温高。

②蓄电池压力释放阀附近均有液体痕迹，蓄电池柜内温度高。

③直流屏蓄电池充电电压高。

（2）阀控密封铅酸蓄电池壳体变形。

①个别阀控密封铅酸蓄电池壳体变形，直流屏蓄电池充电电压高。

②个别阀控密封铅酸蓄电池壳体变形，室温高。

（3）阀控密封铅酸蓄电池运行电压不均衡。

（4）蓄电池组熔断器熔断。

①报警，自动化信息显示"某变电站蓄电池熔断器熔断"。蓄电池熔断器熔断，蓄电池无异常。

②报警，自动化信息显示"某变电站蓄电池熔断器熔断"。蓄电池熔断器熔断，蓄电池外引线有短路痕迹。

四、 站用直流系统设备异常分析

1. 电压异常分析

（1）电压高。正常 220 V 直流母线允许过电压范围为不超过 +10%，即 242 V。当蓄电池充电电压设置不当、模块异常时，可能会引起母线电压高信号，电压高会造成保护设备等发热、异常。

（2）电压低。正常 220 V 直流母线允许过电压范围为不超过 -10%，即 198 V。当模块异常输出电压降低、直流充电机空开偷跳等造成蓄电池放电带负荷，会造成直流母线电压低，影响保护等设备异常运行或不能正确动作。

2. 直流接地异常分析

报警的设定：额定电压为 220 V 的系统，绝缘电阻≤25 kΩ；额定电压为 110 V 的系统，绝缘电阻≤7 kΩ。直流接地可能是充电机、蓄电池、回路及各装置绝缘不良，也可能是交直流公用一根电缆绝缘不良造成交直流混电。直流接地如果发展为两点接地，会造成保护装置拒动或误动，后果严重。

3. 阀控密封铅酸蓄电池异常分析

（1）阀控密封铅酸蓄电池压力释放阀动作。蓄电池室温度应在 5~30 ℃范围，如果室内温度高会造成蓄电池温度超标而压力释放阀动作，也可能是浮充电压高造成，如达到 2.4 V×N。

（2）阀控密封铅酸蓄电池壳体变形。其主要原因是充电电流过大、充电电压超过了 2.4 V×N、内部有短路或局部放电、温升超标、安全阀动作失灵等因素造成内部压力升高。

（3）阀控密封铅酸蓄电池运行电压不均衡。可能是蓄电池质量不良、内阻差异大造成。

4. 蓄电池组熔断器熔断

可能是电池组短路或越级跳闸造成。

五、 直流系统充电机故障

1. 直流系统正常运行方式

I、Ⅱ两段母线的联络 Q0 开关拉开，两个直流系统被分成两个没有电气连接的部分。1#（1#备用）充电机带 1 组蓄电池以浮充方式运行，带 I 段母线的全部控制以及动力负荷。2#充电机带 2 组蓄电池以常充电状态方式运行，带Ⅱ段母线的全部控制以及动力负荷。

2. 操作注意事项

（1）倒切整流器时应先停、后合，禁止两台整流器并列运行，防止环流造成事故。

（2）停用整流器时应先拉直流后拉交流，投入时顺序相反。

（3）禁止两条母线馈出的环路并列运行。

（4）倒切蓄电池时可以在整流器退出后以及两组电池电压等电位的前提下"先并列，后退出另一组电池"。

3. 直流系统充电机故障现象

报警，自动化信息显示"充电机输出电压异常"，充电机屏显示充电模块"故障"或"微机监控单元异常"告警信号灯亮。

六、 蓄电池故障

1. 变电站蓄电池运行注意事项

（1）两组蓄电池之间可以互相备用，但不能长时间并联运行。当其中一组蓄电池需要检修或充放电试验需要脱离母线时，分段断路器合上，两段母线的直流负荷由另一组蓄电池供电。

（2）特别要提出的是，正常运行时，一定要保持两组蓄电池系统的独立性，即电气上不相连接，以防止造成环流以及有效地减小直流系统的对地电容，减小直流接地时产生的电容电流。

（3）两段母线馈出的环路禁止并列运行。倒切整流器时应先停、后合。倒切蓄电池时可以在整流器退出后以及两组电池电压等电位的前提下先并列、后退出另一组电池。（两组蓄电池不可以长时间并列）

（4）环路操作：先合大环路，后合小环路，严禁两组电池长期并列运行。主控控制、10 kV 控制电源环路操作方法是：先环大环路，断开一组电池，再环小环路，解环运行。保证控制回路不断电。

2. 蓄电池故障现象

报警，自动化信息显示"蓄电池熔断器熔断"及"直流母线电压异常"等信息。

3. 发生下列情况时，运行人员应进行的汇报和处理工作

（1）蓄电池浮充运行时，单体电池浮充电压偏差应控制在 ±50 mV 内，电压偏差超出控制范围时，应立即告知专业班组及分管领导。

（2）蓄电池严重溢液、渗液时，应立即告知专业班组及分管领导。

（3）若直流系统过流、过压或失常，立即告知专业班组及分管领导。

（4）事故照明自动切换回路应由专业人员和运行人员配合，每年核对一次（对于房屋改造或其他工作都不能破坏事故照明回路，应明确室内照明回路交流是接地回路，事故照明回路是绝缘。防止基建等遗留的问题，专业人员应先对事故照明馈出分路检查后，再投切"自投"检验），保证回路的可靠性和完整性。

（5）直流系统操作须两人进行，并填写倒闸操作票。

（6）巡视时检查直流监控装置运行履历，了解直流电源系统运行工况。

（7）电业生产二类故障标准规定：直流系统接地，延续时间超过 4 h；蓄电池组中存在"落后"或失效电瓶，一周内未消除此类缺；由于跑油、跑液、跑碱构成严重污染者。

七、 直流母线故障现象

报警，自动化信息显示"直流母线电压异常""微机保护装置异常""控制回路断线"等信息。

八、 直流系统异常及故障处理

1. 直流系统设备电压异常处理

（1）电压高。如控制系统异常，重新设定控制系统定值；如无法设定的退出自动控制，改为手动。如模块异常，将异常模块退出，重新调整正常模块的输出。

（2）电压低。如模块异常，将异常模块退出，重新调整正常模块的输出。如直流充电机开关偷跳时应查明原因，先将电池补充电，然后联系相关专业人员更换。

2. 直流设备接地处理

（1）停止直流回路的作业。

（2）通过直流绝缘监察系统监察是正极接地还是负极接地。

（3）对有作业回路进行检查。

（4）根据天气等实际情况对变电站有关直流回路进行巡视检查。

（5）对变电站直流回路进行检查和接地选择，按以下顺序进行分支检查：事故照明回路→试验电源回路→备用设备直流回路→断路器直流储能回路→信号回路→故障录波器等装置的电源回路→自动化设备电源回路→户外合闸回路→户内合闸回路→变电站各控制回路→变电站各保护回路→蓄电池→直流母线和充电机。

3. 阀控密封铅酸蓄电池异常处理

（1）阀控密封铅酸蓄电池压力释放阀动作。如果是室内温度高，则加装调温装置；如果是浮充电压高的，调整浮充电压，对直流屏进行检查。然后联系相关专业人员检查直流电压高的原因，并对蓄电池进行核对性放电，根据核对性放电结果确定电池性能。

（2）阀控密封铅酸蓄电池壳体变形。调整浮充电压，对直流屏进行检查。联系相关专业人员检查安全阀是否堵塞，更换部分电池，如需要更换的较多，应整组更换，确保整组蓄电池内阻均衡，每只运行电压均衡。联系相关专业人员进行核对性放电，如放电发现容量降低应更换电池组，在未更换前加强检查维护。

（3）阀控密封铅酸蓄电池运行电压不均衡。联系相关专业人员进行核对性放电、测量内阻，如电压不均衡的比较多，应申请更换整组电池。如放电发现容量降低，应更换电池组，在未更换前加强检查维护。

4. 蓄电池组熔断器熔断处理

若有两组电池时，将备用电池投入系统。如果只有一组电池，通知相关专业人员将备用电池运抵现场并投入，防止直流母线失电。然后尽快安排蓄电池更换。如果是越级跳闸，应隔离故障点，按照越级跳闸事故进行处理。将浮充电压调整至与电池组电压相同，使用专用把手进行熔断器更换，更换后调整好浮充电压。

5. 直流系统充电机故障处理

（1）若有两台硅整流充电机，应先断开故障充电机后，再合上备用充电机，两台充电机不得并列运行。

（2）使用充电模块，应先断开故障充电模块，再合上备用充电模块。

（3）充电机故障会导致蓄电池组电压下降，所投入充电机可先均充一段时间，待蓄电池组电压上升至额定电压后，切换为浮充方式。

（4）若只有单台充电机运行时，应严密监视直流母线的电压，采取措施确保直流母线电压在允许范围内，并立即汇报调度，等待专业人员进行处理。

6. 蓄电池故障处理

（1）在蓄电池室检查蓄电池是否有异常。

（2）如果发现蓄电池组熔断器熔断，应检查对应的直流母线是否运行正常，用蓄电池巡检仪能检测，若没有发现电压异常的蓄电池且对应的直流母线运行正常，则可更换同一型号、容量的熔断器。若熔断器再次熔断，应立即汇报调度，等待处理。

（3）如果充电电压异常引起蓄电池电压出现异常报警，应通过手动或自动方式调整充电电压以确保直流母线电压在允许范围内。

（4）如果经检查发现蓄电池存在故障，应将蓄电池隔离，用直流充电机对直流母线供电，此时应密切注意充电机运行情况，同时应通过手动或自动方式调整充电电压以确保直流母线电压在允许范围内，并立即汇报调度，等待专业人员进行处理。

7. 直流母线故障处理

（1）检查直流充电屏，查充电机输入电流、电压，输出电流、电压等情况。

（2）检查直流馈线屏，查直流母线、各馈线及蓄电池熔断器等情况。

（3）有明显故障点，故障点能隔离的，应立即隔离，恢复直流母线运行。

（4）有明显故障点，故障点不能隔离的，应立即汇报调度，等待专业人员抢修，对全站只有一段直流母线的，根据调度指令进行监视或操作。各馈线若有备用电源的，在检查各分路无故障异常后，先断开原电源二次开关，合上备用电源。

（5）若无明显故障点，可断开所有馈线，对直流母线进行试送，试送成功后再逐一恢复各馈线，查找故障馈线。在试送过程中应根据调度指令停用相关保护，防止处理过程中保护误动。

任务实施

（1）根据变电站站用交流系统异常及事故处理基本原则、调度和现场运行规程，运行值班人员对站用交流系统异常及故障进行处理。

（2）根据变电站直流系统异常及事故处理基本原则、调度和现场运行规程，运行值班人员对直流系统异常及故障进行处理。

任务 2.10　防雷装置异常及故障处理

教学目标

知识目标：

（1）熟悉防雷装置运行的基本知识。

（2）熟悉防雷装置的异常及事故现象。

（3）掌握防雷装置异常及事故的处理流程和处理步骤。

能力目标：

（1）能说出防雷装置运行的基本要求，区别防雷装置的正常运行、异常运行及事故运行状态。

（2）能正确写出防雷装置异常及事故的处理步骤。

（3）能在仿真机上熟练进行防雷装置的异常及事故处理。

素质目标：

（1）能主动学习，在完成任务过程中发现问题、分析问题和解决问题。

（2）能严格遵守专业相关规程标准及规章制度，与小组成员协商、交流配合，按标准化作业流程完成学习任务。

任务分析

（1）在熟悉防雷装置的正常运行方式的基础上，能正确掌握防雷装置异常状况的处理步骤，进行异常处理。

（2）在熟悉防雷装置的正常运行方式的基础上，能正确掌握防雷装置故障状况的处理步骤，进行故障处理。

相关知识

一、避雷器的引线及接地引下线有严重烧痕或放电记录器烧坏

1. 原因

避雷器在运行中，发生避雷器的引线及接地引下线有严重烧痕或放电记录器烧坏的主要原因往往是避雷器存在隐性缺陷，因为在正常情况下，避雷器动作以后，接地引下线和放电记录器中只通过雷电流和幅值很小（一般为80 A以下）、时间很短（约0.01 s）的工频续流，所以除了使放电记录器动作外，一般不会产生烧伤的痕迹。然而，当阀型避雷器内部阀片存在缺陷或不能及时灭弧时，则通过的工频续流的幅值增大、时间加长。这样接地引下线的连接处会产生烧伤的痕迹，或使放电记录器内部烧黑或烧坏。

2. 危害

当避雷器的引线及接地引下线有严重烧痕，或放电记录器烧坏时，若没有引起重视并对避雷器进行相应的检查和处理，随着时间的推移，就有可能使避雷器损坏或引线连接处烧断，从而使避雷器形同虚设，起不到避雷作用。

避雷器的引线及接地引下线有严重烧痕或放电记录器烧坏（PPT）

3. 预防和处理

预防的办法是加强巡视，密切关注各连接部位的情况。处理办法是一旦发现避雷器的引线及接地引下线有严重烧痕，或放电记录器烧坏，应立即设法将避雷器退出运行，对避雷器进行检查和试验，必要时更换避雷器。

二、避雷器套管闪络或爬电

1. 原因

避雷器在运行中，发生套管闪络或爬电的原因，主要是由于套管表面脏污使套管表面等效爬电距离下降，或者是由于套管有裂缝等缺陷造成的。

避雷器套管闪络或爬电（PPT）

2. 危害

若避雷器发生套管闪络或爬电现象，常常会引起放电记录器的误动作，闪络或爬电进一步发展，会引起电网接地故障，且闪络和爬电产生的热量会使套管因受热不均而炸裂，从而导致停电事故。

3. 预防和处理

预防的办法是加强运行中的巡视，力争在闪络或爬电的初期（还没有发生导电部分与地之间的贯通性闪络）就能得到处理，以防止接地事故的发生。处理办法是若闪络或爬电是由于套管表面脏污造成的，则停电（某些时候也可以不停电，但要遵守电业安全规程及相应操作规程）后对套管表面进行清理；若闪络或爬电是由于套管损坏（如表面开裂等）造成的，则停电后更换套管。

三、 防雷装置异常或事故处理

（1）如果在雷雨时发现防雷装置有异常，只要防雷装置还能使用，就不能将防雷装置退出运行，待雷雨过后再行处理。

（2）发现避雷器内部有异常声音或套管有炸裂现象，并引起电网接地故障时，值班人员必须避免靠近避雷器，可用断路器或人工接地转移的方法，将故障避雷器退出运行。

（3）阀型避雷器在运行中突然爆炸，但尚未造成电网永久性接地时，可在雷雨过后拉开故障相的隔离开关将避雷器退出运行，并及时更换合格的避雷器。

防雷装置异常或
事故处理（PPT）

（4）阀型避雷器在运行中突然爆炸，并已造成电网永久性接地时，则严禁通过操作隔离开关来将避雷器退出运行。

任务实施

（1）根据防雷装置异常及事故处理基本原则、调度和现场运行规程，运行值班人员对防雷装置异常进行处理。

（2）根据防雷装置异常及事故处理基本原则、调度和现场运行规程，运行值班人员对防雷装置故障进行处理。

任务 2.11 电力电缆的异常及故障处理

教学目标

知识目标：
（1）熟悉电力电缆运行的基本知识。
（2）熟悉电力电缆的异常及事故现象。

（3）掌握电力电缆异常及事故的处理流程和处理步骤。

能力目标：

（1）能说出电力电缆运行的基本要求，区别电力电缆的正常运行、异常运行及事故运行状态。

（2）能正确写出电力电缆典型异常及事故的处理步骤。

（3）能在仿真机上熟练进行电力电缆的异常及事故处理。

素质目标：

（1）能主动学习，在完成任务过程中发现问题、分析问题和解决问题。

（2）能严格遵守专业相关规程标准及规章制度，与小组成员协商、交流配合，按标准化作业流程完成学习任务。

 任务分析

（1）在熟悉电力电缆正常运行方式的基础上，能正确掌握电力电缆异常状况的处理步骤，进行异常处理。

（2）在熟悉电力电缆正常运行方式的基础上，能正确掌握电力电缆故障状况的处理步骤，进行故障处理。

 相关知识

一、 电力电缆的异常运行

1. 电压异常

电力电缆的运行电压超过额定电压的 15% 时，易造成电缆绝缘击穿，应进行电压调整，使运行电压在允许范围内。

2. 温度异常

电力电缆运行时，运行温度超过了允许值，造成电缆运行温度过高的原因，可能是过负荷、系统短路、环境温度过高及散热不良。电缆运行温度过高会加速电缆的绝缘老化、缩短使用寿命，并可能造成事故。

当运行中的电缆温度过高时，应减小负荷，使电缆温度降低到允许范围内；小接地电流系统发生永久性接地时，该系统中的电力电缆允许继续运行的时间不超过 2 h。

3. 过负荷

在负荷紧张或发生事故的情况下，电力电缆会过负荷运行，过负荷运行可能使其温度过高，为此，应遵守下述规定：

（1）事故情况下，3 kV 及以下的电缆允许过负荷 10% 连续运行 2 h；10 kV 及以上的电缆允许过负荷 15% 连续运行 2 h。

（2）在负荷紧张的情况下，可按表 2 – 11 – 1 运行。

表 2 – 11 – 1　电力电缆允许过负荷倍数及过负荷时间

过负荷前 5 h 平均负荷率/%	0		50		70	
截面积为 120 ~ 240 mm² 允许过负荷倍数	1.25	—	1.2	—	1.15	
截面积为 240 mm² 以上允许过负荷倍数	1.45	1.2	1.4	1.15	1.3	—
允许过负荷时间/min	30	60	30	60	30	—

4. 电缆头漏油

运行中的油浸纸电缆常常发生电缆头漏油，漏油的原因可能是：电缆头密封不严；电缆两端落差大产生静压力；电缆运行线芯温度高，内部绝缘油膨胀，油压增大，油从电缆头溢出；电缆内部短路，产生冲击油压，使油从电缆头溢出，有时产生电缆爆炸。漏油严重且时间较长，会使内部产生气隙，导致电缆干枯，潮气进入，影响电缆的安全运行。

电缆头漏油的处理措施是应停电重新做电缆头。

二、 电力电缆的事故处理

1. 电缆头电晕放电

产生电晕放电的原因是：电缆三芯分支处距离太小；电缆分支表面及三叉处集灰、脏污、集垢使绝缘能力降低；电缆头潮湿、积水、通风不良引起放电。

采用瓷套管的电缆头，闪络放电的主要原因有：电缆头引线距离太近及接头接触不良，造成过热或电缆头渗油、漏油，使潮气进入，导致闪络及绝缘击穿放电。

2. 电缆头冒烟

电缆头引线接头接触不良，脱焊，使接头处包扎的绝缘材料发热冒烟。

3. 电缆机械损伤造成短路

在施工挖土时，不小心将埋入地下的电缆绝缘保护层挖破了，从而造成短路；电缆弯曲半径太小，使绝缘损坏短路。

4. 电缆着火和爆炸

电缆短路、长期过载、电缆漏油、电缆处明火作业，电焊渣掉入电缆沟内以及外界火源均会引起电缆着火及爆炸。

凡发生上述情况，均立即断开电源进行处理。

 任务实施

（1）根据电力电缆异常及事故处理基本原则、调度和现场运行规程，运行值班人员对电力电缆异常进行处理。

（2）根据电力电缆异常及事故处理基本原则、调度和现场运行规程，运行值班人员对电力电缆故障进行处理。

发电厂倒闸操作

项目描述

发电厂电气倒闸操作的学习项目，主要学习发电机及励磁系统、发电厂厂用电系统、直流系统、事故保安电源系统、交流不停电电源 UPS 等进行停送电操作的基本原则及要求；停送电倒闸操作票的正确填写。学习完本项目后应具备以下专业能力、方法能力、社会能力。

（1）专业能力：具备根据发电厂电气倒闸操作的基本原则及发电厂电气倒闸操作流程，对发电机及励磁系统、发电厂厂用电系统、直流系统、事故保安电源系统、交流不停电电源 UPS 等进行停送电操作的能力。

（2）方法能力：具备正确理解、分析发电厂电气运行规程和发电厂电气一次系统、二次系统接线图，形成发电机及励磁系统、发电厂厂用电系统、直流系统、事故保安电源系统、交流不停电电源 UPS 进行停送电操作的基本思路，具备较强抽象思维能力。

（3）社会能力：具备服从指挥、遵章守纪、吃苦耐劳、主动思考、善于交流、团结协作、认真细致地安全作业的能力。

教学目标

一、 知识目标

（1）了解发电机及励磁系统、发电厂厂用电系统、直流系统、事故保安电源系统、交流不停电电源 UPS 的基本知识。

（2）熟悉发电机及励磁系统、发电厂厂用电系统、直流系统、事故保安电源系统、交流不停电电源 UPS 进行停送电操作的操作原则、规范。

（3）熟悉发电机及励磁系统、发电厂厂用电系统、直流系统、事故保安电源系统、交流不停电电源 UPS 进行停送电操作前系统的运行方式。

（4）掌握发电机及励磁系统、发电厂厂用电系统、直流系统、事故保安电源系统、交流不停电电源 UPS 进行停送电操作流程。

二、 能力目标

（1）能够正确说出发电机及励磁系统、发电厂厂用电系统、直流系统、事故保安电源系统、交流不停电电源 UPS 进行停送电操作前系统的运行方式。

（2）能够正确填写发电机及励磁系统、发电厂厂用电系统、直流系统、事故保安电源系统、交流不停电电源 UPS 进行停送电操作的倒闸操作票。

（3）能够审核发电机及励磁系统、发电厂厂用电系统、直流系统、事故保安电源系统、交流不停电电源 UPS 进行停送电操作的倒闸操作票的正误。

（4）能够在仿真机上正确进行发电机及励磁系统、发电厂厂用电系统、直流系统、事故保安电源系统、交流不停电电源 UPS 的停送电操作。

三、 素质目标

（1）愿意交流，主动思考，善于在反思中进步。
（2）学会服从指挥，遵章守纪，吃苦耐劳，安全作业。
（3）学会团队协作，认真细致，保证目标实现。

教学环境

发电厂倒闸操作在 600 MW 火电仿真实训室进行一体化教学，机位要求能满足每个学生一台计算机；600 MW 火电仿真系统相关资料齐全，配备规范的一体化教材和相应的多媒体课件、任务工单等教学资源。

知识背景

倒闸操作是实现设备运行的开始、结束或变换参数的操作，是一项操作复杂而又特别危险的行为，操作的正确与否直接关系到操作人员的安全和设备的正常运行。因此，对其过程的正确性与严肃性要求尤显突出。

发电厂倒闸操作学习项目主要包括发电机及励磁系统、发电厂厂用电系统、直流系统、事故保安电源系统、交流不停电电源 UPS 的停送电操作。具体包括：发电厂厂用 6 kV 母线停送电操作；发电厂厂用 400 V 母线停送电操作；发电厂厂用电源切换；发电厂直流系统停送电操作；发电厂事故保安电源系统停送电操作；交流不停电电源 UPS 停送电操作；发电厂发变组升压并网及解列停机操作。

电气设备倒闸操作的一般原则是：安全地完成倒闸操作任务；保护运行方式应正确、合理；保证客户，特别是重要客户和发电厂厂用电的供电可靠性；要保证系统有功功率、无功功率的合理分布，并使发电厂及电力系统各部分都具有一定的备用容量；要保证继电保护和自动装置的配合、协调及使用的合理；要考虑中性点直接接地点的合理分布和消弧线圈的合理使用；要注意线路相位的正确性，必要时应进行相位的测定。

倒闸操作须根据值班调度员命令，或征得其同意后进行，并按规定填写操作票，具体、详尽地确定操作步骤。倒闸操作一般应由两人进行，一人操作，一人监护。复杂的倒闸工作应事先进行充分研究。

任务 3.1　发电厂厂用电系统停送电操作

发电厂在生产过程中，有大量电动机拖动的机械设备，用以保证机组的主要设备和输煤、碎煤、除灰、除尘及水处理等辅助设备的正常运行，这些机械称为厂用机械。发电厂的厂用机械、检修、试验、照明、修配等用电称为厂用电。发电厂的厂用电一般由发电厂本身供给，厂用电的耗电量占同一时期发电厂发电量的百分数称为厂用电率。

厂用机械的重要性决定了厂用电的重要程度。厂用电是发电厂最重要的负荷，应高度保证供电的可靠性和连续性。

任务 3.1.1　发电厂厂用电系统停电操作

教学目标

知识目标：
(1) 掌握厂用电的作用及接线。
(2) 熟悉厂用电倒闸操作的一般规定。
(3) 熟悉发电厂厂用电停电前系统的运行方式。
(4) 掌握发电厂厂用电停电的操作流程。

能力目标：
(1) 能够填写发电厂厂用电停电的倒闸操作票。
(2) 能够审核发电厂厂用电停电的倒闸操作票的正误。
(3) 能够在仿真机上熟练进行发电厂厂用电停电操作。

素质目标：
(1) 能主动学习，在完成发电厂厂用电停电的过程中发现问题、分析问题和解决问题。
(2) 能严格遵守专业相关规程标准及规章制度，与小组成员协商、交流配合，按标准化作业流程完成发电厂厂用电停电操作。

任务分析

(1) 分析发电厂厂用电停电前系统的运行方式。
(2) 分析发电厂厂用电停电的操作流程。
(3) 按发电厂电气倒闸操作标准化作业流程，对发电厂厂用电进行停电操作。

相关知识

一、厂用电系统概述

厂用电概述（PPT）

（一）厂用电负荷

根据厂用负荷在发电厂运行中起的作用不同及供电中断对人身、设备、生产造成影响程度的不同，厂用电负荷分为以下五类。

1. Ⅰ类负荷

指短时（即手动切换恢复供电所需的时间）可能影响人身或设备安全，使生产停顿或大量影响出力的负荷。如火电厂的给水泵、凝结水泵、循环水泵、引风机、送风机、给粉机、主变压器油、水冷电源等。对接有Ⅰ类负荷的高、低压母线，应有两个独立电源供电，一个为工作电源，另一个为备用电源，并能自动切换；Ⅰ类负荷一般装有两套或多套设备，它们应装在不同的母线段上，Ⅰ类负荷的电动机应能可靠地自启动。

2. Ⅱ类负荷

指允许短时停电，但较长时间停电可能损坏设备或影响机组正常运行的负荷。如火电厂的工业水泵、疏水泵、灰水泵、输煤系统机械等。对接有Ⅱ类负荷的厂用母线，应有两个独立电源供电，一般采用手动切换。

3. Ⅲ类负荷

指长时间停电不直接影响发电厂生产，仅能造成生产上不便的负荷。如中央修配厂、试验室、油处理设备等。对Ⅲ类负荷一般采用一个电源供电。

4. 事故保安负荷

指大容量机组在事故停机过程中及停机后的一段时间内仍必须供电的负荷。根据对电源的要求不同，事故保安负荷可分为以下两类。

（1）直流保安负荷。如汽轮机、给水泵的直流润滑油泵，发电机的直流氢密封油泵等。直流保安负荷由蓄电池供电。

（2）允许短时停电的交流保安负荷。如盘车电动机、交流润滑油泵、交流氢密封油泵、除灰用事故冲洗水泵、消防水泵等。允许短时停电的交流保安负荷平时由交流厂用电源供电，交流厂用电源消失时由交流保安电源供电。交流保安电源一般采用快速启动的柴油发电机供电，该机组能自动投入。

5. 交流不停电负荷

指在机组启动、运行、停机过程中及停机后的一段时间内，需要连续供电的负荷。如实时控制的计算机、热工仪表及自动装置等。一般由接于蓄电池组的逆变装置供电。

（二）厂用电系统电压等级

发电厂厂用电系统电压等级是根据发电机额定电压、厂用电动机的电压和厂用电网络的可靠运行等诸方面因素，经过经济、技术综合比较后确定的。

发电厂中一般采用的供电网络的电压：交流低压供电网络用 0.4 kV（380 V/220 V）；高压供电网络有 3 kV、6 kV、10 kV 等；直流有 220 V 和 110 V。

（1）380 V/220 V 交流有工作和保安电源两类。

（2）220 V 直流对直流事故照明、交流 UPS 电源、直流电动机及其他动力负荷供电；110 V 直流主要是对控制、保护、测量、信号及其他控制负荷电源供电。

（3）发电厂可采用 3 kV、6 kV、10 kV 作为高压厂用电的电压，容量为 600 MW 以下的机组，发电机电压为 10.5 kV 时，可采用 3 kV（10 kV）；发电机电压为 6.3 kV 时，可采用 6 kV；当容量在 125～300 MW 时，宜选用 6 kV 作为高压厂用电压；容量为 600 MW 及以上的机组，可根据工程条件采用 6 kV 一级厂用电压或 3 kV、10 kV 两级厂用电压。

目前，我国600 MW机组厂用电电压等级广泛使用如下两种方案：

（1）采用3 kV、10 kV两级厂用电压。

2 000 kW及以上的电动机采用10 kV，200～2 000 kW电动机采用3 kV电压，75～200 kW电动机接于400 V动力中心配电，75 kW以下由电动机控制中心配电。早期进口机组的电厂较多采用此种方案。

厂用电压等级（PPT）

（2）采用6 kV一级厂用电压等级。

200 kW及以上的电动机由6 kV供电，200 kW及以下电动机由400 V供电。目前国内新建600 MW机组电厂基本上采用6 kV一个厂用电压等级。

二、厂用电系统接线

厂用电系统接线应满足下列要求：

（1）正常运行时的安全性、可靠性、灵活性及经济性。

（2）发生事故时，能尽量缩小对厂用电系统的影响，避免引起全厂停电事故，即各机组厂用电系统具有较高的独立性。

（3）保证启动电源有足够的容量和合格的电压质量。

（4）有可靠的备用电源，并且在工作电源发生故障时能自动地投入，保证供电的可靠性。

（5）厂用电系统发生事故时，处理方便。

在大容量机组的火电厂中，厂用电接线应考虑以下问题：

（1）各机组的厂用电系统是独立的，特别是200 MW以上的机组，应做到这一点。一台机组的故障停运或其辅机的电气故障，不应影响到另一台机组的正常运行，并能在短时间内恢复本机组的运行。

（2）充分考虑机组启动和停运过程中的供电要求，一般均应配备可靠的启动备用电源。在机组启动、停运和事故时的切换操作要少，并能与工作电源短时并列。

（3）充分考虑电厂分期建设过程中厂用电系统的运行方式。特别需注意对公用负荷供电的影响，更便于过渡，尽量少改变接线和更换设备。

厂用电系统的接线要求和原则认知（PPT）

（4）200 MW及以上机组应设置足够容量的交流事故保安电源，当全厂停电时，可以快速启动和自动投入，向保安负荷供电。另外，还要设置电能质量指标合格的交流不间断供电装置，保证不允许间断供电的热工负荷的用电。

（一）厂用电源及其引接

1. 工作电源及其引接

发电厂的厂用工作电源，是保证机组正常运行的基本电源，不仅要求供电可靠，而且应满足各级厂用电压负荷容量的要求。通常，工作电源应不少于两个。发电机一般都投入系统并联运行，因此，从发电机电压回路通过厂用高压变压器或电抗器取得厂用高压工作电源已足够可靠，即使发电机组全部都是停止运行，仍可从电力系统倒送电能供给厂用电源。这种引接方式操作简单、调度方便、投资和运行费用都比较低，常被广泛采用。

高压厂用工作电源可采用下列引接方式：

（1）当有发电机电压母线时，由各段母线引接，供给接在该段母线上的机组的厂用负荷。

（2）当发电机与主变压器为单元接线时，由主变压器低压侧引接，供给该机组的厂用负荷。300 MW及以上容量发电机均采用此接线，如图3-1-1所示。发电机出口采用封闭母线以减小大电流导体的发热、电动力和发生故障的概率，提高单元机组的运行可靠性。采用封闭母线时，发电机组出口一般不装设断路器或负荷开关，如图3-1-1（a）所示。原因有：①发电机出口短路，短路电流较大，要求断路器的开断电流很大，断路器较难选择，少数公司可以制造，但价格昂贵；②发电机出口采用分相封闭母线，发生故障的概率很小。但应有可拆连接片，方便发电机的检修、试验。

发电机组出口装设断路器的情况，如图3-1-1（b）所示接线，当发电机启动和停机时，只要断开发电机出口断路器，厂用负荷可以从系统经主变压器直接取得电源，这样可以减小发电机启动和停机时大量厂用系统的倒闸操作；设计上也可以考虑省掉启动变压器。另外，在国家逐步推行"厂网分开，竞价上网"政策情况下，电源的引接点应考虑有关电力部门"是否对该备用电源按一般工业用户收取基本电费与电度电费"的因素，进行技术经济论证。

为了减小两段厂用母线之间电动机提供回馈短路电流值，高压厂用工作电源宜采用分裂变压器的两个分裂绕组分别供给两段厂用母线的电

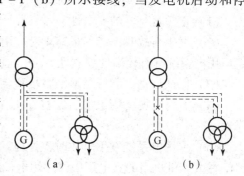

图3-1-1　厂用工作电源的引接

（a）发电机出口不设断路器；

（b）发电机出口设断路器

源，不能采用两台双绕组变压器提供两段母线电源，这样使投资加大，运行费用加大，占地增加。

不管高压厂用电压为一种电压或两种电压，每台600 MW发电机组多用两台分裂绕组变压器作为高压厂用电源，具有四段高压厂用母线，提高了厂用电源的工作可靠性。为了提高单元机组的运行可靠性，其出口引接的高压厂用工作变压器不采用有载调压变压器。

2. 备用电源和启动电源的引接

厂用备用电源是指事故情况下失去厂用工作电源时起后备作用的电源，又称事故备用电源。而启动电源是指在机组未发电或厂用工作电源完全消失的情况下，为保证机组快速启动，向必要的辅助设备供电的电源，启动电源实质上也是一个备用电源。我国目前200 MW以上大型机组，为了确保机组安全和厂用电的可靠才设置厂用启动电源，且以启动电源作为事故备用电源，统称启动/备用电源。

备用电源的引接应保证其独立性，从与厂用电源相对独立的系统引接，并且具有足够的供电容量，最好能与电力系统密切联系，在全厂停电情况下仍能尽快从系统获得厂用电源。为保证电压质量，当启动/备用变压器的阻抗大于10.5%或系统电压波动超过5%时，应考虑采用有载调压变压器。

（1）高压厂用备用或启动/备用电源的引接方式。

①当无发电机电压母线时，由高压母线中电源可靠的最低一级电压母线或由联络变压

器的第三（低压）绕组引接，并应保证在全厂停电的情况下，能从外部电力系统取得足够的电源（包括三绕组变压器的中压侧从高压侧取得电源）。

②当有发电机电压母线时，由该母线引接 1 个备用电源。

③当技术经济合理时，可由外部电网引接专用线路供给。

④全厂需要 2 个及以上高压厂用备用或启动/备用电源时，应引自两个相对独立的电源。

⑤从 220 kV 及以上中性点直接接地的电力系统中引接的高压厂用备用或启动/备用变压器，其中性点的接地不应装设隔离开关。国华定州发电有限责任公司的 1、2 号机组就是直接从 220 kV 系统经高压启动/备用变压器引接启动备用电源的，如图 3 - 1 - 2 所示。

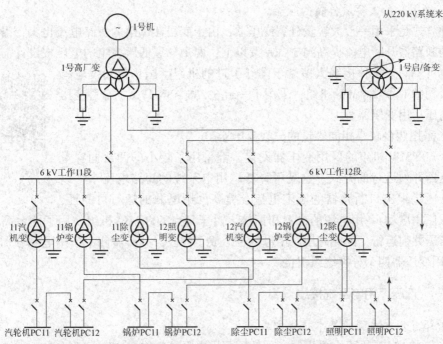

图 3 - 1 - 2　国华定州发电有限责任公司 1 号发电机组厂用电接线

（2）启动/备用电源设置的数量。

当单机容量达 300 MW 及以上时，一般每台机组设一个高压启动/备用电源。为安全起见，在有关的设计技术规程中要求：在发电机出口不装设断路器或负荷开关时，应考虑"一台高压厂用启动/备用变压器检修时，不影响任一机组的启停"。因此，国内设计的 600 MW 机组每一启动/备用电源都由两台容量较小的启动/备用变压器组成，以满足一台高压厂用启动/备用变压器检修时，另一台启动/备用变压器仍能满足机组启停的要求。

厂用电源及其引接
（PPT）

（二）高压厂用电系统接线

高压负荷一般都比较重要，大多设有备用设备，当工作设备故障时，备用设备会自动启动接替工作。为使工作设备与备用设备不会因母线故障而全部停运，设计中将母线分为两段，把互为备用的设备接于不同段上，以达到上述目的。

随着机组及高压厂用变压器容量的不断增长，高压厂用电系统中的短路电流也在加大，为限制短路电流水平，除适当加大厂用变压器的阻抗外，还采用了低压为分裂绕组的分裂变压器，并将一台机组的两段高压厂用母线接于不同低压分裂绕组上。这种分裂变压器因为两个低压绕组间的分裂电抗很大，在短路时可有效地阻止另一绕组的电动机回馈电流的流入，与双绕组变压器相比减少了短路电流水平，同时也能极大地减少故障绕组对非故障绕组母线电压的影响，使在另一段母线上运行的高压负荷能较正常地运行。分裂变压器一般用于 200 MW 及以上容量的机组。

当机组容量增大至 600 MW 及以上等级时，对于高压厂用变压器的设置有以下两种方式。

（1）采用一台大容量分裂变压器。

这种方式是采用一台大容量分裂变压器，由于变压器供给的短路电流也大，需将厂用电系统的断路器开断电流提高到 50 kA 及以上，两个分裂低压绕组的电压按设计需要可以相同，也可不同。这种接线大多见于国外引进的机组。国华定州发电有限责任公司的 1 号 600 MW 机组，采用了一台 63/35 - 35MVA 的分裂变压器作为高压厂用变压器。

（2）采用两台较小相同容量的分裂变压器。

高压厂用电系统接线（PPT）

国产 600 MW 机组的厂用变压器设置，都采用了较小的两台同容量分裂变压器并列运行的方式。这既可降低厂用电系统的短路电流水平以及每个低压绕组出口断路器的额定电流，提高厂用电源的运行可靠性，又与高压厂用启动/备用电源的设置相衔接。由于每台 600 MW 机组使用了两台高压厂用分裂变压器并列运行，因此高压厂用母线也分成了四段，其所需四个备用电源分别从两台启动/备用变压器四个分裂绕组引接。

（三）低压厂用电系统接线

1. 低压厂用电系统的基本接线方式

目前在 600 MW 机组中采用的一种低压厂用电系统接线是 400 V 动力中心 - 电动机控制中心接线，如图 3 - 1 - 3 所示。

动力中心 - 电动机控制中心接线方式也简称为 PC - MCC 接线（Power Central - Motor Control Central）。PC - MCC 接线的特点是"使用简单的接线，以可靠的设备保证供电的可靠性"。

由图 3 - 1 - 3 可见，每一套 PC - MCC 的电源由互为备用的两台变压器构成。虽然还是单母线分段接线方式，但使用了分段断路器，互为备用的负荷开关分接于不同的半段上。分段断路器与两台变压器的进线断路器形成联锁回路，正常运行时分段断路器断开，两半段 PC 母线分别由各自的电源变压器供电。只有当其中一个电源断路器因变压器停运或其他原因断开时，分段断路器才会合闸，由另一台变压器负担全部 PC 母线的负荷。

如图 3 - 1 -3 所示，PC - MCC 接线中，每段 MCC 也分为两个半段，互为备用的负荷分别接于不同半段上，但 MCC 两个半段间不设分段断路器。大型机组的 MCC 两个半段的电源可分别来自两个不同的 PC 母线，如图中的 1W3、1W4 段，也可从同一个 PC 的两个不同的半段上引接，如图中的 2W3、2W4 段。如机组中还有单台 I 类负荷，则可设置一个

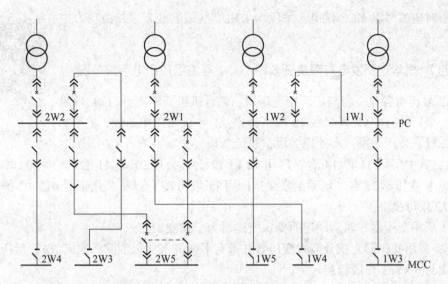

图 3 – 1 – 3　低压厂用动力中心 – 电动机控制中心（PC – MCC）接线

有两个电源进线的 MCC，两个电源互为备用，互相联锁，将没有备用的一类负荷接于其上，如图 3 – 1 – 3 中母线 2W5。

PC – MCC 接线应使用抽屉开关柜，每一种规格的断路器至少应设一个备用抽屉，并要求抽屉的互换性很好。一旦某个回路发生电源部分的故障，应能用备用抽屉更换故障部分，迅速恢复供电。所以，PC 段和 MCC 段的接线的供电可靠性都是较高的。

鉴于 PC – MCC 接线方式的供电可靠性较高，故负荷不再按重要程度接于不同母线段上，而是简单地以容量划分。我国现行规程规定，75 ~ 200 kW 的负荷及 MCC 的馈电回路接于 PC，75 kW 以下负荷接于 MCC。这要求抽屉式开关柜所采用的断路器设备参数应满足回路要求，保护应该齐全，抽屉的互换性很好等。

2. 低压厂用负荷的供电方式

低压厂用电系统在一个单元中采用若干个动力中心（PC），由动力中心供电给电动机控制中心（MCC），再由电动机控制中心供电给车间就地配电屏（PDP）。主厂房内照明电和动力电分开供电。

发电厂常设有除灰、输煤、化水、汽轮机、电除尘、锅炉、公用、事故保安动力中心等。动力中心（PC）常用的接线如图 3 – 1 – 4 所示，每个 400 V 动力中心分为 A、B 两段，分别由两段高压母线供电。两段动力中心之间设置联络开关连接。低压厂用变压器互为备用方式，变压器容量均按两

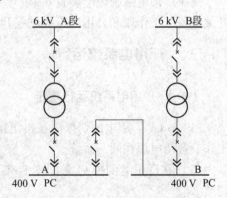

图 3 – 1 – 4　厂用 400V PC 接线

段动力中心的负荷容量选择，正常运行时两段动力中心的联络开关断开。当任意一台变压器检修或故障时，联络开关需手动投入。在两个变压器进线开关之间设置电气闭锁，使两台变压器不能并列运行。

电动机控制中心（MCC）一般根据负荷情况分散成对配置。互为备用及成对出现的负

荷分别由对应的两段 MCC 供电，每段均采用单电源供电方式，由动力中心供电。

低压厂用电系统
接线（PPT）

（四）国华定州发电有限责任公司 1、2 号机组厂用电系统概况

1、2 号机组各设一台高压厂用变压器，两台机组共享一台启动/备用变压器。全厂共有 6 kV 段母线 10 段，其中：1 号机组厂用 2 段，2 号机组厂用 2 段，公用 2 段，水处理 2 段，脱硫 2 段。全厂共有 6 kV 高压电机 73 台，其中厂用 11 段 14 台，厂用 12 段 12 台；公用 01 段 11 台，公用 02 段 10 台；6 kV/380 V 变压器 28 台。电动给水泵从厂用 11 段引接。6 kV 公用母线 01、02 段分别接于 12、22 段母线上。

低压厂用变压器和辅助厂房的低压变压器为干式变压器。

启动/备用变压器为三分裂式变压器并带有平衡绕组（以消除三次谐波），低压侧通过封闭母线与 6 kV 工作段相连。

高压厂用变压器高压侧与发电机出口通过离相封闭母线相连，低压侧通过封闭母线与 6 kV 配电装置相连。6 kV 工作段与公用段采用电缆连接。

低压变压器和容量 ≥200 kW 的电动机由 6 kV 配电装置供电，真空断路器用于 1 250 kVA 以上的低压变压器和容量大于 1 000 kW 的电动机；带熔断器的真空接触器（FC）用于容量为 1 250 kVA 及以下的变压器回路和 1 000 kW 及以下的电动机回路。

厂用电系统不设置同期装置，只设置一套微机型厂用电源快速切换装置，靠备用电源快速切换装置实现正常情况下的工作电源和备用电源的双向切换、事故情况下备用电源的自动投入。

6 kV 厂用电系统中性点接地方式采用低阻接地方式，接地电阻值为 9 Ω，接地故障动作于跳闸。接地电阻接地电流允许 400 A。

高压厂用电系统配电装置 6 kV 开关柜为真空开关柜和带熔断器的真空接触器混合式开关设备。工作段和公用段母线进线开关选用 4 000 A、50 kA 断路器。

三、厂用电系统运行

（一）厂用电系统运行规定

（1）6 kV 厂用电的切换应在机组运行稳定、负荷 150 MW 左右进行，切换前必须检查工作、备用电源在同一系统。

（2）在厂用电倒换为高厂变自带或倒换为启/备变带时，在 DCS 画面上进行正常切换。

（3）6 kV 厂用电正常倒换电源时，需先调整启/备变分接头，使待并断路器两侧的压差小于 5%，必要时还可调整发电机无功功率达到压差要求。

（4）6 kV 厂用 11、12 段工作电源与备用电源之间设有快切装置，正常运行时，快切装置方式投入并联方式。

（5）厂用电系统因故改为非正常运行方式时，应事先制定安全措施，并在工作结束后尽快恢复正常运行方式。

（6）380 V系统PC段运行电源切换前，应检查两路在同一系统，以防非同期合闸，如两电源不在同一系统，应采用瞬停的切换方法。属于同一系统时，可并列切换，在两端压差小于5%时，可先合上分段断路器，然后断开要停电断路器。

（7）MCC盘进行电源切换时，一般采用先断后合的方式，在就地盘上将断路器切至备用电源。

（8）电源切换瞬间将失电，在切换前应检查MCC盘所带负荷的运行情况，以防影响机组的安全运行。

（9）下列厂用电设备禁止投入运行：

①无保护的设备。

②绝缘电阻不合格的设备。

③断路器操动机构有问题。

④断路器事故遮断次数超过规定。

⑤速动保护动作后，未查明原因和排除故障。

（二）　厂用电系统倒闸操作应遵循的规定

（1）厂用电系统的倒闸操作和运行方式的改变，应由值长发令，并通知有关人员。

（2）除紧急操作和事故处理外，一切正常操作应按规定填写操作票，并严格执行操作监护及复诵制度。

（3）厂用电系统倒闸操作，一般应避免在高峰负荷或交接班时进行。操作当中不应进行交接班，只有当操作全部终结或告一段落时，方可进行交接班。

（4）新安装或进行过有可能变换相位作业的厂用电系统，在受电与并列切换前，应检查相序、相位的正确性。

（5）厂用电系统电源切换前，必须了解电源系统的连接方式。若环网运行，应并列切换，若开环运行及事故情况下对系统接线方式不清时，不得并列切换。

厂用电倒闸操作的
一般规定（PPT）

（6）倒闸操作应考虑环并回路与变压器有无过载的可能，运行系统是否可靠及事故处理是否方便等。

（7）厂用电系统送电操作时，应先合电源侧隔离开关、后合负荷侧隔离开关，停电操作与此相反。

四、厂用电系统停电操作

（一）　厂用母线停电的操作原则　（厂用母线由工作电源接带状态）

（1）检查厂用母线所属负荷均已断开。

（2）断开厂用母线备用电源自投装置。

（3）拉开厂用母线工作电源断路器（操作此项时，应考虑有关保护投、断问题）。

（4）将厂用母线工作电源和备用电源断路器置于检修状态。

（5）拉开厂用母线电压互感器隔离开关，并取下其高、低压熔丝及其直流熔丝。

（二） 6 kV 手车开关停电操作

（1）将二次柜门上的就地/远方选择把手切至"就地"位置。

（2）断开 6 kV 手车开关断路器。

（3）检查 6 kV 手车开关断路器确已断开。

（4）用曲柄逆时针将开关从"工作"位置摇至"试验/隔离"位置。

（5）取下 6 kV 手车开关的二次插头。

（6）将开关从"试验/隔离"位置摇至"检修"位置。

（三） 6 kV 母线 PT 停电操作

（1）退出 6 kV 母线所有电动机负荷的低电压保护压板。

（2）退出 6 kV 母线工作、备用进线开关的快切装置压板。

（3）断开二次柜内的控制小开关、消谐装置电源小开关。

（4）断开母线 PT 的二次小开关。

（5）将母线 PT 摇至隔离位置。

（6）取下母线 PT 的二次插头。

（7）关好柜门。

（四） 380 V 母线 PT 停电操作

（1）断开 380 V 母线 PT 开关。

（2）取下低电压保护和 PT 断线直流保险 FU3、FU4。

（3）取下母线 PT 二次侧保险 FU1、FU2。

 任务实施

根据发电厂电气设备倒闸操作基本原则、发电厂电气倒闸操作一般程序及相关规程规范，对发电厂厂用电系统停电操作进行分析判断，其倒闸操作实施情况如下。

（一） 厂用 6 kV 11 段母线停电操作步骤

（1）接值长令。

（2）查汽轮机 PC 11 段工作进线开关在断开位。

（3）将汽轮机 PC 11 段工作进线开关"就地/远方"选择把手切至"就地"位。

（4）将汽轮机 PC 11 段工作进线开关摇至"隔离"位。

（5）取下汽轮机 PC 11 段工作进线开关控制保险 FU1、FU2。

（6）查除尘 PC 11 段工作进线开关在断开位。

（7）将除尘 PC 11 段工作进线开关"就地/远方"选择把手切至"就地"位。

（8）将除尘 PC 11 段工作进线开关摇至"隔离"位。

（9）取下除尘 PC 11 段工作进线开关控制保险 FU1、FU2。

（10）查锅炉 PC 11 段工作进线开关在断开位。

（11）将锅炉 PC 11 段工作进线开关"就地/远方"选择把手切至"就地"位。

（12）将锅炉 PC 11 段工作进线开关摇至"隔离"位。

（13）取下锅炉 PC 11 段工作进线开关二次保险 FU1、FU2。

（14）查照明检修 PC 11 段工作进线开关在断开位。

（15）将照明检修 PC 11 段工作进线开关"就地/远方"选择把手切至"就地"位。

（16）将照明检修 PC 11 段工作进线开关摇至"隔离"位。

（17）取下照明检修 PC 11 段工作进线开关二次保险 FU1、FU2。

（18）查 11 照明检修变高压侧开关在断开位。

（19）将 11 照明检修变高压侧开关"就地/远方"选择把手切至"就地"位。

（20）将 11 照明检修变高压侧开关摇至"隔离"位。

（21）断开 11 照明检修变高压侧开关控制电源开关和储能开关。

（22）取下 11 照明检修变高压侧开关二次插头。

（23）查 11 汽机变高压侧开关在断开位。

（24）将 11 汽机变高压侧开关"就地/远方"选择把手切至"就地"位。

（25）将 11 汽机变高压侧开关摇至"隔离"位。

（26）断开 11 汽机变高压侧开关控制电源开关和储能开关。

（27）取下 11 汽机变高压侧开关二次插头。

（28）查 11 除尘变高压侧开关在断开位。

（29）将 11 除尘变高压侧开关"就地/远方"选择把手切至"就地"位。

（30）将 11 除尘变高压侧开关摇至"隔离"位。

（31）断开 11 除尘变高压侧开关控制电源开关和储能开关。

（32）取下 11 除尘变高压侧开关二次插头。

（33）查 11 锅炉变高压侧开关已断开。

（34）将 11 锅炉变高压侧开关"就地/远方"选择把手切至"就地"位。

（35）将 11 锅炉变高压侧开关摇至"隔离"位。

（36）断开 11 锅炉变高压侧开关控制电源开关和储能电源开关。

（37）取下 11 锅炉变高压侧开关二次插头。

（38）查 6 kV 厂用 11 段母线所有负荷开关在"隔离"位。

（39）查 6 kV 厂用 11 段工作进线开关在断开位。

（40）查 6 kV 厂用 11 段电流为零。

（41）断开 6 kV 厂用 11 段备用进线开关。

（42）查 6 kV 厂用 11 段备用进线开关已断开。

（43）查 6 kV 厂用 11 段母线电压为零。

（44）将 6 kV 11 段备用进线开关"就地/远方"选择把手切至"就地"位。

（45）将 6 kV 厂用 11 段备用进线开关摇至"隔离"位。

（46）断开 6 kV 厂用 11 段备用进线开关控制电源开关和储能电源开关。

（47）取下 6 kV 厂用 11 段备用进线开关二次插头。

（48）断开 6 kV 厂用 11 段备用进线 PT 二次交、直流电源开关。

（49）将 6 kV 厂用 11 段备用进线 PT 摇至"隔离"位。

（50）取下 6 kV 厂用 11 段备用进线 PT 二次插头。

（51）断开 6 kV 厂用 11 段母线 PT 二次交、直流电源开关。

（52）将 6 kV 厂用 11 段母线 PT 摇至"隔离"位。

（53）取下 6 kV 厂用 11 段母线 PT 二次插头。

（54）断开 6 kV 厂用 11 段工作进线开关控制电源开关和储能电源开关。

（55）取下 6 kV 厂用 11 段工作进线开关二次插头。

（56）断开 6 kV 厂用 11 段工作进线 PT 二次开关。

（57）取下 6 kV 厂用 11 段工作进线 PT 二次插头。

6 kV 厂用 11 段母线
停电前系统运行
方式（视频文件）

（58）将 6 kV 厂用 11 段工作进线 PT 小车拉至间隔外。

（59）断开 6 kV 厂用 11 段 01 柜低压电源开关。

（60）将 6 kV 厂用 11 段 01 柜低压电源开关拉至"隔离"位置。

（61）断开 6 kV 厂用 11 段 04 配电柜低压电源开关。

（62）将 6 kV 厂用 11 段 04 配电柜低压电源开关拉至"隔离"位置。

（63）断开 6 kV 厂用 11 段控制直流电源开关。

（64）查 6 kV 厂用 11、22 段控制直流联络开关已断开。

（65）断开 6 kV 厂用 11 段动力直流电源开关。

（66）查 6 kV 厂用 11、22 段动力直流联络开关已断开。

（67）验明 6 kV 厂用 11 段母线侧无电压。

6 kV 厂用 11 段母线停电操作
要点（厂用母线由工作电源接
带状态）（视频文件）

（68）在 6 kV 厂用 11 段母线 PT 处装设接地小车。

（69）查 6 kV 厂用 11 段母线 PT 处装设接地小车已装设好。

（70）验明 11 锅炉变高压侧开关地刀间隔负荷侧无电压。

（71）合上 11 锅炉变高压侧开关接地刀闸。

（72）查 11 锅炉变高压侧开关接地刀闸已合好。

（73）验明 11 照明检修变高压侧开关间隔负荷侧无电压。

（74）合上 11 照明检修变高压侧开关接地刀闸。

（75）查 11 照明检修变高压侧开关接地刀闸已合好。

（76）验明 11 汽机变高压侧开关间隔负荷侧无电压。

6 kV 厂用 11 段 1 号机电泵
由运行转冷备用的
倒闸操作（视频文件）

（77）合上 11 汽机变高压侧开关接地刀闸。

（78）查 11 汽机变高压侧开关接地刀闸已合好。

（79）验明 11 除尘变高压侧开关间隔负荷侧无电压。

（80）合上 11 除尘变高压侧开关接地刀闸。

（81）查 11 除尘变高压侧开关接地刀闸已合好。

6 kV 厂用 11 段 11 汽机变由运行转冷
备用的倒闸操作（视频文件）

6 kV 厂用 11 段母线由运行转检修的倒闸操作——
6 kV 11 段工作进线开关由运行转热备用（视频文件）

6 kV 厂用 11 段母线由运行转
检修的倒闸操作——
6 kV 11 段工作进线开关
由热备用转检修（视频文件）

6 kV 厂用 11 段母线由运行
转检修的倒闸操作——
6 kV 11 段备用进线开关
由热备用转检修（视频文件）

厂用 6 kV 11 段母线 PT
由运行转检修的倒闸
操作（视频文件）

（二）汽轮机 PC 11 段停电操作步骤

（1）查汽轮机 PC 11 段所有负荷开关已断开。

（2）查汽轮机 PC 11、12 段母联开关已断开。

（3）断开汽轮机 PC 11 段工作进线开关。

（4）查汽轮机 PC 11 段母线电压为零。

（5）查汽轮机 PC 11 段工作进线开关已断开。

（6）断开 11 汽机变高压侧开关。

（7）查 11 汽机变高压侧开关已断开。

（8）将汽轮机 PC 11 段工作进线开关"就地/远方"选择把手切至"就地"位。

（9）将汽轮机 PC 11 段工作进线开关摇至"隔离"位。

（10）断开汽轮机 PC 11 段工作进线开关控制保险 FU1、FU2。

（11）将汽轮机 PC 11、12 段母联开关"就地/远方"选择把手切至"就地"位。

（12）将汽轮机 PC 11、12 段母联开关摇到"隔离"位置。

（13）断开汽轮机 PC 11、12 段母联开关控制保险 FU1、FU2。

（14）断开 11 汽机变温控电源开关。

（15）查 11 汽机变温控电源开关已断开。

（16）将 11 汽机变温控电源开关拉至"隔离"位。

（17）断开汽轮机 PC 11 段 PT 开关。

（18）查汽轮机 PC 11 段 PT 开关已断开。

（19）取下汽轮机 PC 11 段 PT 开关二次保险 FU1、FU2、FU3、FU4。

（20）将 11 汽机变高压侧开关"就地/远方"选择把手切至"就地"位。

（21）将 11 汽机变高压侧开关摇到"隔离"位。

（22）断开 11 汽机变高压侧开关控制及储能开关。

（23）取下 11 汽机变高压侧开关二次插头。

（24）断开汽轮机 PC 11 段直流开关。

（25）查汽轮机 PC 11 段直流开关已断开。

（26）查汽轮机 PC 11 与 12 段的直流联络开关已断开。

（27）验明 11 汽机变低压侧无电压。

（28）在 11 汽机变低压侧封接一组接地线。

（29）查 11 汽机变低压侧接地线已封好。

（30）验明汽轮机 PC 11 段母线无电压。

（31）在汽轮机 PC 11 段母线侧封一组接地线。

（32）查汽轮机 PC 11 段母线侧接地线已封好。

（33）验明 11 汽机变高压侧确无电压。

（34）合上 11 汽机变高压侧开关接地刀闸。

（35）查 11 汽机变高压侧开关接地刀闸已合好。

厂用汽轮机 PC 11 段母线停电
检修前系统运行方式
（视频文件）

厂用汽轮机 PC 11 段母线
停电检修操作要点
（视频文件）

厂用汽轮机 PC 11 段母线由运行
转检修的倒闸操作——断开
所有与汽轮机 PC 11 段母线相连
的负荷开关（视频文件）

厂用汽轮机 PC11 段母线由运行转
检修的倒闸操作——11 汽机
变低压侧开关由运行
转热备用（视频文件）

厂用汽轮机 PC 11 段母线由运行转
检修的倒闸操作——11 汽机
变高压侧开关由运行转热
备用（视频文件）

厂用汽轮机 PC 11 段母线由运行转
检修的倒闸操作——11 汽机
变低压侧开关由热备用
转冷备用（视频文件）

厂用汽轮机 PC 11 段母线
PT 由运行转冷备用的
倒闸操作（视频文件）

厂用汽轮机 PC 11 段母线由运行
转检修的倒闸操作——11 汽机
变高压侧开关由热备用
转冷备用（视频文件）

厂用汽轮机 PC 11 段母线由运行
转检修的倒闸操作——11 汽机
变高压侧开关由冷备用
转检修（视频文件）

（三）汽轮机 MCC 11 段停电操作步骤

（1）接值长令。

（2）查汽轮机 MCC 11 段母线上负荷开关均断开。

（3）查汽轮机 MCC 11 段母线上电流为零。

（4）断开汽轮机 MCC 11 段工作进线开关。

（5）查汽轮机 MCC 11 段工作进线开关已断开。

（6）将汽轮机 MCC 11 段工作进线开关"就地/远方"选择把手切至"就地"位。

（7）将汽轮机 MCC 11 段工作进线开关摇至"隔离"位。

（8）取下汽轮机 MCC 11 段工作进线开关二次保险 FU1、FU2。

（9）断开汽轮机 MCC 11 段工作进线刀闸。

（10）查汽轮机 MCC 11 段工作进线刀闸已断开。

（11）将汽轮机 MCC 11 段工作进线刀闸摇至"隔离"位。

（12）验明汽轮机 MCC 11 段母线三相无电压。

（13）在汽轮机 MCC 11 段母线封地线一组。

（14）查汽轮机 MCC 11 段母线地线已封好。

 拓展提高

1. 厂用电倒闸操作的注意事项

（1）必须了解系统运行方式和状态，并考虑电源及负荷的合理分布、系统的运行方式调整情况。

（2）在厂用电系统和设备送电时，必须收回工作票，拆除安全措施，对厂用电气设备进行详细检查，在确认断路器已断开后，方可送电操作。

（3）有备用电源的系统，工作电源停电时采用并列倒换的方法进行，待负荷转移正常后，将工作电源停电。

（4）母线停电时，应考虑负荷分配，进行负荷转移，不能切换的设备应做好停电的联系工作，负荷全部停运时，用电源断路器切除空母线，而后停电压互感器 TV。

（5）母线送电时，应先测绝缘电阻，并详细检查设备，先送母线电压互感器 TV，然后用电源断路器对母线充电，正常后再恢复对负荷的供电。

（6）程序控制的厂用负荷的程控开关，应随同设备的停、送电一起进行。

（7）厂用电源的倒换，应考虑系统的运行方式，防止发生非同期并列。

2. 6 kV 开关柜防止误操作的机械/电气闭锁

（1）开关和地刀在断开位置时手车开关能从"试验"位置移动到"运行"位置或反向移动，靠机械闭锁。

（2）手车开关确在"试验"或"运行"位置时开关才能合闸，靠机械闭锁。

（3）手车开关在"试验"或"运行"位置时而且没有控制电压时开关不能合闸，仅能手动分闸，靠机械电气闭锁。

（4）手车开关在"运行"位置时二次插头被锁定不能拔出。

（5）手车开关在"试验"位置或"退出"时接地开关才能合闸，靠机械闭锁。

（6）接地开关合闸时手车开关不能从"试验"位置移向"运行"位置，靠机械闭锁。

（7）电缆室门设带电强制闭锁装置，当接地开关合闸时电缆室门才允许打开。

（8）当手车开关处于"试验"位置时，电缆室门关闭后接地开关才能操作，只有电缆室门关闭后，接地开关才允许被分闸。

3. 明备用和暗备用的区别

明备用是指有备用电源的接线方式。如厂用 6 kV 母线，一般由高压厂用变压器低压侧取得，视为工作电源。为保证母线供电的可靠性，还要从厂升压站另外设一个高压备用变压器，作为备用电源。一般情况下，工作电源与备用电源的容量一致。

暗备用是指没有明确的备用电源的接线方式。如低压厂用电系统的两台变压器各带一段母线，低压母线设置母联断路器的接线方式。可将变压器的容量加大，使一台变压器可以带两段母线的负荷，当一台变压器需要检修时，将母线负荷倒换至另一台变压器接带。

4. 厂用电接线按炉分段

发电厂中，由于锅炉辅助机械占主要地位，耗电量最多，故发电厂的厂用母线接线一般都采用按炉分段，即凡属于同一台锅炉的厂用电动机，都接在同一段母线上。按炉分段有以下优点：

（1）一段母线如发生故障，仅影响一台锅炉的运行。

（2）利用锅炉大修或小修机会，可以同时对该段母线进行停电检修。

（3）便于设备的管理和停送电操作。

但对于不能按炉分段的公用负荷，可以设立公用负荷段。

任务 3.1.2　发电厂厂用电系统送电操作

教学目标

知识目标：

（1）熟悉发电厂厂用送电前系统的运行方式。

（2）掌握发电厂厂用送电的操作流程。

能力目标：

（1）能够填写发电厂厂用送电的倒闸操作票。

（2）能够审核发电厂厂用送电的倒闸操作票的正误。

（3）能够在仿真机上熟练进行发电厂厂用送电操作。

素质目标：

（1）能主动学习，在完成发电厂厂用送电的过程中发现问题、分析问题和解决问题。

（2）能严格遵守专业相关规程标准及规章制度，与小组成员协商、交流配合，按标准化作业流程完成发电厂厂用送电操作。

任务分析

（1）分析发电厂厂用送电前系统的运行方式。

（2）分析发电厂厂用送电的操作流程。

（3）按发电厂电气倒闸操作标准化作业流程，对发电厂厂用电进行送电操作。

 **相关知识**

一、 厂用母线送电的操作原则

（1）检查厂用母线上所有检修工作全部终结，各部及所属设备均完好，符合运行条件。

（2）将母线电压互感器投入运行。即投入电压互感器高、低熔丝及直流熔丝，合上电压互感器一次隔离开关。

（3）检查母线工作电源断路器和备用电源断路器均断开，并将其置于热备用状态。

（4）合上母线工作电源断路器（或合上母线备用电源断路器），检查母线电压正常。

（5）投入相应母线备用电源自投装置（由备用电源供电时，此项不执行）。

二、 6 kV 手车断路器送电操作

（1）插入 6 kV 手车断路器的二次插头。

（2）合上二次柜内的控制电源自动空气开关、保护电源自动空气开关、凝露器控制电源自动空气开关、电能表电源自动空气开关。

（3）锁好柜门。

（4）检修或更换小车后，试验电动分合闸及储能情况完好。

（5）查 6 kV 手车断路器在断开位置。

（6）查接地开关在断开位置。

（7）用曲柄顺时针将断路器从试验位置摇至"工作"位。

（8）查二次插头的闭锁杆已落下。

（9）观察位置指示器指示工作位置。

（10）将二次柜门上或综合保护面板上的"就地/远方"选择开关切至"远方"位置。

（11）检查综合保护和差动保护装置正常。

（12）投入综合保护及差动保护出口连接片。

三、 母线 PT 的送电操作

（一） 6 kV 母线 PT 的送电操作

（1）检查母线 PT 一次触头完好。

（2）给上母线 PT 一次侧保险。

（3）给上母线 PT 的二次插头。

（4）将母线 PT 摇至"工作"位。

（5）合上母线 PT 的二次小开关。

（6）合上二次柜内的控制小开关、加热照明小开关、消谐装置电源小开关。

（7）投入 6 kV 母线工作、备用进线开关的快切装置压板。

（8）投入 6 kV 母线所有电动机负荷的低电压保护压板。

（二） 380 V 母线 PT 的送电操作

（1）检查 PT 一次保险完好。

（2）检查低电压保护压板投入。

（3）给上 PT 二次保险 FU1、FU2。

（4）给上低电压保护和 PT 断线直流保险 FU3、FU4。

（5）合上 PT 开关。

四、 电动机的启动

（一） 电动机的启动规定

（1）电动机在正常情况下，允许在冷态下连续启动两次，每次间隔时间不得少于 5 min；允许在热态下启动一次。只有在处理事故时以及启动时间不超过 2～3 s 的电动机可以多启动一次。在进行动平衡校验时，启动的间隔时间为：200 kW 以下的电动机，应不小于 30 min；200～500 kW 的电动机，应不小于 1 h；500 kW 以上的电动机，应不小于 2 h。

（2）当电动机静子线圈和铁芯温度在 50 ℃ 以上或运行 4 h 后，则认为是热态。

（3）电动机启动时，应注意观察电流，并监视启动时间。

（4）新安装或检修后第一次启动的电动机，在远方启动时，应在电动机旁设专人监视，直到启动正常。

（5）电动机在启动过程中不可切断电动机电源，以防引起过电压。

（6）直流电动机启动时应监视所在直流母线电压。

（7）尽量避免在厂用母线电压降低的情况下进行启动（6 kV 母线电压低于 6.3 kV，380 V 母线电压低于 400 V）。

（8）严禁同时启动两台及以上大型电动机。

（9）严防因风机挡板不严，在风机反转的情况下启动风机电动机，严防在水泵反转的情况下启动水泵电动机。

（二） 电动机启动前检查

（1）电动机及其附近应无人工作和无杂物。

（2）电动机所带动的机械可以启动或在试转时电动机与机械的对轮已拆开。设法转动转子，证实转子与定子不相摩擦，它所带动的机械也没有被卡住。

（3）检查轴承中和启动装置中油位应正常。如采用强力润滑，应投入油系统，并检查油压正常、油路畅通，不漏油。

（4）检查电动机各部测温元件 LCD 上显示应正确。

（5）检查无机械引起的反转现象，如有应设法停止反转。

 任务实施

根据发电厂电气设备倒闸操作基本原则、发电厂电气倒闸操作一般程序及相关规程规范，对发电厂厂用电系统送电操作进行分析判断，其倒闸操作实施情况如下。

（一）6 kV 厂用 11 段母线送电操作步骤 （由检修状态转换为运行状态）

（1）接值长令。

（2）查 6 kV 厂用 11 段临时措施已拆除，标示牌已拆除。

（3）拆除 6 kV 厂用 11 段所封接地线。

（4）查 6 kV 厂用 11 段所封接地线已拆除。

（5）断开 11 锅炉变接地刀闸。

（6）查 11 锅炉变开关接地刀闸确已断开。

（7）断开 11 照明变高压侧开关接地刀闸。

（8）查 11 照明变高压侧开关接地刀闸确已断开。

（9）断开 11 汽机变接地刀闸。

（10）查 11 汽机变开关接地刀闸确已断开。

（11）查 6 kV 厂用 11 段所有负荷开关在断开位。

（12）查 6 kV 厂用 11 段工作进线开关断开。

（13）验明 6 kV 厂用 11 段母线无电压。

（14）测 6 kV 厂用 11 段母线绝缘合格。

（15）查 6 kV 厂用 11 和 22 段直流联络开关在断位。

（16）给上 6 kV 厂用 11 段直流电源开关。

（17）给上 6 kV 厂用 11 段控制直流开关。

（18）查 6 kV 厂用 11 和 22 段动力直流联络开关在断位。

（19）给上 6 kV 厂用 11 段动力直流电源开关。

（20）给上 6 kV 厂用 11 段动力直流开关。

（21）合上 6 kV 厂用 11 段交流电源（一）开关。

（22）查 6 kV 厂用 11 段交流电源（一）开关确已合上。

（23）合上 6 kV 厂用 11 段交流电源（二）开关。

（24）查 6 kV 厂用 11 段交流电源（二）开关确已合上。

（25）将 6 kV 厂用 11 段母线 PT 间隔避雷器小车送"工作"位。

（26）查 6 kV 厂用 11 段母线 PT 间隔避雷器小车送好。

（27）查 6 kV 厂用 11 段母线 PT 一次保险良好。

（28）给上 6 kV 厂用 11 段母线 PT 二次插头。

（29）将 6 kV 厂用 11 段母线 PT 摇至"工作"位。

（30）给上 6 kV 厂用 11 段母线 PT 的二次小开关。

（31）给上 6 kV 厂用 11 段母线 PT 的交流二次小开关。

（32）查 6 kV 厂用 11 段备用进线 PT 一次保险良好。

（33）给上 6 kV 厂用 11 段备用进线 PT 二次插头。

（34）将 6 kV 厂用 11 段备用进线 PT 摇至"工作"位。

（35）合上 6 kV 厂用 11 段备用进线 PT 二次小开关。

（36）合上 6 kV 厂用 11 段备用进线 PT 交流二次小开关。

6 kV 厂用 11 段
母线送电前系统
运行方式（视频文件）

（37）查 6 kV 厂用 11 段备用进线开关在断开位。

（38）给上 6 kV 厂用 11 段备用进线开关的二次插头。

（39）给上 6 kV 厂用 11 段备用进线开关的二次小开关。

（40）将 6 kV 厂用 11 段备用进线开关摇至"工作"位。

（41）查 6 kV 厂用 11 段备用进线开关保护投入正确。

（42）将 6 kV 厂用 11 段备用进线开关"就地/远方"选择把手切至"远方"位。

（43）合上 6 kV 厂用 11 段备用进线开关。

（44）查 6 kV 厂用 11 段备用进线开关已合好。

（45）查 6 kV 厂用 11 段母线电压已正常。

6 kV 厂用 11 段
母线送电前系统
运行方式（视频文件）

| 6 kV 厂用 11 段母线由检修转运行的倒闸操作要点（视频文件） | 6 kV 厂用 11 段母线由检修转运行的倒闸操作——断开所有负荷的接地刀闸（视频文件） | 厂用 6 kV 11 段母线 PT 由检修转运行的倒闸操作（视频文件） | 6 kV 厂用 11 段母线由检修转运行的倒闸操作——合上 6 kV 厂用 11 段备用进线开关（视频文件） |

（二）汽轮机 PC 11 段送电操作步骤（由检修状态转换为运行状态）

（1）查汽轮机 PC 11 段临时遮栏及标示牌拆除。

（2）查 11 汽机变高压侧开关地刀已断开。

（3）拆除 11 汽机变低压侧所封地线。

（4）查 11 汽机变低压侧所封地线已拆除。

（5）拆除汽轮机 PC 11 段母线上所封接地线。

（6）查汽轮机 PC 11 段母线所封地线已拆除。

（7）查汽轮机 PC 11 段所有负荷开关在隔离位。

（8）验明汽轮机 PC 11 段母线确无电压。

（9）测量汽轮机 PC 11 段绝缘合格。

（10）验明 11 汽机变高压侧确无电压。

（11）测量 11 汽机变高压侧绝缘合格。

（12）合上汽轮机 PC 11 段直流开关。

（13）查汽轮机 PC 11 段 PT 的一次保险良好。

（14）给上汽轮机 PC 11 段 PT 的交直流二次保险 FU1、FU2、FU3、FU4。

（15）合上汽轮机 PC 11 段 PT 开关。

（16）查汽轮机 PC 11 段 PT 开关已合好。

（17）查汽轮机 PC 11 段低电压保护压板 XB 已投入。

（18）查 11 汽机变高压侧开关在断开位。

（19）给上 11 汽机变高压侧开关的二次插头。

（20）给上 11 汽机变高压侧开关二次小开关。

（21）将 11 汽机变高压侧开关摇至"工作"位。

（22）查 11 汽机变保护投入正确。

（23）将 11 汽机变高压侧开关"就地/远方"选择把手切至"远方"位。

（24）查汽轮机 PC 11 段工作进线开关在断开位。

（25）给上汽轮机 PC 11 段工作进线开关操作保险 FU1、FU2。

（26）将汽轮机 PC 11 段工作电源进线开关摇至"工作"位。

（27）将汽轮机 PC 11 段工作电源进线开关"就地/远方"选择把手切至"远方"位。

厂用汽轮机 PC 11 段母线
送电前系统运行
方式（视频文件）

（28）查汽轮机 PC 11、12 段母联开关在断开位。

（29）给上汽轮机 PC 11、12 段母联开关操作保险 FU1、FU2。

（30）将汽轮机 PC 11、12 段母联开关摇至"工作"位。

（31）将汽轮机 PC 11、12 段母联开关"就地/远方"选择把手切至"远方"位。

（32）合上 11 汽机变高压侧开关。

（33）查 11 汽机变高压侧开关已合好。

（34）查 11 汽机变充电正常。

（35）合上汽轮机 PC 11 段工作进线开关。

（36）查汽轮机 PC 11 段工作进线开关已合好。

（37）查汽轮机 PC 11 段母线电压正常。

（38）合上 11 汽机变温控装置电源开关。

（39）投入 11 汽机变温控装置。

厂用汽轮机 PC 11 段母线
送电操作步骤
（视频文件）

厂用汽轮机 PC 11 段母线
PT 由冷备用转运行的
倒闸操作（视频文件）

厂用汽轮机 PC 11 段母线
送电——合上 11 汽机变
高压侧开关（视频文件）

厂用汽轮机 PC 11 段母线
送电——合上 11 汽机变
低压侧开关（视频文件）

厂用电送电至汽轮机
PC 11 段 11 闭冷泵
（视频文件）

（三）汽轮机 MCC 11 段送电 （由检修状态转换为运行状态）

（1）接值长令。

（2）查汽轮机 MCC 11 临时遮栏已拆除，标示牌已拆除。

（3）拆除汽轮机 MCC 11 段母线所封地线。

（4）查汽轮机 MCC 11 段母线所封地线已拆除。

（5）验明汽轮机 MCC 11 段母线三相无电压。

（6）测汽轮机 MCC 11 段母线绝缘应合格。

（7）查汽轮机 MCC 11 段工作进线刀闸在断开位。

（8）将汽轮机 MCC 11 段工作进线刀闸摇至"工作"位。

（9）合上汽轮机 MCC 11 段工作进线刀闸。

（10）查汽轮机 MCC 11 段工作进线刀闸已合好。

（11）查汽轮机 MCC 11 段工作进线开关在断开位。

（12）给上汽轮机 MCC 11 段工作进线开关二次保险 FU1、FU2。

（13）将汽轮机 MCC 11 段工作进线开关摇至"工作"位。

（14）将汽轮机 MCC 11 段工作进线开关"就地/远方"选择把手切至"远方"位。

（15）合上汽轮机 MCC 11 段工作进线开关。

（16）查汽轮机 MCC 11 段工作进线开关已合好。

（四）厂用 11 循环水泵、 turbpc 11 段 11 真空泵送电操作步骤

（1）接值长令。

（2）断开 11 循环水泵接地刀闸。

（3）查 11 循环水泵接地刀闸确已断开。

（4）断开 11 汽机变高压侧接地刀闸。

（5）查 11 汽机变高压侧接地刀闸确已断开。

（6）断开 6 kV 厂用 11 段母线 PT 接地刀闸。

（7）查 6 kV 厂用 11 段母线 PT 接地刀闸确已断开。

（8）给上 6 kV 厂用 11 段母线 PT 辅助插头。

（9）查 6 kV 厂用 11 段母线 PT 接地刀闸在断开位。

（10）将 6 kV 厂用 11 段母线 PT 手车摇至"运行"位。

（11）给上 6 kV 厂用 11 段母线 PT 次级开关。

（12）给上 6 kV 厂用 11 段母线 PT 直流电源。

（13）给上 6 kV 厂用 11 段控制直流电源开关。

（14）给上 6 kV 厂用 11 段动力直流电源开关。

（15）查 6 kV 厂用 11 段工作进线开关已断开。

（16）验明 6 kV 厂用 11 段母线无电压。

（17）查 6 kV 厂用 11 段备用进线开关"就地/远方"选择把手在"就地"位置。

（18）给上 6 kV 厂用 11 段备用进线 PT 交流次级开关。

（19）查 6 kV 厂用 11 段备用进线开关在断开位。

（20）将 6 kV 厂用 11 段备用进线开关手车摇至"试验/隔离"位置。

（21）给上 6 kV 厂用 11 段备用进线开关的辅助插头。

（22）给上 6 kV 厂用 11 段备用进线开关的储能开关。

（23）给上 6 kV 厂用 11 段备用进线开关的控制开关。

（24）查 6 kV 厂用 11 段备用进线开关接地刀闸在断开位。

（25）查 6 kV 厂用 11 段备用进线开关已断开。

（26）将 6 kV 厂用 11 段备用进线开关手车摇至"运行"位。

（27）将 6 kV 厂用 11 段备用进线开关"就地/远方"选择把手切至"远方"位。

（28）合上 6 kV 厂用 11 段备用进线开关。

（29）查 6 kV 厂用 11 段母线电压正常。

（30）查 6 kV 厂用 11 循环水泵"就地/远方"选择把手在"就地"位置。

（31）将 6 kV 厂用 11 循环水泵手车摇至"试验/隔离"位置。

（32）给上 6 kV 厂用 11 循环水泵开关的辅助插头。

（33）给上 6 kV 厂用 11 循环水泵储能开关。

（34）给上 6 kV 厂用 11 循环水泵控制开关。

（35）查 6 kV 厂用 11 循环水泵开关接地刀闸在断开位。

（36）查 6 kV 厂用 11 循环水泵开关已断开。

（37）将 6 kV 厂用 11 循环水泵开关手车摇至"运行"位置。

（38）查 6 kV 厂用 11 循环水泵"就地/远方"选择把手在"就地"位置。

（39）合上 6 kV 厂用 11 循环水泵开关。

（40）查 6 kV 厂用 11 汽机变高压侧开关"就地/远方"选择把手在"就地"位。

（41）将 6 kV 厂用 11 汽机变高压侧开关手车摇至"试验/隔离"位置。

（42）给上 6 kV 厂用 11 汽机变高压侧开关的辅助插头。

（43）给上 6 kV 厂用 11 汽机变高压侧开关储能开关。

（44）给上 6 kV 厂用 11 汽机变高压侧开关控制开关。

（45）查 6 kV 厂用 11 汽机变高压侧开关接地刀闸在断开位。

（46）查 6 kV 厂用 11 汽机变高压侧开关已断开。

（47）将 6 kV 厂用 11 汽机变高压侧开关手车摇至运行位置。

（48）将 6 kV 厂用 11 汽机变高压侧开关"就地/远方"选择把手切至"远方"位。

（49）合上 6 kV 厂用 11 汽机变高压侧开关。

（50）给上 turbpc 11 段母线 PT 的一次熔丝。

（51）给上 turbpc 11 段母线 PT 的次级熔丝。

（52）合上 turbpc 11 段母线 PT 的直流电源开关。

（53）将 turbpc 11 段母线 PT 手车摇至"运行"位置。

（54）将 turbpc 11 段工作电源进线开关"就地/远方"选择把手切至"就地"位。

（55）将 turbpc 11 段工作电源进线开关手车摇至"试验"位置。

（56）给上 turbpc 11 段工作电源进线控制开关。

（57）将 turbpc 11 段工作电源进线开关手车摇至"运行"位置。

（58）将 turbpc 11 段工作电源进线开关"就地/远方"选择把手切至"远方"位。

（59）合上 turbpc 11 段工作电源进线开关。

（60）查 turbpc 11 段工作电源进线开关已合好。

（61）查 turbpc 11 段母线电压正常。

（62）将 turbpc 11 段 11 真空泵开关"就地/远方"选择把手切至"就地"位置。

（63）将 turbpc 11 段 11 真空泵开关手车摇至"试验"位置。

（64）给上 turbpc 11 段 11 真空泵控制开关。

（65）将 turbpc 11 段 11 真空泵开关手车摇至"运行"位置。

（66）查 turbpc 11 段 11 真空泵开关"就地/远方"选择把手在"就地"位置。

（67）合上 turbpc 11 段 11 真空泵开关。

（68）查 turbpc 11 段 11 真空泵开关已合上。

厂用电送电至 6kV 11 段
11 循环水泵（视频文件）

拓展提高

1. 母线投运前的检查

（1）检查母线及所属设备工作是否已全部结束，工作票是否收回，安全措施是否已拆除。

（2）检查母线各支持瓷瓶应无裂纹，各部清洁无杂物，各固定螺丝紧固。

（3）检查所有小车开关在试验/隔离位置。

（4）用 2 500 V 摇表测量母线绝缘电阻大于 50 MΩ。

（5）新安装和大修后的母线应有耐压试验报告。

（6）对封闭母线周围进行检查，应无漏水、漏气现象。

（7）封闭母线各接头密封良好，连接条紧固，短路板可靠接地。

2. 6 kV 手车开关投运前的检查

（1）检查接地刀闸已断开。

（2）检查开关柜和开关本体的二次回路组件应完好。

（3）检查开关本体各梅花触头应完好，测量开关各触头间及对地绝缘应良好。

（4）测量所带负荷及电缆的绝缘是否良好。

（5）检查手动储能、分合闸操作及指示是否正常。

（6）将手车开关放至开关柜内隔离/试验位置，关上并锁好柜门。

3. 380 V 母线投运前的检查

（1）检查所属一、二次系统工作是否结束，工作票全部收回，安全措施全部拆除。

（2）检查主接地母线和柜外接地网的连接是否可靠。

（3）清除柜内剩余材料对象和工具。

（4）用兆欧表测量母线绝缘电阻，应大于 1 MΩ。

（5）检查母线 PT 一次侧保险是否完好。

（6）将各柜门关好。

4. 380 V 开关投运前的检查

（1）检查各插头是否完好，应无烧伤痕迹。

（2）检查各插头间及对地的绝缘电阻是否合格。

（3）检查手动储能及分合闸操作指示是否正常。

（4）将手车开关放至开关柜内。

（5）检查机械闭锁。

（6）复位开关，关好柜门。

5. 厂用电设备和系统运行中的检查

（1）配电室应无漏雨、无积水、无墙皮脱落，照明充足。

（2）开关刀闸接触器等设备的运行状态与 DCS 指示一致。

（3）将开关柜上"就地/遥控"选择把手放至"遥控"位置。

（4）开关接触器等设备的电流电压不超过额定值。

（5）各部清洁，无放电闪络现象。

（6）各开关刀闸母线 PT、CT 无振动和异音。

（7）共箱封闭母线接地良好，外壳无过热和放电现象。

（8）各导电部分接头温度不超过 70 ℃，封闭母线不超过 65 ℃。

（9）任何情况下 PT 二次侧不准短路，CT 二次侧不准开路。

（10）母线相间及相对地电压正常，6 kV 母线电压维持在 6.3 kV，380 V 母线电压维持在 400 V。

（11）各段负荷分配合理，无过负荷现象。

（12）继电保护装置及自动装置定值正确，无积尘。

（13）检查运行的 6 kV 开关柜带电显示装置指示正确。

（14）电气及机械闭锁装置良好。

（15）开关各柜门关好。

任务 3.2　发电厂厂用电源切换

发电厂正常运行时，发电机厂用电源来自厂用高压变压器；若厂用高压变压器在检修或出现故障，则由电力系统 220 kV 母线供给。正确进行厂用电系统切换等操作是确保电力系统及发电机本身安全稳定运行的重要环节，操作中必须严谨认真。

教学目标

知识目标：

（1）熟悉 6 kV 厂用电系统切换的基本知识。

（2）熟悉厂用电源快切装置的功能及切换方式。

（3）熟悉 6 kV 厂用电源进行切换前系统的运行方式。

（4）掌握 6 kV 厂用电源进行切换的操作流程。

能力目标：

（1）能够填写 6 kV 厂用电源进行切换的倒闸操作票。

（2）能够审核 6 kV 厂用电源进行切换的倒闸操作票的正误。

（3）能够在仿真机上熟练进行 6 kV 厂用电源的切换操作。

素质目标：

（1）能主动学习，在完成 6 kV 厂用电源切换的过程中发现问题、分析问题和解决问题。

（2）能严格遵守专业相关规程标准及规章制度，与小组成员协商、交流配合，按标准化作业流程完成 6 kV 厂用电源的切换操作。

任务分析

（1）分析 6 kV 厂用电源进行备用倒工作切换前系统的运行方式。

（2）分析 6 kV 厂用电源进行备用倒工作切换的操作流程。

（3）按发电厂电气倒闸操作标准化作业流程，对 6 kV 厂用电源进行备用倒工作切换。

（4）分析 6 kV 厂用电源进行工作倒备用切换前系统的运行方式。

（5）分析 6 kV 厂用电源进行工作倒备用切换的操作流程。

（6）按发电厂电气倒闸操作标准化作业流程，对 6 kV 厂用电源进行工作倒备用切换。

 相关知识

一、 6 kV 厂用电系统的切换概述

大容量火电机组的特点之一是采用机、炉、电单元控制方式，厂用电系统的安全可靠性对整个机组乃至整个电厂运行的安全性、可靠性有着相当重要的影响，厂用工作电源和备用电源之间的快速切换是实现厂用电连续可靠供电的重要手段，特别是 6 kV 厂用电的切换则是整个厂用电系统的一个重要环节。

发电机组对厂用电切换的基本要求是安全可靠。其安全性体现为切换过程中不能造成设备损坏，而可靠性则体现为提高切换成功率，减少备用变压器过流或重要辅机跳闸造成锅炉、汽轮机停运的事故。

在发电机开机之前，与锅炉、汽轮机有关的辅机应首先启动起来，即厂用电系统应该先转动起来。此时对于发电机与主变压器之间不设断路器的接线方式而言，厂用电系统要靠启动/备用电源供电；而在发电机并网发电之后，发电机组的各种辅机的工作电源都应来自本机组，即各机组带自己的厂用负荷；当发电机需要正常停机时，应首先将厂用负荷切换至启动/备用电源，以保证发电机的安全停机；在发电机运行过程中，由于事故导致厂用电源突然失去时，应该由"厂用电的快速切换装置"迅速将厂用负荷切换至备用电源。以上这个过程称为厂用电的切换。

厂用电源切换基本
知识（PPT）

二、 6 kV 厂用电源的切换方式

厂用电源的切换方式，按工作电源和备用电源之间的切换方式不同，可分为并联切换、串联切换和同时切换；按启动原因可分为正常切换、事故切换和非正常切换；按切换速度可分为快速切换、短延时切换、同期捕捉切换、残压切换和长延时切换。

（一）正常切换

所谓正常切换，是指在正常情况下（如开机、停机）进行的厂用电源切换。在升负荷过程中，当机组的负荷大于其额定功率的 30% 时，将 6 kV 厂用电源由备用电源切换至工作电源，或在减负荷过程中，将 6 kV 厂用电源由工作电源切换至备用电源，对切换速度没有特殊要求。

正常切换由运行人员手动启动，在控制台、DCS 系统或装置面板上均可进行，根据远方/就地控制信号进行控制。

正常切换是双向的，可完成从工作电源到备用电源，或从备用电源到工作电源的切

换，切换方式有并联切换和正常同时切换两种方式，通过控制屏（台）上的选择开关选择切换方式。

1. 并联切换

并联切换是指在进行厂用母线电源切换期间，工作电源和备用电源系统是短时并联运行的。

正常情况下的并联切换是指，控制台切换方式选择开关置于"并联"位置，切换时先合上备用电源，两电源短时并联，再跳开工作电源。并联切换方式又分为并联自动切换和并联半自动切换两种。

（1）并联自动切换。

将选择开关置于"自动"位置。手动启动装置，若并联切换条件满足，装置将先合上备用（工作）电源开关，经一定延时后再自动跳开工作（备用）电源开关，如在这段延时内，刚合上的备用（工作）电源开关被跳开，则装置不再自动跳开工作（备用）。若启动后并联切换条件不满足，装置将闭锁发信，并等待复归。

（2）并联半自动切换。

将选择开关置于"半自动"位置。手动启动装置，若并联切换条件满足，只合上备用（工作）电源开关，而跳开工作（备用）电源开关的操作要由人工来完成。若在规定的时间内，操作人员仍未跳开工作（备用）电源断路器，装置将发出告警信号。若启动后并联切换条件不满足，装置将闭锁发信，并等待复归。

并联切换的优点是能保证厂用电的连续供给；缺点是并联期间短路容量增大，增大了对断路器断流能力的要求。但由于并联时间很短（一般在几秒内），发生事故的概率很小，所以在正常切换中被广泛采用。当然，切换前要确认两个电源之间满足同步要求。

2. 正常同时切换

手动启动，先发跳开工作（备用）电源开关命令，在切换条件满足时，再发合上备用（工作）电源开关命令。若要保证先分后合，可在合闸命令前加一定延时。

正常同时切换有三种切换条件：快速、同期捕捉、残压切换，快切不成功时自动转入同期捕捉或残压。

3. 并联切换操作步骤

以常见的并联半自动切换将备用电源倒为工作电源为例，首先要确定是在装置上还是在控制台上进行操作，一般控制台对应控制方式中的"远方"切换，装置对应控制台方式中的"就地"切换。在确定控制方式后，检查快切装置已复归，没有快切装置闭锁信号，将串/并联方式选择为"并联"，且选"半自动"，手动启动，则工作电源合上并与备用电源并列运行，运行人员手动断开备用电源开关，并复归装置，为下一次切换做准备。

（二）事故切换

所谓事故切换，是指由于单元接线中的高压厂用变压器、发电机、主变压器、汽轮机和锅炉等设备发生事故，厂用母线的工作电源被切除，要求备用电源自动投入，以实现尽快安全切换，该切换属于单向切换。事故切换由保护出口启动。

事故切换方式有事故串联切换和事故同时切换两种。

1. 事故串联切换

厂用电源的串联切换即断电切换。其切换过程是，一个电源切除后，才允许投入另一个电源。一般是利用被切除电源断路器的辅助触点去接通备用电源断路器的合闸回路。串联切换过程中，厂用母线上有一段断电时间，断电时间的长短与断路器的合闸速度有关。串联切换的优缺点与并联切换相反。

事故情况下的串联切换是指，控制台切换方式选择开关置于"串联"位置，由反映工作电源故障的保护出口启动装置，先跳开工作电源，如此时同期条件满足并确认工作电源已跳开，然后合上备用电源，串联切换有三种切换条件：快速、同期捕捉、残压。

要保证快切装置在事故下能正确动作，则首先保证装置电源正常，没有闭锁信号，没有报警信号，一般将装置置于"串联""自动"方式。

（1）快速切换。

厂用电源的快速切换一般是指在厂用母线上的电动机反馈电压（即母线残压）与待投入电源电压的相角差还没有达到电动机允许承受的合闸冲击电流前合上备用电源。快速切换的断路器动作顺序可以是先断后合或同时进行，前者称为快速断电切换，后者称为快速同时切换。

（2）同期捕捉及慢速切换。

上述切换过程中，如不满足所设定的同期条件，不能进行快速切换，但频差又小于 7 Hz时，装置自动转入同期捕捉状态，根据母线电压相位变化速率及断路器固有合闸时间，连续实时计算相位差，在频差允许范围内，捕捉合闸时机，使得合闸完成相位差接近零。如果同期捕捉不成功，装置再自动转入慢速切换状态，待母线残压下降到设定值，最终合上备用电源。

切换时用固定延时的方法并不可靠，最好的办法是实时跟踪残压的频差和角差变化，尽量做到角差为零时合闸，这就是所谓的"同期捕捉切换"。同期捕捉切换时间约为 0.6 s，对于残压衰减较快的情况，该时间要短得多。若能实现同期捕捉切换，特别是同期点合闸，对电动机的自启动也很有利，因为此时厂用母线电压衰减到65%~70%，电动机转速下降不至于很大，且备用合上时冲击最小。

备用电源同期捕捉切换有两种基本方法：一种基于"恒定越前相角"原理；另一种基于"恒定越前时间"原理。

同期捕捉功能可由用户设置为投入或退出。如设置为退出，当同期条件不满足时，装置直接转入慢速切换状态。

厂用电源的慢速切换主要是指残压切换，即工作电源切除后，当母线残压下降到额定电压的20%~40%时再合上备用电源。残压切换虽然能保证电动机所受的合闸冲击电流不致过大，但由于停电时间较长，会对电动机自启动和机炉运行产生不利影响。慢速切换通常作为快速切换的后备切换。

本项功能同样适用于非正常切换。

2. 事故同时切换

厂用电源的同时切换是指在切换时，切除一个电源和投入另一个电源的脉冲信号同时发出。由于断路器分闸时间和合闸时间的不同以及断路器电压动作时间的分散性，在切换期间，一般有几个周的断电时间，但也有可能出现几个周两个电源并联的情况。所以在厂用母线故障及母线供电的馈线回路故障时必须闭锁切换装置，否则断路器可能因短路容量太大而发生爆炸。

事故情况下的同时切换是由反映工作电源故障的保护出口启动装置发出工作电源跳闸命令，如此时同期条件满足，装置同时发出备用电源合闸命令。备用电源合闸命令也可经设置的延时后再发出，这样可以避免由于工作电源跳闸时间长于备用电源合闸时间，造成备用电源投在故障回路而跳闸，致使切换失败，事故范围扩大。

（三）　非正常切换

所谓非正常切换，是指由母线非故障性低压引起的切换，它是单向的，只能由工作电源切换至备用电源。非正常切换分为以下两种非正常情况。

（1）厂用母线失压：当厂用母线三相电压均低于整定值且电流小于等于电流定值或工作进线电压小于等于失压启动电压幅值时，整定延时到，则装置根据选择方式进行串联或同时切换。

（2）工作电源开关误跳：因误操作、开关机构故障等原因造成工作电源开关错误跳开时，装置将在切换条件满足时合上备用电源。

非正常切换由装置检测到不正常情况后自行启动。

（四）　保护闭锁

为防止备用电源切换到故障母线，将反映母线故障的保护出口接入快切装置，当保护（如工作分支过流、厂用母差等）动作时，关闭装置所有切换出口，同时发出闭锁信号。

（五）　闭锁出口

当装置因连接片退出或控制台闭锁装置出口时，装置将闭锁跳、合闸出口，并给出出口闭锁信号。

三、　厂用电源快切装置基本功能

为了很好地解决备用电源自投需解决的问题及克服原备用电源自投装置存在的问题，从 20 世纪 90 年代之后，我国研制并在国内中大型发电机组上广泛应用了一种新的厂用电源切换装置——厂用电源快切装置。

厂用电快切装置的
启动方式（PPT）

厂用电源快切装置的主要优点是快速切换电源。即在厂用母线无故障的情况下，若在工作电源跳开的同时合上备用电源，可避免在厂用母线残压与备用电源之间相位差很大工况下投入备用电源问题。

另外，由于在厂用电动机失压时间很短的工况下投入备用电源，冲击电流小，大大提高了备用电源自投的成功率。

在快切装置中，为了避免在厂用母线故障的工况下进行备用电源的切换，在装置中设置了闭锁元件，即由表征厂用母线或母线联络线有故障的母线保护或厂用高压变压器分支保护启动闭锁元件而闭锁快切装置。

厂用电快切装置的
切换方式（PPT）

此外，尚有其他闭锁元件。

厂用电源快速切换装置的功能如下：

（1）手动切换厂用电源。启动装置，可以完成厂用电由工作至备用或者由备用至工作的倒换。根据方式的不同，可以实现并列倒换，也可以实现先断开后合入的倒换。

（2）监测同期。工作电源开关跳闸时，保证母线电压在下降过程中的第一个周期内合入备用开关，以保证电动机的自启动。

（3）断路器偷跳。即非装置启动，包括手动拉开断路器与真正意义上的偷跳。

（4）去耦。当两断路器并列时，如果该跳开的断路器在规定的时间内未跳开，则启动该环节，跳开刚合入的断路器。

厂用电源快切装置功能较多，但使用比较复杂，同时由于要检测两系统的同期，所需要接入的电压较多，包括母线电压、工作电源低压侧电压、备用电源低压侧电压，同时还要接入工作电源开关与备用电源开关的辅助触点。

四、厂用电源快切装置的操作

（一）厂用电源快切装置的投运操作

（1）检查快切装置应无检修工作。

（2）检查快切装置各插件应完好，并可靠插入位置，端子排接线完好。

（3）检查快切装置显示屏、指示灯、通信插口、按键等应完好。

（4）给上快切装置220 V直流电源进线熔断器。

（5）合上快切装置柜后220 V直流电源自动空气开关。

（6）打开快切装置电源插件自动空气开关，检查电源插件小面板上+5 V、+15 V、−15 V和+24 V指示灯应亮。

（7）检查快切装置面板上指示灯、显示屏的显示状态与DCS画面和现场一次设备状态应一致。

（8）投入快切装置动作出口连接片。

（二）厂用电源快切装置的停运操作

根据快切装置的退出规定，退出对应装置的动作出口连接片即可，必要时可以进一步切断装置的220 V直流电源自动空气开关。

（三）厂用电源快切装置的手动切换

（1）快切装置的手动切换应该在DCS画面上进行。

（2）将切换方式选择为手动并联方式。

（3）将"出口闭锁"投退置于"投入"位置。

（4）按下装置"复归"键。

（5）确认装置无闭锁。

（6）按下装置"手动切换"启动键。

（7）确认热备用自动空气开关自动合闸，再手动断开原工作状态自动空气开关。

（8）切换完毕，"装置闭锁"灯亮，切换完成。

（四）厂用电源快切装置的退出

当发生以下情况时，厂用电源快切装置应退出：

（1）机组已停运，6 kV 厂用电源由备用电源带。

（2）快切装置故障并闭锁。

（3）正常运行时快切装置的二次回路检修、消缺工作。

（4）机组正常运行时检修维护断路器的辅助触点，会造成快切装置误动作的工作。

（5）机组正常运行时检修人员在发电机－变压器组保护启动快切回路的工作。

（6）6 kV 电压互感器停运前。

（7）在 6 kV 电压互感器回路进行工作有可能造成快切不能正常切换的工作。

（8）机组运行中，6 kV 备用电源断路器检修时。

任务实施

根据发电厂电气倒闸操作基本原则、发电厂电气倒闸操作一般程序及相关规程规范，对发电厂厂用电源备用倒工作切换操作进行分析判断，其倒闸操作实施情况如下。

（一）1 号发电机 6 kV 11 段厂用电由备用倒工作（由备用电源切至工作电源）操作步骤

（1）查 6 kV 11 段工作电源电压正常。

（2）查 6 kV 11 段工作进线开关在断开位。

（3）查 6 kV 11 段工作进线开关二次开关在合位。

（4）查 6 kV 11 段工作进线开关手车在"运行"位。

（5）查 6 kV 11 段工作进线开关"远方/就地"选择把手在"远方"位。

1 号机 6 kV 11 段工作进线开关由冷备用倒为热备用状态的倒闸操作前设备状态核对（视频文件）

（6）查 6 kV 11 段工作进线开关快切合闸压板 LP1 投入。

（7）退出 6 kV 11 段工作进线开关快切跳闸压板 LP2。

（8）查 6 kV 11 段备用进线开关快切合闸压板 LP1 投入。

（9）查 6 kV 11 段备用进线开关快切跳闸压板 LP2 投入。

（10）查 6 kV 11 段厂用快切装置运行正常。

（11）调整 6 kV 11 段工作、备用电源电压差小于 300 V。

（12）启动 6 kV 11 段厂用快切装置。

1 号机 6 kV 11 段工作进线开关由冷备用倒为热备用状态的倒闸操作（视频文件）

（13）查 6 kV 11 段工作进线开关已合上。

（14）查 6 kV 11 段备用进线开关已断开。

（15）查 6 kV 11 段母线电压正常。

（16）复归 6 kV 11 段厂用快切装置信号。

（17）投入 6 kV 11 段工作进线开关快切跳闸压板 LP2。

1 号机 6 kV 11 段工作进线开关由热备用倒为
运行状态的倒闸操作前设备状态核对（视频文件）　　　1 号机 6 kV 11 段工作进线开关由
热备用倒为运行状态（视频文件）

（二）1 号发电机 6 kV 12 段厂用电由备用倒工作 （由备用电源切至工作电源） 操作步骤

（1）查 6 kV 12 段工作电源电压正常。

（2）查 6 kV 12 段工作进线开关在断开位。

（3）查 6 kV 12 段工作进线开关二次开关在合位。

（4）查 6 kV 12 段工作进线开关手车在"运行"位。

（5）查 6 kV 12 段工作进线开关"远方/就地"选择把手在"远方"位。

（6）查 6 kV 12 段工作进线开关快切合闸压板 LP1 投入。

（7）退出 6 kV 12 段工作进线开关快切跳闸压板 LP2。

（8）查 6 kV 12 段备用进线开关快切合闸压板 LP1 投入。

（9）查 6 kV 12 段备用进线开关快切跳闸压板 LP2 投入。

（10）查 6 kV 12 段厂用快切装置运行正常。

（11）调整 6 kV 12 段工作、备用电源电压差小于 300 V。

（12）启动 6 kV 12 段厂用快切装置。

（13）查 6 kV 12 段工作进线开关已合上。

（14）查 6 kV 12 段备用进线开关已断开。

（15）查 6 kV 12 段母线电压正常。

（16）复归 6 kV 12 段厂用快切装置信号。

（17）投入 6 kV 12 段工作进线开关快切跳闸压板 LP2。

（三）1 号发电机 6 kV 11 段厂用电由工作倒备用 （由工作电源切至备用电源） 操作步骤

（1）调整发电机有功功率为 180 MW。

（2）查 6 kV 11 段备用电源电压正常。

（3）查 6 kV 11 段备用进线开关在断开位。

（4）查 6 kV 11 段备用进线开关的 PT 次级开关在合位。

（5）查 6 kV 11 段备用进线开关的二次插头在合位。

（6）查 6 kV 11 段备用进线开关的储能开关在合位。

（7）查 6 kV 11 段备用进线开关的控制开关在合位。

（8）查 6 kV 11 段备用进线开关手车在"运行"位。

（9）查 6 kV 11 段备用进线开关"远方/就地"选择把手在"远方"位。

（10）查 6 kV 11 段备用进线开关快切合闸压板 LP1 投入。

（11）退出 6 kV 11 段备用进线开关快切跳闸压板 LP2。

（12）查 6 kV 11 段工作进线开关快切合闸压板 LP1 投入。

（13）查 6 kV 11 段工作进线开关快切跳闸压板 LP2 投入。

（14）查 6 kV 11 段厂用快切装置运行正常。

（15）启动 6 kV 11 段厂用快切装置。

（16）查 6 kV 11 段备用进线开关已合上。

（17）查 6 kV 11 段工作进线开关已断开。

（18）查 6 kV 11 段母线电压正常。

（19）复归 6 kV 11 段厂用快切装置信号。

（20）投入 6 kV 11 段备用进线开关快切跳闸压板 LP2。

1 号机 6 kV 11 段备用进线开关由热备用倒为
运行状态的倒闸操作前设备状态核对（视频文件）

1 号机 6 kV 11 段备用进线开关由热备用
倒为运行状态（视频文件）

（四）1 号发电机 6 kV 12 段厂用电由工作倒备用（由工作电源切至备用电源）操作步骤

（1）调整发电机有功功率为 180 MW。

（2）查 6 kV 12 段备用电源电压正常。

（3）查 6 kV 12 段备用进线开关在断开位。

（4）查 6 kV 12 段备用进线开关的 PT 次级开关在合位。

（5）查 6 kV 12 段备用进线开关的二次插头在合位。

（6）查 6 kV 12 段备用进线开关的储能开关在合位。

（7）查 6 kV 12 段备用进线开关的控制开关在合位。

（8）查 6 kV 12 段备用进线开关手车在"运行"位。

（9）查 6 kV 12 段备用进线开关"远方/就地"选择把手在"远方"位。

（10）查 6 kV 12 段备用进线开关快切合闸压板 LP1 投入。

（11）退出 6 kV 12 段备用进线开关快切跳闸压板 LP2。

（12）查 6 kV 12 段工作进线开关快切合闸压板 LP1 投入。

（13）查 6 kV 12 段工作进线开关快切跳闸压板 LP2 投入。

（14）查 6 kV 12 段厂用快切装置运行正常。

（15）启动 6 kV 12 段厂用快切装置。

（16）查 6 kV 12 段备用进线开关已合上。

（17）查 6 kV 12 段工作进线开关已断开。

（18）查 6 kV 12 段母线电压正常。

（19）复归 6 kV 12 段厂用快切装置信号。

（20）投入 6 kV 12 段备用进线开关快切跳闸压板 LP2。

1 号机 6kV 12 段备用进线开关
由热备用倒为运行状态的倒闸
操作前设备状态核对（视频文件）

1 号机 6kV 12 段备用进线开关
由热备用倒为运行状态（1）
（视频文件）

1 号机 6kV 12 段备用进线
开关由热备用倒为运行
状态（2）（视频文件）

 拓展提高

1. 快切装置切换方式

（1）并联自动切换：若并联条件满足，快切装置将自动合上备用（工作）电源断路器，经一定延时后再自动跳开工作（备用）电源断路器。

（2）并联半自动切换：若并联条件满足，快切装置将自动合上备用（工作）电源断路器，而跳开工作（备用）电源断路器的操作由人工完成。

（3）串联自动切换：先跳开工作电源断路器，在确认工作电源断路器已跳开且切换条件满足时，自动合上备用电源断路器。

2. 快切装置切换条件

（1）装置不处于闭锁状态。

（2）切换目标电源电压高于额定值的 80%。

（3）装置本身必须有电，且各灯光、信号指示均正确，装置已复位。

（4）装置有关出口连接片在投入位置。

3. 快切装置闭锁原因

（1）装置动作一次后。

（2）TV 小车摇出。

（3）工作和备用电源断路器全合。

（4）工作和备用电源断路器全分。

（5）装置自检异常。

（6）分支过电流保护动作。

（7）母线 TV 断线。

（8）备用电源失电。

（9）外部出口闭锁。

（10）运行方式设置中出口退出。

（11）装置的快切、残压切换、越前时间、越前相角切换方式均退出。

4. 厂用电源快切装置的投退规定

（1）双机运行，起备变备用时，两台机四个 6 kV 段的快切装置均投入。此时若一台机组跳闸，则手动退出运行机组的 6 kV 厂用快切装置。待跳闸机组完全停下后，再投入运行机组的 6 kV 厂用电源快切装置。

（2）一台机组运行，另一台机组正在启动或停机过程中，两台机组的 6 kV 厂用电源快切装置均退出。

（3）一台机组运行，另一台机组备用或检修时，投入运行机组的 6 kV 厂用电源快切装置，退出备用或检修机组的快切装置。

（4）双机全停时，两台机组的快切装置均退出。

（5）两台机组正在启动，则两台机组的快切装置均退出。

5. 切换厂用电源操作时的注意事项

（1）倒厂用电源时，检查 6 kV 工作段母线与备用段母线电压应相等。

（2）倒厂用电源时，6 kV 电动机暂时停止启动。

（3）倒厂用电源操作后，应及时调整启动变压器 6 kV 侧电压。

（4）倒厂用电源后，应及时将母线切换投自动方式，从计算机界面操作完后，应检查操作站方式及灯光指示正确。

6. 发电厂做厂用电源切换试验的步骤

（1）通知相关单位做好失去厂用电源的事故预想。

（2）将厂用电源倒换至工作电源运行。

①检查快切装置或者备用电源自投装置运行情况，确保运行良好，联锁投入正确。

②将公用系统尽量倒换至其他机组。

③确保保安段的备用电源及柴油机备用联动正常。

④对于低压厂用电系统，如果有备用电源，确认其备用良好。

⑤根据机组运行方式的需要，拉开某一段工作电源，检查备用电源投入应正确，如果未投入，手动按合备用电源开关。

⑥对另一段厂用电源的试验方法同上。

任务 3.3 发电厂直流系统停送电操作

发电厂和变电站的电气设备分为两类，即一次设备和二次设备。发电机、变压器、电动机、断路器、隔离开关等属于一次设备。为了安全、经济地发电、供电，需对一次设备及其电路进行测量、操作和保护，因而需装设辅助设备，如各种测量仪表、控制开关、信号器具、继电器等。这些辅助设备称作二次设备。二次设备互相连接而成的电路叫作二次回路。向二次回路中的控制、信号、继电保护和自动装置供电的电源称作操作电源。操作电源一般采用直流电。

为保证对机组的直流油泵、断路器合闸机构、直流事故照明、UPS 等动力负荷及控制、信号、继电保护和自动装置等控制负荷供电，确保机组的安全，参照《火力发电厂直流系统设计技术规定》，每单元机组装设一套直流系统。

由蓄电池组及充电设备（或其他类型直流电源）、直流屏、直流馈电网络等直流设备，组成了发电厂的直流电源系统，分为控制直流和动力直流两种供电方式。控制直流系统的电压为 110 V，其作用是向发电厂的信号装置、继电保护装置、自动装置、断路器的控制回路等负荷供电，故控制直流电源也称作操作电源。动力直流系统的电压为 220 V 或 110 V，其作用是向直流动力负荷（如润滑油泵、给粉机等）、直流事故照明负荷及不停电电源系统等负荷供电。直流系统的可靠与否，对发电厂的安全运行起着至关重要的作用，是发电厂安全运行的保证。

一般发电厂将单元控制室和变电所的直流系统分开。单元控制室的 220 V 直流系统，一般每台机设置一组蓄电池组、两台充电设备（一工作一备用），采用单母线接线方式，两台机组 220 V 直流母线经隔离开关联络。单元控制室的 110 V 直流系统，一般每台机设置两组蓄电池组、两台或更多充电设备，采用单母线接线或单母线分段接线方式。

不论发电厂的直流系统采用什么方案，所有的直流系统中都具有监视和测量直流电压和电流的表计、直流系统对地绝缘监察装置和电压监察装置、闪光装置、出线开关以及相应配套的熔断器等设备。

以国华定州发电有限责任公司的直流系统为例，其直流系统采用动力、控制分开的供电方式，以保证可靠性。每台机组设三组蓄电池，动力 220 V 直流系统使用一组，控制 110 V 直流系统使用两组。

直流系统概述
（PPT）

集控控制直流电系统采用单母线分段接线方式，两段直流母线之间设联络刀闸，并有防止两组蓄电池并列运行的闭锁措施。

集控动力直流系统采用单母线接线方式，1、2 号机的动力直流母线之间设联络刀闸，并有防止两组蓄电池并列运行的闭锁措施。

教学目标

知识目标：

（1）掌握直流系统在发电厂中的作用。

（2）了解蓄电池、充电设备的基本知识。

（3）掌握直流绝缘监察装置的作用。

（4）熟悉发电厂直流 110 V、220 V 母线停送电操作流程。

能力目标：

（1）能正确说出发电厂直流 110 V、220 V 母线停送电前系统的运行方式。

（2）能正确填写发电厂直流 110 V、220 V 母线停送电操作的倒闸操作票。

（3）能够审核发电厂直流 110 V、220 V 母线停送电倒闸操作票的正误。

（4）能够在仿真机上进行发电厂直流 110 V、220 V 母线停送电操作。

（5）能够进行直流系统的运行监视及事故处理。

素质目标：

（1）主动学习，在完成发电厂直流 110 V、220 V 母线停送电操作过程中发现问题、分析问题和解决问题。

（2）能严格遵守专业相关规程标准及规章制度，与小组成员协商、交流配合，按标准化作业流程完成发电厂直流 110 V、220 V 母线停送电操作。

任务分析

（1）分析 1 号发电机直流母线停送电前系统的运行方式。

（2）分析 1 号发电机直流母线停送电的操作流程。

（3）按发电厂电气倒闸操作标准化作业流程，对 1 号发电机直流母线进行停送电操作。

 相关知识

发电厂直流系统通常采用蓄电池组作为直流电源向控制负荷和动力负荷以及直流事故照明负荷供电。蓄电池组是一种独立可靠的电源，它在发电厂内发生任何事故，甚至在全厂交流电源全停电的情况下，仍能保证直流系统供电的厂用设备可靠而连续地工作。

一、 蓄电池和充电设备

（一） 蓄电池

蓄电池是一种独立可靠的直流电源。尽管蓄电池投资大，寿命短，且需要很多的辅助设备（如充电和浮充电设备，保暖、通风、防酸建筑等），以及建造时间长，运行维护复杂，但由于它具有独立可靠的特点，因而在发电厂和变电所内发生任何事故时，即使在交流电源全部停电的情况下，也能保证直流系统的用电设备可靠而连续地工作。另外，无论如何复杂的继电保护装置、自动装置和任何形式的断路器，在其进行远距离操作时，均可用蓄电池的直流电作为操作电源。因此，蓄电池组在发电厂中不仅是操作电源，也是事故照明和一些直流自用机械的备用电源。

蓄电池是储存直流电能的一种设备，它能把电能转变为化学能储存起来（充电），使用时再把化学能转变为电能（放电），供给直流负荷，这种能量的变换过程是可逆的，也就是说，当蓄电池已部分放电或完全放电后，两极表面形成了新的化合物，这时如果用适当的反向电流通入蓄电池，就可使已形成的新化合物还原成原来的活性物质，供下次放电之用。

在放电时，电流流出的电极称为正极或阳极，以"＋"表示；电流经过外电路之后，返回电池的电极称为负极或阴极，以"－"表示。

根据电极或电解液所用物质的不同，蓄电池一般分为铅酸蓄电池和碱性蓄电池两种。

1. 铅酸蓄电池

铅酸蓄电池电极主要由铅及其氧化物制成，电解液是硫酸溶液。铅酸蓄电池的英文名称为 Lead－acid battery。放电状态下，正极主要成分为二氧化铅，负极主要成分为铅；充电状态下，正负极的主要成分均为硫酸铅。该类电池分为排气式蓄电池和免维护铅酸电池。

该电池主要由管式正极板、负极板、电解液、隔板、电池槽、电池盖、极柱、注液盖等组成。排气式蓄电池的电极是由铅和铅的氧化物构成，电解液是硫酸的水溶液。其主要优点是电压稳定、价格便宜；缺点是比能（每千克蓄电池存储的电能）低、使用寿命短和日常维护频繁。老式普通蓄电池一般寿命在 2 年左右，而且需定期检查电解液的高度并添加蒸馏水。不过，随着科技的发展，铅酸蓄电池的寿命变得更长，而且维护也更简单了。

铅酸蓄电池最明显的特征是其顶部有可拧开的塑料密封盖，上面还有通气孔。这些注液盖是用来加注纯水、检查电解液和排放气体之用。按照理论上说，铅酸蓄电池需要在每次保养时检查电解液的密度和液面高度，如果有缺少，需添加蒸馏水。但随着蓄电池制造技术的升级，铅酸蓄电池可发展为铅酸免维护蓄电池和胶体免维护蓄电池，铅酸蓄电池使用中无须添加电解液或蒸馏水，主要是利用正极产生氧气在负极吸收以达到氧循环，可防止水分减少。铅酸蓄电池大多应用在牵引车、三轮车、汽车启动等方面，而免维护铅酸蓄电池应用范围更广，包括不间断电源、电动车动力、电动自行车电池等。铅酸蓄电池根据应用需要分为恒流放电（如不间断电源）和瞬间放电（如汽车启动电池）两种。

2. 碱性蓄电池

碱性蓄电池是以氢氧化钠、氢氧化钾溶液作电介质的蓄电池。主要有铁镍、镉镍、锌银、镉银、锌镍蓄电池等。在碱性蓄电池中，如用氢氧化镍 $[Ni(OH)_3]$ 作正极板，用铁（Fe）作负极板，叫作铁镍蓄电池；如用镉（Cd）作负极板的叫作镉镍蓄电池。

镉镍蓄电池由塑料外壳、正负极板、隔膜、顶盖、气塞帽以及电解液等组成。与铅酸蓄电池比较，镉镍蓄电池放电电压平稳、体积小、寿命长、机械强度高、维护方便，占地面积小，当前已逐渐在中小容量的变电站里推广使用。

蓄电池基本知识（PPT）

以镉镍蓄电池为例，碱性蓄电池的工作原理是：蓄电池极板的活性物质在充电后，正极板为氢氧化镍 $[Ni(OH)_3]$，负极板为金属镉（Cd）；而放电终止时，正极板转变为氢氧化亚镍 $[Ni(OH)_2]$，负极板转变为氢氧化镉 $[Cd(OH)_2]$，电解液多选用氢氧化钾（KOH）溶液。

（二）充电设备

蓄电池只能用直流电源来充电，发电厂厂用电是交流电。需要使用将交流电变为直流电的设备对蓄电池充电，即整流设备，如硅整流器、硒整流器等。

目前，广泛采用硅整流器作为直流电源蓄电池的充电设备。

整流装置的种类繁多，各个生产厂家对整流装置的型号标法不一致。即使是同一型号的产品，其技术数据、外形尺寸、重量也不完全相同。

如 KVA40 – 100/160 型产品表示晶闸管整流装置，浮充电，空气自冷，设计序号为40，额定直流输出电流为 100 A，输出电压为 160 V。

（三）蓄电池和充电设备的运行

1. 运行方式

蓄电池的运行方式有两种，一种是浮充电方式，另一种是充电 – 放电方式。

（1）蓄电池组浮充电运行方式。

浮充是蓄电池组的一种供（放）电工作方式，充电装置与蓄电池同时连接于母线上并列工作，整流装置除给直流母线上的经常性直流负荷供电外，同时又以很小的电流向蓄电池充电，以补偿蓄电池的自放电，使蓄电池经常处于满充电状态，而蓄电池组主要担负冲击负荷和交流系统故障或充电装置断开情况下的全部直流负荷的供电。

浮充电运行方式特点如下：

①蓄电池组、充电设备和负荷并联运行。

②蓄电池组的端电压保持在规定的浮充电压值。

③充电设备承担经常负荷，同时以很小的电流向蓄电池浮充电，以补偿其自放电。

④充电设备配备电流限制电路。

⑤交流电源故障时，蓄电池组提供直流电源。交流电源恢复后，充电设备自动启动给蓄电池组充电，同时承担直流负荷。

正常运行时，直流系统工作在浮充电状态，主要是提供经常性负荷工作电源及补偿蓄电池放电损失的电能。蓄电池组直流电源采用浮充电方式运行，不仅可提高工作的可靠性、经济性，还可减少运行维护的工作量，因而在发电厂中广泛采用。

（2）蓄电池组充电 – 放电运行方式。

蓄电池组按充电 – 放电方式工作的主要缺点是必须频繁地对蓄电池进行充电（通常每运行 1 ~ 2 昼夜就要充电一次），使蓄电池老化较快，且运行维护也较复杂，因而目前该运行方式已很少采用。

2. 直流绝缘监察装置

在直流装置中，发生一极接地时并不会引起任何危害，但长期一极接地是不允许的，因为在同一极的另一点再发生接地后，就可能造成信号装置、继电保护和控制电路的误动作。另外，在有一极接地时，假如再发生另一极接地，就将造成直流系统短路，引起直流熔断器熔断或造成保护和断路器误动作。因此，不允许直流系统长期带一点接地运行，为此需要设置直流绝缘监察装置。

直流系统绝缘
监察（PPT）

二、直流系统的运行

（一）直流系统运行的一般规定

（1）直流母线不允许脱离蓄电池长期运行。

（2）两组直流母线都有接地信号时，严禁串带运行。

（3）直流母线运行时，其绝缘监测装置应投入。因故退出时，应每小时测量一次母线正、负极对地电压，以监视该系统绝缘情况。

（4）0 号充电装置与 1（2）号充电装置的倒换、两母线分段运行方式与串带运行方式的倒换、各直流分电屏电源的倒换均应采用停电法。

（5）直流电源倒换，在极性相同的情况下，且电压差不大于 5 V 时，可短时合环进行倒换。

（二）直流系统的运行方式

下面以国华定州发电有限责任公司直流系统的运行为例。

1. 直流母线的运行

（1）220 V 直流母线正常运行方式。

10 充电器带 10 母线及 10 蓄电池；20 充电器带 20 母线及 20 蓄电池，01 充电器作为备用。220 V 直流 10 母线和 20 母线单独运行，母联刀闸断

直流系统运行与
维护（PPT）

开。即: QB12 (QB22) 合闸, QB14 (QB24) 合闸, QB15 (QB25) 断开, QB13 (QB23) 断开。

(2) 110 V直流母线正常运行方式。

国华定州发电有限责任公司集控110 V直流系统接线图如图3-3-1所示。

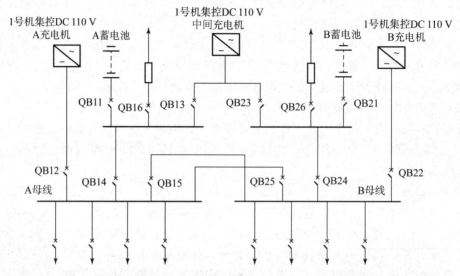

图3-3-1 国华定州发电有限责任公司1号机集控110 V直流系统原理接线图

两段直流母线分段运行。11 (21) 充电器带11 (21) 段直流母线及11 (21) 蓄电池组, 12 (22) 充电器带12 (22) 段直流母线及12 (22) 蓄电池组, 13 (23) 充电器备用。即QB12 (QB22) 合闸, QB14 (QB24) 合闸, QB15 (QB25) 断开, QB13 (QB23) 断开。

(3) 220 V直流母线非正常运行方式。

10 (20) 充电器故障或检修时, 启动01 充电器带10 (20) 段直流母线及10 (20) 蓄电池组, 两段母线仍分段运行; 10 (20) 充电器故障或检修且01 充电器又不能启动, 由20 (10) 充电器通过母联开关带10 (20) 段直流母线, 20 (10) 段蓄电池组被切除。即: 断开QB12 (Q2), 合上QB25 (QB15)。此时要加强监视总直流负荷, 使工作充电器不超载。

(4) 110 V直流母线非正常运行方式 (以1号机为例)。

①11 (12) 充电器故障或检修时, 启动13 充电器带11 (12) 段直流母线及11 (12) 蓄电池组, 两段母线仍分段运行; 11 (12) 充电器故障或检修且13 充电器又不能启动时, 由12 (11) 充电器通过联络开关带11 (12) 段直流母线, 12 (11) 段蓄电池组被切除, 即: 断开QB12 (QB22), 合上QB25 (QB15)。此时要加强监视总直流负荷, 使工作充电器不超载。

②11 (12) 蓄电池因故退出运行时, 用12 (11) 蓄电池组带两段直流母线运行, 合上11、12 段直流母线联络开关, 只允许一台充电器运行。

③充电器均因故不能使用时, 由蓄电池组带正常负荷运行, 此时应注意其容量及负荷电流, 母线电压不要低于95 V, 以防蓄电池组过放电。

注意：

①一般情况下，直流母线不允许脱离蓄电池组运行。

②两台充电器不宜长期并列运行，但在工作充电器与备用充电器切换操作时，可遵循先并后停的原则。

③充电器有"手动""自动恒压""自动恒流"三种方式，可"自动浮充"或"自动均充"。正常运行时应采用"自动恒压""浮充"方式运行，对蓄电池组进行浮充电并带负荷运行。正常运行中不得进行方式切换。

2. 蓄电池组的运行

(1) 主控蓄电池每台机组设 3 组，一组对动力负荷供电，容量为 2 000 A·h，共 106 只。另两组对控制负荷供电，容量为 800 A·h，共 106 只。控制负荷专用蓄电池组的电压采用 110 V，动力负荷专用蓄电池组电压采用 220 V。

(2) 正常运行时，充电器以一定的浮充电流向蓄电池浮充电，浮充电流为 800 mA（控制）、2 000 mA（动力），以补偿蓄电池的自放电。充电器正常工作在稳压状态，维持直流母线电压在设定值的 ±1% 不变。

3. 充电器的运行

(1) 充电器投运前的检查。

①充电器及有关设备工作结束，工作票收回，并有检修的设备检修工作全面结束，可以送电的交代。

②检查充电器内部及周围清洁应无杂物。

③表计及一、二次回路完好，各接头紧固。

④测定交流侧、直流侧绝缘电阻应大于 10 MΩ。

⑤交直流侧的保险、小开关都已给好。

(2) 充电器的投运。

①检查交流电源已经送好。

②合上交流电源进线开关，交流电源指示灯点亮。

③合上电源模块面板上的空气开关和启动按钮，约 5 s，电源模块面板上的工作指示红灯点亮，电源模块工作，这时电源模块有输出，电源模块的显示器显示充电器的输出电压及电流。

④合上直流输出开关，屏上的电压表及电流表能正确显示各部件各部位的电压及电流，集中监控器开始工作并显示数据。

⑤合上蓄电池开关及相应的馈线开关，系统正常运行。

三、　直流系统装置的投运步骤

(1) 检查直流系统充电柜总电源开关（工作和备用电源）均在合位。

(2) 依次合上充电柜各整流模块的交流电源开关，检查模块是否已投入运行。

(3) 蓄电池和充电柜的并列：在充电柜和蓄电池同时停电后投运时（或者在蓄电池放电后接入充电柜时），应先将充电模块投入运行正常后，联系电气继电保护人员调整浮充电压与蓄电池电压，二者相同后将蓄电池并入充电柜，并列后再将浮充电压调至正常值，防止由于蓄电池电压与充电柜电压相差较大时造成蓄电池接入时冒火花。

四、 直流系统故障处理

（一） 直流系统接地

直流系统中发生两点接地时，可能会引起直流熔断器熔断或造成保护和断路器误动作，这对安全运行有极大的危害性。其危害体现在：①直流系统中，如发生一点接地后，在同一极的另一地点再发生接地或另一极的一点接地时，便构成两点接地短路，将造成信号装置、继电保护和断路器的误动作。②两点接地可能造成断路器拒绝动作。③两点接地引起熔断器熔断，同时有烧坏继电器触点的可能。

当直流系统发生一点接地时，应迅速寻找接地点，并尽快消除，以防止发展成两点接地故障。

1. 直流系统接地现象

报警信号出现，蜂鸣器响。

2. 直流系统接地处理

直流系统接地分析
及处理（PPT）

当发生直流系统一点接地故障报警时，值长及运行人员应尽快查明故障回路、查找接地点，设法消除故障。不允许系统发生一点接地后长期运行，接地时间不得超过 2 h，以免再发生第二点接地后造成保护装置的误动或拒动。

（1）对装有直流系统接地故障诊断装置的，直流系统接地故障时，通过诊断装置的常规检测部分，检测出故障并用数字元显示出电压值和母线对地绝缘电阻值，并再自动投入支路巡检部分，用一低频的信号源对地馈入直流系统，进行数据处理后，用文字显示出对应的支路号和测出的接地电阻值。

（2）对未装有直流系统接地故障诊断装置的，或当直流系统接地诊断装置不能正确检测出直流系统接地支路号和测出接地电阻值的，应及时查找接地点，根据直流母线电压绝缘综合检测装置报警情况及测量的绝缘情况确定接地母线组别及接地极性。采取拉路寻找、分段处理的辅助办法予以处理。

（3）注意事项。

①拉路前应采取必要的措施，防止因直流失电可能引起的保护、自动装置误动。值长联系有关专业及热工，取得同意后方可试拉，并且要通知有关运行岗位做好事故预想，对有高频保护或 500 kV、220 kV 差动保护的继电保护电源，试拉前要汇报电网调度将两侧相关保护停用。

②拉路顺序：根据运行方式、经验、操作情况、气候影响、设备检修情况及设备存在的缺陷等判断可能的接地回路，先拉发生故障可能性较大的设备，后拉故障可能性较小的设备；先拉次要设备，后拉主要设备；先拉信号和照明部分，后拉操作部分；先拉室外部分，后拉室内部分；先拉检修人员所接之临时电源，联系机、炉、化学等各直流用户，询问有无设备启、停操作及异常情况，以便进行查找。

③试拉中应尽量缩短断电时间，切断时间不超过 30 s，不论回路接地与否均应合上。

④拉路寻找接地点时禁止停用绝缘监视装置。

⑤当用绝缘电阻表测量直流系统对地电压来寻找接地故障时，应先停用有关的绝缘检

查装置且不允许将该装置的测量开关切至"对地"位置，所用仪表内阻不应低于2 000 Ω/V。

⑥当直流发生接地时禁止在二次回路上工作。

⑦处理时不得造成直流短路和另一点接地。

⑧查找和处理必须由两人及以上进行。

⑨如进行直流油泵等动力负荷回路的接地查询时，必须通过值长通知机方采取必要的措施并得到明确许可，检查电动机确未运行后方可进行。采用瞬停法，按照先室外后室内的顺序进行。拉开后迅速恢复，并汇报值长通知机方。

⑩若查出一路电源接地且该电源有分路时，应继续试拉分路，以查明故障设备。

⑪如电源电缆故障，有备用电源者改用备用电源供电，无备用电源者仅允许短时带缺陷运行。

⑫如接地系统母线所属出线均试拉过，仍未找出故障设备时，可试停充电设备以观察之。若需试拉蓄电池组以检查是否接地时，应事先将有关直流母线并列，以免失电。

⑬当发现某一直流回路接地时，应及时找出接地点，尽快消除。

⑭最后查看保护屏，是否有保护因瞬时停电后闭锁没有恢复，没有恢复的将其复归。

（二）交流电源失电后

1. 现象

报警信号出现，显示屏显示"交流输入电压无"，蜂鸣器响。

2. 处理

（1）查找失电原因，尽快恢复送电。

（2）如果短时不能恢复，则应监视放电电流。放电电流与时间的关系如表3-3-1所示。

表3-3-1 放电电流与时间的关系

放电电流/CA	放电时间/h
0.1	10
0.17	5
0.25	3
0.55	1

（3）如果达到上述规定的时间，则应停止蓄电池的运行。

 任务实施

根据发电厂电气倒闸操作基本原则、发电厂电气倒闸操作一般程序及相关规程规范，对发电厂直流母线停送电操作进行分析判断，其倒闸操作实施情况如下：

（一）1 号发电机 110 V 直流 11 段母线停电操作步骤

（1）查 110 V 直流 11 段负荷均已断开。

（2）查 110 V 直流 11 段放电试验开关 QB16 断开。

（3）查 110 V 直流 11、12 段联络开关 QB25 断开。

（4）查 110 V 直流 11、12 段联络开关 QB15 断开。

（5）查 110 V 直流 11 段备用充电器出口开关 QB13 断开。

（6）按下 11 充电器电源模块 00 停止按钮。

（7）断开 11 充电器电源模块 00 电源开关。

（8）按下 11 充电器电源模块 01 停止按钮。

（9）断开 11 充电器电源模块 01 电源开关。

（10）按下 11 充电器电源模块 02 停止按钮。

（11）断开 11 充电器电源模块 02 电源开关。

（12）按下 11 充电器电源模块 03 停止按钮。

（13）断开 11 充电器电源模块 03 电源开关。

（14）断开 11 充电器输出电源开关 QB12。

（15）查 11 充电器输出电源开关 QB12 已断开。

（16）断开 11 充电器输入电源开关 1K。

（17）查 11 充电器输入电源开关 1K 断开。

（18）断开 11 蓄电池出口开关 QB11。

（19）查 11 蓄电池出口开关 QB11 断开。

（20）断开 11 蓄电池上 11 直流母线开关 QB14。

（21）查 11 蓄电池上 11 直流母线开关 QB14 断开。

（22）查 110 V 直流 11 段母线电压为零。

（二）1 号发电机 110 V 直流 12 段母线停电操作步骤

（1）查 110 V 直流 12 段负荷均已断开。

（2）查 110 V 直流 11、12 段联络开关 QB25 已断开。

（3）查 110 V 直流 11、12 段联络开关 QB15 已断开。

（4）查 110 V 直流 12 段备用充电器出口开关 QB23 已断开。

（5）按下 12 充电器电源模块 00 停止按钮。

（6）断开 12 充电器电源模块 00 电源开关。

（7）按下 12 充电器电源模块 01 停止按钮。

（8）断开 12 充电器电源模块 01 电源开关。

（9）按下 12 充电器电源模块 02 停止按钮。

（10）断开 12 充电器电源模块 02 电源开关。

（11）按下 12 充电器电源模块 03 停止按钮。

（12）断开 12 充电器电源模块 03 电源开关。

（13）断开 12 充电器输出电源开关 QB22。

110 V 直流 11 段母线停电前系统运行方式（视频文件）

110 V 直流 11 段母线由运行转检修的倒闸操作——断开所有与 11 段母线相连的负荷开关（视频文件）

110 V 直流 11 段母线由运行转检修的倒闸操作——断开 11 充电器所有电源模块开关（视频文件）

110 V 直流 11 段母线由运行转检修的倒闸操作——断开 11 充电机电源开关（视频文件）

（14）查 12 充电器输出电源开关 QB22 已断开。

（15）断开 12 充电器输入电源开关 1K。

（16）查 12 充电器输入电源开关 1K 已断开。

（17）断开 12 蓄电池出口开关 QB21。

（18）查 12 蓄电池出口开关 QB21 已断开。

（19）断开 12 蓄电池上 12 直流母线开关 QB24。

（20）查 12 蓄电池上 12 直流母线开关 QB24 已断开。

（21）查 110 V 直流 12 段母线电压为零。

1 号机 220 V 直流母线
停电前系统运行
方式（视频文件）

（三）1 号发电机 220 V 直流 10 段母线停电操作步骤

（1）查 220 V 直流 10 段负荷均已断开。

（2）查 220 V 直流 10、20 段联络开关 QB25 已断开。

（3）查 220 V 直流 10、20 段联络开关 QB15 已断开。

（4）查 220 V 直流 10 段备用充电器出口开关 QB13 已断开。

（5）按下 10 充电器电源模块 00 停止按钮。

（6）断开 10 充电器电源模块 00 电源开关。

（7）按下 10 充电器电源模块 01 停止按钮。

（8）断开 10 充电器电源模块 01 电源开关。

（9）按下 10 充电器电源模块 02 停止按钮。

（10）断开 10 充电器电源模块 02 电源开关。

（11）按下 10 充电器电源模块 03 停止按钮。

（12）断开 10 充电器电源模块 03 电源开关。

（13）按下 10 充电器电源模块 04 停止按钮。

（14）断开 10 充电器电源模块 04 电源开关。

（15）按下 10 充电器电源模块 05 停止按钮。

（16）断开 10 充电器电源模块 05 电源开关。

（17）断开 10 充电器输出电源开关 QB12。

（18）查 10 充电器输出电源开关 QB12 已断开。

（19）断开 10 充电器输入电源开关 1K。

（20）查 10 充电器输入电源开关 1K 已断开。

（21）断开 10 蓄电池出口开关 QB11。

（22）查 10 蓄电池出口开关 QB11 已断开。

（23）断开 10 蓄电池上 10 直流母线开关 QB14。

（24）查 10 蓄电池上 10 直流母线开关 QB14 已断开。

（25）查 220 V 直流 10 段母线电压为零。

1 号机 220 V 直流母线由运行
转检修的倒闸操作——断开
所有与 1 号机 220 V 直流母线
相连的负荷开关（视频文件）

1 号机 220 V 直流母线由运行
转检修的倒闸操作——断开
10 充电器所有电源模块
开关（视频文件）

（四）1 号发电机 110 V 直流 11 段母线送电操作步骤

（1）查 110 V 直流 11 段负荷均已断开。

（2）查 110 V 直流 11、12 段联络开关 QB25 已断开。

1 号机 220 V 直流母线由运行
转检修的倒闸操作——断开
10 充电机电源开关（视频文件）

（3）查 110 V 直流 11、12 段联络开关 QB15 已断开。

（4）查 110 V 直流 11 段备用充电器出口开关 QB13 已断开。

（5）合上 11 蓄电池出口开关 QB11。

（6）查 11 蓄电池出口开关 QB11 已合好。

（7）合上 11 蓄电池上 11 直流母线开关 QB14。

（8）查 11 蓄电池上 11 直流母线开关 QB14 已合好。

（9）查 110 V 直流 11 段母线电压正常。

110V 直流母线送电前系统
运行方式（视频文件）

（10）合上 11 充电器输入电源开关 1K。

（11）查 11 充电器输入电源开关 1K 已合好。

（12）合上 11 充电器输出电源开关 QB12。

（13）查 11 充电器输出电源开关 QB12 已合好。

（14）合上 11 充电器电源模块 00 电源开关。

110V 直流 11 段母线由检修转运行
的倒闸操作——合蓄电池开关
QB11、QB14（视频文件）

（15）按下 11 充电器电源模块 00 启动按钮。

（16）合上 11 充电器电源模块 01 电源开关。

（17）按下 11 充电器电源模块 01 启动按钮。

（18）合上 11 充电器电源模块 02 电源开关。

（19）按下 11 充电器电源模块 02 启动按钮。

（20）合上 11 充电器电源模块 03 电源开关。

（21）按下 11 充电器电源模块 03 启动按钮。

（五）1 号发电机 110 V 直流 12 段母线送电操作步骤

110V 直流 11 段母线由检修转运行
的倒闸操作——合 11 充
电器开关（视频文件）

（1）查 110 V 直流 12 段负荷均已断开。

（2）查 110 V 直流 11、12 段联络开关 QB25 已断开。

（3）查 110 V 直流 11、12 段联络开关 QB15 已断开。

（4）查 110 V 直流 12 段备用充电器出口开关 QB23 已断开。

（5）合上 12 蓄电池出口开关 QB21。

（6）查 12 蓄电池出口开关 QB21 已合好。

（7）合上 12 蓄电池上 12 直流母线开关 QB24。

（8）查 12 蓄电池上 12 直流母线开关 QB24 已合好。

（9）查 110 V 直流 12 段母线电压正常。

（10）合上 12 充电器输入电源开关 1K。

（11）查 12 充电器输入电源开关 1K 已合好。

（12）合上 12 充电器输出电源开关 QB22。

（13）查 12 充电器输出电源开关 QB22 已合好。

（14）合上 12 充电器电源模块 00 电源开关。

（15）按下 12 充电器电源模块 00 启动按钮。

（16）合上 12 充电器电源模块 01 电源开关。

（17）按下 12 充电器电源模块 01 启动按钮。

（18）合上 12 充电器电源模块 02 电源开关。

（19）按下 12 充电器电源模块 02 启动按钮。

（20）合上 12 充电器电源模块 03 电源开关。

（21）按下 12 充电器电源模块 03 启动按钮。

（六）1 号发电机 220 V 直流 10 段母线送电操作步骤

220 V 直流母线送电前系统
运行方式（视频文件）

（1）查 220 V 直流 10 段负荷均已断开。

（2）查 220 V 直流 10、20 段联络开关 QB25 已断开。

（3）查 220 V 直流 10、20 段联络开关 QB15 已断开。

（4）查 220 V 直流 10 段备用充电器出口开关 QB13 已断开。

（5）合上 10 蓄电池出口开关 QB11。

（6）查 10 蓄电池出口开关 QB11 已合好。

（7）合上 10 蓄电池上 10 直流母线开关 QB14。

（8）查 10 蓄电池上 10 直流母线开关 QB14 已合好。

（9）查 220 V 直流 10 段母线电压正常。

1 号机 220 V 直流母线由检修转运行
的倒闸操作——合蓄电池开关
QB11、QB14（视频文件）

（10）合上 10 充电器输入电源开关 1K。

（11）查 10 充电器输入电源开关 1K 已合好。

（12）合上 10 充电器输出电源开关 QB12。

（13）查 10 充电器输出电源开关 QB12 已合好。

（14）合上 10 充电器电源模块 00 电源开关。

（15）按下 10 充电器电源模块 00 启动按钮。

（16）合上 10 充电器电源模块 01 电源开关。

（17）按下 10 充电器电源模块 01 启动按钮。

（18）合上 10 充电器电源模块 02 电源开关。

1 号机 220V 直流母线由检修转运行
的倒闸操作——合 1 号机 220 V
直流母线充电器开关（视频文件）

（19）按下 10 充电器电源模块 02 启动按钮。

（20）合上 10 充电器电源模块 03 电源开关。

（21）按下 10 充电器电源模块 03 启动按钮。

（22）合上 10 充电器电源模块 04 电源开关。

（23）按下 10 充电器电源模块 04 启动按钮。

（24）合上 10 充电器电源模块 05 电源开关。

（25）按下 10 充电器电源模块 05 启动按钮。

 **拓展提高**

1. 直流负荷

直流负荷通常分为如下三类：

（1）经常性直流负荷。这类负荷是经常接入的，如信号灯、位置继电器、继电保护和自动装置以及中央信号中的直流设备。这些负荷电流不大，只有几安。

（2）短时负荷。如继电保护和自动装置操作回路、断路器的线圈等，通电时间短、电流大，可达几十至几百安。

（3）事故负荷。如事故照明、事故油泵电动机等，只在事故时投入。

2. 蓄电池组的检查维护

（1）维护工作电解液的配制：检查并保持蓄电池电解液液面和密度在正常范围，否则加以调整；对蓄电池进行定期充、放电；对蓄电池端电压、液温、密度进行监视、测量及记录；处理蓄电池内部缺陷，如极板短路、生盐及脱落等；保持蓄电池完好及其整洁，经常擦洗蓄电池等设备表面的污秽和进行清扫工作；各种安全工具、备用品、药品及防护用品等配齐，安全措施完备；已放电使用过的电池必须在 24 h 内充电，以保证其额定容量不变。

（2）对蓄电池进行检查：蓄电池室禁止引入火种；电池室应清洁、干燥、阴凉、通风良好，门窗应关闭，无阳光直射，且温度为 5 ~ 40 ℃，相对湿度不大于 80%。

3. 充电器柜运行检查项目及要求

（1）各部清洁良好。

（2）充电器柜上的液晶显示屏与实际相符，各显示值正确。

（3）各发光二极管指示正确。

（4）直流输出电流不超过额定值。

（5）充电器柜各组件运行良好，不发热。

4. 直流系统的检查与维护

（1）直流母线电压正常，系统绝缘良好，无接地现象。

（2）各自动空气开关位置正确，熔断器无熔断。

（3）各表计指示正确，信号正常。

（4）整流装置各元件、接头无发热。

（5）整流装置无异常声音及放电现象。

（6）蓄电池室内温度在 10 ~ 30 ℃。

（7）每周试验一次，保证蓄电池熔断器熔断信号回路正常。

（8）检查蓄电池的壳、盖是否有裂纹或变形。

（9）检查连接导线、螺栓是否有松动和污染现象。

（10）检查电解液是否泄漏。

任务3.4 发电厂事故保安电源系统停送电操作

为避免全厂事故停电时造成机组失控、损坏设备、影响电厂长期不能恢复供电而设置的向事故保安负荷供电的电源，称为保安电源（Emergency Power Supply）。事故保安电源分直流、交流两种，直流事故保安电源采用蓄电池，向直流润滑油泵等直流事故保安负荷供电；交流事故保安电源宜选用能快速自启动的柴油发电机（或燃气轮机），供给在全厂停电时保证安全停机的盘车、顶轴油泵及其他交流事故保安负荷。

 教学目标

知识目标：

（1）了解厂用事故保安负荷的基本知识。

（2）了解厂用事故保安电源的基本知识。

能力目标：

（1）能正确说出发电厂事故保安电源系统停送电前系统的运行方式。

（2）能正确填写发电厂事故保安电源系统停送电操作的倒闸操作票。

（3）能够审核发电厂事故保安电源系统停送电倒闸操作票的正误。

（4）能够在仿真机上进行发电厂事故保安电源系统停送电操作。

素质目标：

（1）主动学习，在完成发电厂事故保安电源系统停送电操作过程中发现问题、分析问题和解决问题。

（2）能严格遵守专业相关规程标准及规章制度，与小组成员协商、交流配合，按标准化作业流程完成发电厂事故保安电源系统停送电操作。

任务分析

（1）分析发电厂事故保安电源系统停送电前系统的运行方式。

（2）分析发电厂事故保安电源系统停送电的操作流程。

（3）按发电厂电气倒闸操作标准化作业流程，对发电厂事故保安电源系统进行停送电操作。

相关知识

一、交流事故保安负荷

交流事故保安负荷一般可分为允许短时间间断供电的负荷和不允许间断供电的负荷两类。

（一）允许短时间间断供电的负荷

1. 旋转电机负荷

（1）汽轮机盘车电动机和顶轴油泵。一般在机组停机后 20 min 启动，至少需要连续运转 6 ~ 8 h，对于大容量机组，如 200 MW 及以上机组，甚至需要连续运行 1 ~ 2 天。

（2）交流润滑油泵。交流润滑油泵是事故停机后最先启动的电动机之一，并在整个停机过程中连续运行，直到盘车终止后还需要运行 2 h。

（3）空侧交流密封油泵。当发电机为氢冷却时，空侧交流密封油泵在事故停机后最先启动，在整个过程中连续运行。

（4）回转式空气预热器的电动盘车装置。

（5）汽动给水泵盘车电动车。

（6）各种辅机的交流润滑油泵，它们均在机组事故停机后立即投入并运行至辅机停转。

（7）电动阀门。

2. 静止负荷

（1）蓄电池的浮充电装置：蓄电池的充电装置在发电厂事故停电的情况下，所承担的负荷为装置额定容量的 30% ~50% 。

（2）事故照明。

（二）不允许间断供电的负荷

（1）计算机系统微机保护、微机远动装置和各种变送器。

（2）汽轮机电调装置。

（3）机组的保护联锁装置。

（4）程序控制装置。

（5）主要的热工测量仪表等。

以上这些负荷要求电源中断时间小于 5 min。

二、交流事故保安电源

交流事故保安电源是专门供电给交流事故保安负荷的电源系统，通常采用快速自动启动的专用柴油发电机组作为交流事故保安电源。

快速自动启动的柴油发电机组，按允许加负荷的程序，分批投入保安负荷。失电后第一次自启动恢复供电的时间可取 15 ~ 20 s；机组应具有时刻准备自启动工作并能自启动三次成功投入的性能。每台 600 MW 机组宜设置一台柴油发电机组。

交流事故保安电源
（PPT）

蓄电池组是一种广泛使用的保安电源，在事故情况下，给直流保安负荷供电。通过逆变器将直流变为交流，给交流事故保安负荷供电，但蓄电池组的缺点是容量小，不能带大量的保安负荷。

可从系统引接或从相邻的发电机组引接保安电源作为第三备用电源。

（一）柴油发电机组的作用

柴油发电机组的作用是当电网发生事故或其他原因造成发电厂厂用电长时间停电时，向机组提供安全停机所必需的交流电源，如汽轮机的盘车电动机电源、顶轴油泵电源、交流润滑油泵电源等，以保证机组在停机过程中不受损坏。

（二）柴油发电机组的特点

（1）柴油发电机组的运行不受电力系统运行的影响，是独立的可靠电源。它启动迅速，可满足发电厂中允许短时间间断供电的交流事故保安负荷的要求。

（2）柴油发电机组的制造容量有许多等级，可根据需要选择和配置合适的设备容量。

（3）柴油发电机组可长期运行，满足长时间事故停电的供电要求。

（4）柴油发电机组结构紧凑，辅助设备较为简单，热效率较高，经济性较好。

（三）柴油发电机组的功能

1. 自启动功能
柴油发电机组可以在全厂停电事故中，快速自启动带负荷运行。

当柴油发电机自启动带负荷以后，要注意检查柴油发电机的运行情况，且在任何情况下，不应使柴油发电机长期过负荷运行，并根据柴油发电机带负荷情况来增、减负荷。

2. 带负荷稳定运行功能

柴油发电机组自启动成功后，无论是在接带负荷过程中，还是在长期运行中，都可以做到稳定运行。柴油发电机组有一定的承受过负荷能力和承受全电压直接启动异步电动机的能力。

3. 自动调节功能

柴油发电机组无论是在机组启动过程中，还是在运行中，当负荷发生变化时，都可以自动调节电压和频率，以满足负荷对供电质量的要求。

4. 自动控制功能

柴油发电机组自动控制功能很多，可满足无人值守要求，主要有：

（1）保安段母线电压自动连续监测功能。

（2）自动程序启动、远方启动和就地手动启动。

（3）机组在运行状态下的自动检测、监视、报警和保护功能。

（4）自动远方、就地手动和机房紧急手动停机。

（5）蓄电池自动充电功能。

5. 模拟试验功能

柴油发电机组在备用状态时，能够模拟保安段母线电压低至25%额定电压或失压状态，使机组实现快速自启动。

6. 并列运行功能

多台柴油发电机组之间的并列运行，程序启动指令的转移，或单台柴油发电机组与保安段工作电源之间的并列运行及负荷转移，以及柴油发电机组正常和事故解列功能。

（四）柴油发电机组启动步骤

（1）检查并确保柴油发电机出口断路器各部分良好，出口隔离开关确定在合闸位置。

（2）检查柴油发电机组控制面板方式开关在"自动"位置，柴油发电机组并网柜机组启动模式（选择开关SW1）在"自动"位置，功率输出模式（选择开关SW2）在"停止"位置，系统模式（选择开关SW3）在"自动"位置。

（3）通过DCS操作面板柴油发动机启动按钮或手操台柴油机启动按钮启动柴油机。

（4）检查并确保柴油发电机组启动至全速运行，各仪表指示正确，信号灯指示正常，无异常报警。

（5）检查并确保柴油发电机出口断路器合闸正常。

（6）根据需要将保安段负荷倒至柴油发电机供电。

（五）柴油发电机组启动前的检查项目

（1）检查并确保柴油机机油油位在ADD与FULL之间，冷却液液位正常。

（2）检查并确保燃油充足（应至少有8 h的燃油量）。

（3）检查并确保柴油机冷却风机各部良好。

（4）检查并确保所有软管无损坏和松脱现象、系统无泄漏。

（5）检查并确保发电机加热器、水加热器自动投停正常，水温保持在32 ℃左右。

（6）检查并确保空气进口管道连接牢固，空气滤清器进气阻力指示器正常。

（7）检查并确保蓄电池电压正常，接线无松动，充电装置运行正常。

（8）检查并确保辅助电源投入正常，仪表及控制面板指示正常，无报警信号。

（9）检查并确保发电机各部良好，接线无松动、脱落现象。

（10）检查并确保柴油发电机组现场清洁、无人工作、照明充足。

（六）柴油发电机进行自动切换时的注意事项

柴油发电机组及
保安电源技术问答
（文档附件）

（1）厂用电中断后，应迅速检查失电的母线上的柴油发电机是否启动成功，发电机电压是否正常，定子三相电流是否平衡或超过允许值，如果柴油发电机在30 s内仍未能启动，则应手动启动柴油发电机。但在手动启动柴油发电机之前，要确认厂用电的断路器、柴油机出口断路器在断开位置。

（2）在柴油发电机启动以后，要密切注意其运行情况。如柴油机运行时间较长，则应就地监视柴油发电机的运行情况，如油压、油位、水温及机组的振动，发电机三相电压是否平衡，定子电流是否超过额定值等。

三、交流事故保安电源系统的接线

（一）交流事故保安电源系统的电气接线原则

（1）柴油发电机组与汽轮机发电机组成对应性配置。一般对于200 MW机组，两台机组配置一套柴油发电机组；300 MW及以上机组，每台机组配置一套柴油发电机组。

（2）交流事故保安电源的电压及中性点接地方式与低压厂用工作电源系统一致。

（3）交流事故保安母线段除了由柴油发电机组取得电源外，必须由厂用电取得正常工作电源，供给机组正常运行情况下接在事故保安母线段上的负荷用电。

（4）在机组发生事故停机后，接线应具有能尽快从正常厂用电源切换到柴油发电机供电的装置。

（5）柴油发电机组的电气接线应能保证机组在紧急事故状态下快速自启动，并能适应无人值班的运行方式。

（二）交流事故保安电源系统的基本接线方式

交流事故保安电源系统的基本接线如图3-4-1所示，一台机组配一套柴油发电机组，适用于300 MW级以上机组，其单元性强、可靠性高，事故保安段母线采用两段单母线是为了与厂用母线的接线相对应。

交流保安电源的电压和中性点的接地方式宜与低压厂用系统一致。交流保安母线段应采用单母线接线，按机组分别供给本机组的交流保安负荷。正常运行时保安母线段应由本机组的低压明备用或暗备用动力中心供电，当确认本机组动力中心真正失电后应能切换到交流保安电源供电。

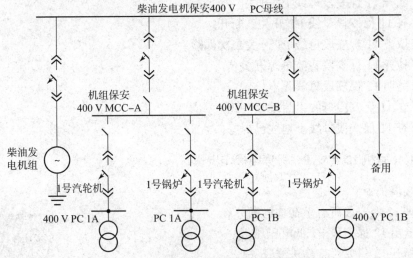

图 3 - 4 - 1　交流事故保安电源系统的基本接线

 任务实施

根据发电厂电气倒闸操作基本原则、发电厂电气倒闸操作一般程序及相关规程规范，对发电厂事故保安电源系统停送电操作进行分析判断，其倒闸操作实施情况如下。

（一）1 号机 11 保安 PC 段停电操作步骤

1 号机事故保安母线停电前
运行方式分析（视频文件）

（1）接值长令。

（2）退出 11 保安段 PT 低电压压板。

（3）将 10 柴油发电机投入"手动"位置。

（4）断开 10 柴油发电机电源刀闸。

（5）查 10 柴油发电机电源刀闸已断开。

（6）查 11 保安段母线电压为零。

（7）查 11 至 21 保安段联络开关已断开。

（8）将 11 至 21 保安段联络开关拉至隔离位。

（9）取下 11 至 21 保安段联络开关二次保险。

（10）断开 11 至 21 保安段联络刀闸。

（11）查 11 至 21 保安段联络刀闸已断开。

（12）将 11 至 21 保安段联络刀闸拉至隔离位。

（13）查 11 至 12 保安段联络开关已断开。

（14）将 11 至 12 保安段联络开关拉至隔离位。

（15）取下 11 至 12 保安段联络开关二次保险。

（16）查 11 至 13 保安段联络开关已断开。

（17）将 11 至 13 保安段联络开关拉至隔离位。

（18）取下 11 至 13 保安段联络开关二次保险。

（19）断开 11 保安段母线 PT 开关。

（20）查 11 保安段母线 PT 开关已断开。

（21）取下 11 保安段母线 PT 开关二次保险。

（22）拉开 11 保安段直流电源开关。

（23）验明 11 保安段母线无电压。

（24）在 11 保安段母线上封地线一组。

（25）查 11 保安段母线上地线已封好。

（二）1 号机 12 保安 PC 段停电操作步骤

（1）接值长令。

（2）查 12 保安段所有负荷均已断开。

（3）退出 12 保安段 PT 低电压压板。

（4）断开 12 保安段工作进线开关。

（5）查 12 保安段工作进线开关已断开。

（6）查 12 保安段母线电压为零。

（7）将 12 保安段工作进线开关拉至"试验"位。

（8）取下 12 保安段工作进线开关二次保险。

（9）断开 12 保安段工作电源刀闸。

（10）查 12 保安段工作电源刀闸已断开。

（11）将 12 保安段工作电源刀闸拉至"试验"位。

（12）查 11 保安段至 12 保安段联络开关已断开。

（13）将 11 保安段至 12 保安段联络开关拉至"隔离"位。

（14）取下 11 至 12 保安段联络开关二次保险。

（15）断开 12 保安段母线 PT 开关。

（16）查 12 保安段母线 PT 开关已断开。

（17）取下 12 保安段母线 PT 开关二次保险。

（18）拉开 12 保安段直流电源开关。

（19）验明 12 保安段母线无电压。

（20）在 12 保安段母线上封地线一组。

（21）查 12 保安段母线上地线已封好。

1 号机保安 PC12 段由运行转冷备用的倒闸操作——断开保安 PC12 段所有负荷开关（视频文件）

1 号机保安 PC12 段由运行转冷备用的倒闸操作——safe pc 12 段电源进线开关和母线 PT 由运行转冷备用（视频文件）

（三）1 号机 13 保安 PC 段停电操作步骤

（1）查 13 保安段所有负荷开关均已断开。

（2）退出 13 保安段 PT 低电压压板。

（3）断开 13 保安段工作进线开关。

（4）查 13 保安段工作进线开关已断开。

（5）查 13 保安段母线电压为零。

（6）将 13 保安段工作进线开关拉至"试验"位。

（7）断开 13 保安段工作电源刀闸。

（8）查 13 保安段工作电源刀闸已断开。

（9）将 13 保安段工作电源刀闸拉至"试验"位。

（10）查 11 至 13 保安段联络开关已断开。

（11）将 11 至 13 保安段联络开关拉至"隔离"位。

（12）断开 13 保安段母线 PT 开关。

（13）查 13 保安段母线 PT 开关已断开。

（14）取下 13 保安段母线 PT 开关二次保险。

（15）断开 13 保安段直流电源开关 QS2。

（16）查 11、13 保安段直流联络开关 QS2 已断开。

（17）验明 13 保安段母线无电压。

（18）在 13 保安段母线上封地线一组。

（19）查 13 保安段母线上地线已封好。

1 号机保安 PC 13 段由运行转冷
备用的倒闸操作——断开保安
PC 13 段所有负荷开关
（视频文件）

（四）1 号机 11 保安 PC 段送电操作步骤

（1）接值长令。

（2）查 11 保安段临时措施及标示牌已拆除。

（3）拆除 11 保安段母线上地线一组。

（4）查 11 保安段母线上地线已拆除。

（5）测量 11 保安段母线绝缘合格。

（6）合上 12 保安段直流电源开关。

（7）合上 12 保安段直流电源开关 QS3。

（8）查 11 保安段直流电源开关 QS2 已断开。

（9）合上 11 保安段母线 PT 开关。

1 号机保安 PC 13 段由运行转冷
备用的倒闸操作——safe pc 13
段电源进线开关和母线 PT 由
运行转冷备用（视频文件）

（10）查 11 保安段母线 PT 开关已合好。

（11）给上 11 保安段母线 PT 开关二次保险。

（12）查 11 至 13 保安段联络开关联锁压板已退出。

（13）查 11 至 13 保安段联络开关已断开。

（14）将 11 至 13 保安段联络开关送"工作"位。

（15）给上 11 至 13 保安段联络开关二次保险。

（16）查 11 至 13 保安段联络开关联锁压板已退出。

（17）查 11 至 12 保安段联络开关已断开。

（18）查 11 至 21 保安段联络开关联锁压板已退出。

（19）查 11 至 21 保安段联络开关已断开。

（20）将 11 至 21 保安段联络开关送"工作"位。

（21）给上 11 至 21 保安段联络开关二次保险。

（22）将 11 至 21 保安段联络刀闸送"工作"位。

（23）给上 11 至 21 保安段联络刀闸二次保险。

（24）合上 11 至 21 保安段联络刀闸。

（25）查 11 至 21 保安段联络刀闸已合好。

（26）查 10 柴油发电机电源刀闸已断开。

（27）将 10 柴油发电机电源刀闸送"工作"位。

（28）给上 10 柴油发电机电源刀闸二次保险。

（29）合上 10 柴油发电机电源刀闸。

（30）查 10 柴油发电机电源刀闸已合好。

（31）投入 11 保安段 PT 低电压压板。

（32）将 10 柴油发电机投入"自动"位置。

（五）1 号机 12 保安 PC 段送电操作步骤

（1）接值长令。

（2）查 12 保安段所带负荷可以停电。

（3）查 12 保安段 PT 低电压压板投入正常。

（4）查 10 柴油发电机在"自动"位。

（5）断开 11 锅炉 PC 工作进线开关。

（6）查 11 锅炉 PC 工作进线开关确已断开。

（7）查 12 保安段工作进线开关确已断开。

（8）查 10 柴油发电机启动正常。

（9）查 10 柴油发电机出口开关已合好。

（10）查 11 保安段与 12 保安段联络开关已合好。

（11）查 12 保安段母线电压正常。

（12）查 10 柴油发电机各参数正常。

1 号机保安 PC 12 段母线
PT 由冷备用转运行的
倒闸操作（视频文件）

（13）退出 12 保安段 PT 低电压压板。

（14）断开 11 保安段与 12 保安段联络开关。

（15）查 11 保安段与 12 保安段联络开关确已断开。

（16）查 12 保安段母线电压为零。

（17）停止 10 柴油发电机运行。

（18）查 10 柴油发电机出口开关确已断开。

（19）合上 11 锅炉 PC 工作进线开关。

（20）查 11 锅炉 PC 工作进线开关已合好。

（21）查 11 锅炉 PC 母线电压正常。

1 号机保安 PC 12 段电源
进线开关由冷备用转运行
的倒闸操作（视频文件）

（22）合上 12 保安段工作进线开关。

（23）查 12 保安段工作进线开关已合好。

（24）查 12 保安段母线电压正常。

（25）投入 12 保安段低电压压板。

（六）1 号机 13 保安 PC 段送电操作步骤

（1）查 13 保安段临时措施及标示牌已拆除。

（2）拆除 13 保安段母线上地线一组。

（3）查 13 保安段母线上地线已拆除。

（4）测量 13 保安段母线绝缘合格。

（5）合上 13 保安段直流电源开关。

（6）合上 13 保安段直流电源开关 QS1。

（7）合上 13 保安段母线 PT 开关。

（8）查 13 保安段母线 PT 开关已合好。

（9）给上 13 保安段母线 PT 开关二次保险。

（10）查 13 保安段所有负荷均断开。

（11）将 13 保安段工作电源刀闸送至"工作"位。

（12）合上 13 保安段工作电源刀闸。

（13）查 13 保安段工作电源刀闸已合好。

（14）查 11 保安段至 13 保安段联络开关已断开。

（15）查 13 保安段工作进线开关联锁压板已退出。

（16）将 13 保安段工作进线开关送至"工作"位。

（17）合上 13 保安段工作进线开关。

（18）查 13 保安段工作进线开关已合好。

（19）查 13 保安段母线电压正常。

（20）查 11 保安段至 13 保安段联络开关联锁压板已退出。

（21）将 11 保安段至 13 保安段联络开关送至"工作"位。

（22）投入 13 保安段 PT 低电压压板。

1 号机保安 PC 13 段母线
PT 由冷备用转运行的
倒闸操作（视频文件）

1 号机保安 PC 13 段电源进线
开关由冷备用转运行的
倒闸操作（视频文件）

 拓展提高

1. 柴油机的基本工作原理

柴油机是热机的一种，它的基本作用就是把燃烧发出的热能转化为可使用的机械能。按能量转变的形式，柴油机应该属于内燃机的一种。其特点是让燃料在机器的气缸内燃烧，生产高温高压的燃气，利用这个燃气作为工作物质去推动活塞做功，即燃料燃烧形成工质的过程直接在工作室内进行。

柴油机气缸中点燃燃料的方式是利用气体受压缩后温度升高的现象，在压缩冲程中强力压缩气缸中的新鲜空气，使其温度升高到超过柴油自燃的温度，然后喷入柴油自行发火燃烧做功，所以，柴油机又称压燃式内燃机。柴油机的效率为 28%～40%。

2. 柴油发电机蓄电池的运行维护

（1）蓄电池的液面经常保持在"MAX"位置。

（2）蓄电池必须用纯净的蒸馏水加以补充。

（3）正常情况下，蓄电池应处在浮充状态。

（4）检查并确保控制回路用蓄电池电压正常，充电电源正常。

（5）因控制回路用蓄电池充电机交流电源取自柴油发电机房照明电源，故要注意监视交流电源的运行情况，防止电池放电。

3. 柴油发电机紧急停用的条件

（1）柴油发电机本体冒烟。

（2）整流环着火，飞出熔化金属。

（3）柴油发电机确无输出电压。

（4）发生危及人身安全的事故。

任务 3.5　交流不停电电源 UPS 停送电操作

随着机组容量的增大和自动化水平的日益提高，其负荷容量不断增大，重要性更加突出，对交流工作电源的质量和供电连续性要求都很高。例如，标准的计算机系统要求电源电压变化在 ±2%、频率变化在 ±1%、波形失真不大于 5%、断电时间小于 5 ms；各种热工自动化装置，其中相当一部分的交流电源中断几十毫秒后就不能正常工作，有的自动化装置在电源恢复后不能自动恢复工作，不但对机组起不到正常保护作用，往往还会引起其他事故而造成更大的损失。对这些不允许间断供电的交流用电负荷，目前一般的厂用电系统所提供的 380 V/220 V 交流电源，显然不能满足要求，必须设置专门的交流不停电电源。

交流不停电电源要求无论在机组本身厂用电中断还是电网故障时，都不应中断供电，这些装置一旦失电，将会使机组失去必要的监视和调节手段，给机组的安全稳定运行造成严重的威胁，甚至造成巨大的经济损失。这就要求大容量机组中不但有可以使机组安全停机的事故保安电源，而且要求有一个为控制、监视装置及事故后状态参数记录装置提供高供电品质且不间断供电的交流不停电电源，即 Uninterruptible Power System，习惯上把它简称 UPS 电源。

教学目标

知识目标：

（1）熟悉交流不停电电源 UPS 的主要设备及作用。

（2）了解对交流不停电电源 UPS 的基本要求。

（3）掌握交流不停电电源 UPS 的运行方式。

（4）熟悉 1 号发电机交流不停电电源 UPS 停送电操作流程。

能力目标：

（1）能正确说出 1 号发电机交流不停电电源 UPS 停送电前系统的运行方式。

（2）能正确填写 1 号发电机交流不停电电源 UPS 停送电操作的倒闸操作票。

（3）能够审核 1 号发电机交流不停电电源 UPS 停送电倒闸操作票的正误。

（4）能够在仿真机上进行 1 号发电机交流不停电电源 UPS 停送电操作。

素质目标：

（1）主动学习，在完成 1 号发电机交流不停电电源 UPS 停送电操作过程中发现问题、分析问题和解决问题。

（2）能严格遵守专业相关规程标准及规章制度，与小组成员协商、交流配合，按标准化作业流程完成 1 号发电机交流不停电电源 UPS 停送电操作。

任务分析

（1）分析 1 号发电机交流不停电电源 UPS 停送电前系统的运行方式。

（2）分析 1 号发电机交流不停电电源 UPS 停送电的操作流程。

（3）按发电厂电气倒闸操作标准化作业流程，对 1 号发电机交流不停电电源 UPS 进行停送电操作。

 相关知识

一、 交流不停电电源 UPS 主要设备及作用

（一） 主要设备

交流不停电电源 UPS 主要由整流器、逆变器、旁路隔离变压器、逆止二极管、静态开关、手动切换开关、同步控制电路、信号及保护电路、直流输入电路、交流输入电路等设备构成，如图 3 – 5 – 1 所示。

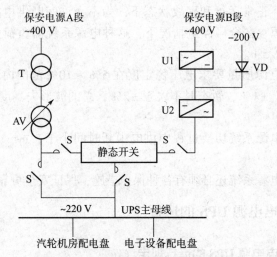

图 3 – 5 – 1 交流不停电电源 UPS 组成图

（二） 作用

1. 整流器

整流器 U1 的作用是将保安电源 B 段 400 V 交流电整流后与蓄电池直流并列，为逆变器提供电源，并承担该机组正常情况下不允许间断供电的全部负荷。此外，整流器还有稳压和隔离作用，能防止厂用电系统的电磁干扰侵入到负荷回路。

整流器由整流变压器、整流电路、滤波电路、控制电路、保护电路、控制开关等部分组成。整流电路采用多相可控整流，通过对晶闸管导通角的控制，实现对输出电压控制和电流稳定。

2. 逆变器

逆变器 U2 的作用是将整流器输出的直流电或来自蓄电池的直流电变换成 50 Hz 的正弦交流电。它是不停电电源系统的核心部件。

3. 旁路隔离变压器

它的作用是当逆变回路故障时能自动地将负荷切换到旁路回路。为确保对不允许间断供电负荷的安全可靠供电，不能将厂用电系统保安电源直接接到负荷上，而应通过旁路回路中设置的隔离和稳压用变压器向不允许间断供电负荷供电。这种变压器除采取可靠屏蔽措施外，还具有稳压的功能。

4. 静态开关

静态开关的作用是将来自逆变器的交流电源和旁路系统电源选择其一送至负荷。它的动作条件是预先整定好的。要求在切换过程中负荷的间断供电时间小于 5 ms。静态开关是一个关键性部件。

5. 手动旁路开关

手动旁路开关 S 的作用是在维修或需要时将负荷在逆变回路和旁路回路之间进行手动切换。要求切换过程中对负荷的供电不中断。

二、 对交流不停电电源 UPS 的基本要求

（1）保证在发电厂正常运行和事故状态下，为不允许间断供电的交流负荷提供不间断电源。在全厂停电情况下，这种电源系统满负荷连续供电的时间不得少于 0.5 h。

交流不停电电源
系统（PPT）

（2）输出的交流电源质量要求电压稳定度在 5% ~ 10% 范围内，频率稳定度稳态时不大于 ±1%，暂态时不大于 ±2%，总的波形失真度相对于标准正弦波不大于 5%。

（3）交流不停电电源系统切换过程中供电中断时间小于 5 ms。这样快的切换时间只有静态开关才能做到。

（4）交流不停电电源系统还必须有各种保护措施，保证安全可靠地运行。

三、 交流不停电电源 UPS 的运行

（一） 交流不停电电源 UPS 的运行规定

（1）220 V 直流电源不正常或退出时，禁止将 UPS 装置由自动旁路电源切至主电源供电。

（2）UPS 负载由 220 V 直流电源供电时，运行人员应加强巡视，当直流系统不能满足负载要求并确认旁路电源正常情况下，应尽快将 UPS 切换至自动旁路电源运行，然后断开主电源断路器。

（3）在主电源故障消除后，合上主电源断路器前应先将 UPS 装置切至 220 V 直流电源供电，然后合上主电源断路器，将 UPS 装置切回由主电源供电。

（4）UPS 的检修原则上在对应机组停运状态时，可采用手动旁路供电方式，将 UPS 主回路全部停电检修。对应机组在运行状态下，不得采用手动旁路供电的方式停用 UPS，应采用合环倒换 UPS 负载母线的方法。

（二）　交流不停电电源 UPS 的运行方式

（1）正常运行方式。在正常运行方式下，输入电源来自保安电源 B 段的 400 V 交流母线，经整流器 U1 转换为直流，再经逆变器 U2 变为 220 V 交流，并通过静态开关送至 UPS 主母线（其间还经一手动旁路开关 S）。

（2）当整流器故障或正常工作电源失去时，将由蓄电池直流系统 220 V 母线通过闭锁二极管经逆变器转换为 220 V 交流，继续供电。

（3）在逆变器故障时，通过静态开关自动切换到由旁路系统供电。旁路系统电源，来自保安电源 A 段（或 400 V PC），经隔离降压变压器 T，经调压器 AV（调压变压器），再经静态开关送至 UPS 主母线。

（4）当静态切换开关需要维修时，可手动操作旁路开关，使其退出，并将 UPS 主母线切换到旁路交流电源系统供电。

任务实施

根据发电厂电气倒闸操作基本原则、发电厂电气倒闸操作一般程序及相关规程规范，对发电厂交流不停电电源 UPS 停送电操作进行分析判断，其倒闸操作实施情况如下。

（一）　1 号机 UPS 停电操作步骤

（1）接值长令。

（2）查 1 号机 UPS 负荷开关均断开。

（3）查 1 号机 UPS 输出电流为零。

（4）断开 1 号机 UPS 主路电源切换开关。

（5）查 1 号机 UPS 主路电源切换开关确已断开。

（6）停止 1 号机 UPS 运行。

（7）查 1 号机 UPS 输出电压为零。

（8）断开 1 号 UPS 直流电源开关。

（9）查 1 号 UPS 直流电源开关已断开。

（10）断开 1 号 UPS 旁路电源开关。

（11）查 1 号 UPS 旁路电源开关已断开。

（12）将 1 号 UPS 旁路电源开关拉至"隔离"位。

（13）断开 1 号 UPS 主路电源开关。

（14）查 1 号 UPS 主路电源开关已断开。

（15）将 1 号 UPS 主路电源开关拉至"隔离"位。

（16）查 1 号机 UPS 输入电压为零。

（二）　1 号机 UPS 送电操作步骤

（1）接值长令。

（2）查 1 号机 UPS 临时措施及标示牌已拆除。

（3）测量 1 号机 UPS 输出母线绝缘合格。

（4）将 UPS 主路电源开关送至"工作"位。

（5）合上 UPS 主路电源开关。

（6）查 UPS 主路电源开关已合好。

（7）将 UPS 旁路电源开关送至"工作"位。

（8）合上 UPS 旁路电源开关。

（9）查 UPS 旁路电源开关已合好。

（10）合上 UPS 直流电源开关。

（11）查 UPS 直流电源开关已合好。

（12）合上 1 号机 UPS 主路电源切换开关。

（13）查 1 号机 UPS 主路电源切换开关已合好。

（14）按下启动 UPS 按钮。

（15）查 UPS 装置信号正常，输出电压、电流正常。

（16）将旁路开关 Q050 切至"自动"位。

拓展提高

1. 交流不停电电源 UPS 运行中的检查项目及要求

（1）装置运行良好，无异常声音和特殊气味。

（2）各连接部位无发热、松动现象。

（3）读取 UPS 各部运行参数正常。

（4）试验报警面板上所有指示灯完好。

（5）UPS 室内温度合适，UPS 装置风扇运行正常。

2. 交流不停电电源 UPS 失电处理

（1）现象。

①热工电源失去，锅炉主燃料跳闸（MFT），汽轮机跳闸，发电机－变压器组跳闸。

②电气侧光字牌电源将失去，所有电气变送器辅助电源失去，相应表计均指示到机械零位，所有开关的红绿灯指示熄灭。

（2）电气方面的处理。

UPS 失电时，事故处理的主要步骤如下：

①确认发电机逆功率保护动作正确，发电机－变压器组断路器跳闸、灭磁开关跳闸。如果发电机逆功率保护拒动，应手动解列灭磁。

②确认高压备用电源自投成功、低压保安段工作正常后，立即检查 UPS 控制面板上的报警信号，检查 UPS 母线失电原因，同时检查主路、旁路和直流电源的供电情况，在查明故障设备并隔离或排除后重新启动 UPS，尽快恢复 UPS 母线供电。

③如果查明向低压保安段供电的那段高压厂用母线备用电源未自投，则应查明低压保安段已切至自投成功的那段母线运行。

④备用进线电源开关自投不成功要抢送时，必须先确认该段母线低电压保护已动作，有关辅机均已跳闸后，还应确认母线确无故障迹象，工作电源进线断路器已断开。

⑤如果两段高压厂用母线的备用电源均未自投，则首先要确认保安段柴油机自投成功；如不成功，则应紧急启动柴油机供电。如远方启动失败，应立即去柴油机房就地紧急启动柴油机。同时应尝试恢复一段高压厂用母线和一段低压厂用母线的供电，以恢复低压保安段正常供电。

⑥当直流油泵及空侧直流密封油泵运行后，需对直流 220 V 母线电压加强监视，适当调整充电器的充电电流，维持直流 220 V 母线电压正常。

任务 3.6　发电厂发变组升压并网及解列停机操作

同步发电机的投入、退出、负荷调节、运行方式的改变等都密切关系着电网运行的安全、经济以及电能质量。同步发电机并入电网运行或解列，必须满足一定条件并采用适当的方法，否则会产生很大的冲击电流或过电压，造成严重后果。并网、解列及励磁系统调节操作是电气运行人员日常十分重要的操作。

通过该任务对发电厂发变组倒闸操作相关规定、原则进行学习，从思想上意识到发电厂发变组倒闸操作的重要性，深刻理解发变组倒闸操作的规定、原则，能按照规定步骤进行相关工作；能按照规定正确办理操作票、工作票，完成发变组倒闸操作任务。

 教学目标

知识目标：

（1）了解励磁系统的接线及工作原理。

（2）了解同步发电机的同期系统。

（3）熟悉发变组启动前的准备工作及试验项目。

（4）熟悉发变组启动过程中的检查项目。

（5）了解发电机接带负荷和解列停机的相关规定。

能力目标：

（1）能正确说出 1 号发变组升压并网及解列停机前系统的运行方式。

（2）能正确填写 1 号发变组升压并网及解列停机操作的倒闸操作票。

（3）能够审核 1 号发变组升压并网及解列停机操作倒闸操作票的正误。

（4）能够在仿真机上进行 1 号发变组升压并网及解列停机操作。

素质目标：

（1）主动学习，在完成 1 号发变组进行升压并网及解列停机操作过程中发现问题、分析问题和解决问题。

（2）能严格遵守专业相关规程标准及规章制度，与小组成员协商、交流配合，按标准化作业流程完成 1 号发变组进行升压并网及解列停机操作。

 任务分析

（1）分析 1 号发变组升压并网操作前系统的运行方式。

（2）分析 1 号发变组升压并网的操作流程。

（3）按发电厂电气倒闸操作标准化作业流程，对 1 号发变组进行升压并网操作。

（4）分析 1 号发变组解列停机操作前系统的运行方式。

（5）分析 1 号发变组解列停机的操作流程。

（6）按发电厂电气倒闸操作标准化作业流程，对 1 号发变组进行解列停机操作。

 相关知识

一、 同步发电机的励磁系统

（一） 励磁系统的概念

同步发电机是将旋转形式的机械功率转换成三相交流电功率的设备。为完成这一转换，它本身需要一个直流磁场，产生这个磁场的直流电流称为发电机的励磁电流，又称转子电流。为同步发电机提供励磁电流的有关设备，称为励磁系统。

发电机励磁系统
基本概述（PPT）

（二） 励磁系统的组成

励磁系统是由励磁调节器、励磁功率单元和发电机组成的系统，其构成如图 3 - 6 - 1 所示。

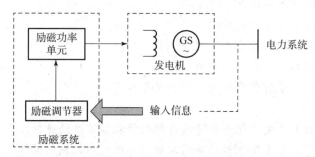

图 3 - 6 - 1　励磁控制系统构成框图

励磁功率单元是指向同步发电机转子绕组提供直流励磁电流的励磁电源部分，包括整流装置及其交流电源；励磁调节器则是根据控制要求和给定调节准则控制励磁功率单元输出的装置，主要由以下部分组成：

（1）测量比较单元。测量发电机的机端电压并变换成直流，与给定的基准电压定值比较，得出电压偏差信号。

（2）综合放大单元。对测量单元的输出进行放大，有时还要根据要求对其他信号进行放大，如稳定信号、低励磁信号等。

（3）移相触发单元。根据控制电压的大小，改变晶闸管的触发角度，从而调节发电机的励磁电流。

发电机励磁调节器
（PPT）

（三） 励磁系统的作用

励磁系统是发电机的重要组成部分，它对电力系统及电机本身的安全稳定运行有很大影响。励磁系统的主要作用有：

（1）正常运行时根据发电机负荷变化调节励磁电流，以维持机端电压为给定值。

（2）控制并列运行各发电机间无功功率的分配。

（3）提高电力系统的静态稳定性。

（4）提高电力系统的动态稳定性。

（5）在发电机内部故障时，进行灭磁。

（6）根据运行要求对发电机实现限制与保护。

（四） 对励磁系统的要求

600 MW 机组的励磁系统都是高起始响应励磁系统，必须满足以下要求：

（1）励磁电源必须满足发电机正常或故障各种工况下的需要。

（2）保证发电机运行可靠性和稳定性。

（3）应能维持发电机端电压恒定并保证一定的精度。

（4）具有一定的强励容量，要求强励倍数为 2 倍时，响应比为 3.5 倍/秒。

（5）在欠励区域保证发电机运行稳定。

（6）对于机组过电压、过磁通具有保护作用。

（7）对于机组振荡能提供正阻尼，改善机组动态稳定性。

（8）具有过励磁限制、低励限制、V/F 限制和功角限制等功能。

（9）配备电力系统稳定器（PSS），PSS 应具备必要的保护和限制功能。

（10）励磁系统的电压和电流不大于 1.1 倍额定值工况下，其设备和导体应能连续运行。

（五） 励磁系统的励磁方式

发电机的励磁系统按励磁电源的不同分为三种方式：一是直流励磁机励磁方式；二是交流励磁机励磁方式，其中按功率整流器是静止的还是旋转的分为交流励磁机静止整流器励磁方式（有刷）和交流励磁机旋转整流器励磁方式（无刷）两种；三是静止励磁方式。

对大容量汽轮发电机的励磁，只能采用把交流电源经硅整流后供给励磁系统。根据交流励磁电源的种类不同，汽轮发电机的励磁电源可分为两大类，第一类是采用与主机同轴的交流发电机作为励磁电源，经硅整流后，供给主发电机的励磁。这类励磁系统，按整流器是静止还是随发电机轴旋转，又可分为他励静止硅整流和他励旋转硅整流两种励磁方式。第二类是采用接于发电机出口的励磁变压器作为励磁电源，经硅整流后供给发电机励磁。因励磁电源取自发电机本身或发电机所在的电力系统，故称为自励系统。如果只用励磁变压器并联在发电机出口，则称为自并励方式。

1. 旋转硅整流励磁（无刷励磁）系统

图 3 - 6 - 2 为无刷励磁系统的原理接线图。

发电机的励磁电流由同轴的交流励磁机（称为主励磁机）经硅二极管整流器（不可控整流器）整流后供给，而交流主励磁机的励磁电流由永磁发电机（称为副励磁机）输出经晶闸管整流器（可控硅整流器）整流后供给。交流励磁机与通常的交流发电机结构不同，其直流励磁绕组（磁极）在定子上，而三相交流绕组与硅二极管整流器和主发电机的励磁绕组装在同一转轴上。因此，交流励磁机的输出经整流后，就可直接送入发电机励磁绕组，中间不需要滑环和电刷等接触元件，这就实现了无刷励磁。

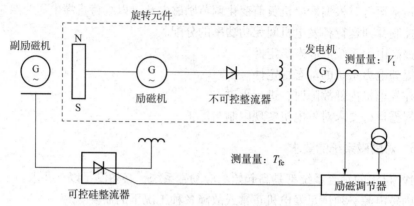

图 3 - 6 - 2　有副励磁机的无刷励磁系统原理接线图

发电机励磁电压的控制，是利用自动电压调节器控制晶闸管整流器的导通角，改变交流励磁机的励磁电流，使其输出变化，就可达到控制发电机励磁的目的。

2. 同轴交流励磁机静止可控硅整流励磁系统

同轴交流励磁机静止可控硅整流励磁系统的原理接线如图 3 - 6 - 3 所示。

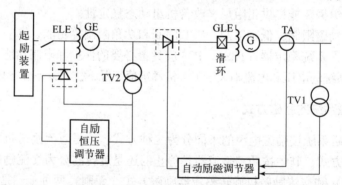

图 3 - 6 - 3　同轴交流励磁机静止可控硅整流励磁系统的原理接线图

发电机的励磁电流由交流励磁机 GE 经静止可控硅整流器整流，再经电刷和滑环送入。交流励磁机的励磁一般采用可控硅自励恒压方式，在发电机各种运行工况下，励磁机的出口电压总是自动保持在发电机强励顶值电压的水平上。交流励磁机的初始励磁电源，可采用 220 V 蓄电池或厂用 220 V 交流经整流取得。

3. 自并励励磁系统

国华定州发电有限责任公司的 1 号机组采用自并励励磁方式，其原理接线如图 3 - 6 - 4 所示。

这种励磁方式完全取消主、副励磁机，发电机的励磁电流直接由并接在发电机端的励磁变压器（TE）经静止可控硅整流后供给。由于没有旋转部件，结构简单，轴系长度短，所以自并励励磁系统具有可靠性高，轴系稳定性好，励磁响应速度快，调压性能好的优点。

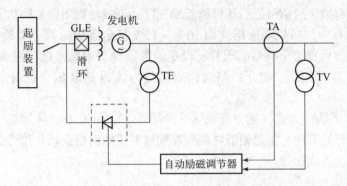

图 3 – 6 – 4　自并励励磁系统原理接线图

随着电力工业的发展，600 MW 大型汽轮发电机组将逐步成为主力火电机组，同时 500 kV 以及 750 kV 超高压输电网将逐步完善我国的主网架结构，电力系统进入了大容量、大电网、高自动化时期。对于大电网而言，电力系统的稳定性显得尤为重要，而大容量发电机短路比的减小及瞬变电抗的增大，均给系统稳定带来了不利影响。因此，600 MW 机组对发电机励磁系统的顶值电压倍数和响应速度提出了更高要求。目前，国内外 600 MW 大容量发电机组主要采用无刷励磁方式和自并励励磁方式。近年来，由于自并励励磁系统具有固有的高起始快速响应特性，而且接线简单，维护方便，加之电力系统稳定器（PSS）的配合使用，较好地解决了系统稳定性的问题，从而使自并励系统得到了更为广泛的应用。

（六）　励磁系统投运

发电机励磁系统励
磁方式（PPT）

1. 励磁系统投运条件

（1）灭磁开关无故障。

（2）220 kV 断路器无故障。

（3）AVR 无故障。

（4）发电机转速大于 2 950 r/min。

（5）发变组出口断路器在断开状态。

（6）合上发变组 220 kV 侧隔离开关。

（7）发变组出口断路器在"远方"控制方式。

2. 开机前励磁系统运行方式的选择

（1）运行方式选 AVR（恒机端电压调节），起励以后发电机机端电压会在数十秒钟缓慢上升至 95% 额定机端电压，并等待发电机并网操作。

（2）运行方式选 FCR（恒磁场电流调节），起励以后发电机机端电压会停在 10% 端电压位置，经手操增磁，端电压上升至需要值。

3. 起励方式选择

（1）对于"自动"方式，需要在控制室 DCS 发开机令，励磁调节屏接收开机令后，检测磁场灭磁开关状态，如果灭磁开关是分闸状态，发合上灭磁开关指令；给灭磁屏起励接触器发起励信号；投整流屏风机；投整流桥脉冲信号。当起励电源使机端电压达到 10% 以上，进入励磁调节程序。如果在 10 s 内机端电压没达到 10% 或 20%，调节屏发出起励失败信号，发出起励失败信号之后还可以起励三次，不成功则闭锁起励功能。

（2）起励过程中，当机端电压达到10%～15%额定电压时调节器跳开起励接触器，切除起励电源，然后自动把机端电压升到设定的数值（当起励时运行方式为AVR时，机端电压将自动达到95%额定电压，当起励时运行方式为FCR时，机端电压将自动达到10%额定电压）。

（3）对于"手动"方式（远方与现场选择都可以），可以在灭磁屏前按起励按钮，起励接触器吸合，开始起励，励磁调节屏接到起励接触器辅助触点动作信号，投风机，投整流桥脉冲，同自动方式操作。

4. 励磁系统运行操作

当发电机并网后，即进入运行操作，运行操作有以下四种方式：

（1）电流调节（FCR）。操作增、减磁，可调节励磁电流至需要值。需配合有功调解来改变励磁电流。此运行方式只能保证励磁电流稳定（当TV断线后可选此方式运行）。

（2）电压调节（AVR）。操作增、减磁，可调节发电机机端电压或无功功率至需要值。此运行方式能保证机端电压稳定，是最常用的一种运行方式。当TV断线后，计算机会利用另一台计算机的TV测量通信信号，当两台计算机都报TV断线时，正在运行的计算机自动转入FCR（磁场电流调节）方式运行。

（3）恒无功（Q）调节方式。发电机并网后，才可以选恒无功或恒$\cos\varphi$调节。如果选恒无功（Q）调节方式，励磁调节屏将维持发电机无功功率稳定，此方式必须在发变组主断路器闭合时才可以投入运行。

（4）恒$\cos\varphi$调节方式。励磁调节屏将维持发电机端电压超前机端电流固定相角，即$\cos\varphi$不变，此方式必须在发变组主断路器闭合时才可以投入运行。

5. 励磁系统投运流程

（1）合灭磁开关。

（2）灭磁开关合闸且正常，投AVR。

（3）控制AVR增、减励磁。

（4）确保发电机出口电压至95%额定电压。

6. 励磁系统停机流程

（1）当发电机正常解列后，需要停机操作。首先，操作无功减载，无功功率会缓慢减少至零，待操作发电机解列后（断开发电机出口断路器），给励磁调节屏一个停机令信号。

（2）励磁调节屏将自动顺序执行下列操作：当逆变开关打到"逆变"位置时，首先逆变灭磁，延时5 s后跳开磁场开关。

（3）紧急停机操作。接到紧急停机令后，立即按下"紧急停机"按钮，联跳发变组主断路器、磁场开关，调节屏逆变灭磁，将逆变开关打到"逆变"位置。

二、 发电机灭磁系统

同步发电机在运行中，当发生定子绕组匝间短路、定子绕组相间短路、定子接地短路等故障时，继电保护装置就快速地将发电机从系统中切除，但发电机的感应电动势却依然存在，继续供给励磁电流，故将会发生导线的熔化和绝缘材料的烧损，甚至烧坏铁芯。因此，当发生上述发电机的短路等故障时，在继电保护动作将发电机断路器跳开的同时，还应迅速地给发电机灭磁。

灭磁就是将发电机转子绕组中的磁场能量尽快地减小到最低程度。当然，最简单的灭磁方法是将发电机转子励磁绕组与电源断开，但励磁绕组是一个大电感，突然断开，将使励磁绕组的两端产生很高的过电压，危害转子的绝缘，所以，用断开转子回路电源的办法来灭磁是不恰当的。将发电机转子绕组接到耗损磁场能量的闭合回路中去，才是可行的。

理想的灭磁过程可以描述为，在整个灭磁过程中，转子电流的衰减率保持不变，且由衰减率引起的转子感应过电压等于其允许值。

发电机励磁系统
之灭磁系统简介
（PPT）

（一）灭磁方式的发展过程

1. 串联耗能灭磁

串联耗能灭磁最初就是直接利用耗能开关吸收发电机转子中储存的能量。比如俄罗斯生产的耗能开关利用弧间隔燃烧来耗能。但是这种方式存在如下缺点：体积大，不易维护，灭磁成功与否取决于弧的形成，容易引起事故，产品根据发电机机组容量需要特殊订制，不易规模化、系列化。

由于这些缺点的存在，采用耗能开关的灭磁方式逐渐被并联移能灭磁方式代替。

2. 机械开关并联移能灭磁

机械开关串联于励磁主回路、灭磁耗能电阻并联在转子两端是这类灭磁的接线方式。如图 3－6－5 所示。

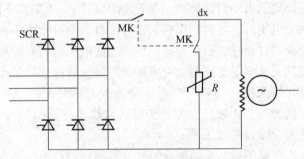

图 3－6－5　机械开关并联灭磁

ANSI/IEEEC37.18—1979 标准规定，一般机械开关需要有至少一对主触头、一对灭磁常闭触头。随着国内 ZnO 电阻耗能在灭磁系统中的应用，灭磁触头也并非必要了。但值得注意的是，在不采用灭磁触头的灭磁系统中，需认真核算 ZnO 的灭磁残压与荷电率。

这类灭磁方式在国内是主要的灭磁方式。主回路有明显的开断触头，在励磁系统内部故障时，可以开断励磁主回路，切断故障源，快速地消灭发电机主磁场，将发电机损失控制在最小范围内。目前使用的机械开关主要有 DM2、DM4、DMX、E3H、E4H、UR、PHB、MM74、CEX 等。

这类灭磁方式的主要问题是灭磁开关选型比较困难。小机组选大的开关，成本比较高；若选小开关则满足不了工况要求；大型尤其是巨型水力发电机机组开关选择更为困难。

3. 电子开关并联移能灭磁

前些年，国内一些厂家将灭磁开关建压任务转移到电力电子器件上来。其原理是利用电容的放电过程，使可控硅的电流降到零，并形成反压使之关断。

这类方式下开关动作时间短，因此开关在开断过程中所需遮断能容就小，并且建压速度快，利于快速灭磁。但其缺点是开关动作的可靠性取决于电子回路工作的可靠性。

与机械开关比较，电子开关没有触头磨损，易于维护，成本也低。但目前在大电流系统中不宜采用。它存在两个问题：发热问题及器件选型问题。然而值得注意的是，随着电力电子器件的快速发展，高电压大电流的全控器件也会不断投入商业运行，电力电子器件将在灭磁中发挥更大的作用。但是长期通流带来的发热仍是采用这种方法需解决的首要问题。

为克服上述两种灭磁方式的缺点，人们开始在材料科学领域探索，寻找一种既不发热，又可以建压的材料。将 PTC 电阻或钼棒与开关并联，利用材料在温度升高时电阻急剧增加的特点，建立比较高的电压，打通灭磁电阻回路，实现灭磁。也可以采用超导材料串入回路，在需要灭磁时使超导材料失超。但是若要建立比较高的电压，超导体的长度相应比较长，体积比较大。

4. 交流灭磁

与水轮发电机相比，灭磁对于汽轮发电机要相对容易一些。主要因为转子电感值较小，阻尼绕组作用比较明显，因此交流灭磁在汽轮发电机励磁系统中应用较多。交流灭磁是将直流开关难开断、难建压的问题转移到励磁源的交流侧。

交流灭磁是利用可控硅阳极电源负半周辅助实现的一种灭磁方式。灭磁开关既可以安装在交流侧也可以安装在直流侧，但都必须配合封脉冲的措施（由于交流灭磁开关跳开过程中同步电源缺相而导致的自动封锁脉冲，等效于封脉冲），否则都不能实现交流灭磁。

当灭磁开关装在交流侧时，可以利用在灭磁开关打开的过程中一相无电流而自动分断的特点，并借助可控硅的自然续流将可控硅阳极的交流电压引入到灭磁过程中去。即使在发电机转子电流换流到灭磁电阻支路前，有可控硅的触发脉冲使得某个桥臂的两个可控硅直通，形成转子回路短接灭磁，仍然可以保证交流侧灭磁开关的分断而实现自然续流灭磁。当然，这样的灭磁时间会比较长，按转子时间常数 T_{d0} 进行衰减，而且灭磁过程中最多只能利用灭磁开关两个断口的弧压。

当灭磁开关安装在直流侧时，必须配合封脉冲措施，否则不能实现交流灭磁。灭磁开关安装在直流侧的好处是灭磁过程中可以充分利用灭磁开关串联断口的弧压。事实上，封脉冲是一种简便易行的方法，而其作用非常显著，因此在采用交流灭磁的场合，封脉冲措施是必需的。

值得注意的是，交流灭磁需要考虑以下两种情况：

第一，需要考虑机端三相短路。当发电机机端三相短路时，只能够靠灭磁开关的断口弧压灭磁，如果灭磁电阻换流需要的电压大于交流灭磁开关的断口电压，则不能成功灭磁，这样会损坏交流开关。考虑到这种情况，一般在转子两端设置电子跨接器或机械跨接器，甚至两者都设置。

第二，需要考虑到可控硅整流桥臂是否存在可控硅损坏，是否有桥臂短路的情况，以及在交流侧短路的异常情况下可否可靠灭磁。

当然，采用封闭母线的发电机组发电机机端短路可以认为基本不存在，一般励磁变压器到整流桥之间短路概率也比较小。若整流装置交流侧故障，只要整流桥臂熔断器选择合理，是能够降低此类故障概率的，所以这些异常工况也不必考虑。即使机端短路也能够利用短路点比较低的电压进行电流转移，实现灭磁。

由于汽轮发电机转子储能比较小，电感比较小，加之阻尼比较大，参与灭磁过程作用比较大，采用短接转子灭磁，也是能够接受的。所以在配备了跨接器的情况下，可以单独采用交流灭磁。然而通常建议在水轮发电机灭磁中不选择单独的交流灭磁。而是选择机械开关并联移能灭磁或下面介绍的冗余灭磁方案。

5. 冗余灭磁

所谓冗余灭磁，是同时采用两种及两种以上的方法灭磁，如在交流、直流侧分别设置开关，在灭磁过程中同时分断，共同建压，在跳开灭磁开关的同时封锁脉冲，利用封脉冲后可控硅续流形成的交流电压辅助灭磁等，这类灭磁方式的好处是，当一种灭磁不能正常工作时，另外的灭磁方式仍然能够可靠地实现灭磁，当多种灭磁都正常时，可以大大降低对开关的要求。如三峡灭磁设计甚至可以在两种以上故障情况下可靠灭磁。

实现交直流冗余灭磁可以采用多种方法，不同的方法结果可能相差很大，或者需要高性能的交/直流灭磁开关作为必要的保障。

采用以下的灭磁时序可以最大限度地降低对交/直流灭磁开关的要求，实现多种工况下的可靠灭磁，即：正常情况下采用逆变灭磁；故障时首先采用 1～2 个调节器控制周期的逆变灭磁，然后采用硬件封脉冲手段闭锁调节器输出脉冲，如果有交流灭磁开关可以同时跳开交流灭磁开关（一般情况交流灭磁并非必须设置交流灭磁开关，但对于大型发电机配备交流灭磁开关是有益的），最后延时 6～7 ms（对于 50 Hz 而言）后跳开直流灭磁开关。

（二）灭磁开关

灭磁开关是指用于快速降低励磁回路中的电流的开关。灭磁开关是一种适用于分断电机励磁回路电流的电器。因为励磁回路感抗很大，切断电流是很困难的，所以要安装专用的灭磁开关。

发电机灭磁系统之
灭磁方式（PPT）

1. 灭磁开关的一般通用要求

（1）通流性能好：接触电阻小、运行温升低，短时过流量大。

（2）绝缘强度高：能耐受正常运行中的工作电压及暂态过程中短时电压的冲击而不损坏。

（3）机械动作灵：合闸分闸动作灵敏可靠，不能误动和拒动。

（4）综合性能优：结构牢固稳定、安装维护简便、工艺精良、外形美观、体积小、质量轻、价格低。

2. 灭磁开关的作用

（1）发电机事故情况下利用跳开灭磁开关迅速灭磁。

（2）在检修的时候断开灭磁开关，形成明显的断开点。

实现这两个功能的关键是迅速消耗发电机磁场的能量（转化为热能）。国内外广泛使用的是移能型灭磁开关，它在灭磁时将励磁电流及磁场能量迅速转移到灭磁电阻中衰耗，本身基本不吸能量。一般停机后是不用断开灭磁开关的，因为正常停机是靠自动励磁调节器改变可控硅的触发角进行逆变灭磁。

3. 灭磁开关的类型

灭磁开关有耗能型和移能型两种，前者在灭磁时将磁场储存的部分能量消耗在燃弧过程中，并通过短弧将电压限制在合适的范围内，属于非线性灭磁。后者则通过先期闭合的常闭接点将磁场电流转移至线性灭磁电阻，或通过建立足以使非线性灭磁电阻呈现低阻特性的电压，将磁场能量转移至灭磁电阻。它本身也具有一定的灭磁能力。

（三）灭磁电阻

励磁回路中的灭磁电阻主要有两个作用：

（1）防止转子绕组间的过电压，使其不超过允许值。

（2）将磁场能量变为热能，加速灭磁过程。

灭磁电阻的选择需要根据灭磁能容、灭磁残压、灭磁电流等因素综合考核。

线性电阻灭磁问题较少，主要考虑灭磁残压的核查，避免转子回路的过电压。为了快速灭磁，选择的电阻可以为转子电阻的 3~5 倍。但事实上并不需要选择如此高的倍数，一般 3 倍比较合理。

非线性灭磁电阻主要有 SiC 和 ZnO。目前国内主要采用 ZnO 灭磁，因为价格较低、采购容易、灭磁残压容易控制、灭磁速度比较快。而 SiC 采购不方便，主要从国外进口，同时价格也高；而且在灭磁残压的控制上，选择 SiC 需要额外小心，避免开关配合不合理导致灭磁事故。但由于它不存在均流的问题，加之压接要比 ZnO 容易，安装方便，体积较小，所以在国内也有小范围的应用。

三、 同步发电机的同期系统

（一）同期系统概述

发电厂中将同步发电机投入电力系统并列运行的操作称为并列操作或同期操作、同步操作，用以完成并列操作的装置称为同期系统或同期装置，凡有并列操作要求的断路器称为同期点。

同期系统基本
知识（PPT）

将发电机投入运行的操作是经常进行的操作。在系统正常运行时，随着负荷的增加，要求备用发电机迅速投入电力系统，以满足用户用电量增长的需要；在系统发生事故时，会失去部分电源，也要求将备用机组快速投入电力系统以制止系统的频率崩溃。这些情况均要对发电机进行同期操作，将发电机安全、准确快速地投入系统参加并列运行。

同期操作可以实现单台发电机与电力系统并列运行，也可解决系统中分开运行的线路断路器正确投入的问题，实现系统并列运行，从而提高电力系统的稳定性及线路负荷的合理、经济分配。

对同期操作的要求是：

（1）合闸瞬间对发电机的冲击电流和冲击力矩不超过允许值。

（2）并列后发电机迅速被拉入同步。

同期方法分为准同期法和自同期法。两种并列方式可以是手动的，也可以是自动的。准同期方式是将待并发电机在投入系统前通过调速器调节原动机转速，使发电机转速接近同期转速，通过励磁调整装置调节发电机励磁电流，使发电机端电压接近系统电压，在频差及压差满足给定条件时，选择在零相位差到来前的适当时刻向断路器发出合闸脉冲，在相角差为零时完成并列操作。

自同期并列的操作是将未加励磁电流的发电机的转速升到接近额定转速，首先投入断路器，然后立即合上励磁开关供给励磁电流，随即将发电机拉入同步。

准同期方式断路器合闸瞬间引起的冲击电流小于允许值，发电机能迅速被拉入同步。

自同期并列方式的主要优点是操作简单，速度快，在系统发生故障、频率波动较大时，发电机组仍能并列操作并迅速投入电网运行，可避免故障扩大，有利于系统事故处理，但因合闸瞬间发电机定子吸收大量无功功率，导致合闸瞬间系统电压下降较多。因此，规程规定"在正常运行方式下，同步发电机的并列应采用准同期方式；在故障情况下，水轮发电机可采用自同期方式"。对于 100 MW 以下的任何发电机，在系统运行条件允许的情况下，均可用自同期法与系统并列，对 100 MW 及以上的发电机是否能采用自同期法应经过试验决定。

同期操作是发电厂、变电所很重要的一项操作，国内外由于同期操作或同期装置、同期系统的问题发生非同期并列的事例屡见不鲜，其后果是严重损坏发电机定子绕组，甚至造成大轴损坏。因而，发电机和电网的同期并列操作是电气运行最复杂、最重要的一项操作。

本学习领域重点讨论准同期并列方式。

（二） 准同期并列

1. 准同期并列的条件

（1）相序条件。即待并发电机的相序与系统的相序必须相同，该条件通常应在发电机同期并列前已满足，当发电机新安装或大修后其电压或同期回路变动后，必须先通过电压回路核相，核对、检查、确认与系统的相序一致，连接同期装置的电压相别、极性正确。所以发电机进行准同期操作主要是控制和监视后三个条件。

（2）频率条件。即待并发电机的频率与系统的频率近似相等，允许频率差不超过 ± 0.1 Hz。

（3）电压条件。即待并发电机的电压与系统的电压近似相等，允许电压差不超过 $\pm 10\% U_N$。

（4）相位条件。即待并发电机的电压相位角与系统的电压相位角一致，允许相位差不超过 $10°$。当上述频率、电压两个条件通过调节已满足要求时，准同期装置捕捉并列用断路器合闸瞬间发电机与系统电位相同，考虑到断路器有一固有的合闸时间，应在断路器两侧电压相角重合前，提前一段时间给断路器发出合闸脉冲，以便使合闸瞬间断路器两侧电压的相角差恰好等于零。后三个条件中有一个不能满足，都可能产生很大的冲击电流，并引起发电机强烈的振荡。但在实际应用中，与相位差要素相比，频率、电压这两个要素较容易调至满足要求，对于系统和设备的影响要小得多。因此，可以简单地认为，准同期过程频率、电压两要素仅作为同期时的限定条件，实际上主要是捕捉 $\Delta\delta = 0$ 的过程，为使冲击电流尽量减少，即控制 $\Delta U = |U_g - U_s|$ 和 $\Delta f = |f_g - f_s|$，使其限制在一定范围内，此相角差不宜超过 $10°$。

由于准同期并列能通过调节待并发电机的频率、电压和相角，使上述三个条件得到满足，所以合闸后冲击电流很小，能很快拉入同步，对系统的扰动也最小。因此，目前在电力系统中准同期并列应用最为广泛。在正常运行情况下，一般都采用准同期并列操作。

2. 准同期实现方式

（1）手动准同期。发电机的频率调整、电压调整及合闸操作都由运行人员手动进行，但在控制回路中装设了非同期合闸闭锁装置（同期检查继电器），用以防止运行人员误发合闸脉冲造成非同期并列。

（2）半自动准同期。发电机电压及频率的调整由手动进行，同期装置能自动检验相位条件并选择适当的时机发出合闸脉冲。

（3）自动准同期。主要由合闸、调频、调压、电源等部分组成。完成发电机并列前的自动调压、自动调频，在频率差和电压差均满足准同期并列条件的前提下，选择发电机电压和系统电压相位重合前的一个恒定导前时间发出合闸脉冲。上述条件不满足时，则闭锁合闸脉冲回路。

由于手动准同期存在很大的缺点，故 DL5000—2000《火力发电厂设计技术规程》规定发电厂应装设自动准同期装置，对于手动准同期装置不强求一定要装设，大型火力发电厂一般只装设自动准同期装置。

四、 发电机启动

（一） 启动前的准备

发电机安装或检修完毕，就可将其启动并投入运行。为了保证发电机的安全可靠，在启动前必须对有关设备和系统进行一系列的检查和试验，只有当这些检查、测量和试验都合格后，方可启动机组。

1. 需要检查的项目

（1）发电机、变压器及励磁系统的一、二次回路的安装或检修工作终结后，在启动前应将工作票全部收回，详细检查各部分及其周围的清洁情况，各有关设备和仪表必须完好，短路线和接地线必须撤除，工作人员撤离现场。

（2）检查发电机组各部件之间是否安装连接可靠，有无松动及不牢固的现象。

（3）检查汇流管位于机座下部进出水管法兰处的接地片是否可靠接地。

（4）发电机通水前检查水系统设备是否完好，水质的导电率、硬度、pH 值是否达到要求。

（5）确保定子充水情况良好，压力正常，无泄漏。

（6）主变压器一切良好，符合启动条件。

2. 需要测量的项目

（1）在冷态下测量转子绕组直流电阻和交流阻抗。

（2）测量定子绕组和转子绕组的绝缘电阻，定子绕组绝缘电阻≥5 MΩ（2 500 V 兆欧表），转子绕组绝缘电阻≥1 MΩ（500 V 兆欧表）。

（3）各有关一次设备绝缘测量均合格。

3. 需进行的试验

（1）试验发电机系统所有信号应正确。

（2）安装、大修后，做励磁系统有关动、静态试验，均应合格。

（3）做主断路器、灭磁开关、励磁系统各开关、6 kV 厂用分支断路器的跳/合闸试验、联动试验及保护传动试验，均应合格。

（4）励磁系统联锁试验合格。

（5）定子水泵联锁试验及断水保护试验合格。

（6）安装、大修后的发电机，应做水压、定子水反冲洗及气密试验。

4. 启动前应完成的有关操作

（1）发电机氢、油、水系统投入，参数正常。在充氢过程中，应严格遵循中间气体置换法。充氢的过程是：先用二氧化碳充满气体系统，以驱出空气；再用氢气充满气体系统，以驱出二氧化碳，从而将发电机转换至氢气冷却状态运行。反之，停机后，置换程序为氢气—二氧化碳—空气。采用中间气体置换法可以防止在系统管道和机内的氢气与空气直接接触，从而保证了置换过程的安全。

（2）依据规程投退有关保护压板及熔断器。

（二）启动

充氢后，当发电机内的氢纯度和内凝结水水质、水温、压力及密封油压等均符合规程规定，气体冷却器通水正常，高压顶轴油压大于规定值时，即可启动转子，在转速超过 1 200 r/min 时，可以停止顶轴。发电机开始转动后，即应认为发电机及其全部设备均已带电。

对安装和检修后第一次启动的机组，应缓慢升速并监听发电机的声音，检查轴承给油及摆动情况，在确认无摩擦、碰撞之后，迅速增加转速。在通过临界转速时，应注意轴承振动及碳刷是否有跳动、卡涩或接触不良现象，如无异常即可升至额定转速 3 000 r/min。

五、 发电机升压及并列

（一）发电机升压

当汽轮发电机升速至额定转速且冷却系统已投运的情况下，就可以加励磁升高发电机定子绕组电压，为确保安全，升压前还应做以下操作：

发电机的升压
（PPT）

（1）确认连接同期装置的电压回路相别、极性正确；同期装置或仪表的误差必须满足要求等。

（2）机组冲转前，应确认待并断路器，如变压器高压侧断路器（适用于发电机－变压器组接线）或发电机出口断路器及相应的断路器（如发电机－变压器组接线的高厂变厂用电源断路器）、发电机励磁开关确实在断开位置，才能合上待并断路器的闸刀，做好发电机并列准备。

1. 升压操作注意事项

在机组达额定转速后，投入 AVR 装置，合上励磁开关，对发电机（或连同主变压器、高压厂用变压器）以自动励磁升压方式对发电机自动进行零启升压（手动励磁升压方式一般不用，仅在自动励磁升压方式因故停用情况下或电气做试验时才能采用）。自动励磁和手动励磁的方式不可以在并网操作的升压过程中任意切换操作。

升压操作应缓慢、谨慎，并注意以下几点：

（1）密切监视定子三相电流为零，负序电流指示近似等于零。

（2）转子电流、转子电压、定子电压相应均匀上升。

（3）定子电压升压至全电压额定值时测量三相电压应平衡。

（4）在额定定子电压时，应核对并记录转子额定空载励磁电流、电压值，通过对空载励磁电流、电压的核对分析比较，可以判断发电机转子绕组有无匝间短路现象。正常情况下，历次数值接近。如果发现空载电流升高，励磁电压下降时，必须查明原因。

（5）及时测量发电机转子励磁回路有无接地现象。

待发电机升压至额定值，并检查一切正常后，即可进行并列操作。

2. 发电机升压方式

（1）发电机正常升压并列操作应采用自动电压调节器进行，50 Hz 感应调压器作为备用方式。

（2）发电机升压操作可采用自动电压调节器"自动"或"手动"调压方式进行。

（3）自动准同期并列时可采用自动电压调节器"自动"方式调压，也可采用自动电压调节器"手动"方式将电压升到额定值，再将自动电压调节器从"手动"切换到"自动"方式，进行自动准同期并列操作。

（4）手动准同期并列可采用自动电压调节器"自动"方式升压，也可用自动电压调节器"手动"方式升压。若用自动电压调节器"手动"方式升压，在发电机并列后，应将自动电压调节器由"手动"切换到"自动"方式。

3. 升压流程

（1）在励磁画面上将发电机励磁系统 AVR 选择"自动"运行方式。

（2）按下励磁系统启动按钮。

（3）监视灭磁开关自动合上。

（4）5～20 s 后监视发电机定子电压自动升至 20 kV。

（5）确认三相电压已平衡、三相电流为零或接近于零。

（6）核对并记录发电机转子电压和转子电流。

（二）发电机并列

当发电机电压升到额定值后，可准备对电网实行并列。发电机并列操作是电力系统很重要的一项操作，必须认真对待，以便在并列操作以后，发电机能很快达到同步运行的目的；如操作不正常或发生误操作，将会对电力系统带来极其严重的后果，可能发生巨大的冲击电流，甚至比机端短路电流还大得多，会引起系统电压严重下降，使电力系统发生振荡甚至瓦解。

发电机的并列
（PPT）

1. 并列操作注意事项

为了使并列操作后发电机迅速进入同步运行，一般采用准同期并列，并列操作时应注意以下几点：

（1）并列操作时，不准同时投入两个或两个以上的同期装置出入开关，即不允许同时投入两个或两个以上同期回路，以免同时接入两个频率不同、数值和相位亦在不断变化的电压，形成两个电压滑差包络线。该电压滑差包络线将在两个设备的 TV 二次回路中产生环流，该环流有可能使 TV 次级小开关跳闸或熔丝熔断。

（2）在待并频率与系统频率相差 1 rad/s 以内时才可投入同步表，因为同步表连续运转时间不超过 15 min。

（3）一般情况下不要使用手动准同期的方法进行发电机的并列操作。若自动回路故障有必要使用手动准同期并列操作时，需由值长监护进行操作。

（4）当同步表转动太快、跳动、停滞时禁止合闸。

2. 发电机自动准同期并列操作

将发电机电压和系统电压接入同步表和自动准同期并列装置，发电机达到额定转速、升压至额定值后，投入同期开关、自动准同期检定装置（同期闭锁开关）、手动同期开关（同步表盘）或自动同期开关，通知汽轮机人员投入"DEH 自动同步"回路后，按下同期开始按钮，自动准同期并列装置能根据系统的频率检查待并发电机的频率，并发出脉冲，去调节发电机的转速，使它达到比系统高出一个预定值的数值。然后检查同期回路是否开始工作，当频差和压差不满足同期条件时，会对合闸信号进行闭锁。当待并发电机以一定的频差（满足同期条件）向同期点接近，而且待并发电机与系统的电压相差在 ±10% 以内时，它就在一个预先整定好的提前时间发出合闸脉冲，合上主断路器，使发电机与系统并列，确认发电机带上 15 MW 的有功负荷和 7~10 Mvar 的无功负荷后，并列操作告终。

应该说明的是，自动准同期装置一般只发出"调速"脉冲，而不发出"调压"命令，因而并列时仍要人工调整 AVR 的"电压给定"开关，使待并发电机电压与系统电压相等。

3. 防止非同期并列

（1）同期表指针经过同期点时转速过快，说明发电机频率与系统频率相差较大，不得合闸。

（2）同期表指针经过同期点时转速不稳有跳动，可能是同期表卡涩，不得合闸。

（3）在同期表指针经过同期点瞬间，也不得合闸，此刻已无导前时间，由于操动机构延迟，断路器合上时，可能合在非同期点上。

六、 机组带负荷及负荷调整

发电机并列后，即可按规程规定接带负荷，其有功负荷的增加速度决定于汽轮机，一般由值班员进行调整负荷的操作。

有功负荷的调整是通过汽轮机的同步器电动机进行的，即调整汽轮机的进汽量，该操作可由值班员或由自动装置协调控制。有功负荷的增加速度通常由汽轮机和锅炉的工作条件决定，但无论是开机或正常运行，增加速度都不能过快。

（一） 发电机带初负荷

机组并网后，立即带 5% 额定负荷；确认主变压器工作冷却器运行正常；根据需要增加发电机无功功率；全面检查发电机定子铁芯、绕组温度、绕组各支路出水温度是否正常。

（二） 发电机升负荷流程

（1）发电机并入电网以后，发电机的输出功率总是处于输出功率曲线的限值之内。发电机并列后，根据值长指令调有功负荷，定子电流增长的速度应根据负荷调整曲线进行。

（2）发电机同类水支路定子线棒温度与其平均温度的偏差不得超过规定值。

（3）增加负荷时应监视发电机冷氢温度、铁芯温度、绕组温度、出口风温以及励磁装置的工作情况。

（4）发电机带初负荷后，稳定汽轮机的进汽参数在冲转时的参数，保持初负荷暖机一段时间，如果汽轮机的进汽参数发生变化，应根据启动曲线增加初负荷暖机时间。

（5）在热态或事故情况下发电机加负荷的速度一般不受限制（发电机定子线圈和铁芯温度在 55 ℃以上为热态）。

（6）发电机并网后加负荷过程中，应注意监视定子冷却水压、流量、氢气压力、温度、氢油压差、氢水压差，定、转子及铁芯温度变化，发电机变压器组各参数和励磁系统，以及继电保护装置的运行情况。

（7）根据有功负荷的变化随时调整无功功率以满足电压曲线的要求，并应兼顾厂用系统电压在额定范围内。

（8）待发电机运行稳定后将发电机高压厂用电源倒为高压厂用变压器供电，高压启动备用变压器联动备用。

加负荷时，应监视定子端部有无渗漏现象，在增加发电机有功负荷的同时，要相应地增大其无功负荷，以保持一定的功率因数。如果有功负荷不变，调整无功负荷也会改变功率因数。水氢氢冷的大、中型汽轮发电机的额定功率因数多为 0.9（滞后），即功率因数从 0.9~1 之间均可长时间带额定有功负荷运行。但是，如果励磁再进一步减少就会变为进相运行，这时 $\varphi < 0$，虽然一般汽轮发电机都允许在 $\cos\varphi = 0.95$（超前、进相）情况下运行，但进相运行下有两个问题特别要注意：①可导致发电机定子端部构件发热；②可能导致电力系统运行失稳。因此，在正常运行中，如发现功率因数表指示进相，且超过了允许的功率因数值，则应增大励磁电流。如果这时定子电流过大，则在增大励磁电流的同时，要减少发电机的有功负荷，否则可能引起发电机振荡或失步。

七、 发电机解列停机

发电机并列后带负荷（PPT）

单元机组发电机停止运行包含解列、解列灭磁、停机三个层次。解列是指仅断开发电机变压器出口断路器，这时发电机可带厂用电运行；解列灭磁是指断开发电机变压器出口断路器，同时断开励磁开关，此时汽轮机拖动发电机空转；停机是在解列灭磁同时关闭汽轮机主汽门，使发电机的转速降下来。

正常停机是在发电机解列前，先将厂用电倒至备用电源，然后再逐渐将负荷转移到并列运行的其他机组上去。减小发电机有功功率与无功功率至某一规定的值时，停用自动励磁调节器，然后把有功功率减少到零，无功功率减至接近于零，定子电流表指示接近于零，断开发电机变压器出口断路器与系统解列。若有功功率未至零就解列，可能会使汽轮机超速。为防止汽轮机超速，可先关闭汽轮机主汽门，然后由逆功率动作跳开发电机。发电机解列后，调节手动励磁，将发电机电压减至最小值，再断开励磁开关。然后根据要求断开发电机变压器组出口隔离开关及电压互感器。

在接到电网调度员解列命令后，操作人员应按值长命令填写操作票，经审核批准后执行。发电机出线上带有厂用电，应将厂用电切换后，随后将本机组的有功负荷及无功负荷转移到其他发电机上。对于正常停机，应在机组有功负荷降到某一数值后，停用自动调节励磁装置，然后将有功功率和无功功率降到零时，才能进行解列。在减有功负荷的同时，注意相应减少无功负荷，保持功率因数约为 0.9。

（一）发电机解列时的注意事项

（1）若用手动感应调压器解列发电机，由于无自动电压调节功能，应注意降低无功负荷至最低极限，并在主断路器跳闸后及时调整发电机电压在额定值以下，以防止发电机超压。

（2）待发电机解列后，将发电机励磁调节器（AVR 自动、AVR 手动/50 Hz）输出降至最小。

（二）发电机解列流程

（1）值长发出停机命令后，可以进行发电机停机解列操作（紧急停机除外）。

（2）发电机解列操作前检查主断路器分闸回路是否闭锁。待有功功率和无功功率降下来后将高压厂用电源转为高压启动备用变压器供电，将高压厂用变压器停电。

（3）根据机炉运行情况，逐步减少发电机有功负荷至低限，无功负荷近于零。

（4）将汽轮机打闸，监视逆功率保护动作，发电机主断路器断开。

（5）监视发电机三相定子电流表指示是否为零。

（6）检查发电机定子电压是否为零。

（7）退出励磁系统运行。

（8）断开发电机主断路器和出口隔离开关控制电源。

（9）断开发电机变压器组出口隔离开关。

发电机解列（PPT）

（三）发电机解列后的操作

发电机解列后需长期停运，应对发电机做如下工作：

（1）拉开发电机自动电压调节器交流侧开关、发电机 50 Hz 感应调压器交流开关。

（2）停用发电机封闭母线风扇，保持封闭母线微正压装置运行。

（3）停运主变压器冷却装置。

发电机停机（PPT）

八、发变组并网、解列停机流程图

（一）发变组并网流程图

发变组并网流程图如图 3 - 6 - 6 所示。

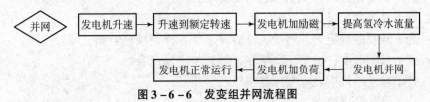

图 3 - 6 - 6　发变组并网流程图

（二） 发变组解列停机流程图

发变组解列停机流程图如图 3 – 6 – 7 所示。

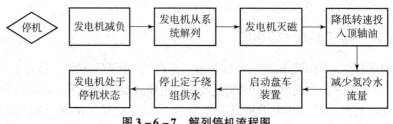

图 3 – 6 – 7　解列停机流程图

任务实施

根据发电厂电气倒闸操作基本原则、发电厂电气倒闸操作一般程序及相关规程规范，对发电厂发变组升压并网及解列停机操作进行分析判断，其倒闸操作实施情况如下。

（一）1号发变组并网准备 （由检修转换为冷备用状态）

（1）接值长令。

（2）查 1 号发变组临时措施已拆除，标示牌已拆除。

（3）拆除 1 号发电机出口避雷器处地线。

（4）查 1 号发电机出口避雷器处地线已拆除。

（5）拆除 1 号励磁变低压侧地线。

（6）查 1 号励磁变低压侧地线已拆除。

（7）拆除 6 kV 11 厂用工作进线 PT 间隔地线。

（8）查 6 kV 11 厂用工作进线 PT 间隔地线已拆除。

（9）拆除 6 kV 12 厂用工作进线 PT 间隔地线。

（10）查 6 kV 12 厂用工作进线 PT 间隔地线已拆除。

（11）拆除 6 kV 脱硫进线 PT 间隔地线。

（12）查 6 kV 脱硫进线 PT1 间隔地线已拆除。

（13）拆除 1 号发电机中性点变高压侧地线。

（14）查 1 号发电机中性点变高压侧地线已拆除。

（15）拆除 1 号主变 10BAT01 高压侧接地线。

（16）查 1 号主变 10BAT01 高压侧接地线已拆除。

（17）拉开 1 号主变出口 211 – 2KD 接地刀闸。

（18）查 1 号主变出口 211 – 2KD 接地刀闸三相已断开。

（19）查 1 号发电机定子、转子、油管路、轴承座绝缘已合格。

（20）查 1 号励磁变、主变、高厂变、脱硫变绝缘已合格。

（21）查 1 号发电机中性点变压器绝缘已合格。

（22）查 1 号主变出口 211 – 2 刀闸三相已断开。

（23）查 1 号主变出口 211 – 1 刀闸三相已断开。

（24）查 1 号发电机出口开关 211 已断开。

（25）查 1 号发变组保护装置电源正常。

（26）查 1 号发变组保护投入正确。

（27）查 1 号发电机同期装置电源正常。

（28）查 1 号发电机碳刷已给好。

（29）查 1 号汽轮机大轴接地碳刷已给好。

（30）查 1 号发电机出口 PT 一次保险完好。

（31）将 1 号发电机出口 PT 小车送至"工作"位。

（32）给上 1 号发电机出口 PT 二次保险。

（33）合上 1 号发电机中性点变压器一次侧刀闸。

（34）查 1 号发电机中性点变压器一次侧刀闸已合好。

（35）投入 1 号发电机封闭母线微正压装置。

（36）投入 1 号发电机封闭母线加热装置。

（37）投入 1 号发电机绝缘发热检测装置。

（38）投入 1 号发电机放电检测装置。

（39）合上 1 号机氢风机电源开关。

（40）合上 1 号主变冷却装置电源开关。

（41）投入 1 号主变冷却装置。

（42）查 1 号主变 211 – 9 中性点接地刀闸已合好。

（43）合上 1 号高厂变冷却装置电源开关。

（44）将 1 号高厂变冷却装置投自动。

（45）合上 1 号脱硫变冷却装置电源开关。

（46）将 1 号脱硫变冷却装置投自动。

（47）查 1 号机励磁系统灭磁开关 Q02 已断开。

（48）合上励磁系统起励电源开关。

（49）合上励磁电源装置开关。

（50）合上励磁柜风机电源。

（51）合上励磁变冷却风扇电源开关。

（52）查励磁装置各柜门已关好。

（53）查励磁装置指示正常。

（54）查 6 kV 11 厂用工作进线开关已断开。

（55）给上 6 kV 11 段工作进线开关二次插头。

（56）合上 6 kV 11 段工作进线开关二次小开关。

（57）将 6 kV 11 段工作进线开关摇至"工作"位。

（58）将 6 kV 11 段工作进线开关"就地/远方"选择把手切至"远方"位。

（59）将 6 kV 11 工作进线 PT 送至"工作"位。

（60）给上 6 kV 11 段工作进线 PT 二次插头。

（61）合上 6 kV 11 段工作进线 PT 二次小开关。

（62）查 6 kV 12 段工作进线开关已断开。

（63）给上 6 kV 12 段工作进线开关二次插头。

（64）合上 6 kV 12 段工作进线开关二次小开关。

（65）将 6 kV 12 段工作进线开关摇至"工作"位。

（66）将 6 kV 12 段工作进线开关"就地/远方"选择把手切至"远方"位。

（67）将 6 kV 12 段工作进线 PT 送至"工作"位。

（68）给上 6 kV 12 段工作进线 PT 二次插头。

（69）合上 6 kV 12 段工作进线 PT 二次小开关。

（70）合上 6 kV 脱硫 10 段直流电源开关。

（71）合上 6 kV 脱硫 10 段交流电源开关。

（72）查 6 kV 脱硫 10 段工作进线开关确已断开。

（73）合上 6 kV 脱硫 10 段工作进线刀闸二次开关。

（74）将 6 kV 脱硫 10 段工作进线刀闸送至"工作"位。

（75）将 6 kV 脱硫 10 段工作进线 PT 送至"工作"位。

（76）给上 6 kV 脱硫 10 段工作进线 PT 二次插头。

（77）合上 6 kV 脱硫 10 段工作进线 PT 二次小开关。

（78）合上 6 kV 脱硫 10 段工作进线开关二次小开关。

（79）将 6 kV 脱硫 10 段工作进线开关摇至"工作"位。

（80）将 6 kV 脱硫 10 段工作进线开关"就地/远方"选择把手切至"远方"位。

（二）1 号发电机与系统并列 （由冷备用状态转换为运行状态）

（1）查主变中性点 211 - 9 接地刀闸在合位。

（2）查 1 号发变组出口开关 211 油压、气压正常。

（3）查 1 号发变组出口开关 211 确已断开。

（4）查 1 号发变组上 Ⅱ 母线 211 - 2 刀闸在断开位。

（5）合上 1 号发变组上 Ⅰ 母线 211 - 1 刀闸。

（6）查 1 号发变组上 Ⅰ 母线 211 - 1 刀闸三相合好。

（7）启动 1 号主变三相冷却器。

（8）查 1 号发变组保护投入正确（核对保护压板投退单）。

（9）查 A 屏逆功率（不经主汽门）保护压板 8ALP 退出。

（10）查 D 屏逆功率（不经主汽门）保护压板 8DLP 已退出。

（11）查 1 号发电机励磁系统画面无故障信号。

（12）查 1 号发电机保护画面无故障信号。

（13）查 1 号发电机灭磁开关 Q02 在断开位。

（14）将 1 号发电机励磁调节器置于"自动"控制方式。

（15）将励磁按钮切为"START"位置。

（16）查灭磁开关 Q02 已合好。

（17）查 1 号发电机定子电压升至额定。

（18）查 1 号发电机出口定子三相电流为零。

（19）查 1 号发电机转子电压、电流与空载特性相近。

（20）查 1 号发电机转子无接地报警信号。

（21）调整 1 号发电机出口电压稍高于系统电压。

（22）按下同期选择"SYN SEL"按钮。

（23）投入同期装置运行"RUN"按钮。

（24）投入同期装置启动"START"按钮。

（25）查 1 号发变组出口开关 211 已合好。

（26）将 1 号发电机无功功率升至 50 MVar。

（27）复位同期装置启动"START"按钮。

（28）复位同期装置运行"RUN"按钮。

（29）复位同期选择"SYN SEL"按钮。

（30）验明 A 屏逆功率（不经主汽门）保护压板 8ALP 两侧无电压。

（31）投入 A 屏逆功率（不经主汽门）保护压板 8ALP。

（32）查 A 屏逆功率（不经主汽门）保护压板 8ALP 已投入。

（33）验明 D 屏逆功率（不经主汽门）保护压板 8DLP 两侧无电压。

（34）投入 D 屏逆功率（不经主汽门）保护压板 8DLP。

（35）查 D 屏逆功率（不经主汽门）保护压板 8DLP 已投入。

（36）退出误上电保护压板 9ALP。

（37）退出误上电保护压板 9DLP。

1 号发电机升压并网倒闸操作前系统运行方式（视频文件）

1 号发电机升压并网倒闸操作任务分析（视频文件）

1 号发电机升压并网操作——合 1 号发变组 211 - 2 刀闸（视频文件）

1 号发电机升压并网操作——启动 1 号主变三相冷却器（视频文件）

1 号发电机升压并网操作——发电机励磁前保护核对（视频文件）

1 号发电机升压并网操作——发电机加励磁（合灭磁开关 Q02）（视频文件）

1 号发电机升压并网操作——发电机升压后检查（视频文件）

1号发电机升压并网操作——发电机并网（同期合 211 开关）（视频文件）

1 号发电机升压并网操作——发电机并网后加负荷及同期装置复归（视频文件）

1 号发电机升压并网操作——保护投退（视频文件）

（三）1 号发电机与系统假同期并列（由热备用状态转换为运行状态）

（1）查 1 号发变组出口开关 211 油压气压正常。

（2）查 1 号发变组出口开关 211 确已断开。

（3）查 1 号发变组上Ⅰ母线 211 - 1 刀闸在断开位。

（4）查 1 号发变组上Ⅰ母线 211 - 2 刀闸在断开位。

（5）查主变中性点 211 - 9 接地刀闸在合位。

（6）查 1 号发变组保护投入正确（核对保护压板投退单）。

（7）给上 1 号发变组出口开关 211 的控制保险。

（8）查 220 kVⅠ母线三相电压正常。

（9）查 1 号发电机励磁系统画面无故障信号。

（10）查 1 号发电机保护画面无故障信号。

（11）查 1 号发电机灭磁开关 Q02 在断开位。

（12）将 1 号发电机励磁调节器置于"自动"控制方式。

（13）将励磁按钮切为"START"位置。

（14）查灭磁开关 Q02 已合好。

（15）查 1 号发电机定子电压升至额定。

（16）查 1 号发电机出口三相电流平衡。

（17）查 1 号发电机转子电压、电流与空载特性相近。

（18）查 1 号发电机转子无接地报警信号。

（19）按下同期选择"SYN SEL"按钮。

（20）在 DEH 画面中投入自动同步按钮。

（21）投入同期装置运行"RUN"按钮。

（22）投入同期装置启动"START"按钮。

（23）查 1 号发变组出口开关 211 已合好。

（24）复位同期装置启动"START"按钮。

（25）复位同期装置运行"RUN"按钮。

（26）复位同期选择"SYN SEL"按钮。

（27）断开 1 号发变组出口开关 211。

（28）查 1 号发变组出口开关 211 确已断开。

（四）1 号机发变组停机备用 （由热备用状态转换为冷备用状态）

（1）查 1 号机发变组出口开关 211 三相确已断开。

（2）查 1 号机发变组上Ⅱ母线 211 - 2 刀闸三相确已断开。

（3）拉开 1 号机发变组上Ⅰ母线 211 - 1 刀闸。

（4）查 1 号机发变组上Ⅰ母线 211 - 1 刀闸三相确已断开。

（5）复归刀闸操作按钮。

（6）查 6 kV 11 段工作电源进线开关已断开。

（7）将 6 kV 11 段工作电源进线开关"就地/远方"选择把手切至"就地"位。

（8）将 6 kV 11 段工作电源进线开关摇至"隔离"位。

（9）查 6 kV 12 段工作电源进线开关已断开。

（10）将 6 kV 12 段工作电源进线开关"就地/远方"选择把手切至"就地"位。

（11）将 6 kV 12 段工作电源进线开关摇至"隔离"位。

（12）查 6 kV 脱硫 10 段工作进线开关确已断开。

（13）将 6 kV 脱硫 10 段工作进线开关"就地/远方"选择把手切至"就地"位。

（14）将 6 kV 脱硫 10 段工作进线开关摇至"隔离"位。

（15）取下 1 号机发变组出口开关 211 的控制保险。

| 1 号发变组解列停机前系统运行方式（视频文件） | 1 号发变组由运行转热备用倒闸操作要点（视频文件） | 1 号发变组由热备用转冷备用的倒闸操作——拉开 211 - 2 刀闸（视频文件） | 1 号发变组由热备用转冷备用的倒闸操作——厂用bus611、612 工作电源进线开关转为冷备用（视频文件） |

 拓展提高

一、国华定州发电有限责任公司 1 号发电机励磁系统运行

（一）概述

一期 2 台 600 MW 发电机采用由上海汽轮发电机有限公司引进美国西屋技术生产的汽轮发电机组，型号为 QFSN - 600 - 2。发电机励磁电源从装设在发电机端的励磁变压器取得交流电源，通过可控硅整流，将交流变为直流，再经灭磁开关送到发电机磁场绕组。可控硅整流输出的大小由自动电压调节器中的门脉冲控制，控制电压也取自发电机机端。

600 MW 发电机自并励静止励磁系统装置的简单配置可分为五大部分，它们是：励磁变压器、数字式自动电压调节器（简称 DAVR）、可控硅整流桥、灭磁与过电压保护、起励装置。系统的连接及基本原理是：从发电机机端经过三相封闭母线连接到励磁变压器的一次侧；2 万伏电压经过变压器变到 840 V，并经过三相封闭母线连接到可控硅整流桥，可控硅整流桥输出连接到与发电机转子绕组直接相连的滑环。DAVR 根据测量到的发电机电压电流可算出有功功率、无功功率、功率因数，并根据实际运行工况计算出所需要的脉冲，控制可控硅的输出，及控制发电机的励磁，从而达到控制发电机的运行。

（二）励磁系统各部件原理

1. 励磁变压器

励磁变压器与发电机相连，是励磁系统的电源，有下列特点：

（1）按 2.5 倍的强励电压设计容量。

（2）充分考虑整流负载电流分量中高次谐波所产生的热量。

（3）采用减少谐波损耗的措施。

（4）初级绕组间设有可靠的屏蔽层并引出接地。

（5）设有温控报警与保护。

（6）设有过流反时限和过流瞬时保护。

（7）两次侧电压能满足发变组空载试验和短路试验110%额定电流的要求。

2. 可控硅整流桥

可控硅整流桥采用 UNL1330 模块，此模块整流桥输出电流为 2 000 A，做成每柜一个桥，共 5 个桥柜并联组成 $N-1$ 运行方式，每柜桥臂无串并联元件，每柜的交流侧不设刀闸，运行时如有元件损坏，可以退出带病桥（$N-1$），而继续运行不停机，停机后检修。当运行中退出 1 个柜时，其余 4 个柜能满足强励在内的所有发电机运行工况，当运行中退出 2 个柜时，其余 3 个柜能满足额定励磁的要求，每柜均设有均流限制电子板，正常运行时，5 个柜并联输出的均流系数达 90%。

每个桥的交流侧过电压保护回路用于吸收由可控硅整流而引起的尖峰电压，交流侧过电压保护主要由一个三相二极管整流桥和一个连接在整流输出 DC 侧的电容及与其并联的电阻组成。对于高频过电压，电容呈低阻抗并起滤波作用。与电容并联的放电电阻器，在电容放电时吸收能量。这种用途的电容器支持较高的 di/dt，二极管整流桥的 AC 侧由带接点指示的熔断器保护。

一组用于发电机轴电压吸收装置的阻容回路同样用于可控硅 DC 侧的过电压吸收。每柜可控硅整流桥设置如下保护与监视：

（1）任一个整流柜退出运行报警。

（2）可控硅保险熔断报警（微型开关监控）。

（3）散热器或空气过热报警。

（4）冷却风扇故障报警。

（5）空气流量过低报警（带风量继电器监控）。

3. 灭磁与过电压保护

灭磁与过电压保护装置主要由单极直流磁场开关、跨接器及相串的非线性电阻（触发电子板、雪崩二极管、两个正反相连接的可控硅）、碳化硅组成。其作用是在发电机正常或故障时迅速切除励磁电源并灭磁、抑制正向和反向转子过电压或出现大滑差和非全相运行时保护转子。

发电机正常停机时，可切断灭磁开关或使可控硅桥逆变退励；当发电机故障时，DAVR 接收到信号时瞬时起跳灭磁开关，同时接通跨接器，使发电机磁场回路与外接可控硅断开而与非线性电阻短接成回路。当发电机转子回路中产生正或反向过电压时，跨接器中的雪崩二极管被击穿，相连的可控硅被触发，立即将灭磁电阻器串联到转子回路中。同时发跳闸令使灭磁开关断开。

4. 数字式自动电压调节器（DAVR）

DAVR 设计了双通道 + 双独立备用手动通道，其中双自动通道中又含有手动回路，运行时，双自动通道都工作（按 PID 调节或恒无功/恒功率因数任选），但其中一个自动通道脉冲被闭锁；当有脉冲输出的通道故障时，自动切换到另一个自动通道且封闭本通道脉冲（不允许切换到本通道的手动回路）。如果此时备用通道也处于故障状态，则切换到备用的独立手动通道（BFCR）并按 PI 调节。此种设计的自动通道与手动通道完全独立而备用。

基本限制与保护：

（1）过励磁限制。

（2）最大过励磁限制及保护。

（3）P/Q 限制器。

（4）V/H 限制器。

（5）PT 断线保护。

（6）导通监视。

（7）定子电流限制。

（8）磁场电流限制。

5. 起励装置

起励装置由小型开关、二极管模块、接触器及限流电阻组成。其作用是在发电机额定转速时，利用厂用 220 V 直流电源，短时向发电机转子绕组提供励磁，使之建立空载电压。当 DAVR 检测到发电机端电压达到一定值时，立刻断开接触器，输出脉冲触发可控硅整流桥并使之输出电流，使发电机电压连续上升并达到设定值。值得一提的是 UNI-TROL5000 的可控硅整流桥所需要的阳极电压很小就能工作，需要的厂用电电流也很小，因而用直流电源，设计可以更简单。

二、 国华定州发电有限责任公司 1 号机组并网操作

（一） 发电机升压并网应具备的条件

1. 汽轮机应具备的条件

（1）确认汽轮机在 3 000 r/min 运行时转速稳定，DEH 装置正常。

（2）汽轮机空负荷运行时各控制指标均无异常变化，辅机运行正常。

（3）机组在 3 000 r/min 下进行的试验工作已结束。

（4）主蒸汽参数稳定。

（5）氢冷水系统投运。

2. 锅炉应具备的条件

（1）锅炉参数主汽、再热汽参数稳定，符合汽轮机冲车要求，汽包水位正常。

（2）锅炉燃烧稳定。

3. 电气应具备的条件

（1）发电机声音正常，振动不超过 0.025 mm。

（2）发电机冷却系统运行正常，无漏油、氢、水的现象。

（3）调节氢气冷却器的冷却水量，投入氢温控制自动，设定值为 46 ℃。

（4）调节发电机定子冷却器出水温度，投入定子冷却水温控制自动，设定值为 48 ℃。

（5）确认氢侧和空侧密封油冷却器出口油温在 40 ~ 49 ℃范围。

（6）确认发电机内氢气压力为 0.40 MPa，纯度为 95% 以上。

（7）发电机出口断路器操作机构油压、SF_6气压合格。

（8）发变组所有保护都正常投入。

（9）发变组出口隔离开关合上。

4. 励磁系统应做的检查

励磁系统在正常备用的情况下，各柜内的开关保险都不需要进行操作。但在励磁系统投运前运行人员要做相关检查。

（二） 发电机升压、 并网及带初始负荷

（1） 汇报值长，准备并列发电机。

（2） 若采用自动并网，则按"遥控"键。

（3） 根据要求按"自动同步"键灯亮，DEH 受自动同期（ASS）的控制，直到并网。

（4） 若手动并网，则保持机组转速为 3 000 r/min。

①将 1 号发电机励磁调节器置于"自动"控制方式。

②将励磁按钮切为"start"位置。

③检查并确认灭磁开关已自动合好，发电机电压升至额定。

④检查并确认发电机转子电压、电流正常，发电机转子无接地报警信号。

⑤检查并确认发电机具备同期合闸条件。

⑥按下同期选择"SYN SEL"按钮。

⑦投入同期装置运行"RUN"按钮。

⑧投入同期装置启动"START"按钮。

⑨检查并确认发变组出口开关自动合入。

⑩将发电机无功功率升至大于 50 Mvar。

⑪复位同期装置启动"START"按钮。

⑫复位同期装置运行"RUN"按钮。

⑬复位同期选择"SYN SEL"按钮。

⑭检查并确认发电机定子三相电流平衡。

（5） 并网后，确认发电机初始负荷为 30 MW，保持运行 25 min 暖机。

（6） 检查并确认定子冷却水系统及氢冷系统运行正常。

（7） 检查并确认"功率投入""转速投入""调压投入"键灯亮，表明"调节级压力回路""功率回路"及"速度回路"已投入。

（8） 注意监视主汽温、再热汽温变化情况，如主汽温每变化 3 ℃，应增加 1 min 暖机时间。

（9） 机组并网后适当地增加燃油量，锅炉控制升压率 ≤0.12 MPa/min，升负荷率 ≤1.5%/min。

（10） 给水调节由电动给水泵出口管路旁路调节，切至转速调节（开启电动给水泵出口主阀，关闭旁路电动门及调节门）。

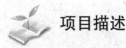

变电站倒闸操作

项目描述

变电站倒闸操作的学习项目，主要学习内容为变电站内高压断路器、线路、母线、变压器等电气设备停送电操作的基本原则及要求。学习完本项目后能具备以下专业能力、方法能力、社会能力。

（1）专业能力：具备根据变电站电气倒闸操作的基本原则及变电站电气倒闸操作流程，对高压断路器、线路、母线、互感器、变压器等电气设备进行停送电操作的能力。

（2）方法能力：具备正确理解、分析变电站电气运行规程和变电站电气主接线，形成高压断路器、线路、母线、互感器、变压器等电气设备进行停送电操作的基本思路，并熟知其相应的二次设备操作顺序及注意事项，具备较强抽象思维能力。

（3）社会能力：具备服从指挥、遵章守纪、吃苦耐劳、主动思考、善于交流、团结协作、认真细致地安全作业的能力。

教学目标

一、知识目标

（1）了解变电站倒闸操作的基本知识。

（2）熟悉高压断路器、线路、母线、互感器、变压器等电气设备进行停送电操作的操作原则、规范。

（3）熟悉高压断路器、线路、母线、互感器、变压器等电气设备进行停送电操作前系统的运行方式。

（4）掌握高压断路器、线路、母线、互感器、变压器等电气设备进行停送电操作流程。

二、能力目标

（1）能够正确说出高压断路器、线路、母线、互感器、变压器等电气设备进行停送电操作前系统的运行方式。

（2）能够正确填写高压断路器、线路、母线、互感器、变压器等电气设备进行停送电操作的倒闸操作票。

（3）能够审核高压断路器、线路、母线、互感器、变压器等电气设备进行停送电操作的倒闸操作票的正误。

（4）能够在仿真机上正确进行高压断路器、线路、母线、互感器、变压器等电气设备的停送电操作。

三、 素质目标

（1）愿意交流，主动思考，善于在反思中进步。

（2）学会服从指挥，遵章守纪，吃苦耐劳，安全作业。

（3）学会团队协作，认真细致，保证目标实现。

教学环境

变电站倒闸操作在 220 kV 电气运行仿真实训室进行一体化教学，机位要求能满足每个学生一台计算机；220 kV 仿真变电站系统相关资料齐全，配备规范的一体化教材和相应的多媒体课件、任务工单等教学资源。

知识背景

倒闸操作是变电站运行值班人员的一项重要工作。它关系着变电站及电力系统及电气设备的安全运行，也关系着运行人员的人身安全。倒闸操作过程复杂且具有较高危险性，一旦发生误操作可能造成全变电站停电，甚至影响到整个电力系统，对整个电网的稳定运行造成威胁。因此，运行人员一定要树立"安全第一"的思想，严肃认真地进行倒闸操作。

变电站倒闸操作学习内容主要包括高压断路器、线路、母线、变压器等电气设备的停送电操作，具体包括：高压断路器停送电操作；线路停送电操作；母线停送电操作；变压器停送电操作；断路器卡涩时用母联断路器替代线路断路器停电操作。

一、 电气设备倒闸操作的基本概念

1. 电气设备的状态

变电站电气设备所处的状态有四种，即检修状态、冷备用状态、热备用状态和运行状态。

（1）检修状态。检修状态系指设备各方面的电源及所有操作电源均已断开，并布置了与检修有关的安全措施（如合接地开关或挂接地线、悬挂标示牌、装设临时遮栏）。需要注意的是，检修过程中可能来电的各个方面均需挂接地线或合上接地刀闸。

（2）冷备用状态。冷备用状态时，电气设备具备一切投入运行的条件，但设备各方面的电源和所有操作电源仍断开，断路器和隔离开关均在断开的位置。

（3）热备用状态。设备一经合闸便带电运行的状态称为热备用状态。即设备的断路器在断开状态，而隔离开关在合闸位置。

（4）运行状态。运行状态时电气设备的断路器、隔离开关均在合闸位置，设备的继电保护、所有操作电源均投入，发电机、变压器及其相关设备均处于带电运行状态。

电气设备运行状态
（PPT）

2. 倒闸操作的概念

变电站的电气设备，常需进行检修、试验，有时还会遇到事故处理，故需改变设备的运行状态，这就需要进行倒闸操作。

电气设备由一种状态转换到另一种状态，或改变系统的运行方式所进行的一系列操作，称为倒闸操作。

倒闸操作与电气设备实际所处的状态密切相关，设备所处的状态不同，倒闸操作的步骤、复杂程度也不同。

3. 变电站倒闸操作的内容

变电站倒闸操作包含一次设备的操作，也有二次设备的操作。其操作内容如下：

（1）拉开或合上某些断路器（俗称开关）和隔离开关（俗称隔离开关）。

（2）拉开或合上接地开关（拆除或挂上接地线）。

（3）装上或取下某些控制回路、合闸回路、电压互感器回路的熔断器。

（4）投入或停用某些继电保护和自动装置。

4. 变电站内需进行倒闸操作的情况

变电站内需进行倒闸操作的情况大致有以下几种：

倒闸操作常用术语
（音频附件）

（1）本所设备停电检修、试验。

（2）线路（或用户）停电检修、试验。

（3）相邻变电所的设备停电检修、试验。

（4）为经济运行或可靠进行而进行运行方式的调整。

（5）事故或异常的处理。

（6）新设备投入系统运行。

二、 电气设备倒闸操作的基本原则及基本要求

倒闸操作是一项既重要又复杂的工作，若发生误操作事故，可能会导致损坏设备、危及人身安全及造成大面积停电，给国民经济带来巨大的损失。所以必须采取有效措施加以防止，这些措施包括组织措施和技术措施两方面。

组织措施是指电气运行人员必须树立高度的工作责任感和牢固的安全思想，认真执行操作票制度和监护制度等。

技术措施是指在断路器和隔离开关之间装设机械或电气闭锁装置。1 kV 以上的电气设备在正常情况下进行任何操作时，均应填写操作票。

1. 倒闸操作的基本原则

倒闸操作时，应遵循下列原则：

（1）操作隔离开关时，断路器必须先断开。

（2）设备送电前必须加用有关继电保护，没有继电器保护或不能自动跳闸的断路器不准送电。

（3）在操作过程中，发现误合隔离开关时，不允许将误合的隔离开关再拉开。发现误

拉隔离开关时，不允许将误拉的隔离开关再重新合上。

2. 倒闸操作的基本要求

倒闸操作时，应满足以下基本要求：

（1）倒闸操作应按各级调度管辖范围，根据调度员命令执行。调度下达倒闸操作命令，由当值值长或主值班员接令，并有录音记录。接受调度命令，必须复诵无误，并要录音，经监护人、操作员共同再次核对无误，才能执行。汇报执行情况也要录音。

（2）倒闸操作至少有两人进行，一人操作，一人监护。倒闸操作应由变电站当值主值班员以上的人员担任监护人，值班员及以上人员担任操作人，实习员不得进行倒闸操作。

（3）操作人员必须明确操作任务、内容、目的和步骤。操作过程中必须严密监视各种信号。操作中如产生疑问，应立即停止操作，并向值班长或调度员询问清楚，不得擅自更改操作顺序和内容。

①操作中发现闭锁装置失灵时，不得擅自解锁，应按现场有关规定履行解锁操作程序。

②操作中出现影响操作安全的设备缺陷，应立即汇报调度值班人员，并初步检查缺陷情况，由调度决定是否停止操作。

③操作中发现系统异常，应立即汇报调度值班人员，得到其同意后才能继续操作。

④操作中发现操作票有误，应立即停止操作，将操作票改正后才能继续操作。

⑤操作中发生误操作事故，应立即汇报调度值班人员，采取有效措施，将事故控制在最小范围内，严禁隐瞒事故。

（4）操作中应使用合格的安全用具（如验明确无电压器、绝缘棒等），操作人员应穿工作服、绝缘鞋（雨天穿绝缘靴），在高压配电装置上操作时，要佩戴安全帽。

（5）倒闸操作时，应严格执行唱票复诵制度，声音必须洪亮、清楚。在唱票复诵之后，要核对设备名称和编号，监护人未下令"对，执行"之前，操作人不得执行操作。操作前后要认真检查，逐项打钩，严防误操作。操作时，操作人员一定要集中精力，严禁边操作边闲谈或做与操作无关的事。

倒闸操作的基本原则
（音频附件）

（6）倒闸操作应严格按照倒闸操作制度的要求进行。

（7）正常的倒闸操作应尽量避免在以下情况下进行：变电站交接班时间内，负荷处于高峰时段，系统稳定性薄弱期间，雷雨、大风天气，系统发生事故，有特殊供电需要。

（8）下列情况下，变电站值班人员可在未经调度许可的情况下自行操作，但操作后必须汇报调度部门。

①将直接对人员生命有威胁的设备停电。

②确定在无来电可能的情况下，将已损失的设备停电。

③确认母线失压，拉开连接在失压母线上的所有断路器。

3. 倒闸操作的两个阶段十个步骤

（1）准备阶段（五个步骤）：接受命令票，审查命令票，填写倒闸操作票，审查倒闸操作票，向调度汇报准备完毕。

①接受命令票注意事项：a. 倒闸操作应按国调、网调、省调等各级调度管辖范围，根据调度员命令进行；b. 倒闸操作命令票按运行指挥系统逐级下达，由调度下达到值长再

由值长下派；c. 变电所中，调度下达倒闸操作命令，由当值值班长或主值班员接令，若以上人员因故不能及时接令，可由站技术负责人接令，接令后告知值班长，并有录音记录；d. 接受调度命令，必须复诵核对无误，并要录音，经监护人、操作人共同再次核对无误，才能执行。

②填写和审查倒闸操作票注意事项：操作票由操作人填写，填写好后，监护人和运行值班长必须认真审查。在模拟操作屏或者五防系统模拟操作无误后，由操作人、监护人、值班长分别在上面签名。在得到调度员的正式操作命令后，才能进行操作。

（2）执行阶段（五个步骤）：接受操作命令，模拟预演，现场操作，操作结束检查，向调度汇报操作完毕。

①模拟操作及现场操作注意事项：a. 五防系统或模拟操作图板上的开关和刀闸位置必须与实际相符，每次操作及交接班应进行核对检查；b. 开始操作前，应先在模拟图（或微机防误装置、微机监控装置）上进行核对性模拟预演，无误后，再进行操作。操作前应先核对设备名称、编号和位置，操作中应认真执行监护复诵制度（单人操作时也必须高声唱票），宜全过程录音。操作过程中必须按操作票填写的顺序逐项操作。每操作完一步，检查无误后做一个"√"记号，全部操作完毕后应进行复查。

倒闸操作步骤（PPT）

②操作结束后检查注意事项：全部操作完毕后复查一遍，着重检查操作过的设备是否正常。

三、 倒闸操作票

电力系统设备的倒闸操作必须根据当值调度员的命令执行，未得到调度员的命令不得擅自进行操作。变电站倒闸操作必须先填写倒闸操作票。

操作票按其性质、应用范围分为综合命令票、操作命令票和倒闸操作票三种。综合命令票、操作命令票为调度下达操作任务指令的书面依据；倒闸操作票是根据有权人员下达的命令票或口头操作命令的内容填写的，是进行现场倒闸操作的书面依据。

（1）综合命令票：当某一倒闸操作的全部过程仅在一个变电站内进行时，可使用综合命令票。调度在下达综合命令票时，不下达具体操作项目，但应当提出明确的操作任务、操作要求、注意事项及综合命令票的编号。

（2）操作命令票：当某一倒闸操作的全部过程要在两个及以上操作单位进行时，应使用操作命令票。但是新设备投产或虽只在一个变电站进行且为比较复杂的操作，调度根据情况认为有必要时也可使用操作命令票。

（3）倒闸操作票：值班人员根据值班调度员下达的综合命令票的操作任务、操作要求和注意事项或操作命令票的操作项目或调度口头命令，自行按有关规定和现场规程填写，作为现场进行倒闸操作的依据。

两项及以上的操作必须填写倒闸操作票，禁止用调度下达的命令票代替倒闸操作票。

下例操作可不填写倒闸操作票：

（1）事故处理。

（2）拉合开关的单一操作。

（3）拉开接地刀闸或拆除全站仅有的一组接地线。

（4）停、加用或切换继电保护及自动装置的电源或压板的单一操作。

（5）更改继电保护及自动装置定值的单一操作。

四、 倒闸操作票填写说明及有关操作项目填写规定

（1）填写操作票，一律用钢笔或圆珠笔填写，颜色为蓝色或黑色，要求字迹清楚、工整。不得潦草、模糊、难以辨认，不得用简化字，不得写错调度员姓名。

（2）不得漏填或填错预令日期，调令号，预令、发令调度员和接令人姓名，正令、操作开始、终了时间。

（3）操作任务填写时必须使用双重命名，内容要完整、准确，符合调度术语和操作术语（包括省调下达的单相令和综合令的目的）。

（4）操作步骤中，设备应按调度命令（编号）使用双重名称。

（5）省调下达的调令操作项目中某项有注明"汇报"时，要在操作票中填写"汇报"。"汇报"单独作为一条，后面要注明向调度汇报的时间。

（6）"上接××××页"和"下续××××页"的填写：当一份操作票的内容超过一页时，应接入下页填写。审核无误后，应在正确票的备注栏左端填写下续或上接。仅有一页的操作票无须填写。

（7）一份操作票因某种原因操作间断后隔班执行时，发令调度员、接令人姓名要补签在第一页操作票的相应栏上，操作人、监护人、值班负责人姓名补签在最后一页相应栏上。

（8）调度下达的口令操作：有正令时间需立即执行时，只要在操作票上填写发令调度员、接令人姓名，不填写预令调度员、接令人姓名。

（9）变电站各项操作均应由当值人员进行，操作人一般应由填票人或副职担任，监护人应由正值及以上值班人员担任，接令人不得担任操作人（包括预令接令人），填票人不得担任监护人。

（10）综合命令票、操作命令票及倒闸操作票中的以下四项不得涂改：

①设备名称和编号。

②有关参数和时间。

③设备状态。

④操作动词。

其他如有个别错字、漏字，允许加两平行斜杠删改，但必须保证被删改内容清楚。每项不超过一个字（连续数码按一个字计），每页最多不超过三个字。严禁用刀片刮。

（11）上一值接令并填写、审核操作票，接班值人员接班时应了解清楚操作意图、目的，并认真对操作票进行审核后填上审核人姓名，出现按值移交的操作票，经过值都必须审核后签名，若发现错票，应立即重新填写并审核。

（12）作废操作票应在操作正令时间栏内盖"作废"章，一份作废票操作任务栏内应有内容。作废操作票不得有正令、开始、终了时间，不得打钩，应按填票顺序填写预令日期、编号、预令人、接令人、填票人、审票人。

（13）操作票每执行一步后应在相应打钩栏内打钩（√），应规范书写，不能出格。

（14）操作结束后，在操作票的操作步骤最后一步的序号下侧盖"已执行"章，当操

作票超过一页时，"已执行"章应盖在最后一页操作票上。

（15）已填写好并经审核正确的操作票，因某种原因不执行时，应在首页的正令时间栏内盖"未执行"章（不得使用"作废"章），并在首页的备注栏内注明下达取消命令的时间、下令人和原因（如调度有解释的），格式为"×调×××于××××年××月××日××时××分，下令取消执行调字×××××号（或口令），原因为×××，当值值班长签名"。

（16）操作票在执行过程中，若由于某种原因停止（或取消）部分操作，应在末页的备注栏内注明，格式为"×调×××于××××年××月××日××时××分，下令停止（或取消）执行调字×××××号（或口令）第××条（操作步骤第×××步……第×××步），当值值班长签名"。上述未执行的操作步骤不得打钩。其他操作内容全部完成后，在最后一页盖"已执行"章。

（17）执行的操作票和未执行的操作票均应进行评价，由站内安全员完成。

（18）操作任务栏：应填写命令票中的操作任务。在不止一页时，可在以下几页的操作任务栏写"同上页"，但必须写明操作票号码和第几页。

（19）厂（站）栏：变电站操作票中可不填写。

（20）"年、月、日、时、分"：填写操作开始的时间和操作结束的时间，填写的小时采用二十四小时制，填写的分钟栏按两位数填写，不足两位的前面加零。

（21）操作时间栏：根据综合命令票填写的倒闸操作票，只须记录第一项操作的开始时间、断开或合上开关的操作时间及最后一项操作的终了时间。

（22）操作票填写完后，需经监护人和值长审核，审核无误后，应立即在操作票操作项目的最后一项下面盖上"以下空白"章；若操作票一页刚好填写完，则不需盖"以下空白"章。

（23）备注栏：凡是与常规不一致的票均应在备注栏中予以说明。

倒闸操作票需要
填写的内容
（音频附件）

（24）下列项目应填入倒闸操作票中：

应拉合的断路器和隔离开关；检查断路器和隔离开关的位置；装、拆接地线；检查接地线是否确已拆除；投退保护电源开关；停、加用保护压板；调整转换开关位置；检验是否确无电压、负荷分配正常（或确已带上负荷）等。

①填写倒闸操作票时，应使用设备的双重名称（即设备名称和编号），使用统一规定的操作术语。

②对于一次设备，每项只能填写一个操作元件（一台开关、一组隔离开关、一组接地线），不准在一项内填写两个及以上的操作元件。须分相操作的元件应按分相填写操作项目。

（25）二次设备的填写与操作。

①对于一套保护装置或一个设备单元进行相同内容的操作时，可以并项填写。

②保护定值的整定与保护的投退应分项填写，保护压板的加用与停用应分项填写。

③验明确无电压及装、拆接地线的地点要写明确、具体，接地线的编号应在倒闸操作票中写清楚。

（26）操作票的评价制度。

操作票的评价和考核制度规定，每月由专人负责评价、考核、统计。操作票的考核分为三类：

①合格类：完全符合安全规程和有关操作票实施细则的规定。

②基本合格：重要电气设备未发生误操作事故，但票面上有错别字或不整洁。

③不合格票：有下列现象的应判为不合格票。

a. 用铅笔填写，字迹潦草或票面不清。

b. 涂改者。

c. 该规定应填写操作票而不填写操作票者，或操作不填票，事后补票者。

d. 调度预令，正令，操作开始、终了时间、日期漏填及事后补填者。

e. 调度正式命令接令人为该项操作的操作人者，或操作票由一人兼填票、审票和监护者。

f. 操作任务目的填写错误或不明确，目的和设备名称不具体。

g. 一份操作票超过一个调度操作任务者，操作任务与调度所发命令不符者，操作票任务栏不填写设备双重名称。

h. 操作步骤内容错误，操作顺序颠倒，操作内容遗漏（包括检查项目）。

i. 设备名称用代号字母和汉语拼音者。

j. 继电保护名称或压板填错，更改保护定值，票面上无具体操作步骤。

k. 应装拆的接地线不写编号，或装接地线没有验明确无电压者。

l. 已执行的操作票遗失者。

m. 操作项目执行了一部分，部分未执行，须注明原因的却未注明原因的操作票。

n. 同一所内同一操作，填写内容不一致。

o. 未使用统一的操作术语。

p. 执行错误的操作票（正令调度姓名或正令时间已填）。

q. 操作票编号有缺页时只记一张不合格。

r. 无编号、跳号、错编号。

s. 操作票或命令票未打钩或打钩出格（超出本行）或未填明执行时间。

t. 漏加或漏停保护。

u. 执行中出现漏项、跳项操作。

v. 各类人员签名不符合安全规程要求，没有签名或没有签全名者。

w. 未加盖"已执行""作废"等印章，或操作完毕后不执行复查，或其他不符合安全规程要求的。

x. 违反有关规程要求或不符合现场安全要求。

y. 操作顺序错误或未按顺序操作。

五、 运行人员必备知识

（1）必须熟悉本所一次设备，如本所一次接线方式，一次设备配备情况，一次设备的作用、结构、原理、性能、特点、操作方法、使用注意事项以及设备的位置、名称、编号等。

（2）必须熟悉本所的二次设备，如本所的继电保护及自动装置的配备情况，各装置的作用、原理、特点、操作方法及使用注意事项等。

（3）必须熟悉本所正常的运行方式及非正常运行方式，了解系统的有关运行方式。

（4）必须熟悉有关规程和有关规定，如安全规程、现场运行维护规程、调度规程、倒闸操作制度等。

倒闸操作人员必备
条件（PPT）

六、 倒闸操作注意事项

（1）只有值班长或正值才能够接受调度命令和担任倒闸操作中的监护人；副值无权接受调度命令，只能担任倒闸操作中的操作人：实习人员一般不介入操作中的实质性工作。操作中由正值监护、副值操作；实习人员担任操作时，应有两人监护，严禁单人操作。

（2）操作人不能依赖监护人，应对操作内容充分明了，核实操作项目。倒闸操作时，不进行交接班，不做与操作无关的事。如遇事故发生，应沉着冷静，分析判断清楚，正确地处理事故。

（3）严格执行调度操作命令。应有明确的调度命令、合格的操作票或经有关领导准许的操作才能执行操作。

（4）使用合格的安全用具。验明确无电压笔、绝缘棒、绝缘靴、绝缘手套等的试验日期和外观检查应合格；操作中使用的仪表如钳形电流表、万用表、兆欧表等应保证其正确性和安全性。用绝缘棒拉合隔离开关或经传动机构拉合隔离开关时，均应戴绝缘手套。

（5）雨天操作室外高压设备时，绝缘棒应有防雨罩，还应穿绝缘靴，当发现变电所的接地电阻不符合要求时，晴天操作时应穿绝缘靴。110 kV 及以上无专用验明确无电压器时，可用绝缘杆试验带电体有无声音来判断。

七、 倒闸操作的基本条件

1. 一次系统模拟图

有与现场一次设备和实际运行方式相符的一次系统模拟图（包括各种电子接线图），操作设备应具有明显的标志，包括命名、编号、分合指示、旋转方向、切换位置的指示及设备相色等。

2. 防误闭锁装置

高压电气设备都应安装完善的防误操作闭锁装置。防误闭锁装置不得随意退出运行，停用防误闭锁装置应经本单位总工程师批准；短时间退出防误闭锁装置时，应经变电站站长或发电厂当班值长批准，并应按程序尽快投入。

倒闸操作的条件
（PPT）

3. 合格的操作票

有值班调度员、运行值班负责人正式发布的指令（规范的操作术语），并使用经事先审核合格的操作票。

任务 4.1　变电站高压断路器及电流互感器停送电操作

高压断路器是变电站中重要的控制和保护设备，可以根据电网的运行需要，将部分电气设备或线路投入或退出运行，也可在电气设备或线路发生故障时，受继电保护及自动装置控制，将故障设备或故障线路从电网中迅速切除，确保电网中其他非故障部分继续正常运行。由于高压断路器在开断过程中会受到短路电流造成的电动力、热动力等因素的影响，可能出现各种缺陷和故障，因此在固定的周期内需要对其进行检修，即进行停送电操作。

任务 4.1.1　220 kV 凤关线 267 断路器由运行转检修

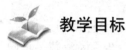

教学目标

知识目标：

（1）熟悉变电站 220 kV 凤关线 267 断路器由运行转检修操作前的运行方式；

（2）掌握变电站 220 kV 凤关线 267 断路器由运行转检修操作的基本原则及要求；

（3）熟悉变电站 220 kV 凤关线 267 断路器由运行转检修操作顺序；

（4）掌握变电站 220 kV 凤关线 267 断路器由运行转检修的操作流程。

能力目标：

（1）能说出变电站 220 kV 凤关线 267 断路器由运行转检修操作前的运行方式；

（2）能正确填写变电站 220 kV 凤关线 267 断路器由运行转检修操作的倒闸操作票；

（3）能够在仿真机上熟练进行 220 kV 凤关线 267 断路器由运行转检修操作。

素质目标：

（1）能主动学习，在完成 220 kV 凤关线 267 断路器由运行转检修操作的过程中发现问题、分析问题和解决问题。

（2）能严格遵守专业相关规程标准及规章制度，与小组成员协商、交流配合，按标准化作业流程完成 20 kV 凤关线 267 断路器由运行转检修操作。

任务分析

1. 变电站 220 kV 凤关线进行断路器转检修操作前的运行方式

220 kV 一次系统采用双母线接线方式，Ⅰ母线与Ⅱ母线通过 212 断路器并列运行，关巡一回和凤关线接于Ⅰ母线上，关巡二回和关路线接于Ⅱ母线上。

2. 断路器转检修操作一般原则

（1）操作断路器前，应坚持断路器本体、操作机构及控制回路完好，有关继电保护及自动装置已按规定投退。

（2）断路器由运行转检修操作中，应先断开断路器，后拉开其负荷侧隔离开关，再拉开其电源侧隔离开关，最后在断路器两侧验明三相无电后，再挂接地线（或合上接地隔离开关），并将该断路器的合闸电源与控制电源断开。

3. 保护配置情况分析

220 kV 线路保护为高频保护、距离保护、零序保护以及综合自动重合闸。其中综合自动重合闸为单相重合闸工作方式。

4. 需要进行的操作

220 kV 凤关线由运行转检修时，一次部分操作如下：

（1）断开 220 kV 凤关线 267 断路器；

（2）拉开 220 kV 凤关线 2676 隔离开关；

（3）拉开 220 kV 凤关线 2671 隔离开关；

（4）在 220 kV 凤关线 267 断路器两侧验明三相确无电后合上 220 kV 凤关线 26730 接地刀闸和 26740 接地倒闸，并做好安全措施。

 相关知识

1. 隔离开关的用途

（1）拉开或合上无故障的电压互感器和避雷器。

（2）拉开或合上无故障的空载母线。

（3）拉开或合上无接地故障时变压器中性点接地开关。

（4）拉开或合上励磁电流不超过 2 A 的空载变压器。

（5）拉开或合上电容电流不超过 5 A 的空载线路（10.5 kV 以下）。

（6）拉开或合上 10 kV、70 A 以下的环路均衡电流。

（7）拉开或合上无阻抗等电位的并联支路。

2. 倒闸操作中需要重点防止的误操作

（1）误拉、误合断路器。

（2）误拉、误合隔离开关。

（3）带负荷拉合隔离开关。

（4）带电挂接地线或带电误合接地倒闸。

（5）带接地线或接地倒闸合闸。

（6）误入带电间隔。

（7）非同期并列。

3. 电气设备由运行转检修时电气设备状态的转化流程

电气设备由运行转检修时，其电气设备状态的转化流程为运行→热备用→冷备用→检修。

4. 验明确无电压操作方法

（1）验明确无电压时应采用与电压等级相符且合格的专用验明确无电压器进行，操作前检查验明确无电压器外观是否完好、试验周期是否合格、声光信号是否正确，确认验明确无电压器完好。验明确无电压时应先在有电设备上验明确无电压，再次确认验明确无电压器完好，然后在准备接地的设备上各相分别验明确无电压。

（2）验明确无电压器在现场使用时，若同一操作任务，出现多个验明确无电压接地项目，在第一次操作完毕后，应将验明确无电压器平放在干燥的地面上。注意，不能放在草地上或靠在其他物体上。在进行下项操作验明确无电压时，可不必再到有电设备上验明确无电压。

5. 挂接地线的操作方法

在验明确无电压前应先将接地线固定在接地棒上，并将接地端与专用接地栓连接并压紧，在验明确无电压后立即将接地线挂上并检查卡口紧固。

验电与接地线操作注意
事项（音频附件）

6. 保护压板的操作

（1）操作保护压板时应穿绝缘鞋，操作前应检查、核对压板的名称，确保编号无误，操作时应小心谨慎，不得造成压板接地。

（2）加用压板时应将连片压在两个垫片之间压接紧固，停用压板时应保证断开部分有足够的距离，固定端压接紧固，连片无松动现象。

二次压板操作注意
事项（音频附件）

（3）操作压板时，应单手进行，另一只手不得接触设备外壳。

7. 断路器操作后的检查方法

进行断路器的分、合闸位置的检查，应从以下几个方面按顺序检查：

（1）指示仪表指示的检查，包括电流表、有功功率表、无功功率表。

断路器操作注意
事项（音频附件）

（2）位置灯指示情况检查。

（3）机械分合指示器的检查。

（4）开关传动机构变位的检查。

（5）当上述检查无法判断断路器的分合情况时，可从电能表的转动情况辅助判断断路器位置，有转动时可认为断路器在合闸位置，无转动时不一定就说明断路器已断开。

（6）在上述检查中任何一个方面的检查均不能作为开关实际状态的唯一数据，但如果有一个方面与实际状态不一致时则要经过进一步检查确认，必要时请专业人员进行检查。

8. 隔离开关操作后的检查

隔离开关操作后的检查主要是从隔离开关动、静触头的离合情况和定位销落位情况两方面进行检查，推上位置的隔离开关动、静触头三相均应接触良好，拉开的隔离开关动、静触头之间的距离三相均应符合要求，推上或拉开的隔离开关机构定位销均应落入定位孔内。

隔离开关操作注意
事项（音频附件）

9. 接地刀闸操作后的检查

推上的接地刀闸应检查三相动、静触头接触良好，刀口插入深度符合要求，拉开的接地刀闸应检查三相动、静触头确已分离，接地导电杆（片）已回原定位置，定位销均应落入定位孔内。

10. 取下（装上）二次回路保险的方法

（1）装取二次回路保险前要核对保险编号，严禁凭记忆印象确定保险位置。

（2）严禁带负荷装取动力回路的保险。

（3）装上直流控制保险应先装负极，后装正极，装上后要检查保险是否固定牢靠无松动，确保接触良好，并检查相应的灯光等指示正确。

（4）取下直流控制保险应先取正极，后取负极，取下后应检查相应的灯光指示是否熄灭。

（5）装取直流控制保险时应干脆利落，不得造成反复的接通和断开。

（6）目前很多场站已经改保险为空气开关了，空气开关不存在正负极问题，但操作时还是要注意核对空气开关编号。

 任务实施

根据倒闸操作的基本原则，通过以上任务分析，正确写出 220 kV 凤关线 267 断路器由运行转检修倒闸操作步骤，结合《电力安全工作规定》、各级调度规程和其他相关规定，在仿真机上进行倒闸操作。

220 kV 凤关线 267 断路器由运行转检修倒闸操作步骤如下：

（1）得令。

（2）检查凤关线 267 断路器三相均在合闸位置。

（3）检查凤关线 2671 隔离开关三相均在合闸位置。

（4）检查凤关线 2676 隔离开关三相均在合闸位置。

（5）将凤关线保护Ⅰ屏重合闸方式开关切至"停用"位置。

（6）将凤关线保护Ⅱ屏重合闸方式开关切至"停用"位置。

（7）停用凤关线保护Ⅰ屏"重合闸出口"压板 1LP6。

（8）停用凤关线保护Ⅰ屏"启动重合闸出口"压板 1LP10。

（9）停用凤关线保护Ⅱ屏"重合闸出口"压板 1LP17。

（10）断开凤关线 267 断路器。

（11）检查凤关线 267 断路器三相已在分闸位置。

（12）断开凤关线 267 断路器端子箱内储能电源空气开关。

（13）断开凤关线 267 断路器 B 相操作箱内电机电源空气开关。

（14）断开凤关线 267 断路器 B 相操作箱内直流电源空气开关。

（15）合上凤关线断路器端子箱内三相交流电源空气开关。

（16）拉开凤关线 2676 隔离开关。

（17）检查凤关线 2676 隔离开关三相已在分闸位置。

（18）拉开凤关线 2671 隔离开关。

（19）检查凤关线 2671 隔离开关三相已在分闸位置。

（20）检查 220 kV 凤关线保护Ⅰ屏上电压切换箱Ⅰ母线灯已熄灭。

（21）检查 220 kV 母线保护屏上凤关线Ⅰ母线灯已熄灭。

（22）检查 220 kV 失灵保护屏上凤关线Ⅰ母线灯已熄灭。

（23）断开凤关线断路器端子箱内三相交流电源空气开关。

（24）停用凤关线保护Ⅰ屏"A 相跳闸启动失灵"压板 1LP7。

（25）停用凤关线保护Ⅰ屏"B 相跳闸启动失灵"压板 1LP8。

（26）停用凤关线保护 I 屏 "C 相跳闸启动失灵" 压板 1LP9。

（27）停用凤关线保护 I 屏 "失灵启动母差" 压板 15LP13。

（28）停用凤关线保护 II 屏 "A 相跳闸启动失灵" 压板 1LP11。

（29）停用凤关线保护 II 屏 "B 相跳闸启动失灵" 压板 1LP12。

（30）停用凤关线保护 II 屏 "C 相跳闸启动失灵" 压板 1LP13。

（31）断开凤关线单相电压互感器二次熔断器。

（32）验明凤关线 267 断路器靠 2676 隔离开关处三相确无电压。

（33）推上凤关线 26740 接地刀闸。

（34）检查凤关线 26740 接地刀闸三相已在合闸位置。

（35）验明凤关线 267 断路器靠 2671 隔离开关处三相确无电压。

（36）推上凤关线 26730 接地刀闸。

（37）检查凤关线 26730 接地刀闸三相已在合闸位置。

（38）断开凤关线保护 II 屏背面 FCX – 12HP 电源 1。

（39）断开凤关线保护 II 屏背面 FCX – 12HP 电源 2。

（40）布置安全措施。

（41）汇报调度。

 拓展提高

1. 断路器停电操作

（1）对终端线路进行停电操作时，需检查其负荷是否为零；对并列运行的线路进行停电操作时，需确认一条线路停电后，另一条线路不会出现过负荷，并且在本线路停电前，对另一条线路保护装置相应定值进行调整；对联络线进行停电操作时，需确认不会造成本站电源线或其他联络线过负荷。

（2）一般情况下，凡能够电动操作的断路器，不应就地手动操作。

（3）操作控制把手时，不能用力过猛，以防损坏控制开关；不能返回太快，以防时间短断路器来不及合闸。操作中应同时监视有关电压、电流、功率等表计的指示及红绿灯的变化。

（4）断路器按照操作方式可分为三相操作断路器和分相操作断路器。分相操作断路器的各相主触头分别由各自的跳合闸线圈控制，可分别进行跳闸和合闸操作。线路断路器需要单相重合闸时，多选用分相操作断路器。三相操作断路器的三相只有一个合闸线圈和一个或两个跳闸线圈，断路器通过连杆或液体压力导管传动操作动力，将三相主触头合闸或分闸。电力系统中发电机、变压器和电容器等设备不允许各相分别运行，所以该类设备所用断路器通常采用三相操作断路器。

（5）断路器控制箱内 "远方/就地" 控制把手与断路器测控屏上 "远方/就地" 控制把手：在断路器控制箱内和主控室断路器测控屏上均设置有 "远方/就地" 控制把手，但二者有区别。断路器电气控制箱内 "远方/就地" 控制把手的作用是当把手选在 "远方" 位置时，将接通远方合闸（重合闸）和远方跳闸回路，断开就地合闸和分闸回路，此时可由远方（主控室监控机或监控中心）进行手动电气合闸（重合闸）和手动电气分闸；当把手选在"就地"位置时，将断开远方合闸（重合闸）和远方跳闸回路，接通就地合闸和跳闸回路，此时可在就地进行手动电气合闸和手动电气分闸。需要说明的是，保护跳闸回路未经过"远方/就地"控制把手控制，因此无论把手在任何状态，均不影响保护的跳闸。断路器测控屏上"远方/就地"控制把手当选在"就地"位置时，只能用于检修人员检修断路器时就地进行操作，正常运行时，此把手必须放在"远方"位置，否则在远方（主控室监控机或监控中心）无法对断路器进行分、合闸操作。

（6）对断路器进行检修时，必须断开该断路器二次回路所有电源（包括直流电源、电机电源和储能电源灯）或取下熔断器，停用相应的母差保护及断路器失灵保护连接片。

（7）油断路器由于系统容量增大，运行地点的短路电流达到其额定开断电流的80%时，应停用自动重合闸，在短路故障开断后禁止强送。

（8）断路器实际故障开断次数仅比允许故障开断次数少一次时，应停用该断路器的自动重合闸。

2. 手车式断路器的操作

（1）手车式断路器允许停留在运行、试验、检修位置，不得停留在其他位置。检修后，应推至试验位置，进行传动试验，试验良好后方可投入运行。

（2）手车式断路器无论在工作位置还是在试验位置，均应用机械联锁把手车锁定。

（3）当手车式断路器推入柜内时，应保持垂直缓缓推进。处于试验位置时，必须将二次插头插入二次插座，断开合闸电源，释放弹簧储能。

（4）手车式断路器拉出后，需观察隔离挡板是否可靠封闭。

（5）操作开关柜时，应严格按照规定的程序进行，防止由于程序错误造成闭锁、二次插头、隔离挡板和接地开关等元件损坏。

3. 隔离开关操作注意事项

（1）操作隔离开关时，断路器必须在分闸位置，并需核对设备编号无误后，方可开始操作。

（2）手动操作隔离开关前，应先合上该隔离开关的控制电源，操作后及时断开，以防止隔离开关出现带负荷分合的误操作造成事故。若电动操作失灵而改手动操作时，应在手动操作前短路隔离开关的控制电源。

（3）合上隔离开关时，当动触头进入固定触头时应迅速果断，但不可用力过猛，以免发生冲击。隔离开关操作完毕后，应检查是否合上，隔离开关动触头应完全进入固定触头，并检查接触是否良好。

（4）拉开隔离开关时，开始时应慢而谨慎，当动触头离开固定触头时应迅速果断，以便消弧。拉开隔离开关后，应检查隔离开关三相均在断开位置，并应使动触头尽量拉到头。

（5）操作中误合隔离开关时，即使合错，甚至在合闸中发生电弧，也不准将隔离开关再拉开。因为带负荷合隔离开关，将造成三相弧光短路事故。

（6）误拉隔离开关时，在刀片刚要离开固定触头时，便发生电弧，这时，若立即合上就可以消灭电弧，避免事故。如果隔离开关已经全部拉开，则绝不允许将误拉的隔离开关再合上。

（7）如果是单极隔离开关，操作一相后发现误拉，对其他两相则不允许继续操作。

（8）允许用隔离开关进行下列操作：拉合无故障的电压互感器和避雷器；拉合母线和直接连接在母线上的设备的电容电流；拉合变压器中性点地刀；与断路器并联的旁路隔离

开关，当断路器在合闸位置时，可拉合断路器的旁路电流；拉合励磁电流不超过 2 A 的空载变压器和电容电流不超过 5 A 的无负荷线路（但当电压为 20 kV 以上时，应使用户外垂直分合式的三联隔离开关）；用户外三联动隔离开关可合电压 10 kV 以下、电流 15 A 以下的负荷电流；拉合电压 10 kV 及以下、电流 70 A 以下的环路均衡电流；用户外三联动隔离开关可合电压 10 kV 以下、电流 15 A 以下的负荷电流；拉合电压 10 kV 及以下、电流 70 A 以下的环路均衡电流。

（9）禁止用隔离开关进行下列操作：当断路器在合闸时，用隔离开关接通或断开负荷电流；系统发生一相接地时，用隔离开关断开故障点的接地电流；拉合规程允许操作范围外的变压器环路或系统环路；在双母线中，当母联断路器断开母线运行时，用母线侧隔离开关将电压不相等的两母线系统并列或解列。

拉合隔离开关时，断路器必须在断开位置，并经核对名称和编号无误后，方可操作；双母线和带旁路母线的接线，还应检查有关母线隔离开关的位置，以防误操作，拉合隔离开关前，还必须拉开断路器的合闸电源保险；隔离开关经拉合后，应到现场检查其实际位置，合闸后应检查触头是否紧密，接触良好，拉闸后，检查张开的角度或拉开的距离应符合要求；隔离开关操作机构的扣锁应扣稳，电动操作的隔离开关，在操作完成后，应拉开隔离开关操作电源。

任务 4.1.2　220 kV 凤关线 267 断路器由检修转运行

 教学目标

知识目标：

（1）熟悉变电站 220 kV 凤关线 267 断路器进行检修转运行操作前的运行方式。

（2）掌握变电站断路器进行检修转运行操作的基本原则及要求。

（3）熟悉变电站 220 kV 凤关线 267 断路器进行检修转运行操作顺序。

（4）掌握变电站 220 kV 凤关线 267 断路器进行检修转运行的操作流程。

能力目标：

（1）能说出变电站 220 kV 凤关线 267 断路器进行检修转运行操作前的运行方式。

（2）能正确填写变电站 220 kV 凤关线 267 断路器进行检修转运行操作的倒闸操作票。

（3）能够在仿真机上熟练完成 220 kV 凤关线 267 断路器进行检修转运行操作。

素质目标：

（1）能主动学习，在完成 220 kV 凤关线 267 断路器进行检修转运行操作的过程中发现问题、分析问题和解决问题。

（2）能严格遵守专业相关规程标准及规章制度，与小组成员协商、交流配合，按标准化作业流程完成 220 kV 凤关线 267 断路器进行检修转运行操作。

 任务分析

1. 变电站 220 kV 凤关线 267 断路器进行检修转运行操作前的运行方式

220 kV 一次系统采用双母线接线方式，Ⅰ母线与Ⅱ母线通过 212 断路器并列运行，关巡一回接于Ⅰ母线上，关巡二回和关珞线接于Ⅱ母线上。

2. 断路器进行检修转运行操作一般原则

（1）恢复送电前，应检查断路器三相确已断开，再合上电源侧隔离开关，然后合上负荷侧隔离开关，最后合上断路器。

（2）操作断路器前，应检查断路器本体、操作机构及控制回路，确保完好，有关继电保护及自动装置已按规定投退。

3. 断路器由检修转运行需要进行的操作

220 kV 凤关线 267 断路器由检修转运行，使其恢复至Ⅰ母线运行。一次部分操作如下：

（1）拆除安全措施，拉开凤关线 26730 和 26740 接地刀闸。

（2）合上 220 kV 凤关线 2671 隔离开关。

（3）220 kV 凤关线 2676 隔离开关。

（4）合上 220 kV 凤关线 267 断路器。

 相关知识

（1）220 kV 凤关线 267 断路器处于检修状态时，其储能电源自动空气开关、电机电源自动空气开关、直流控制电流自动空气开关均已退出，应在恢复 267 断路器送电之前投入。

（2）220 kV 凤关线 267 断路器在由运行转检修时，267 断路器两侧接地刀闸均闭合，为避免带接地刀闸合闸的误操作，应在送电操作时首先将接地刀闸断开。

（3）检查接地线区拆除情况时，除对刚拆除的接地线检查其是否完全拆除外，还应检查该回路上的所有部位，检查是否还有接地线存在（包括临时短路线）或是否还有接地刀闸正在推上位置。

 任务实施

根据倒闸操作的基本原则，通过以上任务分析，正确写出 220 kV 凤关线 267 断路器由检修转运行倒闸操作步骤，结合《电力安全工作规定》、各级调度规程和其他相关规定，在仿真机上进行倒闸操作。

220 kV 凤关线 267 断路器由检修转运行倒闸操作步骤如下：

（1）得令。

（2）收回工作票拆除标识牌。

（3）检查 220 kV 凤关线 267 断路器三相均在分闸位置。

（4）检查 220 kV 凤关线 2671 隔离开关三相均在分闸位置。

（5）检查 220 kV 凤关线 2676 隔离开关三相均在分闸位置。

（6）检查 220 kV 凤关线 26730 接地刀闸三相均在分闸位置。

（7）检查 220 kV 凤关线 26740 接地刀闸三相均在分闸位置。

（8）拆除安全措施。

（9）合上凤关线保护Ⅱ屏背面 FCX‒12HP 电源 1。

（10）合上凤关线保护Ⅱ屏背面 FCX‒12HP 电源 2。

（11）拉开凤关线 26730 接地刀闸。

（12）检查凤关线 26730 接地刀闸三相已在分闸位置。

（13）拉开凤关线 26740 接地刀闸。

（14）检查凤关线 26740 接地刀闸三相已在分闸位置。

（15）合上凤关线电压互感器二次小开关。

（16）投入凤关线保护Ⅰ屏"A 相跳闸启动失灵"压板 1LP7。

（17）投入凤关线保护Ⅰ屏"B 相跳闸启动失灵"压板 1LP8。

（18）投入凤关线保护Ⅰ屏"C 相跳闸启动失灵"压板 1LP9。

（19）投入凤关线保护Ⅰ屏"失灵启动母差"压板 15LP13。

（20）投入凤关线保护Ⅱ屏"A 相跳闸启动失灵"压板 1LP11。

（21）投入凤关线保护Ⅱ屏"B 相跳闸启动失灵"压板 1LP12。

（22）投入凤关线保护Ⅱ屏"C 相跳闸启动失灵"压板 1LP13。

（23）合上凤关线断路器端子箱内三相交流电源空气开关。

（24）合上凤关线 2671 隔离开关。

（25）检查凤关线 2671 隔离开关三相已在合闸位置。

（26）检查 220 kV 凤关线保护Ⅰ屏上电压切换箱Ⅰ母线灯已点亮。

（27）检查 220 kV 母线保护屏上凤关线Ⅰ母线灯已点亮。

（28）检查 220 kV 失灵保护屏上凤关线Ⅰ母线灯已点亮。

（29）合上凤关线 2676 隔离开关。

（30）检查凤关线 2676 隔离开关三相已在合闸位置。

（31）断开凤关线断路器端子箱内三相交流电源空气开关。

（32）合上凤关线 267 断路器端子箱内储能电源空气开关。

（33）合上凤关线 267 断路器 B 相操作箱内电机电源空气开关。

（34）合上凤关线 267 断路器 B 相操作箱内直流电源空气开关。

（35）合上凤关线 267 断路器。

（36）检查凤关线 267 断路器三相已在合闸位置。

（37）将凤关线保护Ⅰ屏重合闸方式开关切至"投入"位置。

（38）将凤关线保护Ⅱ屏重合闸方式开关切至"投入"位置。

（39）投入凤关线保护Ⅰ屏"重合闸出口"压板 1LP6。

（40）投入凤关线保护Ⅰ屏"启动重合闸出口"压板 1LP10。

（41）投入凤关线保护Ⅱ屏"重合闸出口"压板 1LP17。

（42）汇报调度。

线路由热备用转
运行（视频文件）

 拓展提高

断路器送电操作注意事项：

（1）断路器投运前，应检查接地线是否全部拆除，防误闭锁装置是否正常。

（2）操作前应检查并确认控制回路和辅助回路的电源正常，操动机构正常，各种信号正确、表计指示正常；对于油断路器，检查其油位、油色应正常；对于真空断路器，检查其灭弧室应无异常；对于 SF_6 断路器，检查其气体压力应在规定的范围内。如果发现运行中的油断路器严重缺油、真空断路器灭弧室异常，或者 SF_6 断路器气体压力低发出闭锁操作信号，则禁止操作。

（3）停运超过 6 个月的断路器，在正式执行操作前应通过"远方"控制方式进行试操作 2~3 次，无异常后方能按操作票拟定的方式操作。

（4）操作前，检查相应隔离开关和断路器的位置，并确认继电保护已按规定投入。

任务 4.2　变电站线路停送电操作

电力线路具有传输电能的作用，由于电力线路运行环境复杂，可能出现各种缺陷和故障，因此在固定的周期内需要对其进行检修，即进行停送电操作。

任务 4.2.1　220 kV 凤关线由运行转检修

教学目标

知识目标：

（1）熟悉变电站 220 kV 凤关线进行由运行转检修操作前的运行方式。

（2）掌握变电站线路进行由运行转检修操作的基本原则及要求。

（3）熟悉变电站 220 kV 凤关线由运行转检修操作顺序。

（4）掌握变电站 220 kV 凤关线由运行转检修的操作流程。

能力目标：

（1）能说出变电站 220 kV 凤关线由运行转检修操作前的运行方式。

（2）能正确填写变电站 220 kV 凤关线由运行转检修操作的倒闸操作票。

（3）能够在仿真机上熟练进行 220 kV 凤关线由运行转检修操作。

素质目标：

（1）能主动学习，在完成 220 kV 凤关线由运行转检修操作的过程中发现问题、分析问题和解决问题。

（2）能严格遵守专业相关规程标准及规章制度，与小组成员协商、交流配合，按标准化作业流程完成 220 kV 凤关线由运行转检修操作。

任务分析

1. 变电站 220 kV 凤关线进行停电操作前的运行方式

220 kV 一次系统采用双母线接线方式，Ⅰ母线与Ⅱ母线通过 212 断路器并列运行，关巡一回和凤关线接于Ⅰ母线上，关巡二回和关珞线接于Ⅱ母线上。

2. 线路停电操作一般原则

一次部分操作：①断开线路断路器；②拉开线路侧隔离开关；③拉开母线侧隔离开关；④在线路侧验明三相确无电后挂接地线（或合上接地倒闸），并做好安全措施。

二次部分操作：线路停电时一般先停用远切压板，再停用重合闸、失灵保护出口压板。

3. 需要进行的操作

220 kV 凤关线由运行转检修时，一次部分操作如下：

（1）断开 220 kV 凤关线 267 断路器。

（2）拉开 220 kV 凤关线 2676 隔离开关。

（3）拉开 220 kV 凤关线 2671 隔离开关。

（4）在 220 kV 凤关线 2676 隔离开关外侧验明三相确无电后合上 220 kV 凤关线 26760 接地刀闸，并做好安全措施。

线路停送电顺序
（音频附件）

 相关知识

（1）线路由运行转检修时，应将线路单相电压互感器的二次熔断器取下。

（2）500 kV 一般采用一个半断路器的主接线方式，在进行线路停电操作时，应先断开中间断路器，再断开母线侧断路器。隔离开关的操作应先拉开停电侧断路器两侧隔离开关，再拉开非停电断路器两侧隔离开关。

（3）操作隔离开关之前，必须检查断路器位置。这种检查，应当紧接在隔离开关操作之前进行。在操作过程中，发现误合隔离开关时，不准把误合的隔离开关再拉开，发现误拉隔离开关时，不准把拉开的隔离开关重新合上。只有用手动蜗杆轮传动的隔离开关，在动触头未离开静触头刀刃之前，允许将误拉的隔离开关重新合上，不再操作。上述规定的制定，是由于隔离开关无灭弧装置，不能用于带负荷接通或断开电路，否则，操作隔离开关时，将会在隔离开关的触头间产生电弧，引起三相短路事故。而断路器有灭弧装置，只能用断路器接通或断开有负荷电流的电路。

（4）装设临时接地线或推上接地刀闸之前，必须验明三相确无电压。分相操作的接地刀闸，在操作票中应分相列相操作。

（5）操作电抗器倒闸或推上线路侧接地刀闸之前，必须检查线路确无电压，这种操作必须在线路电压互感器二次小开关（保险）合上的条件下进行。只有在电抗器倒闸已经拉开，线路侧接地刀闸已经推上之后，才能断开线路电压互感器二次小开关，送电时相反。

（6）在线路侧装设临时接地线，必须先验明确无电压。

 任务实施

根据倒闸操作的基本原则，通过以上任务分析，正确写出 220 kV 凤关线由运行转检修倒闸操作步骤，结合《电力安全工作规定》、各级调度规程和其他相关规定，在仿真机上进行倒闸操作。

220 kV 凤关线由运行转检修倒闸操作步骤如下：

（1）得令。

（2）检查凤关线 267 断路器三相均在合闸位置。

（3）检查凤关线 2671 隔离开关三相均在合闸位置。

（4）检查凤关线 2676 隔离开关三相均在合闸位置。

（5）将凤关线保护Ⅰ屏重合闸方式开关切至"停用"位置。

（6）将凤关线保护Ⅱ屏重合闸方式开关切至"停用"位置。

（7）停用凤关线保护Ⅰ屏"重合闸出口"压板 1LP6。

（8）停用凤关线保护Ⅰ屏"启动重合闸出口"压板 1LP10。

（9）停用凤关线保护Ⅱ屏"重合闸出口"压板 1LP17。

（10）断开凤关线 267 断路器。

（11）检查凤关线 267 断路器三相已在分闸位置。

（12）断开凤关线 267 断路器端子箱内储能电源空气开关。

（13）断开凤关线 267 断路器 B 相操作箱内电机电源空气开关。

（14）断开凤关线 267 断路器 B 相操作箱内直流电源空气开关。

（15）合上凤关线断路器端子箱内三相交流电源空气开关。

（16）拉开凤关线 2676 隔离开关。

（17）检查凤关线 2676 隔离开关三相已在分闸位置。

（18）拉开凤关线 2671 隔离开关。

（19）检查凤关线 2671 隔离开关三相已在分闸位置。

（20）检查 220 kV 凤关线保护Ⅰ屏上电压切换箱Ⅰ母线灯已熄灭。

（21）检查 220 kV 母线保护屏上凤关线Ⅰ母线灯已熄灭。

（22）检查 220 kV 失灵保护屏上凤关线Ⅰ母线灯已熄灭。

（23）断开凤关线断路器端子箱内三相交流电源空气开关。

（24）停用凤关线保护Ⅰ屏"A 相跳闸启动失灵"压板 1LP7。

（25）停用凤关线保护Ⅰ屏"B 相跳闸启动失灵"压板 1LP8。

（26）停用凤关线保护Ⅰ屏"C 相跳闸启动失灵"压板 1LP9。

（27）停用凤关线保护Ⅰ屏"失灵启动母差"压板 15LP13。

（28）停用凤关线保护Ⅱ屏"A 相跳闸启动失灵"压板 1LP11。

（29）停用凤关线保护Ⅱ屏"B 相跳闸启动失灵"压板 1LP12。

（30）停用凤关线保护Ⅱ屏"C 相跳闸启动失灵"压板 1LP13。

（31）断开凤关线单相电压互感器二次熔断器。

（32）验明凤关线路侧三相确无电压。

（33）推上凤关线 26760 接地刀闸。

（34）检查凤关线 26760 接地刀闸三相已在合闸位置。

（35）断开凤关线保护Ⅱ屏背面 FCX–12HP 电源 1。

（36）断开凤关线保护Ⅱ屏背面 FCX–12HP 电源 2。

（37）布置安全措施。

（38）汇报调度。

线路由运行转冷备用
后停用相应线路保护
（视频文件）

线路由运行转冷备用
后保护室确定母线侧
无压（视频文件）

拓展提高

一个半断路器主接线方式线路停电顺序：先断开中间断路器，再断开边断路器。

任务4.2.2　220 kV 凤关线由检修转运行

教学目标

知识目标：

（1）熟悉变电站 220 kV 凤关线进行送电操作前的运行方式。

（2）掌握变电站线路进行送电操作的基本原则及要求。

（3）熟悉变电站 220 kV 凤关线送电操作顺序。

（4）掌握变电站 220 kV 凤关线送电的操作流程。

能力目标：

（1）能说出变电站 220 kV 凤关线进行送电操作前的运行方式。

（2）能正确填写变电站 220 kV 凤关线送电操作的倒闸操作票。

（3）能够在仿真机上熟练进行 220 kV 凤关线送电操作。

素质目标：

（1）能主动学习，在完成 220 kV 凤关线送电操作的过程中发现问题、分析问题和解决问题。

（2）能严格遵守专业相关规程标准及规章制度，与小组成员协商、交流配合，按标准化作业流程完成发电厂厂用电停电操作。

任务分析

1. 变电站 220 kV 凤关线进行送电操作前的运行方式

220 kV 一次系统采用双母线接线方式，Ⅰ母线与Ⅱ母线通过 212 断路器并列运行，关巡一回接于Ⅰ母线上，关巡二回和关珞线接于Ⅱ母线上。

2. 线路送电操作一般原则

一次部分操作：①拉开线路侧接地开关（或拆除接地线）；②合上母线侧隔离开关；③合上线路侧隔离开关；④合上断路器。

二次部分操作：线路送电时一般先加用重合闸、失灵保护出口压板，再加用远切压板，高频保护在通道检查正常后，按调度令投入。

3. 需要进行的操作

220 kV 凤关线由检修转运行，使其恢复至Ⅰ母线运行。一次部分操作如下：

（1）拆除安全措施，拉开凤关线 26760 接地刀闸。

（2）合上 220 kV 凤关线 2671 隔离开关。

（3）合上 220 kV 凤关线 2676 隔离开关。

（4）合上 220 kV 凤关线 267 断路器。

 相关知识

（1）为避免出现带地线合闸的误操作，线路恢复送电时，在合上隔离开关之前要拉开所有接地刀闸，并检查线路附近无地线。

（2）为避免出现带负荷合隔离倒闸的误操作，线路恢复送电时，在合上隔离开关之前要检查断路器是否在分闸位置。

 任务实施

根据倒闸操作的基本原则，通过以上任务分析，正确写出 220 kV 凤关线由检修转运行倒闸操作步骤，结合《电力安全工作规定》、各级调度规程和其他相关规定，在仿真机上进行倒闸操作。

220 kV 凤关线由检修转运行倒闸操作步骤如下：

（1）得令。

（2）收回工作票拆除标识牌。

（3）检查凤关线 267 断路器三相均在分闸位置。

（4）检查凤关线 2671 隔离开关三相均在分闸位置。

（5）检查凤关线 2676 隔离开关三相均在分闸位置。

（6）检查凤关线 26760 接地刀闸三相均在合闸位置。

（7）拉开凤关线 26760 接地刀闸。

（8）检查凤关线 26760 接地刀闸三相在分闸位置。

线路由检修转运行前拆除　　　线路由检修转运行前确认设备　　　断开接地刀闸并检查
安全措施（视频文件）　　　　运行状态并五防开票（视频文件）　　　其位置状态（视频文件）

（9）合上凤关线单相电压互感器二次熔断器。

（10）投入凤关线保护Ⅰ屏"A 相跳闸启动失灵"压板 1LP7。

（11）投入凤关线保护Ⅰ屏"B 相跳闸启动失灵"压板 1LP8。

（12）投入凤关线保护Ⅰ屏"C 相跳闸启动失灵"压板 1LP9。

（13）投入凤关线保护Ⅰ屏"失灵启动母差"压板 15LP13。

（14）投入凤关线保护Ⅱ屏"A 相跳闸启动失灵"压板 1LP11。

（15）投入凤关线保护Ⅱ屏"B 相跳闸启动失灵"压板 1LP12。

（16）投入凤关线保护Ⅱ屏"C 相跳闸启动失灵"压板 1LP13。

线路由检修转运行前
投入相应线路保护
（视频文件）

（17）合上凤关线断路器端子箱内三相交流电源空开。

（18）合上凤关线 2671 隔离开关。

（19）检查凤关线 2671 隔离开关三相在合闸位置。

（20）检查 220 kV 凤关线保护 I 屏上电压切换箱 I 母灯已点亮。

（21）检查 220 kV 母线保护屏上凤关线 I 母线灯已点亮。

（22）检查 220 kV 失灵保护屏上凤关线 I 母线灯已点亮。

（23）合上凤关线 2676 隔离开关。

（24）检查凤关线 2676 隔离开关三相已在合闸位置。

（25）断开凤关线断路器端子箱内三相交流电源空气开关。

（26）合上凤关线 267 断路器端子箱内储能电源空气开关。

（27）合上凤关线 267 断路器 B 相操作箱内电机电源空气开关。

（28）合上凤关线 267 断路器 B 相操作箱内直流电源空气开关。

（29）合上凤关线 267 断路器。

（30）检查凤关线 267 断路器三相已在合闸位置。

（31）将凤关线保护 I 屏重合闸方式开关切至"投入"位置。

（32）将凤关线保护 II 屏重合闸方式开关切至"投入"位置。

（33）投入凤关线保护 I 屏"重合闸出口"压板 1LP6。

（34）投入凤关线保护 I 屏"启动重合闸出口"压板 1LP10。

（35）投入凤关线保护 II 屏"重合闸出口"压板 1LP17。

（36）汇报调度。

线路由冷备用转热备用（视频文件）

 拓展提高

一个半断路器主接线方式线路送电顺序：先合上边断路器，再合上中间断路器。

任务 4.3　变电站母线停送电操作

母线具有汇集和分配电能的作用，是构成电气主接线的主要设备，且由于其在电力系统中的重要地位，为避免可能出现的各种缺陷和故障，在固定的周期内需要对其进行检修，即进行停送电操作。

任务 4.3.1　220 kV 由双母并列运行转为 I 母线检修、II 母线运行

 教学目标

知识目标：

（1）熟悉变电站 220 kV I 母线进行停电操作前的运行方式。

（2）掌握变电站母线进行停电操作的基本原则及要求。

（3）熟悉变电站 220 kV I 母线停电操作顺序。

（4）掌握变电站 220 kV I 母线停电的操作流程。

能力目标：

（1）能说出变电站 220 kV Ⅰ母线进行停电操作前的运行方式。

（2）能正确填写变电站 220 kV Ⅰ母线停电操作的倒闸操作票。

（3）能够在仿真机上熟练进行 220 kV Ⅰ母线停电操作。

素质目标：

（1）能主动学习，在完成 220 kV Ⅰ母线停电操作的过程中发现问题、分析问题和解决问题。

（2）能严格遵守专业相关规程标准及规章制度，与小组成员协商、交流配合，按标准化作业流程完成 220 kV Ⅰ母线停电操作。

任务分析

1. 变电站 220 kV Ⅰ母线进行停电操作前的运行方式

220 kV 一次系统采用双母线接线方式，Ⅰ母线与Ⅱ母线通过 212 断路器并列运行，关巡一回和凤关线接于Ⅰ母线上，关巡二回和关珞线接于Ⅱ母线上。

2. 双母线停电操作注意事项

（1）首先必须检查母联回路是否接通，即确保母联断路器及其隔离开关均在合闸状态，这是倒母线的先决条件。

（2）双母线改为单母运行时，先将母差保护的非选择开关合上（或压板加用），即将母线互联方式开关切换至"投入"位置。

（3）为保证在倒母线操作过程中母联断路器不会断开，造成带负荷拉合隔离倒闸的情况，需将母联断路器的控制保险取下，这是倒母线的安全措施。

（4）隔离开关倒换，每操作完一个，均应检查隔离开关辅助接点指示情况（应与现场一次系统运行方式一致）。

（5）隔离开关的倒换顺序是"先合后拉"，可以采用两种操作方式，一种是"先合上所有应合的隔离开关，后拉开所有应拉的隔离开关"，另一种是"先合上一组应合的隔离开关，后拉开相应的应拉的隔离开关"。

（6）在拉开母联断路器之前应检查母联开关上电流表指示，应为零，防止漏倒设备。

（7）当停用运行双母线中的一组母线时，要做好防止运行母线电压互感器对停用母线电压互感器二次反充电的措施，即母线转热备用后，应先断开该母线上电压互感器的所有二次电压自动空气开关（或取下断路器），再拉开该母线上电压互感器的高压隔离开关（或取下熔断器）。

（8）双母线的倒母线操作时，应注意线路的继电保护、自动装置及电能表所用的电压互感器电源的相应切换。如不能切换到运行母线的电压互感器上，则在操作前将这些保护停用。

（9）无论是送电的倒母线还是母线停电的倒母线操作，在合上（或拉开）某回路母线侧隔离开关后，及时检查该回路保护电压切换箱所对应的母线指示灯以及微机型母差保护回路的位置指示灯，应指示正确。

（10）母线停电倒母线操作后，在拉开母联断路器之前，再次检查回路是否已全部倒至另一组运行母线上，并检查母联断路器电流指示，应为零。

（11）当拉开母联断路器后，检查停电母线上的电压指示，电压应为零。

（12）在母线侧隔离开关的合上（或拉开）过程中，如可能发生较大火花时，应依次先合靠母联断路器最近的母线侧隔离开关，以尽量减少母线侧隔离开关操作时的电位差；拉开的操作顺序相反。

（13）带有电容器的母线停电操作时，停电前应先拉开电容器的断路器，以防母线过电压，危及设备绝缘。

3. 双母线停电操作的一般原则

（1）运行中的双母线，当一组母线上的部分断路器或全部断路器（包括热备用）倒至另一条线路时（冷备用除外），应确保母联断路器及其隔离开关在合闸状态。

①对微机型母差保护，在倒母线操作前应做出相应切换（如投入互联或单母线方式连接片等），要注意检查切换后的情况（指示灯及相应光字牌亮），然后短时将母联断路器改为非自动。倒母线操作结束后，应自行将母联断路器恢复自动，以及母差保护改为与一次系统运行方式一致。

②操作隔离开关时，应遵循"先合、后拉"的原则（即热倒）。其操作方法有两种，一种是"先合上全部应合的隔离开关、后拉开全部应拉的隔离开关"，另一种是"先合上一组应合的隔离开关、后拉开相应的一组应拉的隔离开关"。

③在倒母线操作过程中，要严格检查各回路母线侧隔离开关的位置指示情况（应与现场一次系统运行方式相一致），确保保护回路电压可靠，对于不能自动切换的，应采用手动切换，并做好防止误动作的措施，即切换前停用保护，切换后投入保护。

（2）对于母线上热备用的线路，当需要将热备用线路由一组母线倒至另一组母线时，应先将该线路由热备用转为冷备用，然后再操作调整至另一组母线上热备用，即遵循"先拉、后合"的原则（冷倒），以免发生通过两条母线侧隔离开关合环或解环的误操作事故，这种操作无须将母联断路器改非自动。

（3）运行中的双母线并列、解列操作必须用断路器来完成。倒母线应考虑各组母线负荷和电源分布的合理性。一组运行母线及母联断路器停电，应在倒母线操作结束后，断开母联断路器，再拉开停电母线侧隔离开关，最后拉开运行母线侧隔离开关。

4. 母线保护配置分析

220 kV 母线保护为差动保护、低电压保护、断路器失灵保护。

5. 需要进行的操作

由于 220kV Ⅰ母线由运行转检修，需要将原来Ⅰ母线上所带的所有负荷不停电倒母线至Ⅱ母线运行，并断开母联 212 断路器及两侧隔离开关，然后将Ⅰ母线电压互感器切除，最后对Ⅰ母线验明三相无电后挂接地线（或合上接地隔离开关），并布置安全措施。

相关知识

（1）双母线停用一组母线时，要防止运行母线的电压互感器对停电母线的电压互感器二次反充电，引起运行母线的电压互感器二次保险熔断或自动开关断开，使继电保护装置误动作。

（2）拉合母联开关对母线断电时，应检查母联开关位置是否正确，电流表指示是否正确。为防止母联断口电容可能与母线上电磁式电压互感器发生串联谐振，母线停电时可先停电压互感器；对电容式电压互感器则仍采用停母线时，母线停电后再停电压互感器的方式。

（3）倒母线操作前，取下母联断路器控制熔断器的原因是：若倒母线操作过程中，由于某种原因使母联断路器分闸，此时母线侧隔离开关的拉、合操作实际上是对两组母线进行带负荷解列、并列操作（即带负荷拉、合母线侧隔离开关），此时，因隔离开关无灭弧装置，会造成三相弧光短路。因此，母联断路器在合闸位置取下其控制熔断器，使其不能跳闸，保证倒母线操作过程中，使母线侧隔离开关始终保持等电位操作，避免母线侧隔离开关带负荷拉、合引起弧光短路事故。

 任务实施

根据倒闸操作的基本原则，通过以上任务分析，正确写出 220 kV Ⅰ母线由运行转检修倒闸操作步骤，结合《电力安全工作规定》、各级调度规程和其他相关规定，在仿真机上进行倒闸操作。

220 kV Ⅰ母线由运行转检修倒闸操作步骤如下：

（1）得令。

（2）检查 220 kV 母联 212 断路器三相均在合闸位置。

（3）检查 220 kV 母线 2121 隔离开关三相均在合闸位置。

（4）检查 220 kV 母线 2122 隔离开关三相均在合闸位置。

（5）将 220 kV 母线保护屏"互联方式"开关切至"投入"位置。

（6）断开 220 kV 母线 212 断路器控制电源自动空气开关。

（7）合上关巡一回线 2612 隔离开关。

（8）检查关巡一回线 2612 隔离开关三相确在合闸位置。

（9）检查关巡一回线保护Ⅰ屏电压切换箱内Ⅱ母线灯已亮。

（10）检查 220 kV 母线保护屏关巡一回线Ⅱ母线灯已亮。

（11）检查 220 kV 失灵保护屏关巡一回线Ⅱ母线灯已亮。

（12）拉开关巡一回线 2611 隔离开关。

（13）检查关巡一回线 2611 隔离开关三相确在分闸位置。

（14）检查关巡一回线保护Ⅰ屏电压切换箱内Ⅰ母线灯已灭。

（15）检查 220 kV 母线保护屏关巡一回线Ⅰ母线灯已灭。

（16）检查 220 kV 失灵保护屏关巡一回线Ⅰ母线灯已灭。

（17）断开关巡一回线断路器端子箱内三相交流电源空气开关。

（18）合上凤关线断路器端子箱内三相交流电源空气开关。

（19）合上凤关线 2672 隔离开关。

（20）检查凤关线 2672 隔离开关三相确在合闸位置。

（21）检查凤关线保护Ⅰ屏电压切换箱内Ⅱ母线灯已亮。

（22）检查 220 kV 母线保护屏凤关线Ⅱ母线灯已亮。

（23）检查 220 kV 失灵保护屏凤关线Ⅱ母线灯已亮。

（24）拉开凤关线 2671 隔离开关。

（25）检查凤关线 2671 隔离开关三相确在分闸位置。

（26）检查凤关线保护Ⅰ屏电压切换箱内Ⅰ母线灯已灭。

（27）检查 220 kV 母线保护屏凤关线Ⅰ母线灯已灭。

（28）检查 220 kV 失灵保护屏凤关线Ⅰ母线灯已灭。

（29）断开凤关线断路器端子箱内三相交流电源空气开关。

（30）合上 1 号主变压器 220 kV 侧间隔断路器端子箱内三相交流电源。

（31）合上 1 号主变压器 2012 隔离开关。

（32）检查 1 号主变压器 2012 隔离开关三相确在分闸位置。

（33）检查 220 kV 母线保护屏 1 号主变压器Ⅱ母线灯已亮。

（34）检查 220 kV 失灵保护屏 1 号主变压器Ⅱ母线灯已亮。

（35）检查 1 号主变压器保护 B 屏 220 kV Ⅱ母线灯已亮。

（36）拉开 1 号主变压器 2011 隔离开关。

（37）检查 1 号主变压器 2011 隔离开关三相确在分闸位置。

（38）检查 220 kV 母线保护屏 1 号主变压器Ⅰ母线灯已灭。

（39）检查 220 kV 失灵保护屏 1 号主变压器Ⅰ母线灯已灭。

（40）检查 1 号主变压器保护 B 屏 220 kV Ⅰ母线灯已灭。

（41）断开 1 号主变压器 220 kV 侧间隔断路器端子箱内三相交流电源。

（42）检查母联 212 开关电流为零。

（43）合上 220 kV 母线保护屏背面"高压操作箱Ⅰ"空气开关。

（44）合上 220 kV 母线保护屏背面"高压操作箱Ⅱ"空气开关。

（45）将 220 kV 母线保护屏"互联方式"开关切至"退出"位置。

（46）断开母联 212 开关。

（47）检查母联 212 开关三相确在分闸位置。

（48）合上母联 212 间隔断路器端子箱内三相交流电源空气开关。

（49）拉开母联 212 间隔 2121 隔离开关。

（50）检查母联 212 间隔 2121 隔离开关三相确在分闸位置。

（51）检查 220 kV 母线保护屏母联 212 间隔Ⅰ母线灯已灭。

（52）检查 220 kV 失灵保护屏母联 212 间隔Ⅰ母线灯已灭。

（53）拉开母联 212 间隔 2122 隔离开关。

（54）检查母联 212 间隔 2122 隔离开关三相确在分闸位置。

（55）检查 220 kV 母线保护屏母联 212 间隔Ⅱ母线灯已灭。

（56）检查 220 kV 失灵保护屏母联 212 间隔Ⅱ母线灯已灭。

（57）断开母联 212 间隔断路器端子箱内三相交流电源空气开关。

（58）断开 220 kV Ⅰ母线电压互感器间隔 220 kV Ⅰ段母线电压互感器端子箱内"保护/测量"空气开关。

（59）断开 220 kV Ⅰ母线电压互感器间隔 220 kV Ⅰ段母线电压互感器端子箱内"计量"空气开关。

（60）合上 220 kV Ⅰ母线电压互感器间隔 220 kV Ⅰ段母线电压互感器端子箱内"380 V交流"空气开关。

（61）拉开 220 kV Ⅰ母线电压互感器间隔 218 隔离开关。

（62）检查 220 kV Ⅰ母线电压互感器间隔 218 隔离开关确在分闸位置。

（63）断开 220 kV Ⅰ母线电压互感器间隔 220 kV Ⅰ段母线电压互感器端子箱内"380 V交流"空气开关。

（64）将 220 kV 母线保护屏"Ⅰ母线电压互感器"方式开关切至"退出"位置。

（65）在 220 kV 1 号主变压器电压互感器间隔 218 隔离开关靠母线侧三相验无电。

母线由冷备用转
检修（视频文件）

（66）推上 220 kV Ⅰ母线电压互感器间隔 2110 接地刀闸。

（67）检查 220 kV Ⅰ母线电压互感器间隔 2110 接地刀闸三相确在合闸位置。

（68）布置安全措施。

（69）汇报调度。

拓展提高

分段单母线停电顺序及原则：

（1）停电操作顺序：停电时应先断开待停电母线上所有负荷的断路器及两侧隔离开关，后断开电源侧的断路器及两侧隔离开关，然后断开分段开关及两侧隔离开关，再将母线间隔其他设备（如母线电压互感器、站用变压器等）转为冷备用，在确认母线三相确无电压后，合上三相接地刀闸（或挂接地线）。

（2）拉开分段开关两侧隔离开关时，要先拉开待停电母线侧的隔离开关，再拉开带电母线侧的隔离开关。

（3）待停电母线上电压互感器转冷备用的操作一般应在拉开分段开关后进行。若可能出现谐振的情况，停电时也可以先将待停电母线上电压互感器转冷备用，再拉开分段开关及两侧隔离开关。

任务 4.3.2　220 kV 由Ⅰ母线检修、Ⅱ母线运行转由双母线并列运行

教学目标

知识目标：

（1）熟悉变电站 220 kV Ⅰ母线进行送电操作前的运行方式。

（2）掌握变电站母线进行送电操作的基本原则及要求。

（3）熟悉变电站 220 kV Ⅰ母线送电操作顺序。

（4）掌握变电站 220 kV Ⅰ母线送电的操作流程。

能力目标：

（1）能说出变电站 220 kV Ⅰ母线进行送电操作前的运行方式。

（2）能正确填写变电站 220 kV Ⅰ母线送电操作的倒闸操作票。

（3）能够在仿真机上熟练进行 220 kV Ⅰ母线送电操作。

素质目标：

（1）能主动学习，在完成 220 kV Ⅰ母线送电操作的过程中发现问题、分析问题和解决问题。

（2）能严格遵守专业相关规程标准及规章制度，与小组成员协商、交流配合，按标准化作业流程完成 220 kV Ⅰ母线送电操作。

 任务分析

1. 变电站 220 kV Ⅰ母线进行送电操作前的运行方式

220 kV 一次系统采用双母线接线方式，Ⅰ母线停电检修，母联 212 断路器及两侧隔离开关均为分闸状态，关巡一回、关巡二回、凤关线和关珞线均接于Ⅱ母线上。

2. 母线送电操作注意事项

（1）拉合母联开关对母线充电时，应检查母联开关位置是否正确，电流表指示是否正确。为防止母联断口电容可能与母线上电磁式电压互感器发生串联谐振，可采用母线送电后再送电压互感器的顺序进行；对电容式电压互感器则仍采用送电时先送电压互感器，再给母线送电的顺序进行。

（2）给母线充电时要用开关进行，加用保护。配有充电保护的充电前应启动母线充电保护，充电正常后退出充电保护。

（3）母线充电之前应仔细检查母线设备，在确认无故障情况下进行母线充电。

（4）检修完工的母线在送电前，检查母线设备应完好、无接地点。

（5）用断路器向母线充电前，应将空母线上只能用隔离开关充电的附属设备，如母线电压互感器、避雷器等先行投入。

（6）带有电容器的母线送电操作时，为防止母线过电压，危及设备绝缘，需送电后再合上电容器断路器。

3. 需要进行的操作

220 kV Ⅰ母线由运行转检修时，原本Ⅰ母线所带的所有负荷均转移至Ⅱ母线运行。在 220 kV Ⅰ母线由检修转运行时，应先将Ⅰ母线电压互感器投入运行，再通过合上母联 2122 隔离开关，合上母联 2121 隔离开关，合上母联 212 断路器的方式对Ⅰ母线进行充电，充电后再将其所带的负荷从Ⅱ母线不停电倒母线转回至Ⅰ母线，实现Ⅰ母线与Ⅱ母线并列运行。

220 kV 双母线
接线倒闸操作
（动画附件）

 相关知识

（1）检查待充电母线无明显接地点的主要内容为：

①待充电母线及其相连的所有部位均无接地线（包括推上的接地刀闸）。

②待充电母线上应无其他短路线或飘落物存在。

（2）检查母线充电正常的主要内容为：

①母线充电时无异常声音发生。

②母线充电后所有带电部位无放电声音和闪络现象。

 任务实施

根据倒闸操作的基本原则，通过以上任务分析，正确写出 220 kV Ⅰ 母线由检修转运行倒闸操作步骤，结合《电力安全工作规定》、各级调度规程和其他相关规定，在仿真机上进行倒闸操作。

220 kV Ⅰ 母线由检修转运行倒闸操作步骤如下：

（1）得令。

（2）收回工作票拆除标识牌。

（3）拉开 220 kV Ⅰ 母线电压互感器间隔 2110 接地刀闸。

（4）检查 220 kV Ⅰ 母线电压互感器间隔 2110 接地刀闸三相已在分闸位置。

（5）合上 220 kV Ⅰ 母线电压互感器间隔 220 kV Ⅰ 段母线电压互感器端子箱内 380 V 交流空气开关。

（6）合上 220 kV Ⅰ 母线电压互感器间隔 218 隔离开关。

（7）检查 220 kV Ⅰ 母线电压互感器间隔 218 隔离开关三相在合闸位置。

母线由检修转冷备用（视频文件）

（8）断开 220 kV Ⅰ 母线电压互感器间隔 220 kV Ⅰ 段母线电压互感器端子箱内 380 V 交流空气开关。

（9）合上 220 kV Ⅰ 母线电压互感器间隔 220 kV Ⅰ 段母线电压互感器端子箱内保护/测量空气开关。

（10）合上 220 kV Ⅰ 母线电压互感器间隔 220 kV Ⅰ 段母线电压互感器端子箱内计量空气开关。

（11）将 220 kV 母线保护柜上"Ⅰ母电压互感器"方式开关切至"投入"位置。

（12）合上母联 212 间隔断路器端子箱内三相交流电源空气开关。

（13）合上母联 212 间隔 2122 隔离开关。

（14）检查母联 212 间隔 2122 隔离开关三相已在合闸位置。

（15）检查 220 kV 母线保护柜母联 212 间隔Ⅱ母线灯已亮。

（16）检查 220 kV 失灵保护柜母联 212 间隔Ⅱ母线灯已亮。

（17）合上母线 212 间隔 2121 隔离开关。

（18）检查母联 212 间隔 2121 隔离开关三相在合闸位置。

（19）检查 220 kV 母线保护柜母联 212 间隔Ⅰ母线灯已亮。

（20）检查 220 kV 失灵保护柜母联 212 间隔Ⅰ母线灯已亮。

（21）断开母联 212 间隔断路器端子箱内三相交流电空气开关。

（22）合上 220 kV 母线保护柜背面电源操作箱Ⅰ空气开关。

（23）合上 220 kV 母线保护柜背面电源操作箱Ⅱ空气开关。

（24）将 220 kV 母线保护柜上充电保护方式开关切至充电 I 位置。

（25）合上母联 212 开关。

（26）检查母联 212 开关三相已在合闸位置。

（27）将 220 kV 母线保护柜上充电保护方式开关切至"退出"位置。

（28）将 220 kV 母线保护柜上母线互联方式开关切至"投入"位置。

（29）断开 220 kV 母线保护柜上背面高压侧 I 空气开关。

（30）断开 220 kV 母线保护柜上背面高压侧 II 空气开关。

（31）合上关巡一回间隔断路器端子箱内三相交流电源空气开关。

（32）合上关巡一回 2611 隔离开关。

（33）检查关巡一回 2611 隔离开关三相已在分闸位置。

（34）检查 220 kV 关巡一回保护柜电源切换箱 I 母线灯已亮。

（35）检查 220 kV 母线保护柜关巡一回 I 母线灯已亮。

（36）检查 220 kV 失灵保护柜关巡一回 I 母线灯已亮。

（37）拉开关巡一回 2612 隔离开关。

（38）检查关巡一回 2612 隔离开关三相已在分闸位置。

（39）检查 220 kV 关巡一回保护柜电源切换箱 II 母线灯已灭。

（40）检查 220 kV 母线保护柜关巡一回 II 母线灯已灭。

（41）检查 220 kV 失灵保护柜关巡一回 II 母线灯已灭。

（42）断开关巡一回间隔断路器端子箱内三相交流电源空气开关。

（43）合上凤关线间隔断路器端子箱内三相交流电源空气开关。

（44）合上凤关线 2671 隔离开关。

（45）检查凤关线 2671 隔离开关三相已在分闸位置。

（46）检查 220 kV 凤关线保护柜电源切换箱 I 母线灯已亮。

（47）检查 220 kV 母线保护柜凤关线 I 母线灯已亮。

（48）检查 220 kV 失灵保护柜凤关线 I 母线灯已亮。

（49）拉开凤关线 2672 隔离开关。

（50）检查凤关线 2672 隔离开关三相在分闸位置。

（51）检查 220 kV 凤关线保护柜电源切换箱 II 母线灯已灭。

（52）检查 220 kV 母线保护柜凤关线 II 母线灯已灭。

（53）检查 220 kV 失灵保护柜凤关线 II 母线灯已灭。

（54）断开凤关线间隔断路器端子箱内三相交流电源空气开关。

（55）合上 1 号主变压器 220 kV 侧间隔断路器端子箱内三相交流电源空气开关。

（56）合上 1 号主变压器 2011 隔离开关。

（57）检查 1 号主变压器 2011 隔离开关三相已在合闸位置。

（58）检查 220 kV 1 号主变压器保护 B 柜 1 号主变压器操作箱 I 母线灯已亮。

（59）检查 220 kV 母线保护柜 1 号主变压器 I 母线灯已亮。

（60）检查 220 kV 失灵保护柜 1 号主变压器 I 母线灯已亮。

（61）拉开 1 号主变压器 2012 隔离开关。

（62）检查 1 号主变压器 2012 隔离开关三相已在分闸位置。

（63）检查 220 kV 1 号主变压器保护 B 柜 1 号主变压器操作箱 II 母线灯已灭。

（64）检查 220 kV 母线保护柜 1 号主变压器 II 母线灯已灭。

（65）检查 220 kV 失灵保护柜 1 号主变压器 II 母线灯已灭。

（66）断开 1 号主变压器 220 kV 侧间隔断路器端子箱内三相交流电源空气开关。

（67）合上 220 kV 母线保护柜背面高压操作箱 I 空气开关。

（68）合上 220 kV 母线保护柜背面高压操作箱 II 空气开关。

（69）将 220 kV 母线保护柜上母线互联方式开关切至"退出"位置。

（70）检查 220 kV I 母线运行应正常。

（71）检查 220 kV 各线路运行应正常。

（72）汇报调度。

拓展提高

分段单母线送电操作顺序及原则：

（1）停电操作顺序：送电时应先断开母线三相接地刀闸（或取下母线间隔内所有接地线），后将母线间隔其他设备（如母线电压互感器、站用变压器等）转为运行，然后合上分段开关及两侧隔离开关，再合上电源侧的断路器及两侧隔离开关，最后合上待送电母线上所有负荷的断路器及两侧隔离开关。

（2）合上分段开关两侧隔离开关时，要先合上带电母线侧的隔离开关，再合上待送电母线侧的隔离开关。

（3）待送电母线上电压互感器转为运行的操作一般应在合上分段开关前进行。

任务4.4　变电站变压器停送电操作

电力变压器是发电厂和变电站的主要设备之一，其利用电磁感应原理实现不同电压等级的变化。电力变压器可以分为升压变压器和降压变压器。升压变压器主要用于将低电压升高，以便在远距离输送中，减少线路中功率的损耗和电压的降落。降压变压器用于将高电压降低为低电压，以满足电力用户的需求。由于电力变压器在电力系统中的重要地位，为避免可能出现的各种缺陷和故障，在固定的周期内需要对其进行检修，即进行停送电操作。

任务4.4.1　1号主变压器由并列运行转检修

教学目标

知识目标：

（1）熟悉变电站 1 号主变压器由并列运行转检修操作前的运行方式。

（2）掌握变电站 1 号主变压器由并列运行转检修操作的基本原则及要求。

（3）熟悉变电站 1 号主变压器由并列运行转检修操作顺序。

（4）掌握变电站 1 号主变压器由并列运行转检修操作流程。

能力目标：

（1）能说出变电站 1 号主变压器由并列运行转检修操作前的运行方式。

（2）能正确填写变电站 1 号主变压器由并列运行转检修操作的倒闸操作票。

（3）能够在仿真机上熟练进行 1 号主变压器由并列运行转检修操作。

素质目标：

（1）能主动学习，在完成 1 号主变压器由并列运行转检修操作的过程中发现问题、分析问题和解决问题。

（2）能严格遵守专业相关规程标准及规章制度，与小组成员协商、交流配合，按标准化作业流程完成 1 号主变压器由并列运行转检修操作。

 **任务分析**

1. 变电站 1 号主变压器由并列运行转检修操作前的运行方式

220 kV 一次系统采用双母线接线方式，I 母线与 II 母线通过 212 断路器并列运行，关巡一回和凤关线接于 I 母线上，关巡二回和关珞线接于 II 母线上。

2. 1 号主变压器由并列运行转检修操作注意事项

（1）变压器停电操作顺序：停电时先停负荷侧，再停电源侧。这样操作的原因是：停电时先停负荷侧，在电源侧为多电源的情况下，可以避免变压器反充电。对于小容量变压器，其主保护及后备保护均装在电源侧，若在停电操作过程中，变压器出现故障，保护依然可以正确动作，不会造成越级跳闸或扩大停电范围。对大容量变压器，均装有差动保护，无论从哪一侧开始停电，变压器故障均在其保护范围内，但大容量变压器的后备保护（如过流保护）均装在电源侧，为保障后备保护，仍然按照先停负荷侧，再停电源侧为好。

（2）凡有中性点接地的变压器，变压器的停用，均应先合上各侧中性点接地刀闸。这样操作的目的是：其一，可以防止单相接地产生过电压和避免某些操作过电压，保护变压器绕组不因过电压而损坏；其二，中性点直接接地刀闸合上后，当发生单相接地时，有接地故障电流流过变压器，使变压器的差动保护和零序电流保护动作，将故障点切除。

（3）两台变压器并列运行，在倒换中性点接地刀闸时，应先合上中性点未接地的接地刀闸，再拉开另一台变压器中性点接地刀闸，并将零序电流保护切换到中性点接地的变压器上。

3. 1 号主变压器保护配置分析

1 号主变压器保护为差动保护、过电流保护、零序保护、过负荷保护、绕组过温保护；10 kV 侧母联分段开关 900 断路器备用电源自动投入装置投入。

4. 需要进行的操作

由于 220 kV 1 号主变压器由运行转检修，对于 220 kV 侧和 110 kV 侧由于其原本母联断路器处于合闸位置，变压器停电操作对负荷侧并无影响，因此无须操作可直接停电；对于 10 kV 侧，由于其为单母分段接线方式，母线分段开关处于分闸位置，为保证 10 kV 侧负荷不停电，则需要先合上母线分段开关。

（1）合上 2 号主变压器 220 kV 侧和 110 kV 侧中性点接地刀闸；

（2）合上 10 kV 侧母线分段开关 900 断路器；

（3）拉开 10 kV 侧 901 断路器，拉开 10 kV 侧变压器侧 9016 隔离开关，拉开 10 kV 侧母线侧 9013 隔离开关；

（4）拉开 110 kV 侧 101 断路器，拉开 110 kV 侧变压器侧 1016 隔离开关，拉开 110 kV 侧母线侧 1011 隔离开关；

（5）拉开 220 kV 侧 201 断路器，拉开 220 kV 侧变压器侧 2016 隔离开关，拉开 220 kV 侧母线侧 2011 隔离开关；

（6）在 1 号主变压器低压侧验明无电压后，合上 90160 接地刀闸；

（7）在 1 号主变压器中压侧验明无电压后，合上 10160 接地刀闸；

（8）在 1 号主变压器高压侧验明无电压后，合上 20160 接地刀闸；

（9）断开 1 号主变压器高压侧、断开 1 号主变压器 220 kV 侧和 110 kV 侧中性点接地刀闸；

（10）合上 1 号主变压器 220 kV 侧 2019 中性点接地刀闸和 110 kV 侧 1019 中性点接地刀闸。

1#主变由运行转检修
五防系统开票
（视频文件）

需要注意的是，在本仿真变电站中，1 号主变压器 220 kV 侧和 110 kV 侧中性点直接接地，2 号主变压器 220 kV 侧和 110 kV 侧中性点不接地，为保证不改变系统运行方式，在进行 1 号主变压器停电操作前，需要先将 2 号主变压器 220 kV 侧和 110 kV 侧中性点改为直接接地，同时将 2 号主变压器相应后备保护压板进行投退。

相关知识

（1）双母线停用一组母线时，要防止运行母线的电压互感器对停电母线的电压互感器二次反充电，引起运行母线的电压互感器二次保险熔断或自动开关断开，使继电保护装置误动作。

（2）拉合母联开关对母线断电时，应检查母联开关位置是否正确，电流表指示是否正确。为防止母联断口电容可能与母线上电磁式电压互感器发生串联谐振，母线停电时可先停电压互感器；对电容式电压互感器则仍采用停母线时，母线停电后再停电压互感器的方式。

任务实施

根据倒闸操作的基本原则，通过以上任务分析，正确写出 1 号主变压器由并列运行转检修倒闸操作步骤，结合《电力安全工作规定》、各级调度规程和其他相关规定，在仿真机上进行倒闸操作。

1 号主变压器由并列运行转检修倒闸操作步骤如下：

（1）得令。

（2）投入 2 号主变压器保护 A 柜"投高压侧接地零序"压板 1LP3。

（3）投入 2 号主变压器保护 A 柜"投中压侧接地零序"压板 1LP7。

（4）投入 2 号主变压器保护 B 柜"投高压侧接地零序"压板 2LP3。

（5）投入 2 号主变压器保护 B 柜"投中压侧接地零序"压板 2LP7。

（6）推上 2 号主变压器 220 kV 侧中性点 2029 接地刀闸。

（7）检查 2 号主变压器 220 kV 侧中性点 2029 接地刀闸在合闸位置。

主变压器由运行转检修前保证系统中性点接地方式不变（视频文件）

（8）推上 2 号主变压器 110 kV 侧中性点 1029 接地刀闸。

（9）检查 2 号主变压器 110 kV 侧中性点 1029 接地刀闸在合闸位置。

（10）停用 2 号主变压器保护 A 柜"投高压侧不接地零序"压板 1LP4。

（11）停用 2 号主变压器保护 A 柜"投中压侧不接地零序"压板 1LP8。

（12）停用 2 号主变压器保护 B 柜"投高压侧不接地零序"压板 2LP4。

（13）停用 2 号主变压器保护 B 柜"投中压侧不接地零序"压板 2LP8。

（14）投入 2 号主变压器备用冷却器。

（15）合上 10 kV 侧仿 900 开关。

（16）检查 10 kV 侧仿 900 开关已在合闸位置。

（17）停用 10 kV 侧仿 900 开关备自投出口压板。

（18）断开 1 号主变压器低压侧 901 开关。

（19）检查 1 号主变压器低压侧 901 开关已在分闸位置。

（20）断开 1 号主变压器中压侧 101 开关。

（21）检查 1 号主变压器中压侧 101 开关三相已在分闸位置。

主变压器由运行转检修前 10 kV 侧合上母线分段开关（视频文件）

（22）断开 1 号主变压器高压侧 201 开关。

（23）检查 1 号主变压器高压侧 201 开关三相已在分闸位置。

（24）合上 1 号主变压器高压侧隔离开关三相交流电源开关。

（25）拉开 1 号主变压器高压侧 2016 隔离开关。

（26）检查 1 号主变压器高压侧 2016 隔离开关三相已在分闸位置。

（27）拉开 1 号主变压器高压侧 2011 隔离开关。

（28）检查 1 号主变压器高压侧 2011 隔离开关三相已在分闸位置。

（29）断开 1 号主变压器高压侧隔离开关三相交流电源开关。

（30）检查 1 号主变压器中压侧 101 开关三相已在分闸位置。

（31）拉开 1 号主变压器中压侧 1016 隔离开关。

（32）检查 1 号主变压器中压侧 1016 隔离开关三相已在分闸位置。

（33）拉开 1 号主变压器中压侧 1011 隔离开关。

（34）检查 1 号主变压器中压侧 1011 隔离开关三相已在分闸位置。

（35）断开 1 号主变压器中压侧隔离开关三相交流电源开关。

（36）检查 1 号主变压器低压侧 901 开关已在分闸位置。

（37）合上 1 号主变压器低压侧 9016 隔离开关三相交流电源开关。

（38）拉开 1 号主变压器低压侧 9016 隔离开关。

（39）检查 1 号主变压器低压侧 9016 隔离开关三相已在分闸位置。

（40）断开 1 号主变压器低压侧 9016 隔离开关三相交流电源开关。

（41）拉开 1 号主变压器低压侧 9013 隔离开关。

（42）检查 1 号主变压器低压侧 9013 隔离开关三相已在分闸位置。

（43）断开 1 号主变压器高压侧 201 开关操作机构电机电源隔离开关。

（44）断开 1 号主变压器中压侧 101 开关电机电源隔离开关。

（45）拉开 1 号主变压器低压侧 901 断路器电机电源隔离开关。

（46）停用 1 号主变压器保护 A 柜"跳高压侧开关 201"压板 1LP19。

（47）停用 1 号主变压器保护 A 柜"跳中压侧开关 101"压板 1LP27。

（48）停用 1 号主变压器保护 A 柜"跳低压侧开关 901"压板 1LP30。

（49）停用 1 号主变压器保护 B 柜"跳高压侧开关 201"压板 2LP20。

（50）停用 1 号主变压器保护 B 柜"跳中压侧开关 101"压板 2LP27。

（51）停用 1 号主变压器保护 B 柜"跳低压侧开关 901"压板 2LP30。

（52）停用 220 kV 失灵保护柜"201 启动失灵"压板 18XB。

（53）停用 110 kV 母线保护柜"101 失灵启动"压板 18XB。

（54）停用 1 号主变压器保护 A 柜"跳高压侧母联开关一 212 断路器"压板 1LP25。

（55）停用 1 号主变压器保护 A 柜"跳高压侧母联开关二 212 断路器"压板 1LP26。

（56）停用 1 号主变压器保护 A 柜"跳中压侧母联开关 100 断路器"压板 1LP27。

（57）停用 1 号主变压器保护 A 柜"跳低压侧分段开关 900 断路器"压板 1LP37。

（58）停用 1 号主变压器保护 B 柜"跳高压侧母联开关一 212 断路器"压板 2LP25。

（59）停用 1 号主变压器保护 B 柜"跳高压侧母联开关二 212 断路器"压板 2LP26。

（60）停用 1 号主变压器保护 B 柜"跳中压侧母联开关 100 断路器"压板 2LP29。

（61）停用 1 号主变压器保护 B 柜"跳低压侧分段开关 900 断路器"压板 2LP30。

（62）验明 1 号主变压器低压侧 9016 隔离开关靠主变压器侧三相确无电压。

（63）推上 1 号主变压器低压侧 90160 接地刀闸。

（64）检查 1 号主变压器低压侧 90160 接地刀闸三相已在合闸位置。

（65）验明 1 号主变压器中压侧 1016 隔离开关靠主变压器侧三相确无电压。

（66）推上 1 号主变压器中压侧 10160 接地刀闸。

（67）检查 1 号主变压器中压侧 10160 接地刀闸三相已在合闸位置。

（68）验明 1 号主变压器高压侧 2016 隔离开关靠主变压器侧三相确无电压。

（69）推上 1 号主变压器高压侧 20160 接地刀闸。

（70）检查 1 号主变压器高压侧 20160 接地刀闸三相已在合闸位置。

（71）拉开 1 号主变压器 110 kV 侧中性点 1019 接地刀闸。

（72）检查 1 号主变压器 110 kV 侧中性点 1019 接地刀闸已在分闸位置。

（73）拉开 1 号主变压器 220 kV 侧中性点 2019 接地刀闸。

（74）检查 1 号主变压器 220 kV 侧中性点 2019 接地刀闸已在分闸位置。

（75）退出 1 号主变压器保护 A 柜"投高压侧接地零序"压板 1LP3。

（76）退出 1 号主变压器保护 A 柜"投中压侧接地零序"压板 1LP7。

（77）退出 1 号主变压器保护 B 柜"投高压侧接地零序"压板 2LP3。

（78）退出 1 号主变压器保护 B 柜"投中压侧接地零序"压板 2LP7。

（79）退出 1 号主变压器 1 号冷却器。

（80）退出 1 号主变压器 3 号冷却器。

（81）退出 1 号主变压器冷却装置电源。

（82）断开 1 号主变压器有载调压分接开关机构箱内电机电源空气开关。

（83）断开 1 号主变压器有载调压分接开关机构箱内控制电源空气开关。

（84）布置安全措施。

（85）汇报调度。

 拓展提高

变压器分接开关的切换：无载调压变压器分接头位置的调整应在变压器停电状态下进行，分接开关切换后，必须用欧姆表测量分接开关接触电阻合格后，变压器方可送电。有载调压分接头位置的调整会在变压器带负荷状态下进行，可手动或电动改变分接头位置，但应防止连续调整。

任务 4.4.2　1 号主变压器由检修转并列运行

 教学目标

知识目标：

（1）熟悉变电站 1 号主变压器由检修转并列运行操作前的运行方式。

（2）掌握变电站 1 号主变压器由检修转并列运行操作的基本原则及要求。

（3）熟悉变电站 1 号主变压器由检修转并列运行操作顺序。

（4）掌握变电站 1 号主变压器由检修转并列运行的操作流程。

能力目标：

（1）能说出变电站 1 号主变压器由检修转并列运行操作前的运行方式。

（2）能正确填写变电站 1 号主变压器由检修转并列运行操作的倒闸操作票。

（3）能够在仿真机上熟练进行 1 号主变压器由检修转并列运行停电操作。

素质目标：

（1）能主动学习，在完成 1 号主变压器由检修转并列运行操作的过程中发现问题、分析问题和解决问题。

（2）能严格遵守专业相关规程标准及规章制度，与小组成员协商、交流配合，按标准化作业流程完成 1 号主变压器由检修转并列运行操作。

 任务分析

1. 变电站 1 号主变压器由检修转并列运行操作前的运行方式

变电站 2 号主变压器 220 kV 侧接于 220 kV Ⅱ 母线，中性点采用直接接地方式运行，110 kV 侧接于 110 kV Ⅰ 母线，中性点采用直接接地方式运行，10 kV 侧接于 10 kV Ⅰ 母线运行。变电站正常运行状态为变电站 1 号主变压器 220 kV 侧接于 220 kV Ⅰ母线，中性点采用直接接地方式运行，110 kV 侧接于 110 kV Ⅱ母线，中性点采用直接接地方式运行，10 kV 侧接于 10 kV Ⅰ段母线运行；变电站 2 号主变压器 220 kV 侧接于 220 kV Ⅱ母线，中性点采用不接地方式运行，110 kV 侧接于 110 kV Ⅱ母线，中性点采用不接地方式运行，10 kV 侧接于 10 kV Ⅱ段母线运行。220 kV 侧和 110 kV 侧Ⅰ母线与Ⅱ母线并列运行，10 kV侧Ⅰ段母线与Ⅱ段母线分列运行。1 号主变压器送电需将所有设备恢复至正常运行状态。

2. 变压器送电操作注意事项

（1）变压器送电操作顺序：送电时先送电源侧，再送负荷侧。这样操作的原因是：送电时先送电源侧，在变压器有故障的情况下，变压器的保护动作，使断路器切除故障，便于送电范围检查、判断及故障处理；送电时若先送负荷侧，在变压器有故障的情况下，对于小容量变压器，其主保护及后备保护均装在电源侧，此时保护拒动，这将会造成越级跳闸或扩大停电范围。对大容量变压器，均装有差动保护，无论从哪一侧开始送电，变压器故障均在其保护范围内，但大容量变压器的后备保护（如过流保护）均装在电源侧，为保障后备保护，仍然按照先送电源侧，再送负荷侧为好。

（2）凡有中性点接地的变压器，变压器的投入，均应先合上各侧中性点接地刀闸。这样操作的目的是：其一，可以防止单相接地产生过电压和避免某些操作过电压，保护变压器绕组不因过电压而损坏；其二，中性点直接接地刀闸合上后，当发生单相接地时，有接地故障电流流过变压器，使变压器的差动保护和零序电流保护动作，将故障点切除。

（3）两台变压器并列运行，在倒换中性点接地刀闸时，应先合上中性点未接地的接地刀闸，再拉开另一台变压器中性点接地刀闸，并将零序电流保护切换到中性点接地的变压器上。

3. 需要进行的操作

由于 1 号主变压器由检修转并列运行，即将变电站恢复至原来的运行方式。

（1）合上 1 号主变压器 220 kV 侧 2019 中性点接地刀闸和 110 kV 侧 1019 中性点接地刀闸；

（2）断开 1 号主变压器高压侧 20160 接地刀闸；

（3）断开 1 号主变压器高压侧 10160 接地刀闸；

（4）断开 1 号主变压器高压侧 90160 接地刀闸；

（5）合上 220 kV 侧母线侧 2011 隔离开关，合上 220 kV 侧变压器侧 2016 隔离开关，合上 220 kV 侧 201 断路器；

45 主变压器停送电顺序及原则（音频附件）

（6）合上 110 kV 侧母线侧 1011 隔离开关，合上 110 kV 侧变压器侧 1016 隔离开关，合上 110 kV 侧 101 断路器；

（7）合上 10 kV 侧母线侧 9016 隔离开关，合上 10 kV 侧变压器侧 9013 隔离开关，合上 10 kV 侧 901 断路器；

（8）断开 10 kV 侧母线分段开关 900 断路器；

（9）断开 2 号主变压器 220 kV 侧 2029 中性点接地刀闸和 110 kV 侧 1029 中性点接地刀闸。

相关知识

（1）变压器送电前的准备工作：

①检查并确认变压器及其相关回路的检修工作已结束，检修工作票终结，并回收。

②与检修有关的临时安全措施（短接线、接地线、标示牌）已拆除，接地刀闸已拉开，恢复常设遮栏和标示牌。

③测量绝缘电阻。任何变压器送电前必须测量其绝缘电阻，确认是否合格。测量绝缘电阻之前，应拉开变压器各侧隔离开关、中性点接地刀闸，验明无电后再进行测量，测量时使用合格的摇表，测量变压器绕组对地的绝缘电阻和各侧之间的绝缘电阻。

④检查变压器一次回路。检查范围从母线到变压器出线，包括各电压等级一次回路中的设备。检查项目包括变压器本体、冷却器、有载调压回路、无载调压分解开关的位置、各电压侧断路器、隔离开关、电流互感器及其他部件。所有一次设备均应处于良好备用状态（各项目检查要求按现场规程执行）。

⑤检查冷却器装置并投入运行。变压器投运前，应对变压器的冷却装置进行检查，检查为正常后，再将冷却装置投入运行。

⑥变压器送电前，其继电保护应全部投入。

（2）对主变压器充电后应进行充电是否正常的检查，其检查的主要内容为：

①主变压器充电后，声音是否正常。

②电流表指示是否正常。

③检查主变压器本体无异常现象。

对空载变压器充电的要求（音频附件）

④为了更好地检查主变压器充电后声音是否正常，在充电前可以将主变压器风扇或冷却器全部停用，待充电检查正常后再投入。

任务实施

根据倒闸操作的基本原则，通过以上任务分析，正确写出1号主变压器由检修转并列运行倒闸操作步骤，结合《电力安全工作规定》、各级调度规程和其他相关规定，在仿真机上进行倒闸操作。

1号主变压器由检修转并列运行倒闸操作步骤如下：

（1）得令。

（2）收回工作票拆除标识牌。

（3）合上1号主变压器有载调压分接开关机构箱内电机电源空气开关。

（4）合上1号主变压器有载调压分接开关机构箱内控制电源空气开关。

（5）将1号主变压器有载调压控制方式切至"远方"位置。

（6）将1号主变压器挡位调至11挡。

（7）检查1号主变压器挡位确在11挡。

（8）投入1号主变压器风冷控制箱内交流电源空气开关。

（9）投入 1 号主变压器风冷控制箱内直流电源空气开关。

（10）将 1 号主变压器冷控柜内冷控方式切至"Ⅰ工作Ⅱ备用"位。

（11）将 1 号主变压器冷控柜内 1 号冷却器切至"工作"位。

（12）将 1 号主变压器冷控柜内 3 号冷却器切至"工作"位。

（13）将 1 号主变压器冷控柜内 2 号冷却器切至"辅助"位。

（14）将 1 号主变压器冷控柜内 4 号冷却器切至"备用"位。

（15）投入 1 号主变压器保护 A 屏"高压侧跳闸解除失灵复压"1LP35。

（16）投入 1 号主变压器保护 A 屏"跳高压侧母联开关一 212"压板 1LP25。

（17）投入 1 号主变压器保护 A 屏"跳高压侧母联开关二 212"压板 1LP26。

（18）投入 1 号主变压器保护 A 屏"跳中压侧母联开关 100"压板 1LP29。

（19）投入 1 号主变压器保护 A 屏"跳低压侧分段开关 900"压板 1LP37。

（20）投入 1 号主变压器保护 B 屏"高压侧跳闸解除失灵复压"2LP35。

（21）投入 1 号主变压器保护 B 屏"启动失灵"8LP23。

（22）投入 1 号主变压器保护 B 屏"失灵联跳三侧"8LP24。

（23）投入 1 号主变压器保护 B 屏"高压侧跳闸启动联跳三侧"2LP36。

（24）投入 1 号主变压器保护 B 屏"跳高压侧母联开关一 212"压板 2LP25。

（25）投入 1 号主变压器保护 B 屏"跳高压侧母联开关二 212"压板 2LP26。

（26）投入 1 号主变压器保护 B 屏"跳中压侧母联开关 100"压板 2LP29。

（27）投入 1 号主变压器保护 B 屏"跳低压侧分段开关 900"压板 2LP30。

（28）退出 1 号主变压器保护 B 屏"置检修状态"8LP1。

（29）投入 1 号主变压器保护 A 屏"投高压侧接地零序"压板 1LP3。

（30）投入 1 号主变压器保护 A 屏"投中压侧接地零序"压板 1LP7。

（31）投入 1 号主变压器保护 B 屏"投高压侧接地零序"压板 2LP3。

（32）投入 1 号主变压器保护 B 屏"投中压侧接地零序"压板 2LP7。

（33）推上 1 号主变压器 220 kV 侧中性点 2019 接地刀闸。

（34）检查 1 号主变压器 220 kV 侧中性点 2019 接地刀闸已在合闸位置。

（35）推上 1 号主变压器 220 kV 侧中性点 1019 接地刀闸。

（36）检查 1 号主变压器 220 kV 侧中性点 1019 接地刀闸已在合闸位置。

（37）退出 1 号主变压器保护 A 屏"投高压侧不接地零序"压板 1LP4。

（38）退出 1 号主变压器保护 A 屏"投中压侧不接地零序"压板 1LP8。

（39）退出 1 号主变压器保护 B 屏"投高压侧不接地零序"压板 2LP4。

（40）退出 1 号主变压器保护 B 屏"投中压侧不接地零序"压板 2LP8。

（41）拉开 1 号主变压器 10 kV 侧 90160 接地刀闸。

（42）检查 1 号主变压器 10 kV 侧 90160 接地刀闸三相已在分闸位置。

（43）拉开 1 号主变压器 110 kV 侧 10160 接地刀闸。

（44）检查 1 号主变压器 110 kV 侧 10160 接地刀闸三相已在分闸位置。

（45）拉开 1 号主变压器 220 kV 侧 20160 接地刀闸。

（46）检查 1 号主变压器 220 kV 侧 20160 接地刀闸三相已在分闸位置。

（47）合上 1 号主变压器 220 kV 侧间隔断路器端子箱内三相交流电源空气开关。

（48）合上 1 号主变压器 220 kV 侧 2011 隔离开关。

（49）检查 1 号主变压器 220 kV 侧 2011 隔离开关三相已在合闸位置。

（50）合上 1 号主变压器 220 kV 侧 2016 隔离开关。

（51）检查 1 号主变压器 220 kV 侧 2016 隔离开关三相已在合闸位置。

（52）断开 1 号主变压器 220 kV 侧间隔断路器端子箱内三相交流电源空气开关。

（53）检查 220 kV 母线保护屏 2011 隔离开关辅助接点灯已亮。

（54）检查 220 kV 失灵保护屏 2011 隔离开关辅助接点灯已亮。

（55）合上 1 号主变压器 110 kV 侧间隔断路器端子箱内三相交流电源空气开关。

（56）合上 1 号主变压器 110 kV 侧 1011 隔离开关。

（57）检查 1 号主变压器 110 kV 侧 1011 隔离开关三相已在合闸位置。

（58）合上 1 号主变压器 110 kV 侧 1016 隔离开关。

（59）检查 1 号主变压器 110 kV 侧 1016 隔离开关三相已在合闸位置。

（60）断开 1 号主变压器 110 kV 侧间隔断路器端子箱内三相交流电源空气开关。

（61）检查 110 kV 失灵保护屏 1011 隔离开关辅助接点灯已亮。

（62）将 1 号主变压器 10 kV 侧 9013 柜 9013 隔离开关摇至"工作"位置。

（63）合上 1 号主变压器 10 kV 侧 9016 隔离开关操作箱内操作电源空气开关。

（64）合上 1 号主变压器 10 kV 侧 9016 隔离开关。

（65）检查 1 号主变压器 10 kV 侧 9016 隔离开关三相已在合闸位置。

（66）断开 1 号主变压器 10 kV 侧 9016 隔离开关操作箱内操作电源空气开关。

（67）检查 1 号主变压器 220 kV 侧中性点 2019 接地刀闸已在合闸位置。

（68）检查 1 号主变压器 110 kV 侧中性点 1019 接地刀闸已在合闸位置。

（69）合上 1 号主变压器 220 kV 侧 201 开关 B 相操作箱内电机电源空气开关。

（70）合上 1 号主变压器 220 kV 侧 201 开关。

（71）检查 1 号主变压器 220 kV 侧 201 开关三相已在合闸位置。

（72）合上 1 号主变压器 110 kV 侧 101 开关。

（73）检查 1 号主变压器 110 kV 侧 101 开关三相已在合闸位置。

（74）检查 1 号主变压器 10 kV 侧 901 开关已储能。

（75）合上 1 号主变压器 10 kV 侧 901 开关。

（76）检查 1 号主变压器 10 kV 侧 901 开关三相已在合闸位置。

（77）断开 10 kV 侧仿 900 开关。

（78）检查 10 kV 侧仿 900 开关已在分闸位置。

（79）投入 10 kV 高压室 I 内分段开关柜上备自投压板。

（80）将 2 号主变压器 2 号冷却器切至辅助位置。

（81）将 2 号主变压器 4 号冷却器切至备用位置。

（82）投入 2 号主变压器保护 A 柜"投高压侧不接地零序"压板 1LP4。

（83）投入 2 号主变压器保护 A 柜"投中压侧不接地零序"压板 1LP8。

（84）投入 2 号主变压器保护 B 柜"投高压侧不接地零序"压板 2LP4。

（85）投入 2 号主变压器保护 B 柜"投中压侧不接地零序"压板 2LP8。

（86）拉开 2 号主变压器 220 kV 侧中性点 2029 接地刀闸。

（87）检查 2 号主变压器 220 kV 侧中性点 2029 接地刀闸已在分闸位置。

（88）推上 2 号主变压器 110 kV 侧中性点 1029 接地刀闸。

（89）检查 2 号主变压器 110 kV 侧中性点 1029 接地刀闸已在分闸位置。

（90）停用 2 号主变压器保护 A 柜 "投高压侧接地零序" 压板 1LP3。

（91）停用 2 号主变压器保护 A 柜 "投中压侧接地零序" 压板 1LP7。

（92）停用 2 号主变压器保护 B 柜 "投高压侧接地零序" 压板 2LP3。

（93）停用 2 号主变压器保护 B 柜 "投中压侧接地零序" 压板 2LP7。

（94）汇报调度。

任务 4.5　变电站互感器停送电操作

互感器包括电流互感器和电压互感器，电流互感器将一次侧的大电流变为二次侧标准的小电流（1 A 或 5 A），电压互感器将一次侧的高电压变为二次侧标准的低电压 $\left(100\ \text{V 或} \dfrac{100}{\sqrt{3}}\ \text{V}\right)$。

互感器作为一次侧与二次侧之间的联络元件，既可以向二次回路供电，又可以正确反映一次系统的运行状态，作为测量和保护之用。

由于电流互感器安装在线路断路器附近，或安装在变压器各侧断路器附近，电流互感器的停送电操作可以参考线路断路器停送电操作及变压器停送电操作。本任务重点讲解电压互感器由运行转检修、由检修转运行的操作。

任务 4.5.1　220 kV Ⅰ母线电压互感器由运行转检修

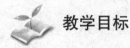

教学目标

知识目标：

（1）熟悉变电站 220 kV Ⅰ母线电压互感器由运行转检修前的运行方式。

（2）掌握变电站 220 kV Ⅰ母线电压互感器由运行转检修操作的基本原则及要求。

（3）熟悉变电站 220 kV Ⅰ母线电压互感器由运行转检修操作顺序。

（4）掌握变电站 220 kV Ⅰ母线电压互感器由运行转检修操作流程。

能力目标：

（1）能说出变电站 220 kV Ⅰ母线电压互感器由运行转检修操作前的运行方式。

（2）能正确填写变电站 220 kV Ⅰ母线电压互感器由运行转检修操作的倒闸操作票。

（3）能够在仿真机上熟练进行 220 kV Ⅰ母线电压互感器由运行转检修操作。

素质目标：

（1）能主动学习，在完成 220 kV Ⅰ母线电压互感器由运行转检修操作的过程中发现问题、分析问题和解决问题。

（2）能严格遵守专业相关规程标准及规章制度，与小组成员协商、交流配合，按标准化作业流程完成 220 kV Ⅰ母线电压互感器由运行转检修操作。

任务分析

1. 变电站 220 kV Ⅰ母线电压互感器由运行转检修操作前的运行方式

220 kV 一次系统采用双母线接线方式，Ⅰ母线与Ⅱ母线通过 212 断路器并列运行，Ⅰ母线电压互感器通过 218 隔离开关与Ⅰ母线连接，处于运行状态，Ⅱ母线电压互感器通过 228 隔离开关与Ⅱ母线连接，处于运行状态，关巡一回和凤关线接于Ⅰ母线上，关巡二回和关路线接于Ⅱ母线上。

2. 电压互感器操作的一般原则

（1）对于双母线或单母线分段接线，两组电压互感器各接在相应的母线上运行，正常情况下二次不并列。当任一母线电压互感器停电时，因线路保护的交流电压取自其所接的母线电压互感器，所以二次应作相应切换，并将双母线改为单母线运行即可。但二次不能切换的母线电压互感器停用时，其所在母线就需要同时停用。

（2）两组电压互感器二次并列时，必须先并一次，后并二次，以防止电压互感器二次对一次进行反充电，造成二次熔丝熔断或自动空气开关跳闸。

（3）只有一组母线电压互感器时一般情况下电压互感器和母线同时进行停送电操作；若单独停用电压互感器时，应考虑继电保护及自动装置进行相应的变动。

3. 分析电压互感器的操作注意事项

（1）两组电压互感器二次电压回路并列时，对电压并列回路是经母联或分段断路器回路运行启动的，母联或分段断路器应改为非自动，且微机型母线差动保护应改为互联或单母线运行方式。

（2）若两组电压互感器二次电压回路不能并列时，对于将失去电压闭锁的微机型母线差动保护，仍可继续运行，但此时不得在母线差动保护二次回路上工作。

（3）为防止反充电，母线电压互感器由运行转冷备用时，必须先断开该电压互感器的所有二次电压低压自动空气开关，再拉开高压隔离开关；相反由冷备用转运行时，必须先合上高压隔离开关，再合上其所有二次电压自动空气开关。

4. 需要进行的操作

220 kV Ⅰ母线电压互感器由运行转检修，需要将原来Ⅰ母线上所带的所有负荷及 1 号主变压器不停电倒母线至Ⅱ母线运行，并断开母联 212 断路器及两侧 2121 和 2122 隔离开关，再断开电压互感器 218 隔离开关，并对 218 隔离开关靠近电压互感器侧进行验明确无电压后，合上 2180 接地刀闸，布置安全措施。完成 220 kV Ⅰ母线电压互感器由运行转检修后，还需将原本Ⅰ母线上所带的负荷转移回Ⅰ母线继续运行，此时将Ⅱ母线电压互感器投入并列运行状态，同时监测Ⅰ母线和Ⅱ母线电压。

任务实施

根据倒闸操作的基本原则，通过以上任务分析，正确写出 220 kV Ⅰ母线电压互感器由运行转检修倒闸操作步骤，结合《电力安全工作规定》、各级调度规程和其他相关规定，在仿真机上进行倒闸操作。

220 kV Ⅰ母线电压互感器由运行转检修倒闸操作步骤如下：

（1）得令。

（2）检查 220 kV 母联 212 断路器三相均在合闸位置。

（3）检查 220 kV 母线 2121 隔离开关三相均在合闸位置。

（4）检查 220 kV 母线 2122 隔离开关三相均在合闸位置。

（5）将 220 kV 母线保护屏"互联方式"开关切至投入位置。

（6）断开 220 kV 母线 212 断路器控制电源自动空气开关。

（7）合上关巡一回线 2612 隔离开关。

（8）检查关巡一回线 2612 隔离开关三相确在合闸位置。

（9）检查关巡一回线保护Ⅰ屏电压切换箱内Ⅱ母线灯已亮。

（10）检查 220 kV 母线保护屏关巡一回线Ⅱ母线灯已亮。

（11）检查 220 kV 失灵保护屏关巡一回线Ⅱ母线灯已亮。

（12）拉开关巡一回线 2611 隔离开关。

（13）检查关巡一回线 2611 隔离开关三相确在分闸位置。

（14）检查关巡一回线保护Ⅰ屏电压切换箱内Ⅰ母线灯已灭。

（15）检查 220 kV 母线保护屏关巡一回线Ⅰ母线灯已灭。

（16）检查 220 kV 失灵保护屏关巡一回线Ⅰ母线灯已灭。

（17）断开关巡一回线断路器端子箱内三相交流电源空气开关。

（18）合上凤关线断路器端子箱内三相交流电源空气开关。

（19）合上凤关线 2672 隔离开关。

（20）检查凤关线 2672 隔离开关三相已在合闸位置。

（21）检查凤关线保护Ⅰ屏电压切换箱内Ⅱ母线灯已亮。

（22）检查 220 kV 母线保护屏凤关线Ⅱ母线灯已亮。

（23）检查 220 kV 失灵保护屏凤关线Ⅱ母线灯已亮。

（24）拉开凤关线 2671 隔离开关。

（25）检查凤关线 2671 隔离开关三相确在分闸位置。

（26）检查凤关线保护Ⅰ屏电压切换箱内Ⅰ母线灯已灭。

（27）检查 220 kV 母线保护屏凤关线Ⅰ母线灯已灭。

（28）检查 220 kV 失灵保护屏凤关线Ⅰ母线灯已灭。

（29）断开凤关线断路器端子箱内三相交流电源空气开关。

（30）合上 1 号主变压器 220 kV 侧间隔断路器端子箱内三相交流电源。

（31）合上 1 号主变压器 2012 隔离开关。

（32）检查 1 号主变压器 2012 隔离开关三相确在分闸位置。

（33）检查 220 kV 母线保护屏 1 号主变压器Ⅱ母线灯已亮。

（34）检查 220 kV 失灵保护屏 1 号主变压器Ⅱ母线灯已亮。

（35）检查 1 号主变压器保护 B 屏 220 kV Ⅱ母线灯已亮。

（36）拉开 1 号主变压器 2011 隔离开关。

（37）检查 1 号主变压器 2011 隔离开关三相确在分闸位置。

（38）检查 220 kV 母线保护屏 1 号主变压器Ⅰ母线灯已灭。

（39）检查 220 kV 失灵保护屏 1 号主变压器 I 母线灯已灭。

（40）检查 1 号主变压器保护 B 屏 220 kV I 母线灯已灭。

（41）断开 1 号主变压器 220 kV 侧间隔断路器端子箱内三相交流电源。

（42）检查母联 212 开关电流为零。

（43）合上 220 kV 母线保护屏背面"高压操作箱 I"空气开关。

（44）合上 220 kV 母线保护屏背面"高压操作箱 II"空气开关。

（45）将 220 kV 母线保护屏"互联方式"开关切至退出位置。

（46）断开母联 212 开关。

（47）检查母联 212 开关三相确在分闸位置。

（48）合上母联 212 间隔断路器端子箱内三相交流电源空气开关。

（49）拉开母联 212 间隔 2121 隔离开关。

（50）检查母联 212 间隔 2121 隔离开关三相确在分闸位置。

（51）检查 220 kV 母线保护屏母联 212 间隔 I 母线灯已灭。

（52）检查 220 kV 失灵保护屏母联 212 间隔 I 母线灯已灭。

（53）拉开母联 212 间隔 2122 隔离开关。

（54）检查母联 212 间隔 2122 隔离开关三相确在分闸位置。

（55）检查 220 kV 母线保护屏母联 212 间隔 II 母线灯已灭。

（56）检查 220 kV 失灵保护屏母联 212 间隔 II 母线灯已灭。

（57）断开母联 212 间隔断路器端子箱内三相交流电源空气开关。

（58）断开 220 kV I 母线电压互感器间隔 220 kV I 段母线电压互感器端子箱内"保护/测量"空气开关。

（59）断开 220 kV I 母线电压互感器间隔 220 kV I 段母线电压互感器端子箱内"计量"空气开关。

（60）合上 220 kV I 母线电压互感器间隔 220 kV I 段母线电压互感器端子箱内"380 V交流"空气开关。

（61）拉开 220 kV I 母线电压互感器间隔 218 隔离开关。

（62）检查 220 kV I 母线电压互感器间隔 218 隔离开关确在分闸位置。

（63）断开 220 kV I 母线电压互感器间隔 220 kV I 段母线电压互感器端子箱内"380 V交流"空气开关。

（64）将 220 kV 母线保护屏"I 母线电压互感器"方式开关切至退出位置。

（65）在 220 kV 1 号主变压器电压互感器间隔 218 隔离开关靠电压互感器侧三相验无电。

（66）推上 220 kV I 母线电压互感器间隔 2180 接地刀闸。

（67）检查 220 kV I 母线电压互感器间隔 2180 接地刀闸三相确在合闸位置。

（68）在 220 kV I 母线电压互感器侧悬挂标识牌。

（69）将 220 kV 母线保护屏"电压互感器并列"方式开关切至投入位置。

（70）合上母联 212 间隔断路器端子箱内三相交流电源空气开关。

（71）合上母联 212 间隔 2122 隔离开关。

（72）检查母联 212 间隔 2122 隔离开关三相已在合闸位置。

（73）检查 220 kV 母线保护柜母联 212 间隔 II 母线灯已亮。

（74）检查 220 kV 失灵保护柜母联 212 间隔 II 母线灯已亮。

（75）合上母线 212 间隔 2121 隔离开关。

（76）检查母联 212 间隔 2121 隔离开关三相在合闸位置。

（77）检查 220 kV 母线保护柜母联 212 间隔 I 母线灯已亮。

（78）检查 220 kV 失灵保护柜母联 212 间隔 I 母线灯已亮。

（79）断开母联 212 间隔断路器端子箱内三相交流电空气开关。

（80）合上 220 kV 母线保护柜背面电源操作箱 I 空气开关。

（81）合上 220 kV 母线保护柜背面电源操作箱 II 空气开关。

（82）将 220 kV 母线保护柜上充电保护方式开关切至充电 I 位置。

（83）合上母联 212 开关。

（84）检查母联 212 开关三相在合闸位置。

（85）将 220 kV 母线保护柜上充电保护方式开关切至退出位置。

（86）将 220 kV 母线保护柜上母线互联方式开关切至投入位置。

（87）断开 220 kV 母线保护柜上背面高压侧 I 空气开关。

（88）断开 220 kV 母线保护柜上背面高压侧 II 空气开关。

（89）合上关巡一回间隔断路器端子箱内三相交流电源空气开关。

（90）合上关巡一回 2611 隔离开关。

（91）检查关巡一回 2611 隔离开关三相在分闸位置。

（92）检查 220 kV 关巡一回保护柜电源切换箱 I 母线灯已亮。

（93）检查 220 kV 母线保护柜关巡一回 I 母线灯已亮。

（94）检查 220 kV 失灵保护柜关巡一回 I 母线灯已亮。

（95）拉开关巡一回 2612 隔离开关。

（96）检查关巡一回 2612 隔离开关三相在分闸位置。

（97）检查 220 kV 关巡一回保护柜电源切换箱 II 母线灯已灭。

（98）检查 220 kV 母线保护柜关巡一回 II 母线灯已灭。

（99）检查 220 kV 失灵保护柜关巡一回 II 母线灯已灭。

（100）断开关巡一回间隔断路器端子箱内三相交流电源空气开关。

（101）合上凤关线间隔断路器端子箱内三相交流电源空气开关。

（102）合上凤关线 2671 隔离开关。

（103）检查凤关线 2671 隔离开关三相在分闸位置。

（104）检查 220 kV 凤关线保护柜电源切换箱 I 母线灯已亮。

（105）检查 220 kV 母线保护柜凤关线 I 母线灯已亮。

（106）检查 220 kV 失灵保护柜凤关线 I 母线灯已亮。

（107）拉开凤关线 2672 隔离开关。

（108）检查凤关线 2672 隔离开关三相在分闸位置。

（109）检查 220 kV 凤关线保护柜电源切换箱 II 母线灯已灭。

（110）检查 220 kV 母线保护柜凤关线 II 母线灯已灭。

（111）检查 220 kV 失灵保护柜凤关线 II 母线灯已灭。

（112）断开凤关线间隔断路器端子箱内三相交流电源空气开关。

（113）合上 1 号主变压器 220 kV 侧间隔断路器端子箱内三相交流电源空气开关。

（114）合上 1 号主变压器 2011 隔离开关。

（115）检查 1 号主变压器 2011 隔离开关三相在合闸位置。

（116）检查 220 kV 1 号主变压器保护 B 柜 1 号主变压器操作箱 I 母线灯已亮。

（117）检查 220 kV 母线保护柜 1 号主变压器 I 母线灯已亮。

（118）检查 220 kV 失灵保护柜 1 号主变压器 I 母线灯已亮。

（119）拉开 1 号主变压器 2012 隔离开关。

（120）检查 1 号主变压器 2012 隔离开关三相在分闸位置。

（121）检查 220 kV 1 号主变压器保护 B 柜 1 号主变压器操作箱 II 母线灯已灭。

（122）检查 220 kV 母线保护柜 1 号主变压器 II 母线灯已灭。

（123）检查 220 kV 失灵保护柜 1 号主变压器 II 母线灯已灭。

（124）断开 1 号主变压器 220 kV 侧间隔断路器端子箱内三相交流电源空气开关。

（125）合上 220 kV 母线保护柜背面高压操作箱 I 空气开关。

（126）合上 220 kV 母线保护柜背面高压操作箱 II 空气开关。

（127）将 220 kV 母线保护柜上母线互联方式开关切至"退出"位置。

（128）检查 220 kV I 母线运行正常。

（129）检查 220 kV 各线路运行正常。

（130）汇报调度。

拓展提高

允许利用隔离开关拉、合无接地指示的电压互感器，大修或新更换的电压互感器（含二次回路变动）在投入运行前应核相。

任务 4.5.2　220 kV I 母线电压互感器由检修转运行

教学目标

知识目标：

（1）熟悉变电站 220 kV I 母线电压互感器由检修转运行前的运行方式。

（2）掌握变电站 220 kV I 母线电压互感器由检修转运行操作的基本原则及要求。

（3）熟悉变电站 220 kV I 母线电压互感器由检修转运行操作顺序。

（4）掌握变电站 220 kV I 母线电压互感器由检修转运行操作流程。

能力目标：

（1）能说出变电站 220 kV I 母线电压互感器由检修转运行操作前的运行方式。

（2）能正确填写变电站 220 kV I 母线电压互感器由检修转运行操作的倒闸操作票。

（3）能够在仿真机上熟练进行 220 kV I 母线电压互感器由检修转运行操作。

素质目标：

（1）能主动学习，在完成 220 kV I 母线电压互感器由检修转运行操作的过程中发现问题、分析问题和解决问题。

（2）能严格遵守专业相关规程标准及规章制度，与小组成员协商、交流配合，按标准化作业流程完成 220 kV Ⅰ母线电压互感器由检修转运行操作。

 任务分析

1. 变电站 220 kV Ⅰ母线电压互感器由检修转运行操作前的运行方式

220 kV 一次系统采用双母线接线方式，Ⅰ母线与Ⅱ母线通过 212 断路器并列运行，Ⅱ母线电压互感器投入并列运行，关巡一回和凤关线接于Ⅰ母线上，关巡二回和关珞线接于Ⅱ母线上。

2. 220 kV Ⅰ母线电压互感器由检修转运行操作原则

（1）需进行倒母线操作，将 220 kV Ⅰ母线所带的所有负荷及主变压器都倒至Ⅱ母线上运行。

（2）加用母联断路器的保护。

（3）将 220 kV Ⅰ母线停电后，检修后的Ⅰ母线电压互感器投入运行。

（4）将Ⅱ母线电压互感器退出并列运行。

（5）将原本Ⅰ母线所带的所有负荷恢复至Ⅰ母线运行。

3. 需要进行的操作

220 kV Ⅰ母线电压互感器由检修转运行，需要将原来Ⅰ母线上所带的所有负荷及 1 号主变压器不停电倒母线至Ⅱ母线运行，并断开母联 212 断路器及两侧 2121 和 2122 隔离开关，断开电压互感器 2180 接地刀闸，合上电压互感器 218 隔离开关。220 kV Ⅰ母线电压互感器由检修转运行后，还需通过母联 212 断路器对Ⅰ母线进行充电，并将原本Ⅰ母线上所带的其他负荷转移回Ⅰ母线继续运行。Ⅰ母线恢复正常运行状态后，再将Ⅱ母线电压互感器退出并列运行状态。

 任务实施

根据倒闸操作的基本原则，通过以上任务分析，正确写出 220 kV Ⅰ母线电压互感器由检修转运行倒闸操作步骤，结合《电力安全工作规定》、各级调度规程和其他相关规定，在仿真机上进行倒闸操作。

220 kV Ⅰ母线电压互感器由运行转检修倒闸操作步骤如下：

（1）得令。

（2）检查 220 kV 母联 212 断路器三相均在合闸位置。

（3）检查 220 kV 母线 2121 隔离开关三相均在合闸位置。

（4）检查 220 kV 母线 2122 隔离开关三相均在合闸位置。

（5）将 220 kV 母线保护屏"互联方式"开关切至投入位置。

（6）断开 220 kV 母线 212 断路器控制电源自动空气开关。

（7）合上关巡一回线 2612 隔离开关。

（8）检查关巡一回线 2612 隔离开关三相确在合闸位置。

（9）检查关巡一回线保护Ⅰ屏电压切换箱内Ⅱ母线灯已亮。

（10）检查 220 kV 母线保护屏关巡一回线Ⅱ母线灯已亮。

（11）检查 220 kV 失灵保护屏关巡一回线Ⅱ母线灯已亮。

（12）拉开关巡一回线 2611 隔离开关。

（13）检查关巡一回线 2611 隔离开关三相确在分闸位置。

（14）检查关巡一回线保护Ⅰ屏电压切换箱内Ⅰ母线灯已灭。

（15）检查 220 kV 母线保护屏关巡一回线Ⅰ母线灯已灭。

（16）检查 220 kV 失灵保护屏关巡一回线Ⅰ母线灯已灭。

（17）断开关巡一回线断路器端子箱内三相交流电源空气开关。

（18）合上凤关线断路器端子箱内三相交流电源空气开关。

（19）合上凤关线 2672 隔离开关。

（20）检查凤关线 2672 隔离开关三相已在合闸位置。

（21）检查凤关线保护Ⅰ屏电压切换箱内Ⅱ母线灯已亮。

（22）检查 220 kV 母线保护屏凤关线Ⅱ母线灯已亮。

（23）检查 220 kV 失灵保护屏凤关线Ⅱ母线灯已亮。

（24）拉开凤关线 2671 隔离开关。

（25）检查凤关线 2671 隔离开关三相确在分闸位置。

（26）检查凤关线保护Ⅰ屏电压切换箱内Ⅰ母线灯已灭。

（27）检查 220 kV 母线保护屏凤关线Ⅰ母线灯已灭。

（28）检查 220 kV 失灵保护屏凤关线Ⅰ母线灯已灭。

（29）断开凤关线断路器端子箱内三相交流电源空气开关。

（30）合上 1 号主变压器 220 kV 侧间隔断路器端子箱内三相交流电源。

（31）合上 1 号主变压器 2012 隔离开关。

（32）检查 1 号主变压器 2012 隔离开关三相确在分闸位置。

（33）检查 220 kV 母线保护屏 1 号主变压器Ⅱ母线灯已亮。

（34）检查 220 kV 失灵保护屏 1 号主变压器Ⅱ母线灯已亮。

（35）检查 1 号主变压器保护 B 屏 220 kV Ⅱ母线灯已亮。

（36）拉开 1 号主变压器 2011 隔离开关。

（37）检查 1 号主变压器 2011 隔离开关三相确在分闸位置。

（38）检查 220 kV 母线保护屏 1 号主变压器Ⅰ母线灯已灭。

（39）检查 220 kV 失灵保护屏 1 号主变压器Ⅰ母线灯已灭。

（40）检查 1 号主变压器保护 B 屏 220 kV Ⅰ母线灯已灭。

（41）断开 1 号主变压器 220 kV 侧间隔断路器端子箱内三相交流电源。

（42）检查母联 212 开关电流为零。

（43）合上 220 kV 母线保护屏背面"高压操作箱Ⅰ"空气开关。

（44）合上 220 kV 母线保护屏背面"高压操作箱Ⅱ"空气开关。

（45）将 220 kV 母线保护屏"互联方式"开关切至退出位置。

（46）断开母联 212 开关。

（47）检查母联 212 开关三相确在分闸位置。

（48）合上母联 212 间隔断路器端子箱内三相交流电源空气开关。

（49）拉开母联 212 间隔 2121 隔离开关。

（50）检查母联 212 间隔 2121 隔离开关三相确在分闸位置。

（51）检查 220 kV 母线保护屏母联 212 间隔Ⅰ母线灯已灭。

（52）检查 220 kV 失灵保护屏母联 212 间隔Ⅰ母线灯已灭。

（53）拉开母联 212 间隔 2122 隔离开关。

（54）检查母联 212 间隔 2122 隔离开关三相确在分闸位置。

（55）检查 220 kV 母线保护屏母联 212 间隔Ⅱ母线灯已灭。

（56）检查 220 kV 失灵保护屏母联 212 间隔Ⅱ母线灯已灭。

（57）断开母联 212 间隔断路器端子箱内三相交流电源空气开关。

（58）将 220 kV 母线保护屏"电压互感器并列"方式开关切至退出位置。

（59）撤除 220 kV Ⅰ母线电压互感器侧标识牌。

（60）拉开 220 kV Ⅰ母线电压互感器间隔 2180 接地刀闸。

（61）检查 220 kV Ⅰ母线电压互感器间隔 2180 接地刀闸三相确在分闸位置。

（62）将 220 kV 母线保护屏"Ⅰ母线电压互感器"方式开关切至投入位置。

（63）合上 220 kV Ⅰ母线电压互感器间隔 220 kV Ⅰ母线电压互感器端子箱内"380 V交流"空气开关。

（64）合上 220 kV Ⅰ母线电压互感器间隔 218 隔离开关。

（65）检查 220 kV Ⅰ母线电压互感器间隔 218 隔离开关确在分闸位置。

（66）断开 220 kV Ⅰ母线电压互感器间隔 220 kV Ⅰ母线电压互感器端子箱内"380 V交流"空气开关。

（67）合上 220 kV Ⅰ母线电压互感器间隔 220 kV Ⅰ母线电压互感器端子箱内"保护/测量"空气开关。

（68）合上 220 kV Ⅰ母线电压互感器间隔 220 kV Ⅰ母线电压互感器端子箱内"计量"空气开关。

（69）合上母联 212 间隔断路器端子箱内三相交流电源空气开关。

（70）合上母联 212 间隔 2122 隔离开关。

（71）检查母联 212 间隔 2122 隔离开关三相在合闸位置。

（72）检查 220 kV 母线保护柜母联 212 间隔Ⅱ母线灯已亮。

（73）检查 220 kV 失灵保护柜母联 212 间隔Ⅱ母线灯已亮。

（74）合上母线 212 间隔 2121 隔离开关。

（75）检查母联 212 间隔 2121 隔离开关三相在合闸位置。

（76）检查 220 kV 母线保护柜母联 212 间隔Ⅰ母线灯已亮。

（77）检查 220 kV 失灵保护柜母联 212 间隔Ⅰ母线灯已亮。

（78）断开母联 212 间隔断路器端子箱内三相交流电空气开关。

（79）合上 220 kV 母线保护柜背面电源操作箱Ⅰ空气开关。

（80）合上 220 kV 母线保护柜背面电源操作箱Ⅱ空气开关。

（81）将 220 kV 母线保护柜上充电保护方式开关切至充电Ⅰ位置。

（82）合上母联 212 开关。

（83）检查母联 212 开关三相确在合闸位置。

（84）将 220 kV 母线保护柜上充电保护方式开关切至"退出"位置。

（85）将 220 kV 母线保护柜上母线互联方式开关切至投入位置。

（86）断开 220 kV 母线保护柜上背面高压侧 I 空气开关。

（87）断开 220 kV 母线保护柜上背面高压侧 II 空气开关。

（88）合上关巡一回间隔断路器端子箱内三相交流电源空气开关。

（89）合上关巡一回 2611 隔离开关。

（90）检查关巡一回 2611 隔离开关三相在分闸位置。

（91）检查 220 kV 关巡一回保护柜电源切换箱 I 母线灯已亮。

（92）检查 220 kV 母线保护柜关巡一回 I 母线灯已亮。

（93）检查 220 kV 失灵保护柜关巡一回 I 母线灯已亮。

（94）拉开关巡一回 2612 隔离开关。

（95）检查关巡一回 2612 隔离开关三相在分闸位置。

（96）检查 220 kV 关巡一回保护柜电源切换箱 II 母线灯已灭。

（97）检查 220 kV 母线保护柜关巡一回 II 母线灯已灭。

（98）检查 220 kV 失灵保护柜关巡一回 II 母线灯已灭。

（99）断开关巡一回间隔断路器端子箱内三相交流电源空气开关。

（100）合上凤关线间隔断路器端子箱内三相交流电源空气开关。

（101）合上凤关线 2671 隔离开关。

（102）检查凤关线 2671 隔离开关三相在分闸位置。

（103）检查 220 kV 凤关线保护柜电源切换箱 I 母线灯已亮。

（104）检查 220 kV 母线保护柜凤关线 I 母线灯已亮。

（105）检查 220 kV 失灵保护柜凤关线 I 母线灯已亮。

（106）拉开凤关线 2672 隔离开关。

（107）检查凤关线 2672 隔离开关三相在分闸位置。

（108）检查 220 kV 凤关线保护柜电源切换箱 II 母线灯已灭。

（109）检查 220 kV 母线保护柜凤关线 II 母线灯已灭。

（110）检查 220 kV 失灵保护柜凤关线 II 母线灯已灭。

（111）断开凤关线间隔断路器端子箱内三相交流电源空气开关。

（112）合上 1 号主变压器 220 kV 侧间隔断路器端子箱内三相交流电源空气开关。

（113）合上 1 号主变压器 2011 隔离开关。

（114）检查 1 号主变压器 2011 隔离开关三相在合闸位置。

（115）检查 220 kV 1 号主变压器保护 B 柜 1 号主变压器操作箱 I 母线灯已亮。

（116）检查 220 kV 母线保护柜 1 号主变压器 I 母线灯已亮。

（117）检查 220 kV 失灵保护柜 1 号主变压器 I 母线灯已亮。

（118）拉开 1 号主变压器 2012 隔离开关。

（119）检查 1 号主变压器 2012 隔离开关三相在分闸位置。

（120）检查 220 kV 1 号主变压器保护 B 柜 1 号主变压器操作箱 II 母线灯已灭。

（121）检查 220 kV 母线保护柜 1 号主变压器 II 母线灯已灭。

（122）检查 220 kV 失灵保护柜 1 号主变压器 II 母线灯已灭。

（123）断开 1 号主变压器 220 kV 侧间隔断路器端子箱内三相交流电源空气开关。

（124）合上 220 kV 母线保护柜背面高压操作箱 I 空气开关。

（125）合上 220 kV 母线保护柜背面高压操作箱 II 空气开关。

（126）将 220 kV 母线保护柜上母线互联方式开关切至退出位置。

（127）检查 220 kV I 母线运行正常。

（128）检查 220 kV 各线路运行正常。

（129）汇报调度。

 拓展提高

10 kV 母线常用电磁式的电压互感器，为防止产生电磁谐振，应在 10 kV 母线充电后进行电压互感器的送电操作。

任务 4.6　高压断路器卡涩时断路器停电转检修操作

当某线路断路器出现异常而不能正常操作时，可用母联断路器串代线路断路器短时运行，或用母联断路器将线路停电。

任务　关巡一回 261 断路器卡涩时断路器停电转检修

 教学目标

知识目标：

（1）熟悉变电站高压断路器卡涩时断路器停电转检修操作前的运行方式。

（2）掌握变电站高压断路器卡涩时断路器停电转检修操作的基本原则及要求。

（3）熟悉变电站高压断路器卡涩时断路器停电转检修操作顺序。

（4）掌握变电站高压断路器卡涩时断路器停电转检修操作流程。

能力目标：

（1）能说出变电站高压断路器卡涩时断路器停电转检修操作前的运行方式。

（2）能正确填写变电站高压断路器卡涩时断路器停电转检修操作的倒闸操作票。

（3）能够在仿真机上熟练进行高压断路器卡涩时断路器停电转检修操作。

素质目标：

（1）能主动学习，在完成高压断路器卡涩时断路器停电转检修操作的过程中发现问题、分析问题和解决问题。

（2）能严格遵守专业相关规程标准及规章制度，与小组成员协商、交流配合，按标准化作业流程完成关巡一回 261 断路器卡涩时断路器停电转检修操作。

任务分析

1. 变电站关巡一回 261 断路器卡涩时断路器停电转检修操作前的运行方式

220 kV 一次系统采用双母线接线方式，Ⅰ母线与Ⅱ母线通过 212 断路器并列运行，关巡一回和凤关线接于Ⅰ母线上，关巡二回和关珞线接于Ⅱ母线上。

2. 高压断路器卡涩时断路器停电转检修操作原则

（1）需进行倒母线操作，将除被带线路外的其他出线及主变压器都倒至另一条母线上运行。

（2）母联断路器的保护要加用。

（3）母联断路器串代 110 kV 及以下线路时，可拉开该线路操作直流保险。

（4）母联断路器串代 220 kV 及以上线路时，则不可拉开该线路操作直流保险，采用机构锁死的方法，同时加本线路保护的启动失灵。

（5）一旦该线路故障，应由母联的保护，或线路的失灵保护动作断开母联断路器，而不应影响到正常运行的另一条母线。

3. 需要进行的操作

由于关巡一回 261 断路器卡涩，将 261 断路器由运行转检修，需要将原来Ⅰ母线上所带的除关巡一回外其他所有负荷不停电倒母线至Ⅱ母线运行，并断开母联 212 断路器及两侧隔离开关，然后利用母联 212 断路器代替关巡一回 261 断路器将关巡一回停电，同时利用紧急解锁钥匙，在 261 断路器合闸状态下，断开 261 两侧隔离开关 2616 和 2611，并将

母联串带线路开关操作（音频附件）

261 断路器转为检修状态，并布置安全措施。关巡一回 261 断路器转检修后，还需将原本Ⅰ母线上所带的其他负荷转移回Ⅰ母线继续运行。

 任务实施

根据倒闸操作的基本原则，通过以上任务分析，正确写出关巡一回 261 断路器卡涩时断路器停电转检修倒闸操作步骤，结合《电力安全工作规定》、各级调度规程和其他相关规定，在仿真机上进行倒闸操作。

关巡一回 261 断路器卡涩时断路器停电转检修倒闸操作步骤如下：

（1）得令。

（2）检查母联 212 断路器三相均着合闸位置。

（3）检查母联 2121 隔离开关三相均在合闸位置。

（4）检查母联 2122 隔离开关三相均在合闸位置。

（5）将 220 kV 母线保护柜上母线互联方式开关切至"投入"位置。

（6）断开 220 kV 母线保护柜背面高压操作箱Ⅰ空气开关。

（7）断开 220 kV 母线保护柜背面高压操作箱Ⅱ空气开关。

（8）合上凤关线路间隔断路器端子箱内三相交流电源空气开关。

（9）合上凤关线路 2672 隔离开关。

（10）检查凤关线路 2672 隔离开关三相在合闸位置。

（11）检查 220 kV 凤关线保护柜电压切换箱 Ⅱ 母线灯已亮。

（12）检查 220 kV 母线保护柜凤关线 Ⅱ 母线灯已亮。

（13）检查 220 kV 失灵保护柜凤关线 Ⅱ 母线灯已亮。

（14）拉开凤关线路 2671 隔离开关。

（15）检查凤关线路 2671 隔离开关三相在分闸位置。

（16）检查 220 kV 凤关线保护柜电压切换箱 Ⅰ 母线灯已灭。

（17）检查 220 kV 母线保护柜凤关线 Ⅰ 母线灯已灭。

（18）检查 220 kV 失灵保护柜凤关线 Ⅰ 母线灯已灭。

（19）断开凤关线路间隔断路器端子箱内三相交流电源空气开关。

（20）合上 1 号主变压器 220 kV 侧间隔断路器端子箱内三相交流电源空气开关。

（21）合上 1 号主变压器 2012 隔离开关。

（22）检查 1 号主变压器 2012 隔离开关三相在合闸位置。

（23）检查 220 kV 1 号主变压器保护 B 柜 1 号主变压器操作箱 Ⅱ 母线灯已亮。

（24）检查 220 kV 母线保护柜 1 号主变压器 Ⅱ 母线灯已亮。

（25）检查 220 kV 失灵保护柜 1 号主变压器 Ⅱ 母线灯已亮。

（26）拉开 1 号主变压器 2011 隔离开关。

（27）检查 1 号主变压器 2011 隔离开关三相在分闸位置。

（28）检查 220 kV 1 号主变压器保护 B 柜 1 号主变压器操作箱 Ⅰ 母线灯已灭。

（29）检查 220 kV 母线保护柜 1 号主变压器 Ⅰ 母线灯已灭。

（30）检查 220 kV 失灵保护柜 1 号主变压器 Ⅰ 母线灯已灭。

（31）断开 1 号主变压器间隔断路器端子箱内三相交流电源空气开关。

（32）合上 220 kV 母线保护柜背面高压操作箱 Ⅰ 空气开关。

（33）合上 220 kV 母线保护柜背面高压操作箱 Ⅱ 空气开关。

（34）将 220 kV 母线保护柜上母线互联方式开关切至"退出"位置。

（35）断开母联 212 开关。

（36）检查母联 212 开关三相在分闸位置。

（37）合上母联 212 间隔断路器端子箱内三相交流电源空气开关。

（38）拉开母联 212 间隔 2121 隔离开关。

（39）检查母联 212 间隔 2121 隔离开关三相已在分闸位置。

（40）拉开母联 212 间隔 2122 隔离开关。

（41）检查母联 212 间隔 2122 隔离开关三相已在分闸位置。

（42）断开母联 212 间隔断路器端子箱内三相交流电源空气开关。

（43）断开关巡一回线对侧开关。

（44）检查 220 kV Ⅰ 母线电压指示为零。

（45）申请紧急解锁钥匙。

（46）合上关巡一回断路器端子箱内三相交流电源空气开关。

（47）拉开关巡一回 2616 隔离开关。

（48）检查关巡一回 2616 隔离开关三相已在分闸位置。

（49）拉开关巡一回 2611 隔离开关。

（50）检查关巡一回 2611 隔离开关三相已在分闸位置。

（51）断开关巡一回断路器端子箱内三相交流电源空气开关。

（52）在关巡一回 261 断路器靠 2616 隔离开关侧三相验明确无电压。

（53）推上关巡一回 26140 接地刀闸。

（54）检查关巡一回 26140 接地刀闸三相已在合闸位置。

（55）在关巡一回 261 断路器靠 2611 隔离开关侧三相验明确无电压。

（56）推上关巡一回 26130 接地刀闸。

（57）检查关巡一回 26130 接地刀闸三相在合闸位置。

（58）在关巡一回 261 断路器两侧悬挂标识牌。

（59）合上母联 212 间隔断路器端子箱内三相交流电源空气开关。

（60）合上母联 212 间隔 2122 隔离开关。

（61）检查母联 212 间隔 2122 隔离开关三相已在合闸位置。

（62）拉开母联 212 间隔 2121 隔离开关。

（63）检查母联 212 间隔 2121 隔离开关三相已在合闸位置。

（64）断开母联 212 间隔断路器端子箱内三相交流电源空气开关。

（65）将 220 kV 母线保护柜上充电保护方式开关切至 "充电 I" 位置。

（66）合上母联 212 开关。

（67）检查母联 212 开关三相已在合闸位置。

（68）将 220 kV 母线保护柜上充电保护方式开关切至 "退出" 位置。

（69）将 220 kV 母线保护柜上母线互联方式开关切至 "投入" 位置。

（70）合上凤关线间隔断路器端子箱内三相交流电源空气开关。

（71）合上凤关线 2671 隔离开关。

（72）检查凤关线 2671 隔离开关三相已在合闸位置。

（73）检查 220 kV 凤关线保护柜电压切换箱 I 母线灯已亮。

（74）检查 220 kV 母线保护柜凤关线 I 母线灯已亮。

（75）检查 220 kV 失灵保护柜凤关线 I 母线灯已亮。

（76）拉开凤关线 2672 隔离开关。

（77）检查凤关线 2672 隔离开关三相在分闸位置。

（78）检查 220 kV 凤关线保护柜电压切换箱 II 母线灯已灭。

（79）检查 220 kV 母线保护柜凤关线 II 母线灯已灭。

（80）检查 220 kV 母线保护柜凤关线 II 母线灯已灭。

（81）断开凤关线间隔断路器端子箱内三相交流电源空气开关。

（82）合上 1 号主变压器 220 kV 侧间隔断路器端子箱内三相交流电源空气开关。

（83）合上 1 号主变压器 2011 隔离开关。

（84）检查 1 号主变压器 2011 隔离开关三相已在合闸位置。

（85）检查 220 kV 1 号主变压器保护 B 柜 1 号主变压器操作箱 I 母线灯已亮。

（86）检查 220 kV 母线保护柜 1 号主变压器 I 母线灯已亮。

（87）检查 220 kV 失灵保护柜 1 号主变压器 I 母线灯已亮。

（88）拉开 1 号主变压器 2012 隔离开关。

（89）检查 1 号主变压器 2012 隔离开关已在分闸位置。

（90）检查 220 kV 1 号主变压器保护 B 柜 1 号主变压器操作箱 II 母线灯已灭。

（91）检查 220 kV 母线保护柜 1 号主变压器 II 母线灯已灭。

（92）检查 220 kV 失灵保护柜 1 号主变压器 II 母线灯已灭。

（93）合上 220 kV 母线保护柜背面高压操作箱 I 空气开关。

（94）合上 220 kV 母线保护柜背面高压操作箱 II 空气开关。

（95）将 220 kV 母线保护柜上母线互联方式开关切至"退出"位置。

（96）检查 220 kV I 母线运行正常。

（97）检查 220 kV 各线路运行正常。

（98）汇报调度。

 **技能训练**

（1）对照 220 kV 仿真变电站主接线图，叙述 220 kV/110 kV 双母线接线变电站一/二次系统正常运行方式和 10 kV 单母线分段接线变电站一/二次系统正常运行方式。

（2）写出 220 kV 关巡二回线路 262 断路器由运行转检修的基本操作步骤。

（3）写出 220 kV 关巡二回线路 262 断路器由检修转运行的基本操作步骤。

（4）写出 110 kV 关凌线 163 断路器由运行转检修的基本操作步骤。

（5）写出 110 kV 关凌线 163 断路器由检修转运行的基本操作步骤。

（6）写出 10 kV 流芳线 914 断路器由运行转检修的基本操作步骤。

（7）写出 10 kV 流芳线 914 断路器由检修转运行的基本操作步骤。

（8）写出 220 kV 关珞线由运行转检修的基本操作步骤。

（9）写出 220 kV 关珞线由检修转运行的基本操作步骤。

（10）写出 110 kV 关华一回线路由运行转检修的基本操作步骤。

（11）写出 110 kV 关华一回线路由检修转运行的基本操作步骤。

（12）写出 10 kV 华关线由运行转检修的基本操作步骤。

（13）写出 10 kV 华关线 914 断路器由检修转运行的基本操作步骤。

（14）写出 220 kV 凤关线线路及断路器由运行转检修的基本操作步骤。

（15）写出 220 kV 凤关线线路及断路器由检修转运行的基本操作步骤。

（16）写出 220 kV 母线由双母线并列运行转 I 母线运行/II 母线检修的基本操作步骤。

（17）写出 220 kV 母线由 I 母线运行/II 母线检修转双母并列运行的基本操作步骤。

（18）写出 110 kV 母线由双母线并列运行转 I 母线运行/II 母线检修的基本操作步骤。

（19）写出 110 kV 母线由 I 母线运行/II 母线检修转双母并列运行的基本操作步骤。

（20）写出 10 kV II 段母线由运行转检修的基本操作步骤。

（21）写出 10 kV II 段母线由检修转运行的基本操作步骤。

（22）写出 2 号主变压器由运行转检修的基本操作步骤。

（23）写出 2 号主变压器由检修转运行的基本操作步骤。

（24）写出 220 kV II 母线电压互感器由运行转检修的基本操作步骤。

（25）写出 220 kV Ⅱ母线电压互感器由检修转运行的基本操作步骤。

（26）写出 110 kV Ⅱ母线电压互感器由运行转检修的基本操作步骤。

（27）写出 110 kV Ⅱ母线电压互感器由检修转运行的基本操作步骤。

（28）写出 10 kV Ⅰ段母线电压互感器由运行转检修的基本操作步骤。

（29）写出 10 kV Ⅰ段母线电压互感器由检修转运行的基本操作步骤。

（30）写出 220 kV 凤关线 267 断路器卡涩由母联断路器串代线路断路器由运行转检修的基本操作步骤。

（31）写出 110 kV 巡关线 164 断路器卡涩由母联断路器串代线路断路器由检修转运行的基本操作步骤。

 项目评价

变电站倒闸操作评价建议（占学期总评占比 30%）

评价类型			评价内容	权重
过程评价	素质评价	劳动纪律	出勤情况	2.5%
		课后作业	作业成绩	2.5%
		参与度（学生互评）	课程活动参与情况	2.5%
		贡献度（学生互评）	任务完成情况	2.5%
结果评价	高压断路器停送电操作	倒闸操作票	规定时间内完成情况	7.5%
		倒闸操作	规定时间内完成情况	7.5%
	线路停送电操作	倒闸操作票	规定时间内完成情况	7.5%
		倒闸操作	规定时间内完成情况	7.5%
	母线停送电操作	倒闸操作票	规定时间内完成情况	7.5%
		倒闸操作	规定时间内完成情况	7.5%
	变压器停送电操作	倒闸操作票	规定时间内完成情况	7.5%
		倒闸操作	规定时间内完成情况	7.5%
	互感器停送电操作	倒闸操作票	规定时间内完成情况	7.5%
		倒闸操作	规定时间内完成情况	7.5%
	母联串代操作	倒闸操作票	规定时间内完成情况	7.5%
		倒闸操作	规定时间内完成情况	7.5%

参 考 文 献

[1] 袁铮喻，张国良. 电气运行 [M]. 北京：水利水电出版社，2004.

[2] 张全元. 变电运行现场技术问答 [M]. 北京：中国电力出版社，2013.

[3] 杨娟，史俊华. 电气运行 [M]. 北京：中国电力出版社，2014.

[4] 侯德明. 电气运行 [M]. 北京：黄河水利出版社，2015.

[5] 耿旭明，赵泽民. 电气运行与检修 1 000 问 [M]. 北京：中国电力出版社，2004.